U0323081

基于系统动力学的能源-经济-环境-人口可持续发展建模研究

宋宇辰　孟海东　著

北　京

冶 金 工 业 出 版 社

2016

内 容 提 要

本书以可持续发展理论和系统动力学理论为研究基础,以中国能源子系统、经济子系统、环境子系统、人口子系统为研究对象,构建了中国能源-经济-环境-人口的复杂大系统模型,预测了未来二三十年中国能源、经济、环境、人口的发展趋势。本书不仅关注中国复杂大系统的研究,还在上、中、下篇的研究中,分别探讨了中国能源供求问题、中国能源经济问题和地区能源环境问题。

本书可供从事可持续发展、能源环境和系统动力学建模领域的学者和相关政府部门管理人员阅读,也可供本科生和研究生在信息分析和系统建模方面参考。

图书在版编目(CIP)数据

基于系统动力学的能源-经济-环境-人口可持续发展
建模研究/宋宇辰,孟海东著. —北京:冶金工业出版
社,2016.11
　ISBN 978-7-5024-7362-4

　Ⅰ.①基… Ⅱ.①宋… ②孟… Ⅲ.①可持续发展
战略—研究—中国 Ⅳ.①X22

中国版本图书馆 CIP 数据核字(2016)第 272984 号

出 版 人　谭学余
地　　址　北京市东城区嵩祝院北巷 39 号　邮编　100009　电话　(010)64027926
网　　址　www.cnmip.com.cn　电子信箱　yjcbs@cnmip.com.cn
责任编辑　王雪涛　宋 良　美术编辑　吕欣童　版式设计　彭子赫
责任校对　王永欣　责任印制　李玉山

ISBN 978-7-5024-7362-4

冶金工业出版社出版发行;各地新华书店经销;三河市双峰印刷装订有限公司印刷
2016 年 11 月第 1 版,2016 年 11 月第 1 次印刷
169mm×239mm;25.75 印张;501 千字;398 页
70.00 元

冶金工业出版社　投稿电话　(010)64027932　投稿信箱　tougao@cnmip.com.cn
冶金工业出版社营销中心　电话　(010)64044283　传真　(010)64027893
冶金书店　地址　北京市东四西大街 46 号(100010)　电话　(010)65289081(兼传真)
冶金工业出版社天猫旗舰店　yjgycbs.tmall.com
　　　　　　　(本书如有印装质量问题,本社营销中心负责退换)

前　言

本书以可持续发展理论和系统动力学理论为研究基础，以中国能源子系统、经济子系统、环境子系统和人口子系统为研究对象，构建了中国能源-经济-环境-人口的复杂大系统模型，预测了未来二三十年中国能源、经济、环境、人口的发展趋势。本书不仅关注了中国复杂大系统的研究，还在上、中、下篇的研究中，分别着重探讨了中国能源供求问题、中国能源经济问题和我国内蒙古自治区能源环境问题。

上篇：在能源供求理论和可持续发展理论的基础上，对能源、经济、环境、人口各子系统的指标构成情况进行了分析与预测，得出了系统动力学流图与方程，并对中国能源-经济-环境-人口系统动力学模型进行了仿真模拟，得出了到2030年中国能源、经济、环境、人口的预测结果，并给出政策建议。我国应加大优化产业结构调整的力度，降低工业、建筑业所占比重，大力发展第三产业，在确保我国经济发展的同时，保障我国能源的可持续供应，从而实现能源与经济的协调发展。

中篇：在能源经济理论和可持续发展理论的基础上，构建了中国能源-经济-环境-人口系统动力学基础模型，对模型指标进行设定、预测，并绘制了系统动力学流图，得到四个子系统的预测结果。结果表明：未来20年，中国能源消费总量的增长趋缓，煤炭仍为主要消费来源；电力产量不断增加，其主要来源为煤电；水电、核电占总能耗的比重增长缓慢，天然气消费量增长较快，但其比重仍然很低；单位产值能耗明显降低，但始终处于较高水平；人均产值显著增加，但目前仍处于世界较低水平；环境压力较大，二氧化碳排放量不断增加；能源消费增长速度快于人口增长速度，人均能耗不断增加，国家仍处于工业化发展阶段。

下篇：在能源环境理论和可持续发展理论的基础上，分析了我国内蒙古自治区能源环境发展现状，构建了内蒙古自治区能源-经济-环境-人口系统动力学模型，对模型指标进行设定、预测，并绘制了系统动力学流图，得到了四个子系统的预测结果。结果表明："十二五"期初至"十五五"期末，我国内蒙古自治区能源消费总量呈现线性增长趋势，其增长速度逐年下降；能源消费构成仍然以煤炭为主，煤炭消费量占能源消费总量的比重仍为最高；石油消费量占能源消费比重呈缓慢下降趋势；天然气消费量呈现先快后慢增长趋势，其消费占能源消费比重呈波动下降趋势；核电及其他能发电增长快于煤炭、石油、天然气的消费增长，且占能源消费总量比重呈现缓慢上升趋势；单位生产总值能源消费量不断降低，其平均值低于我国平均值水平；人均生产总值呈现稳定增长趋势，人民生活得到显著改善；环境压力大，二氧化碳排放量和二氧化硫排放量不断增加；人均能源消费量不断增加，内蒙古自治区仍然处于发展阶段。

本书的研究内容是在国家自然科学基金项目（批准号：71363040；项目名称：基于系统动力学的能源-经济-环境-人口可持续发展建模研究）的支持下完成的。本项目研究主要依托"自治区高校产业信息化与产业创新研究中心"、"内蒙古自治区哲学社会科学研究基地"、"矿业信息系统研究室"、"数据工程实验室"完成。

感谢潘仰东教授（美国波特兰州立大学）和安海忠教授（中国地质大学）在能源、经济、环境可持续发展和信息分析方面给出了许多具体建议和指导。感谢陈福集教授（福州大学）对全书进行了校对审阅。许多同仁对本书提出了建议并给予许多实际帮助，在此对他们为本书付出的辛勤劳动和汗水表示诚挚的谢意。

我们的研究生们在这个项目的研究中起了积极作用。其中上篇主要由研究生李肖冰、王贺和陈田澍完成；中篇主要由研究生刘进科和闫昱洁完成；下篇主要由研究生安冬冬和许伟红完成。研究生何玮、王倩、高明、刘占宁、张朋伟和李昊东对本书研究内容中的数据收集、数据分析、结果分析和决策建议等做了大量工作。

限于作者水平，书中不足之处，诚请读者批评指正。

作　者

2016 年 7 月

于内蒙古科技大学

目　　录

中　篇

下　篇

上　篇

1　国内外能源供求研究现状

能源是为人类的生产和生活提供各种能力和动力的物质资源，是国民经济发展、社会进步的重要物质基础，可以说未来国家的命运取决于对能源的掌控，能源的合理开发和利用效率以及人均消费量是生产技术水平和生活水平的重要标志。

1.1　中国能源供求研究背景与意义

能源是为人类的生产和生活提供各种能力和动力的物质资源，是国民经济发展、社会进步的重要物质基础，可以说未来国家的命运取决于对能源的掌控。纵观人类社会经济发展的各个阶段，人类社会发生的每一次重大跨越都伴随着能源的开发、改进和更替。能源不断的开发以及利用都极大地推进了各国经济和人类社会的向前发展。

1.1.1　中国能源供求研究背景

在全面建设小康社会、实现现代化和富民强国的进程中，能源始终是一个重大的战略问题。当前，我国能源发展面临着复杂严峻的国内外形势，只有从社会主义现代化建设全局的战略高度来认识，把能源作为事关中华民族的生存、发展和崛起的重大问题，才能在复杂的环境中准确进行战略定位，科学谋划我国能源发展的总体方略。

从表 1.1 可以看出，自从我国改革开放以来，我国的能源发展总共经历了三个大的时期：第一时期是 20 世纪 80 年代初期到中期，国家为解决当时的能源供给量短缺问题，积极鼓励发展煤矿，在解决了能源供需严重不平衡的同时也使我国的能源产量发展到了世界前列；第二时期是从 20 世纪 80 年代后期到 90 年代中期，国家提出了以电力建设为中心的政策来解决当时的电力短缺问题；第三时期是 20 世纪 90 年代后期以后，随着经济与能源的不断发展，能源、经济、环境之间逐渐显现出了不协调，这就要求我们在保证经济高速平稳发展的同时，要大力倡导保护环境，构建资源节约、环境友好型的社会。

表 1.1　中国能源发展的三个时期

时期	时间	能源问题	解决办法
第一时期	20 世纪 80 年代初期到中期	能源供给量短缺，供需失衡	国家积极鼓励发展乡镇煤矿进而刺激煤炭的供应，解决了我国煤炭供应短缺问题，同时能源工业也得到了快速发展，能源产量跃居世界前列
第二时期	20 世纪 80 年代后期到 90 年代中期	电力短缺	当时国家明确提出了以电力建设为中心来解决能源供应短缺问题
第三时期	20 世纪 90 年代后期至今	能源、经济、环境三者之间逐渐显现出了不协调	这就要求我们在使用能源、解决能源问题方面要考虑环境约束

资料来源：作者整理。

　　虽然我国的能源近十年来已经取得了很大的成就，但不可忽视的是我国能源供需的缺口正在不断地增大，缺口总量已经从 2000 年的 10483 万吨标煤增长到了 2012 年的 29884 万吨标煤；煤炭供需缺口从 2000～2011 年在供需平衡附近呈现波动的趋势，在 2007 年达到了 7305.4 万吨标煤的最大缺口。煤炭作为我国的支柱性能源，它出现的供不应求的问题应该引起重视，进而从根源上加以解决。但从 2008 年开始，缺口不断下降，截至 2012 年出现了供过于求的状况，且达到了 12950.2 万吨标煤的盈余量；石油供需缺口从 2000 年的 9079.63 万吨标煤增长到了 2012 年的 38471.14 万吨标煤，基本与能源缺口总量保持一致，可见石油短缺是引起我国能源缺口最大的根源；天然气的缺口从 2000 年的供给量大于需求量发展到从 2007 年开始出现需求量大于供给量的趋势，并且在 2012 年达到了 4540.6 万吨标煤的缺口，可见我国对于天然气的需求不断增加，但是供给没有满足不断增长的需求，导致出现了供不应求的局面；水电、核电、风电的缺口在供需平衡附近呈现波动的趋势。由此可见，我国重要能源不断出现的供不应求的局面即将对我国经济的发展产生一定的影响，其中石油的缺口最大，基本与能源的缺口总量保持一致，煤炭则在供需平衡附近波动，但其陆续出现的不平衡问题也应该引起足够的重视。

与此同时,我国能源的利用效率较低,极大地制约了能源供应能力的提高;能源结构不合理、经济增长方式粗放、能源技术装备水平低以及管理水平相对落后,导致我国的单位 GDP 能耗高于其他主要能源消费国家的平均水平,从而进一步加剧了能源供需矛盾。再者,目前我国人均能源消费量约 2.6 吨标煤,仅为世界发达国家水平的三分之一左右,未来能源需求还将大幅增长,即使以世界最先进的能效水平实现现代化,消费总量仍将再翻一番,碳排放也将明显增加。化石能源大规模开发利用,对生态环境造成严重影响,国内部分地区生态环境严重透支,应对气候变化的压力日益增大。石油对外依存度不断提高,海上运输风险加大,能源安全形势严峻,这些都是制约我国经济发展的瓶颈。

随着我国市场经济的不断发展与完善,市场调节逐渐成为我国实现能源供需平衡所依靠的重要手段。市场资源配置的同时又离不开国家对能源产业发展的宏观调控,为了确保国家的经济安全,国家对于那些影响国家经济命脉的能源产业既要给予扶持又要进行控制;同时又要逐步放开,不能管得过多过死,要对能源产业有一个长期发展战略方向的引导。但是对于能源问题,不论是市场调节还是国家调控,都应该以能源、经济、环境、人口的协调以及可持续发展为目标,而这个目标的实现最终是建立在对能源需求和供给科学合理预测的基础上的。

因此,科学合理地预测我国能源供求状况对于全面实现我国长期发展规划的目标,实现我国国民经济发展战略目标,构建资源节约、环境友好、社会和谐的局面,制定未来能源发展对策具有极为重要的战略意义。

1.1.2 中国能源供求研究意义

在未来一段时期,我国作为世界上人口最多的国家,同时也是能源生产与消费的大国之一,我国能源供需矛盾将会十分突出,主要的原因包括以下四个方面:第一,我国能源资源地理分布不均。能源资源基本都分布在我国的西部,像南部、东部这些经济较为发达的省市,能源会出现供应不足的问题。第二,我国工业企业基本上都处于高能耗、低利用率的状态。第三,我国的能源消费结构是以煤炭为主,煤炭会给人民生活带来煤烟型污染等严重的环境污染问题。第四,我国未形成完善的以可持续发展为理念的能源消费模式。由于我国部分能源开发和生产技术仍较为落后,以致关注最多的还是能源的生产能力,导致有时会忽略了能源的消费方式以及环境破坏问题。

在我国"十二五"规划中指出,我国资源和环境发展目标是:第一,从能源总产量与可开采量来看,到 2015 年,煤炭产量达到 33 亿吨以上,石油 2 亿吨以上,天然气 1600 亿立方米以上,地面抽采煤层气 100 亿立方米,铁、铜、铝土矿、钾盐等重要矿产国内保障程度保持现有水平或得到提高,矿产资源合理利用与保护水平明显提高,重要优势矿产开采总量得到有效调控,矿产资源开发利用布局不断优化；第二，到 2015 年，大中型矿山比例达到 10%以上，完成约 50 处重要矿产地储备，矿产资源总回收率与共伴生矿产综合利用率平均提高约 5 个百分点；第三，矿山地质环境和矿区土地复垦状况明显改善。到 2015 年，新建和生产矿山的地质环境得到全面治理，历史遗留的矿山地质环境恢复治理率达到 35%以上，矿山废弃土地复垦率达到 30%以上。同时，坚持以信息化带动工业化，以工业化促进信息化，走出一条科技含量高、经济效益好、资源消费低、环境污染少、人力资源优势得到充分发挥的新型工业化路子，这条"新型工业化"道路既是解决我国经济发展速度与资源承载能力不相适应的必然选择，也是实现经济增长方式由粗放型向集约型根本转变的必然选择。

由此可见，虽然我国的供需矛盾会十分突出，而且我国正处于经济发展转轨时期，能源资源状况和能源结构与其他国家大有不同，但我们一定要迎难而上，面对能源、经济、环境出现的一切问题，以我国"十二五"规划为发展目标，认真分析能源-经济-环境-人口这个复杂的系统，明确我国的能源供需状况，为以后的经济发展提供科学合理的依据。因此，本书运用经济学、计量经济学的理论知识并结合系统动力学的方法全面分析了能源-经济-环境-人口系统，对能源需求进行了较为全面的预测；还运用了灰色系统、曲线回归、组合预测的理论与方法对能源供给进行了科学合理的预测。这两方面的结合系统地预测了我国的能源需求和供给，对于探索我国能源经济的可持续发展之路是必要的准备。

能够科学地预测我国能源需求与供给能力、合理地评价我国能源的供需缺口，可以为我国制定中长期能源经济发展战略提供较为科学合理的依据，对我国构建资源节约型、环境友好型的社会提供现实的意义。因此，本书的研究具有科学的根据和现实的意义，同时本书的预测方法较为准确合理，对研究我国各省市的能源供求、经济、环境问题具有一定的参考借鉴意义。

1.2　国内外能源供求研究概况

我国作为世界上最大的发展中国家，能否保证能源安全以及能源的可持续供应，能源供应能否满足必需的经济增长以及社会进步的需要，同时我国能否走出一条具有中国特色的能源安全持续的发展之路，在一定程度上取决于我们能否对我国能源的需求和供给进行科学合理的预测，取决于政府能否在科学合理预测的基础上制定并实施相关的能源可持续发展战略。

能源供求理论的相关问题已经受到了学术界的广泛关注，本书对能源供求预测的相关理论分析将包括能源与经济增长、环境、人口的关系，能源需求的研究现状、能源供给的研究现状以及能源预测模型研究，并将对本书研究具有启发性的国内外相关理论研究成果和实证研究成果进行一定的梳理。

1.2.1 能源与经济、环境、人口关系研究现状

从可持续发展角度来看，能源、经济、环境和人口是可持续发展最关键的四个要素，而能源、经济、环境和人口这四个系统所构成的是一个具有高度复杂性、不确定性、开放性的复合系统，因此，了解能源与经济增长的关系、能源与环境的关系、能源与人口的关系是仿真能源-经济-环境-人口这个复合系统的强有力基础和依据。

1.2.1.1 能源与经济增长的关系

能源作为经济增长的重要投入要素之一，在成为经济学的重要研究内容之时，能源与经济增长的关系也逐渐成为国内外学者们研究与探讨的重要领域之一。20世纪70年代早期在《增长的极限》一书中，部分学者们开始认识到能源对经济的增长与社会的发展产生了强大的制约作用。

国内外学者们对于能源与经济增长关系的研究主要包括两个方面：

一是基础理论研究，即根据经济增长理论建立数学理论模型，进而考察能源约束条件下经济增长的路径问题。国外在这方面研究比较突出的有：Joseph E. Stiglitz（1974）研究了人造资本和自然能源资源约束条件下的经济增长的路径问题[1]；Partha Dasgupta、Geoffrey Heal（1979）研究了在不可再生资源的约束条件下经济可持续增长的问题[2]；Gradus 和 Smulders[3]（1993）、T. Y. Hung Vivtor、Pamela Chang 和 Keith Blackburn[4]（1994）、N. Stokey[5]（1998）研究了经济可持续增长和环境污染两者之间的问题；S. Valente（2005）分析了可再生资源、技术进步与经济增长三者之间的关系，得出了当技术进步率和资源再生率超过社会贴现率时，经济便能可持续增长[6]的结论；Grimauda、Rouge（2005）研究了技术进步、环境污染与经济增长三者之间的关系，得出了最好的经济增长的路径。国内在这方面比较有代表性的研究有：于渤、黎永亮、迟春洁（2006）建立了同时考虑能源资源消费、环境限制与环境治污成本三者的可持续增长模型，还探讨了能源资源的耗竭速率、环境污染治理的投入比例与经济增长之间应满足的动态关系[7]；梁朝晖（2008）着重研究了在区域经济增长的条件下能源消费的变动趋势，得出了能源消费由基本能源消费与引致能源消费构成，随着经济的增长，基本能源消费不断上升，但上升的速度在减慢，引致能源消费上升与否则无法判定[8]；许士春、何正霞、魏晓平（2010）将耗竭性资源与环境污染问题加入了内生经济增长模型，并运用最优控制方法研究稳态经济的可持续最优增长路径[9]。宋宇辰等人（2013）从博弈论的角度研究了中国稀土产业的发展，并对中国稀土产业发展的相关政策提出改进建议[10]；此后又在城市尺度上的能源消耗与环境关系研究了包头市工业三废排放与环境政策的灰色相关性，在理论基础上有一定的现实意义[11]；并在此研究的基础上，针对包头市水资源的环境可持续发展做出实际验证[12]。

二是实证研究，即主要利用计量经济学的分析方法检验能源与经济增长两者之间的关系。通过以上的能源消费与经济增长的数学理论分析，再加上现在计量经济学分析方法的不断发展，直接地推动了能源消费与经济增长关系的实证研究。国外在实证研究方面的主要成果有：较早对能源消费和经济增长两者关系进行实证研究的是 Kraft 等人（1978），他们搜集整理了美国 1947～1974 年的相关数据，并对经济增长与能源消费两者关系进行了开拓性的研究，结果表明存在经济增长到能源消费的单向格兰杰因果关系[13]；Yu、Choi（1985）采用 Granger 因果检验方法对美国、韩国和菲律宾 1954～1976 年的相关数据进行了分析，得出美国经济增长与能源消费两者间不存在任何方向的格兰杰因果关系，而韩国则存在从经济增长到能源消费的单向格兰杰因果关系，菲律宾则存在从能源消费到经济增长的单向格兰杰因果关系[14]；David I. Stern（1993）收集整理了美国 44 年的相关数据，利用协整理论与误差纠正模型得出了存在能源消费到经济增长的单向格兰杰因果关系[15]；Yang Haoyen（2000）运用协整方法分析了能源消费总量、煤炭、石油、天然气、电力消费与经济增长之间的因果关系，发现了能源消费总量、煤炭、电力分别与经济增长之间存在双向格兰杰因果关系，存在经济增长到石油的单向格兰杰因果关系以及天然气到经济增长的单向格兰杰因果关系[16]；Mohsen Mehrara（2007）利用面板协整技术检验了 11 个石油输出国的人均国内生产总值与人均能源消费之间的关系，表明存在着从经济增长到能源消费的单向格兰杰因果关系[17]；A. E. Akinlo（2008）分析了非洲 11 个国家和地区经济增长与能源消费之间的关系，发现加纳、肯尼亚、塞内加尔和苏丹存在能源消费对经济增长的单向格兰杰因果关系，冈比亚、加纳和塞内加尔存在经济增长与能源消费的双向格兰杰因果关系[18]；Jude C. Eggoh 等人（2011）通过研究发现能源消费减少会降低国民经济的增长[19]；Ozge Kandemir Kocaaslan（2013）对美国从 1968～2010 年之间的实际 GDP、最终能源消费和主要能源消费数据进行分析，结果表明最终能源消费和主要能源消费总量对美国经济具有显著的预测意义[20]；Muhammad Shahbaz、Saleheen Khan、Mohammad Iqbal Tahir（2013）通过对中国 1971～2011 年的相关数据进行分析，结果表明存在能源消费到经济增长的单向格兰杰因果关系，金融发展和能源消费以及国际贸易和能源消费之间存在双向格兰杰因果关系，同时资本和能源需求、金融发展和经济增长以及国际贸易和经济增长两两之间也都存在双向格兰杰因果关系[21]。国内学者在实证方面的研究成果有：黄敏、赫英（2006）研究得出能源消费增加在一定程度上能引起经济的增长，但劳动力水平的提高对经济增长的影响最大[22]；汪旭晖、刘勇（2007）的研究表明在短期内我国经济增长与能源消费之间存在波动关系，但是从长远来看，经济增长与能源消费之间存在着长期稳定的均衡关系，并且存在从

能源消费到经济增长的单向格兰杰因果关系[23]；王火根、沈利生（2008）通过
采用 Granger 面板因果关系检验，结果表明：能源消费是经济增长的单向格兰杰
因果关系[24]；杨宜勇、池振合（2009）利用 ECM 误差修正模型分析了中国从
1952~2008 年的能源消费与国内生产总值的数据，结果表明在长期中国的经济增
长与能源消费保持均衡且两者互为格兰杰因果关系[25]；张欣欣、刘广斌、蔡璐
（2011）通过格兰杰因果关系检验、协整检验与误差修正模型分析得出我国的经
济增长对能源消费存在着显著的单向格兰杰因果关系[26]；马颖（2012）运用马
尔科夫区制转移向量自回归（MS-VAR）模型对我国从 1978~2010 年间的经济增
长与能源消费之间的关系进行了实证研究，结果表明经济增长与能源消费之间的
关系会随状态不同而发生改变[27]；马宏伟、刘思峰等人（2012）研究表明从长
期来看，存在经济增长到能源消费的单向格兰杰因果关系[28]；吕钦（2013）研
究表明，能源消费是经济增长的单向格兰杰原因，但能源消费结构与能源消费、
经济增长之间并没有表现出格兰杰因果关系[29]；段树国、龚新蜀（2013）研究
表明，在 1952~2009 年期间新疆维吾尔自治区存在从经济增长到能源消费的单
向格兰杰因果关系[30]；宋宇辰等人（2015）采用了灰色关联理论探索了内蒙古
自治区能源消费过程中的经济关联因素，结果表明内蒙古自治区的能源消费受经
济增长因素影响较大[31]；针对丝绸之路经济带上的西部六省进行聚类分析，得
出了西部六省经济发展的差异所在，并提出了相关的经济发展建议[32]；温蕊等
人（2015）则更加具体地针对内蒙古自治区某煤矿的地质环境影响因素，对该煤
矿的环境影响力进行评价[33]。

综上所述，国内外学者分别从基础理论研究与实证研究两个方面对能源消费
与经济增长之间的关系进行了研究，可以得出能源与经济之间具有密切的联系，
能源消费以及结构的变动都会对经济产生不同程度的影响，能源消费与经济增长
之间存在一定的格兰杰因果关系，并且可以明确得出能源消费对经济增长具有一
定的促进作用。

1.2.1.2 能源与环境的关系

随着社会的不断发展和可持续性发展观念的提出，人们逐渐认识到保护环境
的重要性。人类社会的发展渐渐走出了只关注经济发展的误区，并开始关注经济
发展带来的一些问题，比如环境恶化、资源枯竭、生态破坏等，从而以综合环境
系统来评价某段时期的社会发展的优劣性。资源环境问题的研究是一个集理论性
与应用性于一体的课题，国内外学者针对这个方面展开了多方面的研究，并在解
决自然资源开发利用与保护及环境污染等方面的问题取得了较大的成效。

1990 年，英国环境经济学家 D. Pearce 与 R. K. Tume 在《自然资源和环境经
济学》中首先提出"循环经济"的概念。进入 20 世纪 80 年代以后，资源的枯竭
和环境问题更加严重，资源、环境问题引起了各国政府和研究机构的重视。20

世纪 80 年代末 90 年代初以来，随着可持续发展的推行，发达国家把发展循环经济与建立循环型社会作为实现能源、经济、环境协调发展的重要途径。在世界环境与发展委员会撰写的报告《我们共同的未来》中探讨了通过高效管理来实现资源的高效利用、再生与循环问题[34]。

张友国（2007）不仅分析了内蒙古自治区的能源发展史以及能源对于内蒙古自治区经济社会发展的贡献，同时还分析了能源主要是煤炭在开采和发电过程中产生的环境污染问题，最后对内蒙古自治区的能源发展提出了建设性的意见[35]。

杨嵘、王祎（2009）通过分析陕西石油资源开发的约束及产生的环境问题，如大气污染、地表水和土壤污染等，提出了从资源约束和环境保护两个方面的相关对策[36]。

沈萍、朱国伟（2011）通过与第一、第二产业相比，江苏省第三产业环境破坏程度较弱，但是仍不容忽视，进而分析了第三产业环境污染的特点与原因，最后提出要加强对环境投入以及提高重视程度等方面的相关建议[37]。

邢丽霞等人（2012）通过分析我国在优先发展东部、进而开展西部大开发、振兴东北老工业基地、崛起中部的经济发展格局下，开发模式通常以快速的工业化与城镇化为主，最终导致国土资源和环境逐渐受到不同程度的破坏，生态管理与保护意识较薄弱[38]。

王亚男（2013）分析了以煤炭为主的资源型城市的地质灾害、地表侵蚀、废弃资源排放等方面的环境问题，并以安徽淮南为例，说明了在开发水资源和煤炭资源时相互矛盾又相互依存的关系，得出了平衡能源开发过程中的生态环境与人类社会关系的解决方法[39]。

宋宇辰（2015）针对呼和浩特市构建了能源-经济-环境 3E 协调评价体系，采用协调度评价模型，对呼和浩特市 2005~2012 年的 3E 系统做出纵向协调发展评价，结果表明呼和浩特市 3E 系统的协调发展水平处于较高级的协调状态[40]。

综上所述，国内外学者通过对能源与环境方面的关系研究，得出能源与环境之间存在密不可分的关系，煤炭、石油等自然资源在开发利用方面都会对环境产生一定程度的破坏，造成不同程度的地质灾害，废水、废气、废固的污染等问题，因此要大力解决自然资源开发利用与保护及环境污染等方面的问题，这对于能源的利用、经济的发展、环境的保护以及可持续发展也会起到至关重要的作用。

1.2.1.3　能源与人口的关系

人口问题包括人口总数、人口出生率、人口死亡率和人口结构等各个方面，人口的每一次变化都会对能源、经济、生态等各个方面造成重大的影响，世界各国的学者逐渐开始致力于能源与人口的研究。人口数量的增加显然会增加能源消费量，给能源安全带来一定的压力，进而对经济发展、社会稳定、生态平衡都会产生影响。能源资源的调配以及供需平衡的调控等都需要考虑人口问题所带来的影响，因此，分析清楚能源与人口之间的作用机理对于能源-经济-环境-人口之间的关系，具有重要的作用。

20 世纪 70 年代初，丹尼斯. L. 梅多斯分析了世界人口、能源消费等因素之间的关系及变动的规律，并模拟建立了"世界末日模型"，得出的结论为：世界人口在以一个较高的增长率增长，而且能源的消费速度也非常快，假如世界接下来一直保持这样的人口增长率与能源消费速度不变的话，世界的资源将会面临快速耗竭的危机[41]。学者从投入产出的角度得出：韩国家庭对能源密集型产品的需求是导致能源消费与二氧化碳排放上升的重要因素。

张雷、蔡国田（2005）通过研究世界人口与世界能源人均消费、中国人口发展情况与能源消费，预测了中国未来人口和能源供应保障未来的趋势，提出了我国必须继续实施严格的国家人口控制政策、最大限度实现能源国际化、努力增强国民的人口发展意识以及科学制定国家能源安全战略与发展计划等建议[42]。

王桂新、刘旖芸（2005）首先对上海市人口增长情况以及能源消费特点与发展态势进行分析，并进一步建立了上海市能源消费总量与人口增长的多元回归模型，最终由模型结果得出人口增长与能源消费具有很强的正相关关系并且能源消费增长速度明显快于人口增长速度，由此说明上海市未来人口增长会促进能源消费的更快增长[43]。

夏泽义、张炜（2009）基于协整理论和格兰杰因果关系理论研究了我国能源消费与人口、经济等的长期动态关系，并运用误差修正模型拟合了能源消费与人口、经济等的短期调整过程，最终得出人口规模与能源消费间的长期均衡关系对短期波动的调整力度较少，并且通过多次的估计与检验，发现只有人口规模的误差修正项对能源消费量有显著的长期均衡误差控制，因此要继续控制人口的增长从而来减轻能源供求的压力[44]。

邢小军、孙利娟、周德群（2011）利用格兰杰因果检验以及协整分析等方法分析了 1994~2008 年间我国的能源强度与总人口数和人口结构之间的相互影响关系，得出短期内总人口数、城镇人口比例的变化对能源消费有着比较大的正向影响，而人口年龄结构对能源消费则为反向影响且影响的程度较低[45]。

张文玺（2013）通过构建 1990~2010 年中国、韩国、日本三国的能源消费面板数据库分析了影响三国的能源消费的因素，结果表明人口因素对能源消费的影响比 GDP 的影响要大得多，而且日本人口对能源消费的影响最大，其次是韩国，而中国人口对能源消费的影响则呈现出了负相关[46]。

综上所述，国内外学者通过对人口因素与能源消费的关系问题进行分析研究，得出人口的数量、增长速度、城镇人口比例等因素对能源的消费具有比较大的影响，人口结构与能源供应保障方面的研究对科学制定国家能源安全战略与发展计划具有重要的理论依据与现实意义。

1.2.2　能源需求研究现状

能源是社会发展与人类生存的重要物质基础，同时也是当今各国在政治、经济、军事、外交方面关注的重点。国外真正对于能源问题进行系统的研究始于20世纪70年代，而国内学者对于能源消费理论研究始于20世纪80年代之后，比国外的研究晚了十年左右。基于国际形势与国内经济发展的需要，我国学者们越来越重视能源问题的研究。由于能源问题已经上升到了国家安全战略的高度，近些年来逐渐演变成了敏感的国际政治、经济与外交方面的问题，甚至成为了发动现代战争最根本的目的。同时能源消费与生产所引发的环境问题也已受到世界各国的普遍关注，并且纷纷采取了一定的保护与防护措施。因此，了解能源需求的研究现状以及对能源需求进行合理的预测是正确制定能源规划的依据与基础。

1.2.2.1　国外研究现状分析

真正引起人们对能源消费问题进行系统全面的研究是始于1973年所爆发的第一次"石油危机"。在此之前，能源一直仅仅被看作是生产原材料的一部分，并没有引起人们以及政府足够的重视，更不会深入探究能源消费需求与经济发展之间的相互关系以及对能源需求进行科学的预测。在此之后，能源问题才逐渐引起了学术界的广泛关注。

Hiroyuki（1997）通过对多个国家1980~1993年期间的相关数据进行分析，得出人均能源消费与城市人口比例之间存在正相关关系[47]。M. Franco、D. Blanco 等（2006）运用协整理论对相关数据进行了协整分析与平稳性检验，建立了误差修正ECM模型，并对Venezuelan电力系统从2004~2024年的电力需求进行了科学的预测[48]。Yetis Sazi Murat、Halim Ceylan（2006）利用神经网络预测法建立了GDP、人口、年均行车千米数和交通能源需求之间的模型，并对土耳其的交通能源需求量进行了科学合理的预测[49]。A. Azadeh、S. F. Ghaderi 等（2006）将遗传算法与人工神经网络方法相结合对伊朗农业部门1981~2005年期间的电力能源需求进行了实际预测，结果表明实际数据与预测结果的平均绝对误差比很低[50]。M. Ghanbarian、F. Kavehnia 等（2007）运用自适应神经网络模糊推理系统对时间序列进行了适应性训练，建立了适用于复杂电力系统的中长期预测模型[51]。Hossein Iranmanesh 等（2012）提出了一种称为HPLLNF的长期能源预测模型，并将此模型运用于三个不同的长期能源需求预测的案例研究中[52]。

1.2.2.2　国内研究现状分析

A　能源需求影响因素研究

经过学者们的不断研究发现，影响能源需求的主要因素包括经济增长、社会发展、产业结构、能源强度、能源价格、能源技术管理水平等，研究的方法一般有部门分析法、能源消费弹性系数法、投入产出法、RRS 能源因素分析法、情景分析法等。

徐博、刘芳（2004）通过运用函数推导的方法证明了我国产业结构中第一产业与工业比重的变化是我国能源消费的主要影响因素[53]。郭菊娥、柴建等人（2008）运用通径分析法分析了经济增长、产业结构、人口、能源消费结构与能源需求之间的关系以及影响，结果表明经济增长、能源消费结构与人口是我国能源消费需求的主要影响因素[54]。揣小伟、黄贤金等（2009）将信息熵、优势度与均衡度等方法引入了能源领域，并引入了人均国内生产总值、第二产业比重、第三产业比重、建筑业比重、科技活动人员数量等 9 个影响因素对能源消费进行了主成分分析，结果表明：产业结构、技术进步、经济发展水平三个因素对能源消费影响最重要[55]。屈小娥、袁晓玲（2009）通过研究不同地区的情况，得出经济增长、产业结构对区域能源需求影响差异较大、能源价格对区域能源需求影响方向相同、固定资产投资增长与区域能源需求呈正相关关系、人口增长对能源需求影响具有显著意义[56]的结论。陈海妹（2009）利用 SAS 统计分析软件建立了河北省能源消费总量与能源产出水平、科技水平、产业结构、人口数量等因素之间的函数模型，得出河北省能源产出水平是能源消费最重要的影响因素，产业结构和科技水平也是影响能源消费的重要因素，但人口数量对能源消费的影响比较小[57]。张粒子、何勇健、葛炬（2012）运用协整理论研究了我国能源需求与其影响因素的长期均衡关系，印证了优化产业结构、大力推进技术进步与创新、提高能源的利用效率是实现"十二五"规划中合理控制能源消费总量目标的必由之路[58]。孟令俊（2013）通过分析得出能源需求主要是由国民经济的发展水平、产业结构、能源需求结构、能源价格、城市化进程、人口数量、技术水平以及政府公布的能源政策导向等多种因素决定的[59]。

B 能源需求预测研究

吕应中（1985）在从我国能源需求预测看能源战略上的几个问题这个课题中，建立了以动态投入-产出方法为核心的能源-经济综合平衡模型，用以进行能源需求的 15～20 年的预测，得出要合理制定社会发展目标、保护能源资源以及改善和保护环境的建议[60]。贺祖琪、王谦、吴加明（1993）建立了囊括部门分析法、人均能耗法、能源消费弹性系数法、重点工业耗能部门分析法和回归分析法的能源需求组合预测模型，并对四川省能源需求进行了定量的预测[61]。林伯强（2001）应用协整理论与误差修正模型进行了分析，发现了能源总消费、能源价格、GDP、经济结构对能源需求影响较大并对我国能源的需求进行了预测[62]。许荣胜（2005）建立了石油消费量与国内生产总值 GDP 之间的双变量灰色系统模型 GM(1, 2)，并运用该模型对我国 2003～2010 年期间的石油消费量进行了预测[63]。魏一鸣、廖华、范英（2007）运用情景分析法对我国"十一五"期间能源需求进行了科学合理的预测[64]。杨肃昌、韩君（2012）运用向量自回归 VAR 模型测算了价格、经济增长、产业结构、人口、能源消费结构、技术进步、城市化和环境政策等因素对能源需求的影响程度和方式，得出了转变经济增长方式、制定科学的城市化发展规划和调整产业结构是我国能源节约的重要途径[65]。张玉春、郭宁、任剑翔（2012）分别运用 ARMA 时间预测模型和 GM（1，1）灰色预测模型对甘肃省的能源需求进行合理的预测，然后又运用组合模型进行预测，结果表明组合模型的预测精度要高于单一模型的预测精度[66]。毕清华、范英、蔡圣华等人（2013）在 Monash 模型的基础上构造了我国能源经济动态一般均衡模型，并分析了 3 种不同情景下我国未来一段时间的能源消费结构、一次能源需求量及 CO_2 排放趋势，为我国相关政策的制定提供了有效的分析工具[67]。陈卫东、朱红杰（2013）采用粒子群优化算法建立了基于影响因素的我国能源需求预测模型，并且通过分析各影响因素对能源需求影响的变化趋势对我国 2011～2015 年的能源需求进行了科学合理的预测[68]。

综上所述，国内外学者分别从能源需求的影响因素与能源需求预测两个方面对能源需求进行了研究，得出能源需求的影响因素一般包括能源结构、经济增长、人口、产业结构等方面，灰色预测模型、时间序列等模型都可以进行能源需求预测，对能源需求的合理预测对于国家能源规划具有一定的意义。

1.2.3 能源供给研究现状

目前中国对煤炭、原油等自然能源过度依赖，为摆脱此种局面，解决环境污染日益严重的问题，中国正在寻求各种举措，包括积极扩大核发电能力，推广再生能源等。在中国原油对外依存度持续扩大的严峻形势下，中国需要制定可再生能源发展的中长期计划，加大可再生能源的生产，达到可再生能源在能源结构中的比例目标，缓解对煤炭及原油的高度依赖，实现节能减排，从而减少日益严重的环境污染。在中国经济高速发展的形势下，加大投资力度发展可再生能源迫在眉睫，如此才能从容面对能源危机，有效解决能源对中国经济持续增长的瓶颈制约问题。因此，了解国内外能源供给的研究现状是明确中国能源供求状态、解决中国能源问题以及正确制订能源规划的依据与基础。

1.2.3.1 国外研究现状分析

Mohamed Gabbasa 等（2013）综述了在伊斯兰会议组（OIC）中的国家的能源供应的不同情况和潜能[69]。Jianliang Wang、Lianyong Feng、Gail E. Tverberg（2013）分析得出对于像中国这样以制造业为基础的国家其经济的继续增长需要适当的廉价能源供应，到目前为止主要来自煤炭，但现在中国本土煤炭的供应量低于这种增长所需的能源量，因此中国煤炭供应的状况对于中国未来经济的发展将是非常重要的，同时在何种程度上中国未来选择进口煤炭还是不确定的[70]。自从 1990 年 Campell 运用了 Hubbert 曲线研究了全球石油产量高峰之后，Hubbert 曲线再度成为研究的热点问题[71]。Werner Zittel（2001）[72]、Alexandre Szklo（2007）[73]采用 Hubbert 理论分别对英国、巴西等地石油供给的趋势做了分析与预测，还有很多学者计算并预测了中东和北非等重要产油区的石油产量趋势[74]。Brenda Shaffer（2013）研究了影响天然气供应稳定性的因素，并且是基于 35 种供应关系以及两个案例的研究，得出关于天然气贸易国家的政治关系只是影响天然气供应稳定性的一个因素[75]。Dominik Most、Wolf Fichtner（2010）提出一种基于模型的方法，它使得可以确定欧盟 15 国在不同政治和经济框架条件下的电力供应的优化结构和操作，重点是可以整合可再生能源进行发电[76]。

1.2.3.2　国内研究现状分析

A　煤炭供给现状研究

毛蕴诗、丁汉鹏（1997）通过研究得出从 20 世纪 80 年代中期以来，煤炭产量在整个能源产量中所占比重保持在 72%以上，并呈现出明显的上升趋势，同时煤炭的供需体制也由计划机制逐步向市场机制转换，并且国家统矿原煤指令生产计划仍高达 80%以上，大大高于水泥、钢材、木材等所占的比重[77]。仲维清、纪成君、张岩（1997）通过研究得出长期以来从总体上看煤炭市场结构呈现出煤炭供给大于需求的趋势，已经使煤炭经济陷入了困难的境地且造成了煤炭资源的浪费，同时这种趋势还有逐渐扩大的苗头，如果任由其发展下去无疑会使煤炭经济进一步恶化，因此提出了煤炭的总供给战略[78]。俞珠峰、王立杰（2005）分析了制约我国煤炭行业发展的影响因素，提出保障我国煤炭行业中长期供应能力的方法，并且对煤炭供应的经济性及合理性进行了科学全面的评价[79]。李营、胡菊莲（2009）建立了煤炭企业的生产与供给的线性规划模型，并引入客户满意度，最后分析了时间约束条件下的煤炭企业生产与供给线性规划模型，并验证了该模型的可行性与时效性[80]。石吉金（2011）构建了煤炭供给政策参与宏观调控的理论框架，并以内蒙古自治区煤炭为例，对其进行了实证检验，提出了提高煤炭政策参与宏观调控有效性的建议[81]。张鹏飞、宋宇辰（2013）从资源可持续利用与循环利用的角度，探讨了煤炭开采过程中的废弃物煤矸石的综合利用方法，提出了煤炭节约的相关建议[82]。张言方、聂锐、王迪（2013）对从 1980~2011 年我国煤炭供给数据运用 HP 滤波法估算出我国煤炭潜在供给及缺口，并建立了 GARCH 模型来检验宏观经济波动与煤炭潜在供给的相关性，从而为政府与煤炭企业提供了了解煤炭市场长期供需发展状况的重要工具[83]。

B　石油供给现状研究

张青、李大东（2000）通过分析世界与我国的石油能源的基本情况，得出我国在 21 世纪的前十年每年的石油生产量将稳定在 1.6 亿~2 亿吨，进口量将稳定在每年 0.5 亿~1 亿吨[84]。杨晓龙、刘希宋（2003）运用灰色系统理论对我国 1991~2000 年原油产量建立了两个灰色预测模型，预测结果表明 GM（1，1）模型预测的我国 2010 年石油供给能力为 1.711 亿吨[85]。闫广宇、国蕾（2009）研究了由于近年来我国石油产量不能满足消费需求导致石油进口量不断地增加，进而石油供给出现了安全问题，得出我国需要采取合理的政策并努力构建自己的石油安全屏障[86]。庄韶辉（2012）通过模型分析，从经济学角度对石油安全进行了进一步的论证[87]。王绍媛、张晓磊、郭强（2013）从企业的视角出发，分析了石油采购联盟对保障民营企业原油供应安全的意义与可行性，并提出了石油采购联盟组建与运营的可行性策略[88]。

C　天然气供给现状研究

S. M. Al-Fattah、R. A. Startzman、贺向阳、周国英（2000）通过分析预测表明，世界天然气产量将在 2014~2017 年期间达到每年 99×10^{12} 立方英尺的高峰，然后以每年 1% 的速率下降，并且得出北美的天然气产量在 1999 年就处于高峰，西欧预计在 2002 年达到高峰，中东国家等地区约占有世界可采气量的 60%，将是未来天然气的主要供给国家[89]。杨冰、张兴平（2010）分析得出美国常规天然气供给只能提供需求量的 43%，出现紧缩的状况，还有天然气需求的 44% 是来自非常规能源，其余的 13% 来自进口[90]。王婷、孙传旺、李雪慧（2012）分析得出近几年来我国天然气消费量增长较快，而且已经成为天然气的净进口国，并且预测我国天然气的产量将在 2018 年附近达到峰值，而在产量达到峰值之后我国将面临大量进口天然气的局面[91]。

D　可再生能源供给现状研究

夏祖璋（1994）根据世界能源资源研究所得出的报告得出太阳能在制氢方面的研究进展将会对世界能源供给系统产生一定的影响[92]。吴丰林、方创琳（2009）构建了我国风能资源开发阶段的指标体系，并进行了主成分分析与分层聚类分析，最终以省为基本尺度将我国风能资源开发利用阶段划分为了优化增长阶段、快速发展阶段、缓慢增长阶段和初始发展阶段[93]。十方（2009）在文中提到日本在《能源白皮书 2009》中指出日本的主要能源供给来源有必要从石油转换为太阳能、核电等非化石燃料[94]。张焰（2013）在文中提到世界能源理事会公布的研究报告得出世界上最可持续的国家电力系统是可实现核电与水电组合的大规模低碳发电[95]。

综上所述，国内外学者对能源供给研究已经做出了杰出的贡献，分别从能源总量供给、煤炭供给、石油供给、天然气供给以及可再生能源供给几个方面进行了科学合理的研究，这为进一步的研究提供了一定的理论基础。

1.2.4 能源预测模型研究现状

通过综合国内外学者对能源预测模型的研究，并且结合我国能源预测模型存在的预测精度不高等方面的不足，本书在能源需求预测方面综合考虑了我国的能源状况、经济发展情况、环境状况和人口状况，构建了我国能源需求预测的系统动力学模型，在能源供给预测方面综合考虑了我国的能源供给总量、煤炭供给量、石油供给量、天然气供给量这几个方面，分别构建了它们的计量经济学模型。

1.2.4.1 系统动力学模型

系统动力学（System Dynamics，SD），也称工业动力学，是一门研究信息反馈系统、认识和解决系统问题的综合交叉学科，由美国的福瑞斯特教授始创于1956 年。起初提出系统仿真方法是用于分析生产管理与库存管理等企业生产问题，其发展先后基本经历了创立阶段、发展阶段、广泛传播应用阶段。

（1）创立阶段。1958 年，福瑞斯特教授发表了一篇名为"工业动力学——决策的一个重要突破口"的文章，首次介绍了工业动力学的一些理论，将工业动力学的概念引入了学术界。1968 年，福瑞斯特教授出版了《Principles of Systems》一书，书中具体说明了系统的分析、决策、预测具有的普遍性与广泛应用性。到20 世纪70 年代，工业动力学原理主要用以解决城市衰退、经营管理规划等问题。随着计算机技术的不断发展，DYNAMO 系统软件开始产生，并开始用于一系列复杂系统问题的计算机模拟仿真，这为工业动力学的发展与应用做出了较大的贡献。

（2）发展阶段，其标志性的事件与成果是专家学者建立的一系列世界模型。1970 年，国际学术组织罗马俱乐部的成员为了进行"人类的困惑"课题的研究提出了建立世界模型的任务，主要是为了解决日渐枯竭的资源与人口增长之间的关系问题，并在此后，Forrest 教授与 Dennis Meadows 教授先后建立了 WORLD Ⅱ与 WORLD Ⅲ两种世界模型。之后，世界模型在全世界范围内开始不断地被使用，同时系统动力学的思想不断地得到了发展并走向了成熟阶段，世界模型主要是用于研究人口、自然资源、环境污染等各种因素之间的相互关联和作用的结果。Ezra S. Krendel（1971）运用了系统动力学的思想，建立了快速反映城市生活质量的指标系统[96]。

（3）传播应用阶段。随着计算机技术与系统动力学思想的不断发展与广泛传播，系统动力学不断被应用于能源、经济、环境、社会、项目管理、学习型组织、物流与供应链等各种科学领域中。Antuela A. Tako 等人（2012）将离散事件模拟与系统动力学模型都应用于物流与供应链管理的决策支持系统中，研究表明两个模型工具的应用存在一定的不同[97]。

20 世纪 80 年代后，上海复旦大学管理学院的王其藩教授等学者将系统动力学的思想引入了我国。王其藩长期以来对复杂大系统综合动态分析与模型体系的理论与应用进行了潜心研究，并取得了一定的成果[98]。胡玉奎（1984）仔细分析了系统动力学思想以及其对社会经济系统研究的一定贡献[99]。21 世纪以来，我国一些学者开始对不同的领域建立了系统动力学模型，为系统动力学在我国的应用做出了较大的贡献。佟贺丰等人（2010）构建的系统动力学模型对我国未来 20 年水泥行业的产量、能源消费、CO_2 排放等指标进行了预测与分析[100]。赵道致等人（2011）通过分析农产品加工业与地区经济发展机制之间的关系，建立了基于农产品加工业的地区经济发展的系统动力学模型，并利用该模型仿真了山东省莱阳市的经济体系的动态过程[101]。宋宇辰、王贺等人（2015）在系统动力学研究的基础上，提出了能源系统动力学的概念，分析了系统动力学模型在能源领域的广泛应用，并在此基础上提出了大数据研究与系统动力学相结合的构想[102]。

1.2.4.2　灰色系统预测模型

灰色系统理论是由我国学者邓聚龙于 1982 年创建的，该理论以较少的样本作为研究对象，通过对相关样本信息进行挖掘从而提取出有意义的规律。灰色系统预测模型的建模过程是先对原始数据序列进行一次累加从而生成规律性较强的新序列后再建模，由模型得出的数据进行逆处理得到还原模型，最后通过还原模型得出预测模型。灰色预测模型是对含有不确定性因素的系统进行预测的模型，它适用于信息贫乏条件下的分析预测，优点是负荷数据要求少、不需要考虑分布规律和变化趋势、短期预测精度较高、易于检验。我们通常使用的是 GM(1，1)模型，它是只有一个变量的单序列一阶线性动态模型。用 GM(1，1)模型对动态数据进行处理时，有时可以得到较好的预测结果，有时预测结果会出现偏差。

孔锐、储志君[103]（2010）运用 GM(1，1)模型分析了我国 1985～2008 年的石油需求数据，并预测了未来五年的石油需求量，结果表明石油需求将持续上升，而且增幅比较稳定。李柏洲、罗小芳、李博（2011）[104]通过研究分析得出 GM(1，1)模型是消除数据的主观统计误差与矫正数据的分布规律的有效统计分析工具，它与计量经济学模型的有效结合是对传统计量经济学模型的改进，更能精确地反映出变量之间的关系。

1.2.4.3　回归预测模型

回归预测模型是解决预测变量与一个变量或者是一组变量之间依存关系的模型，它主要依据变量之间的因果关系来进行预测。在回归分析模型中，将自由变化的量称为自变量或解释变量，将受自变量变化的量称为因变量或者被解释变量。回归分析模型对数据的要求比较宽泛，可以是时间序列数据、横断面数据，也可以是相邻两个数据间的时间间隔不等的广义时间序列数据[105]。回归分析模型的基本思想是：首先找出解释变量和被解释变量间的近似函数关系作为回归方程式，然后再根据该方程式求出被解释变量的预测值。回归分析一般可以分为线性回归、非线性回归和 Logistic 三种。

（1）一元线性回归是研究两个变量依存关系的统计方法，由英国统计学家高尔顿在研究父子身高的关系时首次提出的。

（2）曲线回归又称非线性回归，主要是以最小二乘法来分析变量在数量变化上的规律和特征的方法，是表示变量间呈现曲线关系的回归分析的方法。当两个变量间呈现不出明显的线性关系时，可以尝试使用曲线回归模型进行分析。曲线回归模型主要包括二次曲线模型、三次曲线模型、对数曲线模型、指数曲线模型、幂曲线模型等。

（3）Logistic 回归的自变量既可以是连续的，也可以是分类的，其主要应用在流行病学中，常用来探索某些疾病的危险因素，进而预测某些疾病发生的概率等。

1.2.4.4　组合预测模型

组合预测理论是由 Bated 和 Granger 首次于 20 世纪 60 年代提出，采用两种或两种以上不同的预测方法对同一个对象进行预测，它通过综合各种单一预测方法所提供的信息从而可以达到提高模型预测精度的目的，而且实践表明组合预测模型的预测精度通常高于任何单一预测模型的精度。熊国强、刘海磊（2007）[106]通过结合灰色 GM(1，1) 模型所需数据信息少、计算方法简单的优点和 BP 神经网络较强的非线性映射能力的特性，综合运用了最优组合法和非最优组合法，最终得到了预测精度高且较实用的两种组合预测模型。宋宇辰、甄莎等人（2013，2014）首先使用 BP 神经网络模型与时间序列模型预测了包头市大气质量指数，并在此基础上研究了资源型城市能源、环境、经济、人口系统的可持续发展[107]。陈黎明、傅珊（2013）[108]选取我国 1985~2010 年间的 GDP 数据作为样本，分别拟合了灰色预测模型、回归组合模型和双指数平滑模型，研究结果表明组合预测模型在统计的数据准确性检验中具有较高的实用价值。纵观国内外研究，组合预测模型主要分为定权重组合预测模型和变权重组合预测模型。

（1）定权重组合预测模型研究比较早而且权重确定方法比较成熟，但预测精度较差。定权重组合预测方法一般分为两种：一种是比较几种预测方法，选择拟合优度最佳或标准离差最小的预测模型作为最优模型进行预测；另一种是将几种预测方法所得的预测结果，选取适当的权重进行加权平均的预测方法。

（2）虽然变权重组合预测模型起步较晚，且权重的确定方法一直处于研究阶段，而且变权重组合预测方法应用得还比较少，但是国内外一些学者通过研究得出变权重组合预测模型的预测精度明显高于定权重组合预测模型。

1.2.5　综述小结

通过对上述前人研究成果的学习、归纳与总结，可以得出以下几点认识：

（1）国内外学者分别对能源与经济增长、能源与环境、能源与人口关系的研究已经取得了一定的成果，而且正在不断地对已有的评价方法和理论基础进行优化改进，并得出能源消费以及结构的变动都会对经济产生不同程度的影响，能源消费对经济增长具有一定的促进作用；煤炭、石油等自然资源在开发利用方面都会对环境产生一定程度的破坏；人口的数量、增长速度、城镇人口比例等因素对能源的消费具有比较大的影响。这对研究能源-经济-环境-人口整个系统的运行提供了一定的理论基础。

（2）研究能源需求与经济的预测模型有很多，通常包括时间序列模型、灰色预测模型、回归预测模型、神经网络预测等，而且我国早期的能源经济模型大都停留在能源、经济这两个方面，对人口、环境方面的考虑较为欠缺，将系统动力学模型运用于综合分析能源、经济、环境、人口方面的研究则比较少。而且系统动力学是一种定性分析与定量分析相结合，以仿真实验为基本手段，以计算机为基本工具的方法。因此通过建立系统动力学模型在计算机上实现对能源-经济-环境-人口真实系统的仿真实验来研究它们四个系统之间的动态关系是比较合适的。

（3）国内外学者在能源总量供给、煤炭供给、石油供给以及可再生能源供给几个方面已经进行了科学合理的研究，并在能源供给的预测方法研究方面已经取得了较大的成果，但存在着预测结果与实际偏差较大的现象，这个方面仍存在着不足，并为以后的进一步研究提供了改进的空间。

1.3　上篇主要研究内容

上篇主要尝试应用经济学、系统动力学的观点、计量经济学中的灰色预测、曲线回归等基本理论，围绕建立中国能源供求预测模型这一目标进行研究。首先，对能源经济、环境、人口以及能源供求的相关理论和各种预测方法进行详细的研究，广泛地阅读国内外的相关文献；其次，对我国的能源需求现状进行分析，得出影响我国能源需求的主要因素，运用系统动力学的方法构造能源-经济-环境-人口的系统模型并进行相关的需求预测；再次，分别运用灰色预测模型、曲线回归模型、定权重组合预测模型和变权重组合预测模型对我国的能源供给进行预测分析；最后，得出我国的能源供求预测的相关结论并给出我国能源经济发展的相关建议。研究技术路线如图 1.1（a）所示。

上篇在能源供求的相关理论和预测模型的基础上，结合我国能源、经济、环

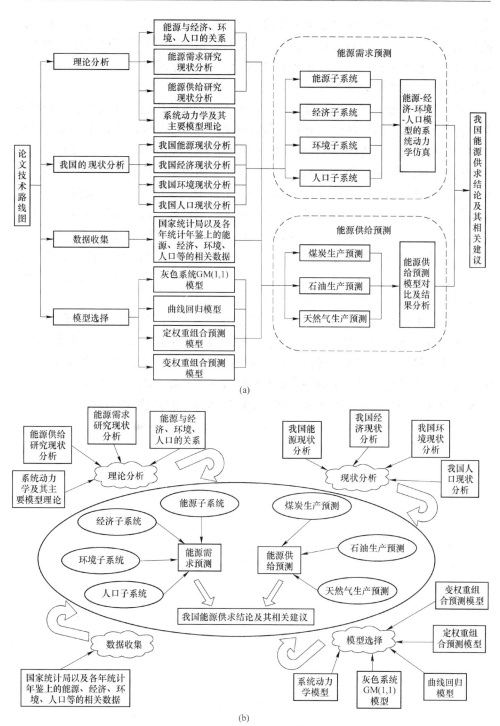

(a)

(b)

图 1.1　研究技术路线（a）和研究内容框架（b）

境、人口的发展现状，建立了中国能源-经济-环境-人口系统动力学模型，对我国能源消费总量进行了仿真分析，运用变权重组合预测模型对我国的主要能源生产总量进行了预测分析，最后分析了到 2030 年中国能源消费量与生产量的缺口及其影响因素。研究内容框架如图 1.1（b）所示。

首先，对能源、经济、环境、人口各子系统的指标构成情况进行了分析与预测，得出了系统动力学流图与方程，并对中国能源-经济-环境-人口系统动力学模型进行了仿真模拟，得出了到 2030 年的中国能源、经济、环境、人口的预测结果。然后，通过运用灰色系统的 GM（1，1）预测模型、曲线回归预测模型、定权重组合预测模型和变权重组合预测模型分别对中国煤炭、石油、天然气生产总量进行预测分析，得出变权重组合预测模型的预测精度最高，煤炭产量所占的比重仍然最大，其次依次为水电、核电、天然气、石油，其中天然气、水电、核电产量所占比重保持增长的趋势，煤炭、石油产量所占比重则延续下降的趋势。最后，分析了 2013~2030 年中国能源消费量与生产量的缺口，并从经济增长速度、产业结构、能源消耗强度三个方面分析了对能源缺口的影响。

根据以上研究结论，提出我国应加大优化产业结构调整的力度，降低工业、建筑业所占比重，大力发展第三产业，在确保我国经济发展的同时，保障我国能源的可持续供应，从而实现经济与能源的协调发展。通过加快技术进步的速度，降低各行业的能耗强度，从而提高能源利用效率，能源的消费量和生产量缺口就会大幅度地下降，这是能源实现长期稳定可持续发展的必然战略选择。

2 中国能源-经济-环境-人口发展现状分析

随着我国经济的快速发展、人口的不断增长，不仅对能源的依赖性逐渐增强，同时也给我国的生态环境带来了较大的负面影响。与此同时，能源需求的不断增加以及出现的不同程度的能源供需矛盾反过来又对我国经济的持续发展产生了一定的阻碍作用，逐渐出现的各种环境污染问题也会增加我国的经济发展成本。由此可见，能源、经济、环境、人口之间存在着相互影响、相互制约的关系，要想实现人类社会的可持续发展道路，必须要协调我国能源、经济、环境、人口四者之间的关系。这就需要清楚了解我国目前的能源供需状况、经济的发展进程以及面临的挑战，同时还要弄明白二氧化碳、二氧化硫等环境污染问题以及我国人口的发展态势和面临的问题。

2.1 中国能源发展分析

我国作为当今世界上的能源、经济发展大国之一，其能源供应的持续增长为经济社会的不断发展提供了重要的能源支撑，其能源消费的快速增长为世界能源市场创造了宽广的发展空间。我国已经逐渐发展成为了世界能源市场不可或缺的重要组成部分，对维护全球的能源安全将发挥着越来越重要的积极作用。

2.1.1 中国能源的基本情况

我国作为世界能源大国之一，既拥有较丰富的化石能源，也拥有充足的太阳能等可再生能源。其中，煤炭探明可采储量约占全世界的13%，油页岩、煤层气等非常规化石能源储量也很多，蕴藏的水力资源相当于全世界水力资源量的12%。但是，与此同时也存在一定的问题，比如人均能源占有量较低、能源资源分布不均匀、能源开发难度大、能源开发成本高、环境破坏程度大等，这说明能源既是我国发展的强有力优势，也是我国的一大难题，需要不断地研究新的技术和设备并妥善处理能源与环境方面的问题，这样才能实现我国能源的可持续发展。

2.1.1.1 能源生产现状

我国能源生产总量主要由原煤、原油、天然气、水电、核电、风电组成，表2.1为1995~2012年我国能源生产总量及其构成，图2.1为1995~2012年我国能源生产总量及其结构。

表 2.1　1995～2012 年中国能源生产总量及其构成

年份	能源生产总量 /万吨标煤	原煤比重 /%	原油比重 /%	天然气比重 /%	水电、核电、风电比重 /%
1995	129034	75.3	16.6	1.9	6.2
1996	133032	75.0	16.9	2.0	6.1
1997	133460	74.3	17.2	2.1	6.5
1998	129834	73.3	17.7	2.2	6.8
1999	131935	73.9	17.3	2.5	6.3
2000	135048	73.2	17.2	2.7	6.9
2001	143875	73.0	16.3	2.8	7.9
2002	150656	73.5	15.8	2.9	7.8
2003	171906	76.2	14.1	2.7	7.0
2004	196648	77.1	12.8	2.8	7.3
2005	216219	77.6	12.0	3.0	7.4
2006	232167	77.8	11.3	3.4	7.5
2007	247279	77.7	10.8	3.7	7.8
2008	260552	76.8	10.5	4.1	8.6
2009	274618	77.3	9.9	4.1	8.7
2010	296916	76.5	9.8	4.3	9.4
2011	317987	77.8	9.1	4.3	8.8
2012	331848	76.5	8.9	4.3	10.3

资料来源：1996～2013 年中国统计年鉴。

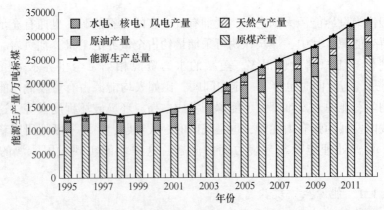

图 2.1　1995～2012 年中国能源生产总量及其结构（资料来源：作者整理）

从表2.1和图2.1并通过计算可知，我国能源生产总量从1995年的12.9亿吨标煤增长到了2012年的33.2亿吨标煤，呈现逐步上升的趋势，增长了1.57倍。但是我国以煤为主的能源结构仍然没有改变，其中原煤产量由1995年的9.7亿吨标煤增长到了2012年的25.4亿吨标煤，所占比重保持在73%到78%之间，仍然为我国的主导能源。石油产量的上升幅度较小，从1995年的2.14亿吨标煤增长到了2012年的2.95亿吨标煤，但其所占比重却呈现出了下降的趋势，从1995年的16.6%先上升到1998年的17.7%，但2000年以后就开始不断下降，截至2012年减少到了8.9%。天然气产量由1995年的0.25亿吨标煤增长到了2012年的1.43亿吨标煤，其所占比重由1.9%增长到了4.3%，且2010~2012年三年期间比重保持4.3%没有发生变化，其比重虽然在不断提高，但仍然处于严重偏低的状态。水电、核电、风电所占的比重虽然比天然气的比重大，但这种清洁能源所占比重仍然较低，到2012年才突破10%达到了10.3%，比1995年仅增长了4.1个百分点。

2.1.1.2 能源需求现状

我国既是能源资源的生产大国，也是能源资源的消费大国，主要的能源消费种类有煤炭、石油、天然气以及水电、核电、风电等。图2.2为我国1995~2012年的能源消费总量及其结构。

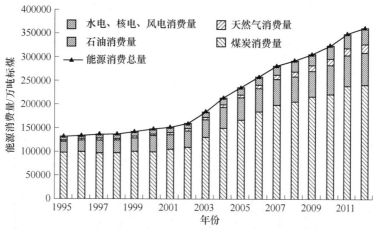

图2.2 1995~2012年中国能源消费总量及其结构（资料来源：作者整理）

从图2.2可知，我国能源消费总量从1995年的13.1亿吨标煤增长到了2012年的36.2亿吨标煤，呈现逐步上升的趋势，增长了1.76倍，但是我国以煤为主的能源消费结构仍然没有改变，其中煤炭消费由1995年的9.79亿吨标煤增长到了2012年的24.1亿吨标煤，但所占比重却从1995年的74.6%下降到了2012年的66.6%，煤炭消费比重的变化说明我国的能源消费结构正在发生一定的变化，但煤炭目前仍然为我国的主要消费能源。石油消费量从 1995 年的 2.3 亿吨标煤增长到了 2012 年的 6.8 亿吨标煤，其所占比重保持在 17.5% 到 22.3% 之间，1997~2004 年期间其所占比重一直保持在 20% 以上，从 2005 年开始低于 20%，截至 2012 年石油所占的比重为 18.8%。天然气消费量由 1995 年的 0.24 亿吨标煤增长到了 2012 年的 1.88 亿吨标煤，其所占比重由 1.8% 增长到了 5.2%。水电、核电、风电的消费比重虽然比天然气的消费比重大，但这种清洁能源在能源消费中所占的份额仍然较低，1995~2012 年仅增长了 3.3 个百分点，说明我国在清洁能源方面的消费仍然较少，政府应该适当地对清洁能源的消费者实行一定的补贴等，从而降低消费成本，以达到保护环境的长远效益。

　　图 2.3 和图 2.4 从产业结构角度对我国 2000~2011 年的能源消费情况进行了描述，可以得出第一产业即农林渔牧业的能源消费量虽然从 2000 年的 0.39 亿吨标煤增加到了 2011 年的 0.69 亿吨标煤，但其占能源消费总量的比重却从 2000 年的 2.7% 逐渐下降到了 2011 年的 1.9%，十年期间总共下降了 0.8 个百分点。第二产业即工业和建筑业的能源消费量从 2000 年的 10.6 亿吨标煤增加到了 2011 年的 25.2 亿吨标煤，其占能源消费总量的比重最大，且一直保持在 73% 左右，可见十年时间内虽然第二产业的能耗比重没有上升但也没有下降，这对于我国能源的可持续发展具有一定的阻碍，需要采取一定的措施去降低第二产业的能耗量。对于第三产业而言，能耗量从 2 亿吨标煤增加到了 2011 年的 5.2 亿吨标煤，其能耗比重从 13.8% 上升到了 14.8%，十年总共上升了 1 个百分点。2000~2011 年期间，生活能耗基本保持在 10.7% 左右，并没有太大的变化趋势。

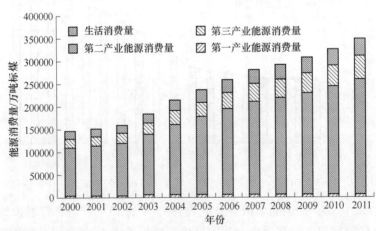

图 2.3　2000~2011 年中国各产业能源消费量（资料来源：作者整理）

　　由此可见，各产业的能源消费变化与其经济结构的变化是基本保持一致的，要想实现我国能源的可持续发展，就必须采取一定的措施提高能源的利用效率，降低第二产业的能源消费量，这样才能保证我国能源的持续健康发展。

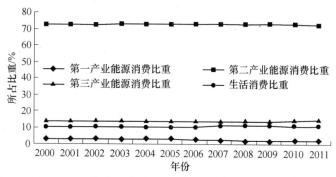

图 2.4　2000~2011 年中国各产业能源消费量占能源消费总量的比重

（资料来源：作者整理）

2.1.1.3　能源供需现状

虽然我国的能源近十年已经取得了很大的成就，但不可忽视的是我国能源供需的缺口正在不断的增大，如表 2.2 所示，我国能源供需缺口总量从 1995 年的 2142 万吨标煤增长到了 2000 年的 10483 万吨标煤，1998 年达到了最大的缺口增长率为 159%，2001 年下降了 38%，减少到了 6531 万吨标煤，然后从 2002~2007 年基本保持 30% 左右的增长率，并在 2007 年达到了 33229 万吨标煤的最大能源供需缺口总量，随后的 2008~2012 年虽然有所下降，但下降趋势不明显，截至 2012 年下降为 29884 万吨标煤。

表 2.2　中国主要能源的供需缺口（缺口 = 需求量 - 供给量）

年份	能源供需缺口/万吨标煤	煤炭供需缺口/万吨标煤	石油供需缺口/万吨标煤	天然气供需缺口/万吨标煤	水电、核电、风电供需缺口/万吨标煤
1995	2142	694.69	1536.16	-90.48	1.63
1996	2160	-407.88	2798.50	-227.18	-3.43
1997	2449	-2121.75	4770.32	-356.30	23.28
1998	6350	1386.13	5345.65	-405.04	23.25
1999	8634	1741.75	7397.58	-487.00	-18.33
2000	10483	1852.32	9079.63	-444.61	-4.33
2001	6531	-2301.45	9336.88	-418.76	-85.68
2002	8775	-2319.08	11749.47	-542.68	-112.71
2003	11886	-2705.56	14725.16	-46.66	-86.94
2004	16808	-3263.69	20295.18	-169.74	-53.75
2005	19778	-700.07	20781.13	-350.65	47.59
2006	26509	3292.71	23689.60	-392.07	-81.23
2007	33229	7305.40	26029.37	107.44	-213.22
2008	30896	4784.01	25977.02	127.00	-18.09
2009	32028	3599.00	27702.53	699.85	26.61
2010	28023	-6479.14	32640.64	1826.84	34.65
2011	30015	-9360.52	35791.56	3726.66	-142.70
2012	29884	-12950.2	38471.14	4540.60	-177.54

资料来源：作者整理。

对于煤炭而言，其供需缺口从 1995～2012 年在供需平衡附近呈现波动的趋势，在 2007 年达到了 7305.4 万吨标煤的最大缺口，煤炭作为我国的支柱性能源，它出现的供不应求的问题应该引起重视，进而从根源上解决其出现的问题，但从 2008 年开始缺口不断下降，截至 2012 年，出现了供过于求的状况，且达到了 12950.2 万吨标煤的盈余量。

石油供需缺口从 1995 年的 1536.16 万吨标煤增长到了 2012 年的 38471.14 万吨标煤，基本与能源缺口总量保持一致，可见石油短缺是引起我国能源缺口最大的根源。天然气的缺口从 1995 年的供给量大于需求量发展到从 2007 年开始出现需求量大于供给量的趋势，并且在 2012 年达到了 4540.6 万吨标煤的缺口，可见我国对于天然气的需求不断增加，但是供给没有满足不断增长的需求的趋势，导致出现了供不应求的局面。水电、核电、风电的缺口在供需平衡附近呈现波动的趋势，这与电力不可存储的特性保持一致，即即产即消。

由此可见，我国重要能源不断出现的供不应求的局面即将对我国经济的发展产生一定的影响，其中石油的缺口最大，基本与能源的缺口总量保持一致，煤炭则在供需平衡附近波动，但其陆续出现的不平衡问题也应该引起足够的重视，能源、煤炭、石油的供需缺口情况如图 2.5 所示。

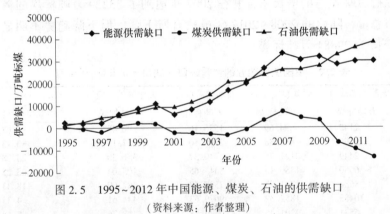

图 2.5　1995～2012 年中国能源、煤炭、石油的供需缺口

（资料来源：作者整理）

2.1.2　中国能源发展面临的挑战

随着我国经济的快速发展以及城镇化与工业化进程的加快，对于能源的需求不断增长，然而能源结构不合理、能源供不应求、能源效率较低、新能源所占比例较少等问题是构建经济稳定、安全、环保的新型能源供需体系所面临的重大挑战。

（1）我国以煤为主的能源消费体系，不仅使我国能源结构不合理，也对我国环境造成了巨大的压力。煤炭作为我国的主要能源，其相对落后的生产与消费方式，以及煤炭既是造成烟尘、二氧化硫等大气污染的主要原因，也是温室气体排放的主要来源，这些问题给我国的生态环境带来了巨大的压力。这种状况持续下去将加大我国对于环境保护的压力，同时这种不协调的能源结构对经济的平稳发展也起到了一定的阻碍作用。

（2）虽然我国能源近十年已经取得了很大的成就，但不可忽视的是我国能源供需的缺口正在不断增大。由于我国的优质能源资源相对匮乏，能源分布不均匀，且能源利用效率偏低，这严重制约了我国能源供应能力的提高。同时因为我国能源结构的不合理、能源技术水平较低以及能源管理制度水平的相对落后，导致单位国内生产总值能耗、单位主要产品能耗等指标高于其他发达国家的平均水平，这也进一步加剧了我国能源的供需矛盾。我国重要能源不断出现的供不应求的局面将对我国经济的发展产生较大的影响，其中石油的缺口最大，基本与能源的缺口总量保持一致，煤炭则在供需平衡附近波动，但其陆续出现的不平衡问题也应该引起足够的重视，这将是构建我国新型能源体系的一大障碍。

（3）水能、风能等清洁能源，太阳能等新能源在我国能源结构中所占的比重较少。随着经济的不断发展以及新能源的技术不断提升，我国以及世界范围内对于新型清洁能源的开发和使用开始更加重视。比如，我国地质部门 2009 年在青藏高原发现了名为可燃冰的环保新能源。可燃冰是天然气和水在高压、低温条件下混合而成的一种固态物质，它具有燃烧值高、清洁无污染等特点，是公认的尚未开发的新型能源，我国发现的可燃冰储量至少相当于 350 亿吨石油。因此，应该大力加强对于清洁新能源的不断开发与利用，这样才能早日完善我国的能源体系。

由此可见，我国能源发展方面仍然面对较多的挑战，同时对于石油等化石储备不足、能源勘探开发秩序不规范、能源监管体制不健全以及应对能源供应中断和重大突发事件的预警应急体系等方面仍有待进一步完善和加强。只有不断解决这些挑战，同时尝试在清洁新能源方面的不断突破，才能早日实现构建经济稳定、安全、环保的新型能源供需体系的目标。

2.2 中国经济发展分析

改革开放三十多年来，我国的国内生产总值不断增长，人民生活水平逐渐提高，同时赢得了在世界上举足轻重的地位，然而也面临了一定的挑战。

2.2.1 中国经济的基本情况

随着我国改革开放以来的不断发展，我国的国内生产总值和人民生活水平有了突飞猛进的增长，到 2012 年，我国的国内生产总值 GDP 达到了 518942 亿元人民币，增长率达到了 7.7%。相比于 20 世纪 50、60 年代，我国经济实现了飞速的发展。改革开放初期，1980 年我国的国内生产总值达到了 3015 亿美元，位居世界第八位，当时进入世界"万亿美元俱乐部"的国家只有美国和日本，但这对于我国来说已经取得了不错的成绩。到 1990 年，我国的国内生产总值为 3878 亿美元，由于当时人民币的大幅贬值导致我国世界排名下降了两位。进入 21 世纪后，2000 年我国 GDP 达到了 11928 亿元，位居第六位，并成功成为了世界"万亿美元俱乐部"七位成员之一。到 2006 年，我国 GDP 达到了 27873 亿美元，超过了英国，成为了世界第四大经济体。截至 2011 年，我国以 73011.09 亿美元的国内生产总值超过了日本，位居世界第二，成为了继美国之后的第二大经济体。图 2.6 为 2000~2012 年我国各产业产值、国内生产总值（见左坐标轴）以及其增长率（见右坐标轴），图 2.7 为 2000~2012 年我国各产业产值占国内生产总值的比重。

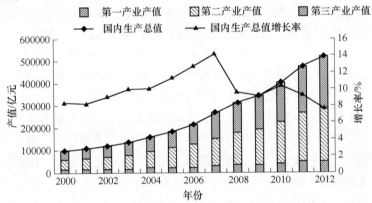

图 2.6　2000~2012 年中国各产业产值、国内生产总值以及增长率（资料来源：作者整理）

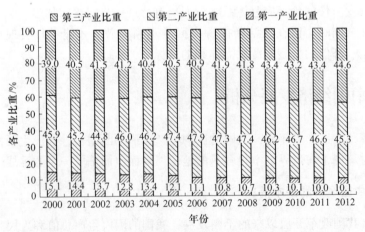

图 2.7　2000~2012 年中国各产业产值占国内生产总值的比重

（资料来源：作者整理）

由图 2.6 和图 2.7 可以发现，从 2000~2012 年期间，国内生产总值以及各产业产值都保持增长的趋势。国内生产总值从 2000 年的 99215 亿元增长到了 2012 年的 518942 亿元，其增长率在 2000~2007 年期间一直保持上升的趋势，且在 2007 年达到 14.2% 的峰值，从 2007 年的 14.2% 到 2009 年的 9.2% 出现了一定程度的下降，但在 2010 年回升到了 10.4%，随后的两年，增长率又开始下降，到 2012 年下降到了 7.7%，达到了 2000 年以后的最低增长率。对于第一产业来说，其产值从 14945 亿元增长到了 2012 年的 52374 亿元，其占国内生产总值的比重出现了一定程度的下降，从 2000 年的 15.1% 逐渐下降到了 2012 年的 10.1%。第二产业的产值到 2012 年达到了 235165 亿元，基本与第三产业的 231407 亿元持平，第二产业产值占国内生产总值的比重从 2000 年的 45.9% 上升到了 2006 年的 47.9%，从 2007 年开始有所下降，到 2012 年下降到了 45.3%。然而对于第三产业来说，基本保持上升的趋势，从 2000 年的 39% 上升到了 2012 年的 44.6%。第三产业所占比重的不断上升说明我国的经济发展结构正由"二三一"逐步向"三二一"模式发展。

虽然我国的国内生产总值已经取得突飞猛进的增长，但我国人均 GDP 仍然比较低，且在世界上的排名仍与发达国家无法比拟。但较 1980 年的人均 252.4 美元以及 145 位的排名已经有了很大程度的增长，截至 2012 年，我国人均 GDP 已经增长到了 5432 美元，与此同时排位上升了 58 位，达到了第 87 位的排名，但与排名第一的卢森堡的人均 122272 美元相比，仍存在相当大的差距。图 2.8 为 2000~2012 年我国人均国内生产总值（见左坐标轴）及其增长率（见右坐标轴）。

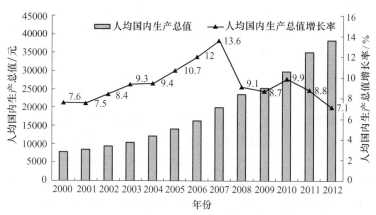

图 2.8　2000~2012 年中国人均国内生产总值及其增长率（资料来源：作者整理）

从图 2.8 可以看出，2000 年以后我国的人均 GDP 基本呈现出了指数式的增长，从 2000 年的 7858 元增长到了 2012 年的 38420 元，其增长率的变化趋势基本与我国 GDP 增长率的变化趋势保持一致，从 2000 年的 7.6% 到 2007 年期间一直保持上升的趋势，且在 2007 年达到 13.6% 的峰值，从 2007 年的 13.6% 到 2009 年的 8.7% 出现了一定程度的下降，但在 2010 年回升到了 9.9%，随后的两年，增长率又开始下降，到 2012 年下降到了 7.1%，达到了 2000 年以后的最低人均 GDP 增长率。由此可见，我国国内生产总值的提高不一定能真正代表我国的总体经济水平，仍需要继续努力，不断地提高人均国内生产总值，才能不断地达到发达国家的水平。

2.2.2　中国经济发展面临的挑战

虽然我国的经济相比 20 世纪有了突飞猛进的发展，国内生产总值排名跃居世界第二，但仍面临着很多的挑战和难题，只有不断地解决这些难题，才能实现更好的发展。

（1）人口挑战。这是一个最根本的也是极具挑战性的难题，由于我国人口基数大、老龄化问题严重、就业压力大、人口的区域分布不均匀、人口流动较大等，这将会对我国经济的发展产生一定的影响。而且目前虽然我国国内生产总值在 2012 年排名世界第二，但是人均国内生产总值排名仍相当靠后，位居第 87 位。因此，如果人口问题处理不当，不仅会影响目前我国已经取得的经济成绩，还会影响经济结构的调整问题，而且还将对我国未来的经济发展产生一定的影响。

（2）能源资源挑战。随着经济的不断发展，我国经济发展面临的能源压力将会进一步加大。由于我国国内生产总值已经较高、人民生活水平的标准也在不断提高，要继续保持目前的经济增长速度，就需要提高对能源资源的需求以及需要较多的能源资源消费保障。同时，受能源资源价格因素的影响，能源资源的成本压力也将会越来越大。这些问题都将对我国经济发展的后盾保障产生一定程度的阻碍，需要合理处理我国能源资源与经济发展之间的关系，才能实现稳步的可持续的经济发展。

（3）环境挑战。环境方面的一系列问题一直是影响我国全面发展的一大瓶颈，由于我国处于工业化与城市化的发展时期，第二产业作为我国的主导产业，其在生产环节对大气、土壤、河流等造成的环境压力很难得到遏制以及较快程度的治理，同时随着人民生活水平的不断提高，生活方面对环境造成的压力也在不断增加。环境方面的问题不仅会影响人民的生活质量，还会加大我国的经济投入成本，对我国经济的发展具有一定的阻碍作用。

（4）产业结构挑战。产业结构不仅是决定我国经济增长方式的重要因素，同时也是体现国民经济整体素质、衡量经济发展水平的重要标志。目前我国的产业结构为"二三一"模式，因此需要制定与市场机制相协调的产业政策、一定程度上控制高能耗与高污染产业的发展、鼓励培养自主创新等，从而推动产业结构向"三二一"模式调整，最终达到促进我国经济发展的目的。

由此可见，我国经济发展面临着各方面的挑战，这就需要我们不断地分析目前我国的经济情形，同时采取一定的政策和措施加快转变经济发展方式，才能提高我国的国际竞争力，促进我国经济的长期平稳发展。

2.3 中国环境发展分析

能源在开采、炼制、生产以及消费过程中，必然会产生大量的有害气体与固体废弃物，严重影响着大气、土壤、水等环境质量并造成严重的污染。能源产业的相关化石能源的产量与其排放的二氧化硫等废气、固体废弃物有着直接并重要的联系，工业废气、废固的排放主要集中在采矿、煤炭、冶金、化工等相关行业，尤其是煤炭行业所产生的废气、废固较多，其固体废弃物大约占一半左右，大部分矿业城市的工业废固较多，污染也相对比较严重，许多煤炭城市的煤矸石堆积如山，空气质量相对较差，酸雨现象较为严重。

能源生产的相关行业，主要包括煤炭、石油加工业以及炼焦业和电力煤气等行业，在能源的生产过程中会排放出大量的废水，会对大量的海洋、河流等水体产生严重的污染，而且污染物质的排放量情况与这些能源的生产数量趋于一致，说明能源生产与我们的水环境污染有着密切的关系。煤炭、石油等化石能源在其开采、炼制、运输以及使用消费过程中，原煤、原油以及各种制品进入水环境而造成一定程度的污染。煤炭在其开采的过程中所进行的排水疏干操作会对地下水资源产生一定程度的破坏和污染，与此同时，大量未经处理的含有岩粉、煤粉以及一些其他污染物的矿井的外排又会对矿区及其周边环境造成影响。在原煤进行入洗的操作过程中，由于排放出大量的煤泥水，会对周边的土壤植被以及河流水系造成不同程度的污染和破坏。同样的情况也发生在石油的开采、炼制、储运、使用过程中，石油对海洋、河流等水环境的污染，主要来自炼油厂、石油化工厂排放出的废水，油船事故，各种机动船含有的废水，石油开采事故造成泄漏的石油等情况。石油以及其衍生品进入海洋、河流等水体后，可发生一定的复杂的化学变化和物理现象，如蒸发、溶解、扩散、乳化、光化学氧化、形成沥青块等，会影响海洋、河流等的水体质量以及水生生物的生存。

尽管化石能源的消费与生产对我们赖以生存的大气、水、土壤以及自然生态环境都会产生一定程度的影响，但是从我国目前所存在的环境问题来看，最主要的还是大气环境方面的问题，即能源在生产以及消费过程中所产生的二氧化碳对全球气候变化的影响问题以及产生的二氧化硫对大气的污染问题，这都是我们应该重点关注以及加强治理的方面。

2.3.1 中国二氧化碳的排放情况

根据国际能源机构公布的数据，从图2.9中可以发现，1990~2012年中国二氧化碳排放量从22.44亿吨增加到99亿吨，占世界排放量的比重从11%增加到29%。1990~2012年我国的二氧化碳排放量大致经历了这几个阶段：从1990~1996年，这一阶段二氧化碳排放量低速增长，由22.44亿吨上升至31.96亿吨，平均增长速度为6.09%；从1997~2002年，这一阶段二氧化碳排放的增长速度相对平缓，二氧化碳排放量由31.33亿吨上升至33.47亿吨，平均增长速度为0.83%；从2003~2006年，这一阶段二氧化碳增速较快，由38.72亿吨上升至56.49亿吨，平均增长速度为14.03%，但是2006年有所缓和，增长速度降为10.59%；从2007~2012年，二氧化碳增速较快，由60.76亿吨上升至99亿吨，但是2012年出现了近几年中的最低增长速度，增长速度降为3%。

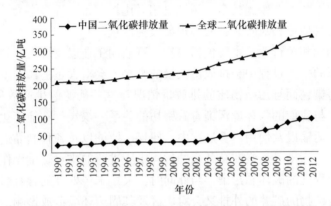

图2.9 1990~2012年中国二氧化碳与世界二氧化碳排放量（资料来源：作者整理）

自1990年以来，我国的人均二氧化碳排放量从2.2吨增加到7.2吨，而欧盟27国的人均二氧化碳排放量则从9.2吨下降到7.5吨，美国的人均排放量从19.7吨下降到17.3吨。2011年我国的人均二氧化碳排放量增加了9%，达到了7.2吨，已经接近了欧盟的人均二氧化碳排放量。2012年各国二氧化碳排放量在世界总排放量中所占百分比为：中国29%、美国16%、欧盟11%、印度7%、日本6%，我国二氧化碳排放量位于世界第一位且明显高于其他国家。

化石燃料燃烧所产生的二氧化碳量占全球二氧化碳排放总量的大约90%，这其中还不包括森林火灾以及木材等燃烧所产生的二氧化碳。在我国，二氧化碳的排放有90%以上产生于能源消费，在未经过专业化处理的情况下，作为能源消费衍生产品的二氧化碳对环境造成的破坏将日益严重，是全球气温升高的绝对杀手。煤炭、石油、天然气在燃烧过程中会产生大量的二氧化碳，其中煤炭以及相关制成品的排放量最大，石油次之，天然气最小。

目前，全世界范围内包括水电、风电等在内的所有可再生能源大约供应了世界所需总能量的 8.5% 左右。通过可再生能源的使用在 2011 年可能避免的二氧化碳排放总量估计约为 170 亿吨，假如没有使用水电、风电在内的可再生能源，可能导致全球二氧化碳的排放总量高出 5 个百分点。这些可能避免的二氧化碳排放量中，大约有三分之一涉及中国，八分之一涉及巴西。对于减少二氧化碳的排放量来说，主要的措施之一就是尽量采用新的可再生能源，如风能、太阳能、生物燃料等。虽然它们在能源消费中所占的份额很小，但在新技术和政策的支持下都在以一定的速度增长，这对于减少二氧化碳的排放来说，具有长远的效益。

2.3.2 中国二氧化硫的排放情况

二氧化硫是大气中主要的污染物之一，是衡量大气是否遭到污染的重要标志，同时也是评判我国大气环境水平的重要指标之一。大气中的二氧化硫主要是由煤、石油、天然气等化石燃料的燃烧以及生产工艺过程中采用含硫原料所产生的。二氧化硫不仅会导致人类发生呼吸道等疾病，其形成的酸雨还对我们赖以生存的土壤以及动植物产生一定程度的危害，因此我们有必要对二氧化硫进行检测以及采取一定的措施去减少二氧化硫的排放，从而保护我们赖以生存的大气环境。

2006 年、2007 年、2008 年我国地级及以上城市环境空气中二氧化硫的年均浓度达到或优于国家规定的二级标准的城市分别占 86.8%、79.1%、85.2%，超过三级标准的城市分别占 3.6%、1.2%、0.6%，超过三级标准的城市比例与 2005 年相比分别减少了 2.1%、4.5%、6.1%，说明二氧化硫污染水平逐渐有所改善。从 2009 年开始，我国地级及以上城市环境空气中二氧化硫的年均浓度无劣于三级标准的城市，并且达到或优于国家规定的二级标准的城市比例开始超过 90% 且逐渐升高，到 2012 年地级以上城市环境空气中二氧化硫年均浓度达到或优于二级标准的城市比例达到了 98.8%。据近几年的统计，我国二氧化硫污染较严重的城市主要分布在山西、河北、甘肃、贵州、内蒙古、云南、广西、湖北、陕西、河南、湖南、四川、辽宁、重庆等地区。2008 年，贵州、山东、河北、山西、内蒙古、四川、湖南 7 省区参与统计的地级城市中二氧化硫未达到国家规定的二级标准的比例超过 20%，但从 2009 年开始全部达到了二级标准，但是这些地区仍是我国二氧化硫污染较为严重的地区，仍需要加强监测与管制。图 2.10 为中国 2000~2012 年二氧化硫排放量（见左坐标轴）与增长率（见右坐标轴）。

从图 2.10 中可以看出，2000 年我国 SO_2 排放总量为 1995.1 万吨，其中工业 SO_2 排放量为 1612.5 万吨，生活 SO_2 排放量为 383 万吨，分别占 SO_2 排放总量的 80.8% 和 19.2%。到 2002 年，SO_2 排放总量、工业 SO_2 排放量与生活 SO_2 排放量分别下降至 1926.6 万吨、1562 万吨、365 万吨，其中增长率分别为 -1.09%、

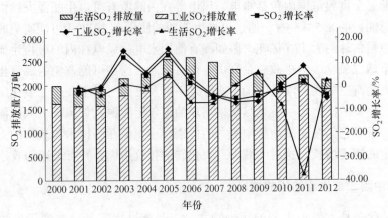

图 2.10　2000~2012 年中国二氧化硫排放量与增长率（资料来源：作者整理）

-0.29%、-4.20%，说明 2000~2002 年间，国家按照 1998 年颁发的《国务院关于酸雨控制区和二氧化硫污染控制区有关问题的批复》的要求，在酸雨和二氧化硫污染防治工作方面落实了有关的污染防治政策与措施，但并没有引起太大的下降幅度。同时，随着我国经济的快速发展与能源的大量消费，从 2003 年开始到 2006 年，SO_2 排放总量与工业 SO_2 排放量呈现上升的趋势，到 2006 年分别达到 2588.8 万吨、2234.8 万吨的最大值，尤其是 2003 年与 2005 年 SO_2 增长率分别为 12.05%、13.06%，工业 SO_2 增长率分别为 14.69%、14.65%。随着 SO_2 排放量的不断增长，国家对其的重视程度不断提高，从 2007 年开始到 2012 年 SO_2 排放总量总体呈现下降的趋势，增长率都保持在 -6%~-4% 的幅度，虽然在 2011 年 SO_2 排放总量略有上升但只有 1.5% 的增长率，并没有改变我国对于 SO_2 治理方面不断重视的态势。同时可以发现 2000 年到 2012 年期间，工业 SO_2 排放量占 SO_2 排放总量的比重不断上升，从 2000 年的 80.8% 上升到了 2012 年的 90.3%，说明工业 SO_2 排放逐渐成为我国 SO_2 排放的根本来源，应该引起相关能源工业部门与环保部门的高度重视，并采取更加严格的排放措施和提高相关的监管力度。

我国最近几年在 SO_2 排放总量上的逐渐下降趋势主要取决于国家提倡并采取的三大措施：工程减排、结构减排与监管减排。

在工程减排方面，脱硫机组装机容量从 2007 年的 2.66 亿千瓦达到 2012 年的 7.18 亿千瓦，占火电装机容量的比例从 2007 年的 48% 提高到 2012 年的 92%；2008 年、2009 年、2010 年分别新增燃煤脱硫机组容量 9712 万千瓦、1.02 亿千瓦、1.07 亿千瓦，并通过工程治理的措施，分别使全国 SO_2 减排 135 万吨、173.4 万吨、185.3 万吨。2010 年全国钢铁烧结机烟气脱硫设施累计共建成运行 170 台，占烧结机台数的比例从 2005 年的 0% 提高到了 2010 年的 15.6%。

在结构减排方面，2007 年、2008 年、2009 年分别关停小火电机组 1438 万千瓦、1669 万千瓦、2617 万千瓦，2010 年累计关停了 7210 万千瓦，并提前一年半完成了关停小火电机组 5000 万千瓦的任务；2007 年，分别淘汰落后炼铁、炼钢能力 4659 万吨、3747 万吨，2008 年、2009 年淘汰了一批落后产能分别使全年 SO_2 减排 81 万吨、84.2 万吨，2010 年在淘汰高能耗与高排放行业的落后产能方面均超额完成了预先的任务；我国电力行业方面 30 万千瓦以上的火电机组占所有火电装机容量的比重从 2005 年的 47% 提高到 2010 年的 70% 以上，同时火电的煤耗量下降了 9.5% 左右。在 2011 年、2012 年我国重点突出结构减排，2011 年新建钢铁烧结机烟气脱硫设施 93 台，总面积为 1.58 万平方米；2012 年新增 97 台，总面积 1.8 万平方米。

在监管减排方面，近几年我国各地区的污染减排监测、统计以及执法能力普遍得到了加强，同时污染源在线自动监控系统逐渐建成且与部分脱硫设施以及国家重点监控企业实现联网并充分发挥了作用，企业的达标排放水平得到了稳步的提高。全国燃煤脱硫机组的脱硫综合效率从 2007 年的 73.2% 提高到 2008 年的 78.7%，一年时间提高了 5.5 个百分点；我国废气重点污染源排放达标率 2009 年较 2008 年提高了 13 个百分点，达到了 73%，重点污染源 SO_2 达标率从 2005 年的 70% 提高到了 2010 年的 92%。由于从 2010 年开始，多个省份以及南方电网公司开展了节能减排发电调度，并考核燃煤脱硫机组的投运率以及扣减脱硫电价，使投运率从 2005 年的 50% 多提高到了 2010 年的 95% 以上。在 2011 年，通过继续实施管理减排，使火电机组脱硫设施的投运率达到 95% 以上，全国火电行业的综合脱硫效率提高至 73.2%。

根据近 12 年的相关数据统计与分析发现，我国 SO_2 排放总量随着能源消费量的上升而呈现出一定的上升趋势，SO_2 排放总量与能源消费量表现出了高度的正相关关系，这充分表明我国大气环境方面的污染与我国化石能源方面的消费有直接且比较大的关系。但是，由于我国煤炭、石油等化石能源消费总量的持续增长，导致 SO_2、烟尘等大气污染物排放总量仍然在很高的水平上，仍居于世界前列。因此，注重能源结构的改变、能源利用效率的提高以及采用太阳能、风能等清洁能源，对于改善我国大气环境方面起着至关重要的作用。

2.4　中国人口发展分析

我国作为世界上人口最多的国家，其人口的每一次变化都会对能源、经济、生态环境等多个方面造成一定程度的重大影响，人口数量的增加显然会导致能源消费量一定程度上的增加，给能源安全带来不可小觑的压力，进而对经济的发展、社会的稳定、生态的平衡都会产生影响。

2.4.1　中国人口的基本情况

　　人口基数大、人均资源占有量低、环境承载能力较弱等情况是我国现阶段人口的基本国情，在短时间内很难发生较大的改变。人口的数量、人均资源占有量问题是我国将会长期面临的问题，是关系我国能源、经济、环境、社会、生态发展的关键性因素。统筹解决我国现阶段存在的人口问题始终是实现我国经济快速发展、生态平衡、能源供给平衡以及可持续发展面临的重大的战略任务。图 2.11 为我国从 1950~2012 年的人口增长率（见左坐标轴）与人口总量（见右坐标轴）。

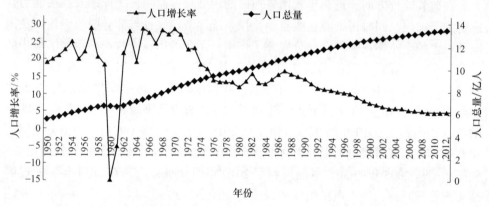

图 2.11　1950~2012 年中国人口增长率与人口总量（资料来源：作者整理）

　　从图 2.11 可以得出如下的分析结果：从 1949~1957 年的八年间，我国人口死亡率由 1949 年 20‰下降到了 10.8‰，人口自然增长率由 1949 年的 16‰上升为 23.2‰，人口净增 1.05 亿。但是由于从 1959~1961 年连续三年出现的自然灾害，使我国经济发展暂时出现了一定的波折，导致人民刚刚开始好转的生活水平受到了一定程度的影响，致使人口自然增长率开始大幅下降，人口数量出现了锐减，其中 1960 年、1961 年的人口自然增长率分别为 -14.88‰、-5.26‰，连续两年出现了人口负增长的情况。

　　在 1962~1970 年这九年间，我国的经济发展状况逐渐开始好转，人口出生率的逐渐上升和人口死亡率的不断下降，使这段期间的人口平均自然增长率达到了 27.5‰左右，人口总量从 1962 年的 6.73 亿人增长到了 1970 年的 8.3 亿人，人口净增 1.57 亿。

　　20 世纪 70 年代后期，人们逐渐认识到控制人口的快速增长已迫在眉睫。我国开始在全国范围内推行计划生育的基本国策，使人口进入了有计划、可控制的发展阶段。这一时期，人口自然增长率由 1971 年的 27‰下降到了 1980 年的11.9‰。然而，由于人口基数庞大，我国人口净增 1.35 亿，仍相当可观。

进入 20 世纪 80 年代后，国家把计划生育确定为一项基本的国策，并将人口纳入了社会和国民经济的总体发展规划中，尽量使人口与经济、社会协调发展，与环境保护、资源合理利用相协调。但是，由于 20 世纪 60 年代出生的人口逐渐步入生育阶段，人口自然增长率出现了回升的情况，由 1980 年的 11.9‰增长到了 1987 年的 16.7‰，人口总量净增了 1.43 亿。

步入 20 世纪 90 年代后，由于经济水平的不断提高，资源、经济、人口、环境方面讨论会的不断召开，国家不断把经济发展、人口计划生育、提高健康水平、普及教育、完善社会保障等各方面紧密结合起来，并随着计划生育工作的不断完善，人口的高自然增长率不断地得到控制且稳步下降。人口自然增长率从 1991 年的 12.98‰降至 2012 年的 4.97‰，且在 1998 年首次降到了 10‰以下，20 年期间总共下降了 8.01 个千分点，且近些年来一直保持在低水平上。我国人口总量从 2000 年开始年净增人口数开始低于了 1000 万，进入较为平稳的增长阶段。2012 年，我国人口总量为 13.54 亿人，约占世界总人口的 19%，相当于欧洲、北美洲、澳洲、中美洲、非洲的人口总数。我国每平方公里的平均人口数为 130 人，但分布很不均衡：东部沿海地区为人口密集型地区，每平方公里的人口数超过了 400 人；中部地区每平方公里的人口数大约为 200 多人；而西部地区人口较为稀少，每平方公里的人口数不足 10 人。2012 年 10 月我国发布的《中国人口形势的变化和人口政策调整》的报告显示目前我国已经进入了低出生率、低死亡率的阶段。

由于人们逐渐意识到人口与能源、经济、环境之间是相互联系、相互影响的有机统一体，人均能源消费量、人均国内生产总值、人均二氧化碳排放量、人均二氧化硫排放量等不断成为评判能源、经济、环境发展状况的一系列相关指标，因此，了解我国的人口发展现状有助于实现建设资源节约型、人口均衡型、环境友好型社会的目标。

2.4.2 中国人口发展面临的问题

21 世纪的未来几十年是我国经济发展的重大战略机遇期、社会发展的重要转型期，同时也是人口平稳发展的风险时期，人口的平稳发展面临着人口众多、老龄化、就业压力大、出生人口的性别比例偏高等一系列复杂的问题。

（1）人口基数大仍然是我国在社会主义初级阶段长期面临的首要且重要的问题。尽管 2012 年的 10 月关于人口的报告已经显示我国进入了低增长时期，且未来还将进一步减缓，但由于较为庞大的人口基数，仍将导致我国人口总量在较长的时期内保持一定的增长态势。由于人口众多一直是制约我国经济发展的重大问题之一，因此遏制我国人口数量的增长态势是我们必须做出的重要战略选择。

（2）随着我国经济的不断发展、医疗保障制度的不断完善以及人们健康水平的逐步提高，死亡率逐渐开始下降，这必将导致我国的人口年龄结构类型从轻度老龄化转变成为重度老龄化的态势。据报告显示在发达国家，其老龄化进程是与国家的经济发展同步的，然而在我国，老龄化的进程与我国的经济发展出现了较大的时间差，并且老年人口的不断上升对我国的经济发展、医疗保障制度将造成极大的压力。因此，明确了解老龄化的态势以及解决老年人的社会保障制度是我国发展的一项巨大压力。

（3）适龄劳动人口总量保持增长的形势导致我国的就业压力较大。据相关部门统计与预测，未来十几年 16 岁以上的人口数量仍然较大，总量大约在 9 亿左右；到 2020 年将可能超过 11 亿，同时仍持续增长。适龄劳动人口基数的问题给我国的人口就业与城市化发展带来了较大的压力。

（4）出生人口的性别比偏高问题给我国社会的稳定和谐发展带来了巨大的压力。出生人口的性别比从 20 世纪 80 年代开始出现超出正常范围的现象，这势必会对将来我国人口的性别结构以及婚姻状况产生一定程度的影响，进而影响到我国社会和谐稳定的发展。

此外，人口总量与资源环境之间的矛盾会严重制约可持续发展，人口分布不均匀问题会给生态环境以及社会环境带来一定程度的压力，这些都会对我国未来的人口、能源、经济、环境、社会发展带来巨大的挑战。总之，未来几十年，我国人口问题的本质是人口发展的问题，我们应该在保持稳定低生育水平的基础上，出台各种支持人口发展的政策，同时着力提高我国的人口素质，改善我国人口结构状况，从而促进我国人口、能源、经济、环境、社会的协调与可持续发展。

2.5　本章小结

本章主要介绍了我国能源、经济、环境、人口的发展现状。

（1）通过对我国能源储备、能源供给、能源消费等现状进行分析，可以得出：我国既拥有较丰富的化石能源，也拥有充足的太阳能等可再生能源，煤炭探明可采储量约占全世界的 13%，油页岩、煤层气等非常规化石能源储量也很多，蕴藏的水力资源相当于全世界水力资源量的 12%；我国重要能源不断出现的供不应求的局面即将对我国经济的发展产生一定的影响，其中石油的缺口最大，基本与能源的缺口总量保持一致，煤炭基本保持供过于求的形势，天然气、水电、核电、风电的缺口在供需平衡附近波动；能源结构不合理、能源供不应求、能源效率较低、新能源所占比例较少等问题是构建经济、稳定、安全、环保的新型能源供需体系所面临的重大挑战。

（2）通过对我国的经济状况进行分析，得出：到 2011 年，我国以 73011.09

亿美元的国内生产总值超过了日本，位居世界第二，成为继美国之后的第二大经济体；截至 2012 年，我国人均 GDP 为 5432 美元，世界排名第 87 位，虽然已经取得了很大的进步，但与排名第一的卢森堡的人均 122272 美元相比，仍存在相当大的差距；我国经济发展面临着人口、能源资源、环境、产业结构等各方面的挑战，这就需要我们不断地了解目前我国的经济情形，同时采取一定的政策和措施加快转变经济发展方式，才能提高我国的国际竞争力，促进我国经济长期平稳地发展。

（3）通过对我国的环境状况进行分析，得出：煤炭、石油、天然气在燃烧过程中会产生大量的二氧化碳，其中煤炭以及相关制成品的排放量最大，石油次之，天然气最小；2012 年我国二氧化碳排放量占世界总排放量的 29%，位于世界第一位且明显高于其他国家；从 2009 年开始，我国地级及以上城市环境空气中二氧化硫的年均浓度无劣于三级标准的城市，到 2012 年时地级以上城市环境空气中二氧化硫年均浓度达到或优于二级标准的城市比例达到了 98.8%；我国最近几年在 SO_2 排放总量上的逐渐下降趋势主要取决于国家提倡并采取的三大措施：工程减排、结构减排与监管减排。

（4）通过对我国的人口状况进行分析，得出：人口基数大、人均资源占有量低、环境承载能力较弱等情况是我国现阶段人口的基本国情，在短时间内很难发生较大的改变；我国的人口发展将面临着人口众多、老龄化、就业压力大、出生人口的性别比例偏高等一系列复杂的问题；人口总量与资源环境之间的矛盾会严重制约可持续发展，人口分布不均匀问题会给生态环境以及社会环境带来一定程度的压力。

3　系统动力学各子系统指标预测

中国能源-经济-环境-人口系统主要包括能源子系统、经济子系统、环境子系统、人口子系统四个方面，且这四个子系统相互联系、相互作用形成了中国能源-经济-环境-人口这个复杂的大系统。本章分别对经济子系统、能源子系统、环境子系统、人口子系统的相关指标进行预测分析，进而为中国能源-经济-环境-人口这个复杂大系统的运行奠定基础。

经济子系统的指标包括国内生产总值（GDP）、国内生产总值变化率、国内生产总值变化量、第一产业占 GDP 比重、第一产业产值、工业占 GDP 比重、工业产值、建筑业占 GDP 比重、建筑业产值、第二产业产值、交通运输仓储和邮政业占 GDP 比重、交通运输仓储和邮政业产值、批发零售业和住宿餐饮业占 GDP 比重、批发零售业和住宿餐饮业产值、其他行业占 GDP 比重、其他行业产值、第三产业产值，这些指标之间相互计算为能源子系统的计算奠定了基础。

能源子系统的指标包括煤炭、石油、天然气、电力、水电、核电等相关指标，其中煤炭的相关指标主要包括第一产业煤耗量、发电煤耗量、工业（除发电）煤耗量、建筑业煤耗量、交通运输仓储和邮政业煤耗量、批发零售业和住宿餐饮业煤耗量、其他行业煤耗量、生活煤耗量等；石油、电力的相关指标与煤炭的相关指标类似，都是由这几部分组成；天然气的相关指标主要包括发电气耗量、工业（除发电）气耗量、交通运输仓储和邮政业气耗量以及生活气耗量；水电、核电的相关指标主要有水电产量与核电产量。进而将它们换算成标煤单位，并由标煤下煤耗量、标煤下气耗量、标煤下油耗量、标煤下可再生能源量计算得出总能耗，且再与经济子系统的 GDP、人口子系统的人口运算，得出单位 GDP 能耗与人均能耗这两个指标。

环境子系统的指标包括二氧化碳排放量、煤炭二氧化碳排放量、石油二氧化碳排放量、天然气二氧化碳排放量、煤炭二氧化碳排放系数、石油二氧化碳排放系数、天然气二氧化碳排放系数、固体能源固碳率、液体能源固碳率、气体能源固碳率、标煤下煤炭消费量、标煤下石油消费量、标煤下天然气消费量；二氧化硫实际排放量、未经处理的二氧化硫排放量、二氧化硫去除量、火电燃煤二氧化硫排放量、终端燃煤二氧化硫排放量、标煤下电力煤耗量、火电燃煤二氧化硫排放系数、标煤下终端煤耗量、终端燃煤二氧化硫排放系数、脱硫效率，通过单位 GDP 的二氧化碳排放量、单位能源二氧化碳排放量、单位人口二氧化碳排放量、单位 GDP 的二氧化硫排放量、单位能源二氧化硫排放量、单位人口二氧化硫排放量。这些指标将环境子系统与经济子系统、能源子系统、人口子系统联系在一起。

人口子系统的指标包括人口总量、年人口增加量、年人口减少量、年人口出生率、生育影响因子、年人口死亡率、生态环境影响因子、生活质量影响因子、寿命影响因子、国民生活水平、人均国内生产总值。所有指标之间相互影响、相互制约，最终形成了人口子系统。

3.1　经济子系统指标预测

3.1.1　产业结构指标的确定

产业结构不仅是决定我国经济增长方式的重要因素，同时也是体现国民经济整体素质、衡量经济发展水平的重要标志。不同的产业结构对于经济的发展具有不用程度的影响。产业结构主要分为三个产业：第一产业、第二产业、第三产业。第一产业主要是指农、林、渔、牧、水利业，第二产业主要是指工业与建筑业，第三产业主要是指交通运输业、仓储和邮政业、批发与零售业、住宿与餐饮业、金融业、房地产业等，在此主要将第三产业分为交通运输仓储邮政业、批发零售住宿餐饮业，其余的金融业与房地产业等都归为其他行业。2000~2012 年的中国农、林、渔、牧、水利业（X_1），工业（X_2），建筑业（X_3），交通运输、仓储和邮政业（X_4），批发、零售业和住宿、餐饮业（X_5），其他行业（X_6）产值占国内生产总值比重的数据如表 3.1 所示。

表 3.1　2000~2012 年中国不同产业产值占国内生产总值比重的相关数据

年份	第一产业	第二产业		第三产业		
	农、林、渔、牧、水利业比重（X_1）	工业比重（X_2）	建筑业比重（X_3）	交通运输、仓储和邮政业比重（X_4）	批发、零售业和住宿、餐饮业比重（X_5）	其他行业比重（X_6）
2000	0.151	0.404	0.056	0.062	0.104	0.224
2001	0.144	0.397	0.054	0.063	0.105	0.237
2002	0.137	0.394	0.054	0.062	0.106	0.247
2003	0.128	0.405	0.055	0.058	0.105	0.249
2004	0.134	0.408	0.054	0.058	0.101	0.245
2005	0.121	0.418	0.056	0.058	0.098	0.249
2006	0.111	0.422	0.057	0.056	0.099	0.254

续表 3.1

年份	第一产业	第二产业		第三产业		
	农、林、渔、牧、水利业比重（X_1）	工业比重（X_2）	建筑业比重（X_3）	交通运输、仓储和邮政业比重（X_4）	批发、零售业和住宿、餐饮业比重（X_5）	其他行业比重（X_6）
2007	0.108	0.416	0.058	0.055	0.100	0.264
2008	0.107	0.415	0.060	0.052	0.104	0.262
2009	0.103	0.397	0.066	0.049	0.106	0.279
2010	0.101	0.400	0.066	0.048	0.109	0.276
2011	0.100	0.399	0.068	0.047	0.111	0.275
2012	0.101	0.385	0.068	0.048	0.115	0.284

资料来源：2001~2013 年中国统计年鉴和作者整理。

从表 3.1 中可以看出，第一产业产值即农、林、渔、牧、水利业产值占国内生产总值的比重从 2000 年的 15.1%逐渐下降到 2012 年的 10.1%，第二产业中的工业产值占国内生产总值的比重呈现出一定的下降趋势，从 2000 年的 40.4%下降到了 2012 年的 38.5%，建筑业为缓慢的上升趋势，第三产业中除了交通运输、仓储和邮政业呈现较弱的下降，其余都为上升的趋势，这符合我国第三产业产值所占比重呈现上升的总体趋势。

在统计学上，把一组变量中的每个变量所占的份额之和等于 1 的数据的组合称为成分数据。对于产业结构而言，存在农、林、渔、牧、水利业（X_1），工业（X_2），建筑业（X_3），交通运输、仓储和邮政业（X_4），批发、零售业和住宿、餐饮业（X_5），其他行业（X_6）产值占国内生产总值的比重之和等于 1 的约束条件，如果单纯地分别对单个行业比重进行时间趋势分析，其结果必然会出现在同一年份中这六个行业所占比重之和不等于 1 的情况。因此，本书采用 1986 年由 Aitchison 提出的对成分数据进行 logratio 变换的方法[109]，这种方法可以有效地消除约束条件对变量进行预测时的限制，然后再对变换后的变量建立预测模型，得出变换后各个变量的变化趋势，最后再求出原始变量的预测结果。

（1）根据 logratio 变换的方法将产业结构的成分数据 X（如式（3.1）所示），运用式（3.2）变换成不受约束的新变量 Y，变换后的结果如表 3.2 所示。

$$X = \left\{ \sum_{i=1}^{6} x_i = 1,\ 0 < x_i < 1 \right\} \tag{3.1}$$

$$Y = \left\{ y_j = \ln(x_i/x_6),\ i = 1, 2, 3, 4, 5;\ j = 1, 2, 3, 4, 5 \right\} \tag{3.2}$$

（2）对 2000~2012 年的进行 logratio 变换后的时间序列数据 Y_1、Y_2、Y_3、Y_4、Y_5 模拟预测，具体的预测模型与预测结果如下所示。

1）将表 3.2 中 2000~2012 年的时间序列数据 Y_1 按照回归分析的步骤，选取 Y_1 作为因变量，时间 t 作为自变量，并分别选取对数回归、线性回归、二次曲线回归、三次曲线回归模型进行模型分析，得出四种回归模型的拟合优度汇总，如表 3.3 所示。

表 3.2　2000~2012 年成分数据 logratio 变换后的新变量的相关数据

年份	Y_1	Y_2	Y_3	Y_4	Y_5
2000	-0.398	0.587	-1.393	-1.284	-0.770
2001	-0.498	0.518	-1.477	-1.330	-0.813
2002	-0.585	0.469	-1.524	-1.377	-0.847
2003	-0.665	0.486	-1.507	-1.452	-0.860
2004	-0.603	0.511	-1.504	-1.437	-0.887
2005	-0.721	0.516	-1.492	-1.464	-0.931
2006	-0.828	0.506	-1.490	-1.508	-0.948
2007	-0.898	0.453	-1.525	-1.571	-0.976
2008	-0.891	0.461	-1.478	-1.614	-0.919
2009	-0.994	0.351	-1.447	-1.739	-0.970
2010	-1.004	0.373	-1.423	-1.755	-0.926
2011	-1.008	0.371	-1.404	-1.758	-0.906
2012	-1.035	0.303	-1.424	-1.788	-0.901

表 3.3　对数、线性、二次、三次回归模型拟合优度汇总

模型	复相关系数 R	可决系数 R 方	调整的 R 方	估计值的标准误
对数	0.961	0.923	0.916	0.062
线性	0.976	0.952	0.947	0.049
二次	0.985	0.971	0.965	0.040
三次	0.987	0.973	0.964	0.040

从表 3.3 所示的四种模型的拟合优度汇总可以得出，按照对数回归模型、线性回归模型、三次曲线回归模型、二次曲线回归模型的顺序，作为衡量回归直线对观测值拟合程度的可决系数 R 方和调整的 R 方越来越大，并且估计值的标准误则越来越小。其中，二次曲线回归模型、三次曲线回归模型的调整的可决系数 R 方都大于 0.95，说明这两个模型的拟合程度都非常好。如果只根据模型的拟合优度来确定最佳回归模型，则应当选择二次曲线回归模型，但是不能单纯地根据模

型的拟合优度高低来决定最佳模型，还需要考虑模型方程以及方程系数是否通过
了显著性检验来决定最佳模型。在这里只需考虑二次曲线回归模型和三次曲线回
归模型，它们的方差分析如表 3.4 所示。

表 3.4　二次、三次曲线回归模型方差分析

模型		平方和	df	均方	F	Sig.
二次	回归	0.537	2	0.268	167.408	0.000
	残差	0.016	10	0.002		
	总计	0.553	12			
三次	回归	0.538	3	0.179	109.585	0.000
	残差	0.015	9	0.002		
	总计	0.553	12			

从表 3.4 所示的二次、三次回归模型方差分析可以得出，这两个模型通过进
行 F 检验，得出其对应的 F 检验的概率 P 值都为 0.000，小于显著性水平 0.05，
说明这两个模型方程都通过了显著性检验。进而需要对二次、三次模型回归系数
进行显著性检验，其回归系数检验如表 3.5 所示。

表 3.5　二次、三次模型回归系数

模型		非标准化系数		标准化系数	t	Sig.
		B	标准误	Beta		
二次	t	−0.086	0.013	−1.560	−6.676	0.000
	t^2	0.002	0.001	0.600	2.569	0.028
	常数	−0.322	0.039		−8.218	0.000
三次	t	−0.055	0.037	−1.003	−1.503	0.167
	t^2	−0.003	0.006	−0.778	−0.498	0.631
	t^3	0.000	0.000	0.848	0.892	0.396
	常数	−0.364	0.062		−5.901	0.000

从表 3.5 所示的二次、三次模型回归系数可以看出，该表给出了各回归方程
的系数值与其进行 t 检验的结果。从表中可以看出，三次曲线回归方程的各系数
的 t 检验对应的概率值 P 均大于 0.05，说明没有通过显著性检验，即三次曲线回
归方程没有通过系数的显著性检验。对于二次曲线方程的系数全部通过了 t 检
验，因此选择二次曲线回归模型为最佳模型，其回归方程如式（3.3）所示。
2013 年到 2030 年的预测部分值如表 3.6 所示。

$$Y_1 = -0.322 - 0.086t + 0.002t^2 \tag{3.3}$$

表 3.6　2013~2030 年 Y_1 的预测部分值

年份	2013	2015	2020	2025	2030
Y_1	-1.075	-1.109	-1.113	-1.003	-0.777

2）将表 3.2 中 2000~2012 年的时间序列数据 Y_2 按照灰色系统预测 GM（1，1）的步骤，运用 DPS 数据处理系统软件进行分析处理，得出其预测结果。设 Y_2 的 GM（1，1）模型的参数分别为 a、b，由软件计算得出 $a = 0.037797$，$b = 0.573819$，得出模型为：

$$x(t + 1) = -14.594495e^{-0.037797t} + 15.181495 \tag{3.4}$$

GM（1，1）模型的建立与发展灰数 a 密切相关，只有当 $|a| < 2$ 时进行预测才有意义，由于此模型的 $|a| = 0.037797$，因此适合进行中长期预测。接着对模型进行精度检验，从相对误差来看，平均相对误差为 7.95%，预测精度达到 92.15%。运用后验差 $C = S_2 / S_1$ 和小误差概率 P 进行精度检验，S_1 为数据的标准差，S_2 为残差的标准差，当 $C < 0.35$ 并且 $P > 0.95$ 时，GM（1，1）模型的拟合效果达到一级精度水平；当 $0.35 < C < 0.50$ 并且 $0.95 > P > 0.80$ 时，模型为二级精度水平；当 $0.50 < C < 0.65$ 并且 $0.80 > P > 0.70$ 时，模型为三级精度水平；当 $0.65 < C < 0.80$ 并且 $0.70 > P > 0.60$ 时，模型为四级精度水平。经过计算得到 Y_2 的 GM（1，1）模型的 $C = 0.4978$，$P = 0.8333$，可见其模型精度达到了二级精度水平，模型评价为：好。说明此模型适合对 Y_2 进行预测，预测结果见表 3.7。

表 3.7　2013~2030 年 Y_2 的预测部分值

年份	2013	2015	2020	2025	2030
Y_2	0.344	0.319	0.264	0.219	0.181

3）将表 3.2 中 2000~2012 年的时间序列数据 Y_3 按照灰色系统预测 GM（1，1）的步骤，运用 DPS 数据处理系统软件进行分析处理，得出其预测结果。设 Y_3 的 GM（1，1）模型的参数分别为 a、b，由软件计算得出 $a = 0.005971$，$b = 1.536363$，得出模型为：

$$x(t + 1) = 255.908355e^{-0.005971t} + 257.301355 \tag{3.5}$$

GM（1，1）模型的建立与发展灰数 a 密切相关，只有当 $|a| < 2$ 时进行预测才有意义，由于此模型的 $|a| = 0.005971$，因此适合进行中长期预测。接着对模型进行精度检验，从相对误差来看，平均相对误差为 1.2%，预测精度达到 98.8%。运用后验差 $C = S_2 / S_1$ 和小误差概率 P 进行精度检验，S_1 为数据的标准差，S_2 为残差的标准差，当 $C < 0.35$ 并且 $P > 0.95$ 时，GM（1，1）模型的拟合效果达到一级精度水平；当 $0.35 < C < 0.50$ 并且 $0.95 > P > 0.80$ 时，模型为二级精度水平；当 $0.50 < C < 0.65$ 并且 $0.80 > P > 0.70$ 时，模型为三级精度水平；当 $0.65 < C < 0.80$ 并且 $0.70 > P > 0.60$ 时，模型为四级精度水平。经过计算得到 Y_2 的

GM（1，1）模型的 $C=0.5645$，$P=0.7500$，可见其模型精度达到了三级精度水平，模型评价为：一般。说明此模型比较适合对 Y_3 进行预测，预测结果见表 3.8。

表 3.8　2013~2030 年 Y_3 的预测部分值

年份	2013	2015	2020	2025	2030
Y_3	−1.418	−1.401	−1.360	−1.320	−1.281

4）将表 3.2 中 2000~2012 年的时间序列数据 Y_4 按照回归分析的步骤，选取 Y_4 作为因变量，时间 t 作为自变量，并分别选取对数回归、线性回归、二次曲线回归、三次曲线回归模型进行模型分析，得出四种回归模型的拟合优度汇总，如表 3.9 所示。

表 3.9　对数、线性、二次、三次回归模型拟合优度汇总

模型	复相关系数 R	可决系数 R 方	调整的 R 方	估计值的标准误
对数	0.920	0.847	0.833	0.071
线性	0.985	0.970	0.967	0.032
二次	0.985	0.971	0.965	0.033
三次	0.986	0.973	0.964	0.033

从表 3.9 所示的四种模型的拟合优度汇总可以得出，按照对数回归模型、三次曲线回归模型、二次曲线回归模型、线性回归模型的顺序，作为衡量回归直线对观测值拟合程度的调整的 R 方越来越大，并且估计值的标准误则越来越小。其中，线性回归模型、二次曲线回归模型、三次曲线回归模型的调整的可决系数 R 方都大于 0.95，说明这三个模型的拟合程度都非常好。如果只根据模型的拟合优度来确定最佳回归模型，则应当选择线性回归模型，但是不能单纯地根据模型的拟合优度高低来决定最佳模型，还需要考虑模型方程以及方程系数是否通过了显著性检验来决定最佳模型。在这里需考虑线性回归模型、二次曲线回归模型、三次曲线回归模型，它们的方差分析如表 3.10 所示。

表 3.10　线性、二次、三次回归模型方差分析

	模型	平方和	df	均方	F	Sig.
线性	回归	0.351	1	0.351	353.836	0.000
	残差	0.011	11	0.001		
	总计	0.362	12			
二次	回归	0.352	2	0.176	165.629	0.000
	残差	0.011	10	0.001		
	总计	0.362	12			

模型		平方和	df	均方	F	Sig.
三次	回归	0.353	3	0.118	108.002	0.000
	残差	0.010	9	0.001		
	总计	0.362	12			

从表 3.10 所示的线性、二次、三次回归模型方差分析可以得出，这三个模型通过进行 F 检验，得出其对应的 F 检验的概率 P 值都为 0.000，小于显著性水平 0.05，说明这三个模型方程都通过了显著性检验。进而需要对线性、二次、三次模型回归系数进行显著性检验，其回归系数检验如表 3.11 所示。

表 3.11 线性、二次、三次模型回归系数

模型		非标准化系数		标准化系数	t	Sig.
		B	标准误	Beta		
线性	t	-0.044	0.002	-0.985	-18.811	0.000
	常数	-1.237	0.019		-66.697	0.000
二次	t	-0.038	0.010	-0.862	-3.671	0.004
	t^2	0.000	0.001	-0.126	-0.538	0.603
	常数	-1.250	0.032		-39.204	0.000
三次	t	-0.014	0.030	-0.315	-0.468	0.651
	t^2	-0.005	0.005	-1.482	-0.941	0.371
	t^3	0.000	0.000	0.834	0.871	0.407
	常数	-1.284	0.050		-25.508	0.000

从表 3.11 所示的线性、二次、三次模型回归系数可以看出，该表给出了各回归方程的系数值与其进行 t 检验的结果。从表中可以看出，二次、三次曲线回归方程的系数的 t 检验对应的概率值 P 存在大于 0.05 的情况，说明没有通过显著性检验，即二次、三次曲线回归方程没有通过系数的显著性检验。线性回归方程的系数全部通过了 t 检验，因此选择线性回归模型为最佳模型，其回归方程如式 (3.6)所示。2013 年到 2030 年的预测部分值如表 3.12 所示。

$$Y_4 = -1.237 - 0.044t \qquad (3.6)$$

表 3.12 2013~2030 年 Y_4 的预测部分值

年份	2013	2015	2020	2025	2030
Y_4	-1.852	-1.940	-2.160	-2.379	-2.599

5）将表 3.2 中 2000~2012 年的时间序列数据 Y_5 按照回归分析的步骤，选取

Y_5 作为因变量，时间 t 作为自变量，并分别选取对数回归、线性回归、二次曲线回归、三次曲线回归模型进行模型分析，得出四种回归模型的拟合优度汇总，如表 3.13 所示。

表 3.13 对数、线性、二次、三次回归模型拟合优度汇总

模型	复相关系数 R	可决系数 R 方	调整的 R 方	估计值的标准误
对数	0.854	0.730	0.705	0.033
线性	0.710	0.504	0.459	0.045
二次	0.960	0.921	0.905	0.019
三次	0.962	0.925	0.900	0.019

从表 3.13 所示的四种模型的拟合优度汇总可以得出，按照线性回归模型、对数回归模型、三次曲线回归模型、二次曲线回归模型的顺序，作为衡量回归直线对观测值拟合程度的调整的 R 方越来越大，并且估计值的标准误则越来越小。其中，二次曲线回归模型、三次曲线回归模型的调整的可决系数 R 方都大于0.9，说明这两个模型的拟合程度都非常好。如果只根据模型的拟合优度来确定最佳回归模型，则应当选择二次曲线回归模型，但是不能单纯地根据模型的拟合优度高低来决定最佳模型，还需要考虑模型方程以及方程系数是否通过了显著性检验来决定最佳模型。在这里需考虑二次曲线回归模型、三次曲线回归模型，它们的方差分析如表 3.14 所示。

表 3.14 二次、三次回归模型方差分析

模型		平方和	df	均方	F	Sig.
	回归	0.040	2	0.020	58.257	0.000
二次	残差	0.003	10	0.000		
	总计	0.044	12			
	回归	0.041	3	0.014	36.978	0.000
三次	残差	0.003	9	0.000		
	总计	0.044	12			

从表 3.14 所示的二次、三次回归模型方差分析可以得出，这两个模型通过进行 F 检验，得出其对应的 F 检验的概率 P 值都为 0.000，小于显著性水平0.05，说明这两个模型方程都通过了显著性检验。进而需要对二次、三次模型回归系数进行显著性检验，其回归系数检验如表 3.15 所示。

表 3.15 二次、三次模型回归系数

模型		非标准化系数		标准化系数	t	Sig.
		B	标准误	Beta		
二次	t	−0.053	0.006	−3.437	−8.910	0.000
	t^2	0.003	0.000	2.802	7.266	0.000
	常数	−0.713	0.018		−39.129	0.000
三次	t	−0.042	0.017	−2.711	−2.421	0.039
	t^2	0.001	0.003	1.005	0.383	0.710
	t^3	9.237E−5	0.000	1.105	0.693	0.506
	常数	−0.729	0.029		−24.968	0.000

从表 3.15 所示的二次、三次模型回归系数可以看出，该表给出了各回归方程的系数值与其进行 t 检验的结果。从表中可以看出，三次曲线回归方程的系数的 t 检验对应的概率值 P 存在大于 0.05 的情况，说明没有通过显著性检验，即三次曲线回归方程没有通过系数的显著性检验。二次曲线回归方程的系数全部通过了 t 检验，因此选择二次曲线回归模型为最佳模型，其回归方程如式（3.7）所示。2013~2030 年的预测部分值如表 3.16 所示。

$$Y_5 = -0.713 - 0.053t + 0.003t^2 \tag{3.7}$$

表 3.16 2013~2030 年 Y_5 的预测部分值

年份	2013	2015	2020	2025	2030
Y_5	−0.868	−0.793	−0.500	−0.056	0.539

（3）根据 2013 年到 2030 年的 Y_1、Y_2、Y_3、Y_4、Y_5 的预测值，运用式（3.8）计算出农、林、渔、牧、水利业（X_1），工业（X_2），建筑业（X_3），交通运输、仓储和邮政业（X_4），批发、零售业和住宿、餐饮业（X_5），其他行业（X_6）产值占国内生产总值的比重，其结果如表 3.17 所示。

$$\begin{cases} X_i = \dfrac{e^{Y_i}}{1 + \sum\limits_{i=1}^{5} e^{Y_i}} \quad (i = 1, 2, 3, 4, 5) \\ \\ X_6 = \dfrac{1}{1 + \sum\limits_{i=1}^{5} e^{Y_i}} \end{cases} \tag{3.8}$$

表 3.17　2013~2030 年中国不同产业产值占国内生产总值比重的相关数据

年份	第一产业	第二产业		第三产业		
	农、林、渔、牧、水利业比重 (X_1)	工业比重 (X_2)	建筑业比重 (X_3)	交通运输、仓储和邮政业比重 (X_4)	批发、零售业和住宿、餐饮业比重 (X_5)	其他行业比重 (X_6)
2013	0.096	0.395	0.068	0.044	0.118	0.280
2014	0.094	0.392	0.069	0.042	0.122	0.281
2015	0.093	0.388	0.069	0.041	0.128	0.282
2016	0.092	0.383	0.070	0.039	0.134	0.282
2017	0.091	0.379	0.071	0.037	0.141	0.282
2018	0.091	0.373	0.071	0.035	0.149	0.281
2019	0.091	0.367	0.071	0.034	0.158	0.279
2020	0.091	0.361	0.071	0.032	0.168	0.277
2021	0.091	0.354	0.071	0.030	0.180	0.274
2022	0.092	0.346	0.071	0.029	0.193	0.271
2023	0.092	0.337	0.070	0.027	0.207	0.266
2024	0.093	0.328	0.069	0.025	0.223	0.261
2025	0.094	0.318	0.068	0.024	0.241	0.255
2026	0.094	0.307	0.067	0.022	0.261	0.248
2027	0.095	0.295	0.065	0.020	0.284	0.241
2028	0.096	0.282	0.063	0.019	0.308	0.232
2029	0.097	0.268	0.061	0.017	0.334	0.222
2030	0.097	0.254	0.059	0.016	0.363	0.212

由表 3.17 可以看出，从 2013~2030 年中国的第一产业即农、林、渔、牧、水利业在 GDP 中所占比重基本保持在 9.5% 左右，第二产业中的工业、建筑业呈现出下降的态势，尤其是工业，表现出明显的下降趋势，从而导致第二产业占GDP 比重呈现出持续的下降，从 2013 年的 46.3% 下降到 2030 年的 31.2%，并且从 2017 年开始出现第三产业所占比重超过第二产业所占比重的情况，第三产业中虽然交通运输、仓储和邮政业占 GDP 的比重为下降的趋势，但是批发、零售业和住宿、餐饮业所占比重呈现出指数式的增长，从 2013 年的 11.8% 增长到了2030 年的 36.3%，成为了中国的主要行业。由此说明，我国的产业结构已经基本朝着第三产业为主导产业的方向迈进，且从 2017 年开始便逐步实现了这一目标，同时批发、零售业和住宿、餐饮业逐渐成为了我国的主要行业。

因此，本书研究综合以上预测结果和中国的实际情况，得出中国农、林、渔、牧、水利业 (X_1)，工业 (X_2)，建筑业 (X_3)，交通运输、仓储和邮政业

（X_4），批发、零售业和住宿、餐饮业（X_5），其他行业（X_6）结构变化趋势，
具体如表 3.18 所示。

表 3.18　2012~2030 年中国产业结构变化趋势　　　（%）

年份		2012	2013~2015	2016~2020	2021~2025	2026~2030
基本方案	X_1	10.1	9.4	9.1	9.2	9.6
	X_2	38.5	39.1	37.3	33.6	28.1
	X_3	6.8	6.9	7.1	7.0	6.3
	X_4	4.8	4.2	3.5	2.7	1.9
	X_5	11.5	12.2	15.0	20.9	31.0
	X_6	28.3	28.1	28.0	26.6	23.1

3.1.2　国内生产总值指标的确定

通常国内生产总值（GDP）的计算方法主要有三种：生产法、收入法和支出
法。生产法是指一个国家或地区生产的全部产品与劳务增加值的总和；收入法是
指财产与劳务等要素在生产产品时所取得的收入总和；支出法是指在消费生产的
产品和劳务时花费的支出总和[110]。支出法虽然能够反映 GDP 的最终使用去向
和构成，包括最终消费支出、资本形成总额、货物和服务进出口等，但不能反映
一个国家的国内生产总值的产业产值及其构成情况。由于本书要考虑我国三次产
业产值及其构成情况，因此采用我国统计局通过收入法计算得出的国内生产总值
数据以及国内生产总值增长率进行进一步的预测以及分析。

《中国宏观经济预测与分析 2014 春季报告》显示，2013 年我国的经济增速
与 2012 年持平为 7.7%，并预测得出在 2014 年中国的经济增速将持续下行，经
济增长速度将会比 2013 年的 7.7% 下降 0.08 个百分点，降至 7.62%；2015 年，
经济增速有望回升至 7.79%。国内外的很多机构以及专家学者对我国未来经济增
长率进行了一定的预测，如中国科学院的黄季焜[111]等人预测中国 2011~2015 年
的经济增长率为 7.2%，2016~2020 年的经济增长率为 6.3%；中国科学院国情分
析小组预测 2010~2020 年中国的经济增长率为 7%~7.8%，2020~2030 年为
6.3%~7%；世界银行通过分析预测得出 2010~2020 年我国的平均经济增速应该
为 5.6%；国家发展与改革委员会预测中国 2010~2020 年的经济平均增速为
6.9%；李京文等人[112]认为我国的经济增长是分阶段进行的，从 2011~2020 年
的经济增速为 6.4%，从 2021~2030 年为 5.4%，2030~2050 年基本保持着 4%~
5% 的经济增长率；陈锡康等人[113]预测中国经济平均增长速度从 2011~2020 年
为 7.5%，2021~2030 年为 6.8%。

由此可见，虽然不同学者由于选取的预测模型和预测角度不同导致得出的中

国经济增速不同，但是经济增长速度都是呈现递减的趋势。因此，本研究综合以上机构以及学者的研究结果和中国经济增长的实际情况，并参照第十二届全国人民代表大会第三次会议和第十二届全国委员会第三次会议提出的经济增速的目标，对经济增长的假定采用高、基本、低三种方案。基本方案下，在 2011～2015 年保持 8%，2016～2020 年、2021～2030 年分别保持 7%、6%，对于高方案来说，每个阶段的经济增长率比基本方案增长一个百分点，对于低方案来说是降低一个百分点，具体如表 3.19 所示。

表 3.19　中国经济增长速度假定　　　　　　　　（%）

年份	2013～2015	2016～2020	2021～2030
低方案	7	6	5
基本方案	8	7	6
高方案	9	8	7

3.2　能源子系统指标预测

3.2.1　煤炭相关指标的确定

3.2.1.1　第一产业煤耗强度的确定

第一产业主要包括农、林、渔、牧、水利业等方面，其产值占我国国内生产总值的比重从 2000 年的 15.1% 逐渐下降到了 2012 年的 10.1%，其煤耗量占总煤耗量的比重基本保持在 0.5% 左右。本书从 2000 年到 2013 年的中国统计年鉴选取 2004 年到 2011 年的我国第一产业煤耗量与产值，通过计算得出我国第一产业煤耗强度，具体如表 3.20 所示。从表中可以看出，从 2004 年到 2011 年我国第一产业煤耗量与产值均呈现增长的态势，但煤耗强度却为下降的趋势。

表 3.20　2004～2011 年中国第一产业煤耗量、产值与煤耗强度的部分数据

年份	2004	2005	2006	2007	2008	2009	2010	2011
煤耗量/万吨	1425.8	1513.8	1502.6	1519.6	1522.6	1582.1	1711.1	1756.6
产值/亿元	21412.7	22420.0	24040.0	28627.0	33702.0	35226.0	40533.6	47486.2
煤耗强度/万吨·亿元$^{-1}$	0.0666	0.0675	0.0625	0.0531	0.0452	0.0449	0.0422	0.0370

资料来源：2000～2013 年中国统计年鉴和作者整理。

将表 3.20 中 2004～2011 年的中国第一产业煤耗强度的数据按照回归分析的步骤，选取第一产业煤耗强度作为因变量，时间作为自变量，并分别选取线性回归、指数回归、二次曲线回归、三次曲线回归模型进行模型分析，得出四种回归模型的拟合优度汇总，如表 3.21 所示。

表 3.21 线性、指数、二次、三次回归模型拟合优度汇总

模型	复相关系数 R	可决系数 R 方	调整的 R 方	估计值的标准误
线性	0.971	0.943	0.934	0.003
指数	0.976	0.953	0.945	0.053
二次	0.973	0.946	0.925	0.003
三次	0.981	0.963	0.935	0.003

从表 3.21 所示的四种模型的拟合优度汇总可以得出，按照二次曲线回归模型、线性回归模型、三次曲线回归模型、指数回归模型的顺序，作为衡量回归直线对观测值拟合程度的调整的 R 方越来越大。其中，三次曲线回归模型、线性回归模型、指数回归模型的调整的可决系数 R 方都较大且相近，说明这三个模型的拟合程度都较好。如果只根据模型的拟合优度来确定最佳回归模型，则应当选择指数回归模型，但是不能单纯地根据模型的拟合优度高低来决定最佳模型，还需要考虑模型方程以及方程系数是否通过了显著性检验来决定最佳模型。在这里考虑三次曲线回归模型、线性回归模型、指数回归模型，这三个模型通过进行 F 检验，得出其对应的 F 检验的概率 P 值都小于显著性水平 0.05，说明这三个模型方程都通过了显著性检验。进而需要对三次、线性、指数模型回归系数进行显著性检验，其回归系数检验如表 3.22 所示。

表 3.22 三次、线性、指数模型回归系数

模型		非标准化系数		标准化系数	t	Sig.
		B	标准误	Beta		
三次	t	0.003	0.007	0.575	0.414	0.700
	t^2	−0.002	0.002	−4.064	−1.265	0.274
	t^3	0.000	0.000	2.598	1.353	0.247
	常数	0.067	0.007		9.048	0.001
线性	t	−0.005	0.000	−0.971	−10.002	0.000
	常数	0.074	0.002		31.007	0.000
指数	t	−0.091	0.008	−0.976	−11.036	0.000
	常数	0.077	0.003		24.103	0.000

从表 3.22 所示的三次、线性、指数模型回归系数可以看出，该表给出了各回归方程的系数值与其进行 t 检验的结果。从表中可以看出，三次曲线方程的系数没有全部通过 t 检验，线性、指数方程的系数全部通过了 t 检验，但是当选用线性模型进行预测时会出现第一产业煤耗强度为负值的情况，不符合实际情况，因此选择指数曲线回归模型为最佳模型，其回归方程如式（3.9）所示，中国第一

产业煤耗强度用 y 表示，时间用 t 表示。

$$y = e^{(0.077 - 0.091t)} \tag{3.9}$$

中国第一产业煤耗强度指数曲线回归模型的拟合效果图如图 3.1 所示。

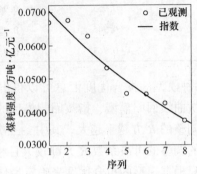

图 3.1　中国第一产业煤耗强度的拟合效果图

　　运用得出的指数曲线回归模型进行预测，从而得出 2012 年到 2030 年的中国第一产业煤耗强度指标值，具体如表 3.23 所示。

表 3.23　2012~2030 年中国第一产业煤耗强度

年份	2012	2013	2016	2021	2030
煤耗强度/万吨·亿元$^{-1}$	0.0341	0.0285	0.0199	0.0127	0.0080

3.2.1.2　发电煤耗量的确定

　　火力发电作为我国电力供应的主要方式，其电力生产量占总电力生产量的 80%以上，同时火力发电的煤炭消费量也是煤炭消费的重要组成部分。由表 3.24 所示，火力发电的煤炭消费量从 2000 年的 55811.2 万吨增加到 2011 年的 175578.5 万吨，共增长了 2.16 倍，占总煤耗的比重也不断上升，从 2000 年的 39.6%增长到了 2011 年的 51.2%。本书从 2000 年到 2013 年的中国统计年鉴上选取 2000 年到 2011 年的中国发电煤耗的数据进行分析处理，从而得出 2012 年到 2030 年的中国发电煤耗的增长率。

表 3.24　2000~2011 年中国发电煤耗量的部分数据

年份	2000	2001	2002	…	2008	2009	2010	2011
煤耗量/万吨	55811.20	59797.90	68600.00	…	135351.70	143967.30	154542.50	175578.50

资料来源：2000~2013 年中国统计年鉴。

　　将表 3.24 中 2000~2011 年的中国发电煤耗量的数据按照回归分析的步骤，选取发电煤耗量作为因变量，时间作为自变量，并分别选取线性回归、指数回归、二次曲线回归、三次曲线回归模型进行模型分析，得出四种回归模型的拟合优度汇总，见表 3.25。

表 3.25 线性、指数、二次、三次回归模型拟合优度汇总

模型	复相关系数 R	可决系数 R 方	调整的 R 方	估计值的标准误
线性	0.996	0.991	0.990	3886.891
指数	0.989	0.978	0.976	0.060
二次	0.996	0.992	0.990	3931.501
三次	0.996	0.992	0.989	4145.985

从表 3.25 所示的四种模型的拟合优度汇总可以得出，按照指数回归模型、三次曲线回归模型、二次曲线回归模型、线性回归模型的顺序，作为衡量回归直线对观测值拟合程度的调整的 R 方越来越大。其中，二次曲线回归模型、三次曲线回归模型、线性回归模型的调整的可决系数 R 方都较大且相近，说明这三个模型的拟合程度都较好。如果只根据模型的拟合优度来确定最佳回归模型，则应当选择线性回归模型，但是不能单纯地根据模型的拟合优度高低来决定最佳模型，还需要考虑模型方程以及方程系数是否通过了显著性检验来决定最佳模型。在这里考虑线性回归模型、二次曲线回归模型、三次曲线回归模型，这三个模型通过进行 F 检验，得出其对应的 F 检验的概率 P 值都为 0.000，小于显著性水平 0.05，说明这三个模型方程都通过了显著性检验。进而需要对线性、二次、三次模型回归系数进行显著性检验，其回归系数检验如表 3.26 所示。

表 3.26 线性、二次、三次模型回归系数

模型		非标准化系数		标准化系数	t	Sig.
		B	标准误	Beta		
线性	t	10824.653	325.038	0.996	33.303	0.000
	常数	39653.371	2392.216		16.576	0.000
二次	t	9593.579	1437.104	0.882	6.676	0.000
	t^2	94.698	107.615	0.116	0.880	0.402
	常数	42525.877	4063.320		10.466	0.000
三次	t	8354.879	4337.519	0.768	1.926	0.090
	t^2	323.652	759.717	0.397	0.426	0.681
	t^3	-11.741	38.523	-0.173	-0.305	0.768
	常数	44128.556	6783.176		6.506	0.000

从表 3.26 所示的线性、二次、三次模型回归系数可以看出，该表给出了各回归方程的系数值与其进行 t 检验的结果。从表中可以看出，二次、三次曲线方程的系数没有全部通过 t 检验，线性方程的系数全部通过了 t 检验，因此选择线性回归模型为最佳模型，其回归方程如式（3.10）所示。中国发电煤耗量用 y 表

示，时间用 t 表示。

$$y = 39653.371 + 10824.653t \tag{3.10}$$

中国发电煤耗量线性回归模型的拟合效果图如图 3.2 所示。

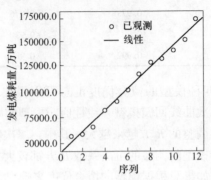

图 3.2　中国发电煤耗量的拟合效果图

运用得出的线性回归模型进行预测，从而得出 2012 年到 2030 年的中国发电煤耗量指标值，进而得出发电煤耗的增长率，具体如表 3.27 所示。

表 3.27　2012~2030 年中国发电煤耗增长率

年份	2012	2013	2016	2021	2030
煤耗增长率/%	6.5	5.7	4.6	3.8	3.2

3.2.1.3　工业（除发电）煤耗量的确定

工业作为第二产业的重要组成部分，对我国国内生产总值的贡献在 40% 左右，同时工业也是我国的高煤耗行业，由表 3.28 所示，中国除发电以外的工业煤炭消费量虽然从 2000 年的 71995.5 万吨增加到了 2011 年的 150651.5 万吨，共增长了 1.09 倍，但是占总煤耗的比重却呈现出一定的下降趋势，从 2000 年的 51% 下降到了 2011 年的 43.9%。本书从 2000 年到 2013 年的中国统计年鉴上选取 2000 年到 2011 年的中国工业（除发电）煤耗量的数据进行分析处理，从而得出 2012 年到 2030 年的中国工业（除发电）煤耗量的增长率。

表 3.28　2000~2011 年中国工业（除发电）煤耗量的部分数据

年份	2000	2001	2002	…	2008	2009	2010	2011
煤耗量/万吨	71995.50	71648.40	70442.40	…	130222.50	135921.20	141489.10	150651.50

资料来源：2000~2013 年中国统计年鉴。

将表 3.28 中 2000~2011 年的中国工业（除发电）煤耗量的数据按照回归分析的步骤，选取工业（除发电）煤耗量作为因变量，时间作为自变量，并分别选取线性回归、指数回归、二次曲线回归、三次曲线回归模型进行模型分析，得出四种回归模型的拟合优度汇总，如表 3.29 所示。

表 3.29 线性、指数、二次、三次回归模型拟合优度汇总

模型	复相关系数 R	可决系数 R 方	调整的 R 方	估计值的标准误
线性	0.982	0.965	0.961	5739.550
指数	0.968	0.937	0.931	0.074
二次	0.983	0.967	0.960	5834.967
三次	0.988	0.977	0.968	5201.484

从表 3.29 所示的四种模型的拟合优度汇总可以得出，按照指数回归模型、二次曲线回归模型、线性回归模型、三次曲线回归模型的顺序，作为衡量回归直线对观测值拟合程度的调整的 R 方越来越大。其中，线性回归模型、二次曲线回归模型、三次曲线回归模型的调整的可决系数 R 方都大于 0.96，说明这三个模型的拟合程度都较好。如果只根据模型的拟合优度来确定最佳回归模型，则应当选择三次曲线回归模型，但是不能单纯地根据模型的拟合优度高低来决定最佳模型，还需要考虑模型方程以及方程系数是否通过了显著性检验来决定最佳模型。在这里考虑线性回归模型、二次曲线回归模型、三次曲线回归模型，这三个模型通过进行 F 检验，得出其对应的 F 检验的概率 P 值都为 0.000，小于显著性水平 0.05，说明这三个模型方程都通过了显著性检验。进而需要对线性、二次、三次模型回归系数进行显著性检验，其回归系数检验如表 3.30 所示。

表 3.30 线性、二次、三次模型回归系数

模型		非标准化系数		标准化系数	t	Sig.
		B	标准误	Beta		
线性	t	7926.083	479.965	0.982	16.514	0.000
	常数	57991.720	3532.449		16.417	0.000
二次	t	9632.744	2132.889	1.194	4.516	0.001
	t^2	-131.282	159.717	-0.217	-0.822	0.432
	常数	54009.511	6030.607		8.956	0.000
三次	t	334.298	5441.779	0.041	0.061	0.953
	t^2	1587.388	953.129	2.627	1.665	0.134
	t^3	-88.137	48.330	-1.745	-1.824	0.106
	常数	66040.201	8510.060		7.760	0.000

从表 3.30 所示的线性、二次、三次模型回归系数可以看出，该表给出了各回归方程的系数值与其进行 t 检验的结果。从表中可以看出，二次、三次曲线方程的系数没有全部通过 t 检验，线性方程的系数全部通过了 t 检验，因此选择线

性回归模型为最佳模型,其回归方程如式(3.11)所示。中国工业(除发电)煤耗量用 y 表示,时间用 t 表示。

$$y = 57991.72 + 7926.083t \tag{3.11}$$

中国工业(除发电)煤耗量线性回归模型的拟合效果图如图 3.3 所示。

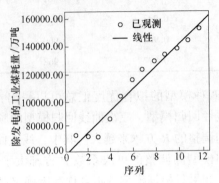

图 3.3　中国工业(除发电)煤耗量的拟合效果图

运用得出的线性回归模型进行预测,从而得出 2012 年到 2030 年的中国工业(除发电)煤耗量指标值,进而得出工业(除发电)煤耗的增长率,具体如表 3.31 所示。

表 3.31　2012~2030 年中国工业(除发电)煤耗增长率

年份	2012	2013	2016	2021	2030
煤耗增长率/%	5.0	4.7	4.0	3.3	2.8

3.2.1.4　建筑业煤耗强度的确定

建筑业作为我国第二产业的重要组成部分,对我国的国民生产总值的贡献在 5%~7%,但是其煤耗量占总煤耗量的比重却在 0.2%~0.4%。本书从 2000~2013 年的中国统计年鉴选取 2000~2011 年的我国建筑业煤耗量与建筑业产值,通过计算得出我国建筑业煤耗强度,具体如表 3.32 所示。从表中可以看出从 2000~2011 年我国建筑业煤耗量与建筑业产值均呈现增长的态势,但建筑业煤耗强度却为下降的趋势。

表 3.32　2000~2011 年中国建筑业煤耗量、建筑业产值与建筑业煤耗强度的部分数据

年份	2000	2001	2002	…	2008	2009	2010	2011
煤耗量/万吨	536.8	505.0	513.6	…	603.2	635.6	718.9	781.8
产值/亿元	5522.3	5931.7	6465.5	…	18743.2	22398.8	26661.0	31942.7
煤耗强度/万吨·亿元$^{-1}$	0.0972	0.0851	0.0794	…	0.0322	0.0284	0.0270	0.02450

资料来源:2000~2013 年中国统计年鉴。

　　将表3.32中2000~2011年的中国建筑业煤耗强度的数据按照回归分析的步骤，选取建筑业煤耗强度作为因变量，时间作为自变量，并分别选取线性回归、指数回归、二次曲线回归、三次曲线回归模型进行模型分析，得出四种回归模型的拟合优度汇总，如表3.33所示。

表3.33　线性、指数、二次、三次回归模型拟合优度汇总

模型	复相关系数 R	可决系数 R 方	调整的 R 方	估计值的标准误
线性	0.989	0.979	0.977	0.004
指数	0.989	0.978	0.976	0.076
二次	0.995	0.989	0.987	0.003
三次	0.996	0.992	0.989	0.003

　　从表3.33所示的四种模型的拟合优度汇总可以得出，按照指数回归模型、线性回归模型、二次曲线回归模型、三次曲线回归模型的顺序，作为衡量回归直线对观测值拟合程度的调整的 R 方越来越大，且都大于0.97，说明这四个模型的拟合程度都较好。如果只根据模型的拟合优度来确定最佳回归模型，则应当选择三次曲线回归模型，但是不能单纯地根据模型的拟合优度高低来决定最佳模型，还需要考虑模型方程以及方程系数是否通过了显著性检验来决定最佳模型。通过进行 F 检验，得出其对应的 F 检验的概率 P 值都为0.000，小于显著性水平0.05，说明这四个模型方程都通过了显著性检验。进而需要对线性、指数、二次、三次模型回归系数进行显著性检验，其回归系数检验如表3.34所示。

表3.34　线性、指数、二次、三次模型回归系数

模型		非标准化系数		标准化系数	t	Sig.
		B	标准误	Beta		
线性	t	−0.007	0.000	−0.989	−21.505	0.000
	常数	0.099	0.002		42.558	0.000
指数	t	−0.133	0.006	−0.989	−21.135	0.000
	常数	0.118	0.005		21.514	0.000
二次	t	−0.010	0.001	−1.419	−9.307	0.000
	t^2	0.000	0.000	0.442	2.896	0.018
	常数	0.106	0.003		35.747	0.000
三次	t	−0.005	0.003	−0.775	−1.967	0.085
	t^2	−0.001	0.000	−1.149	−1.247	0.248
	t^3	4.217E-5	0.000	0.976	1.746	0.119
	常数	0.101	0.004		23.668	0.000

从表 3.34 所示的线性、指数、二次、三次模型回归系数可以看出,该表给出了各回归方程的系数值与其进行 t 检验的结果。从表中可以看出,三次曲线方程的系数没有全部通过 t 检验,线性、指数、二次方程的系数全部通过了 t 检验,且由于二次曲线回归方程的调整的可决系数 R 方最高,因此选择二次曲线回归模型为最佳模型。但根据实际情况,可以知道中国建筑业煤耗强度基本呈现下降的趋势,但是二次曲线模型的预测值在 2019 年以后开始出现上升的趋势,线性模型的预测值出现负值,这都不符合实际情况,因此选用指数回归模型为最佳模型。其回归方程如式(3.12)所示。中国建筑业煤耗强度用 y 表示,时间用 t 表示。

$$y = e^{(0.118 - 0.133t)} \tag{3.12}$$

中国建筑业煤耗强度指数曲线回归模型的拟合效果图如图 3.4 所示。

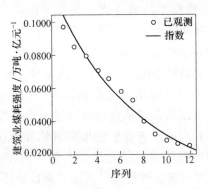

图 3.4 中国建筑业煤耗强度的拟合效果图

运用得出的指数曲线回归模型进行预测,从而得出 2012~2030 年的中国建筑业煤耗强度指标值,具体如表 3.35 所示。

表 3.35 2012~2030 年中国建筑业煤耗强度

年份	2012	2013	2016	2021	2030
建筑业煤耗强度/万吨·亿元$^{-1}$	0.0209	0.0161	0.0095	0.0049	0.0025

3.2.1.5 交通运输、仓储和邮政业煤耗强度的确定

交通运输、仓储和邮政业作为我国第三产业的一部分对我国的国民生产总值的贡献在 5%~6%,但是其煤耗量占总煤耗量的比重却在 0.8% 以下,且呈现逐年递减的趋势,到 2011 年时只有 0.19%。本书从 2000~2013 年的中国统计年鉴选取 2000~2011 年的我国交通运输、仓储和邮政业煤耗量与产值,通过计算得出我国交通运输、仓储和邮政业煤耗强度,具体如表 3.36 所示。从表中可以看出从 2000~2011 年我国交通运输、仓储和邮政业煤耗量与产值均呈现增长的态势,但煤耗强度却为下降的趋势,且下降幅度较大。

表 3.36 2000~2011 年中国交通运输、仓储和邮政业煤耗量、产值与煤耗强度的部分数据

年份	2000	2001	2002	…	2008	2009	2010	2011
煤耗量/万吨	882.2	841.3	852.0	…	665.4	640.9	639.2	645.9
产值/亿元	6160.95	6870.25	7492.95	…	16362.50	16727.11	19132.19	22432.84
煤耗强度/万吨·亿元$^{-1}$	0.1432	0.1225	0.1137	…	0.0407	0.0383	0.0334	0.0288

资料来源：2000~2013 年中国统计年鉴。

将表 3.36 中 2000~2011 年的中国交通运输、仓储和邮政业煤耗强度的数据按照回归分析的步骤，选取交通运输、仓储和邮政业煤耗强度作为因变量，时间作为自变量，并分别选取线性回归、指数回归、二次曲线回归、三次曲线回归模型进行模型分析，得出四种回归模型的拟合优度汇总，如表 3.37 所示。

表 3.37 线性、指数、二次、三次回归模型拟合优度汇总

模型	复相关系数 R	可决系数 R 方	调整的 R 方	估计值的标准误
线性	0.977	0.954	0.949	0.009
指数	0.989	0.977	0.975	0.090
二次	0.985	0.970	0.963	0.008
三次	0.989	0.979	0.971	0.007

从表 3.37 所示的四种模型的拟合优度汇总可以得出，按照线性回归模型、二次曲线回归模型、三次曲线回归模型、指数回归模型的顺序，作为衡量回归直线对观测值拟合程度的调整的 R 方越来越大。其中，指数回归模型、三次曲线回归模型的调整的可决系数 R 方都大于 0.97，说明这两个模型的拟合程度都非常好。如果只根据模型的拟合优度来确定最佳回归模型，则应当选择指数回归模型，但是不能单纯地根据模型的拟合优度高低来决定最佳模型，还需要考虑模型方程以及方程系数是否通过了显著性检验来决定最佳模型。在这里考虑指数回归模型、三次曲线回归模型，这两个模型通过进行 F 检验，得出其对应的 F 检验的概率 P 值都为 0.000，小于显著性水平 0.05，说明这两个模型方程都通过了显著性检验。进而需要对指数、三次模型回归系数进行显著性检验，其回归系数检验如表 3.38 所示。

表 3.38 指数、三次模型回归系数

模型		非标准化系数		标准化系数	t	Sig.
		B	标准误	Beta		
指数	t	−0.155	0.007	−0.989	−20.686	0.000
	常数	0.183	0.010		18.147	0.000

续表 3.38

模型		非标准化系数		标准化系数	t	Sig.
		B	标准误	Beta		
三次	t	−0.004	0.007	−0.399	−0.620	0.552
	t^2	−0.002	0.001	−2.196	−1.458	0.183
	t^3	0.000	0.000	1.685	1.844	0.102
	常数	0.145	0.011		12.935	0.000

从表 3.38 的指数、三次模型回归系数可以看出，该表给出了各回归方程的系数值与其进行 t 检验的结果。从表中可以看出，三次曲线方程的系数没有全部通过 t 检验，指数方程的系数全部通过了 t 检验，因此选择指数曲线回归模型为最佳模型，其回归方程如式（3.13）所示。交通运输、仓储和邮政业煤耗强度用 y 表示，时间用 t 表示。

$$y = e^{(0.183 - 0.155t)} \tag{3.13}$$

交通运输、仓储和邮政业煤耗强度指数曲线回归模型的拟合效果图如图 3.5 所示。

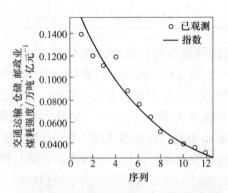

图 3.5　交通运输、仓储和邮政业煤耗强度的拟合效果图

运用得出的指数曲线回归模型进行预测，从而得出 2012~2030 年的中国交通运输、仓储和邮政业煤耗强度指标值，如表 3.39 所示。

表 3.39　2012~2030 年中国交通运输、仓储和邮政业煤耗强度

年份	2012	2013	2016	2021	2030
煤耗强度/万吨·亿元⁻¹	0.0244	0.0180	0.0099	0.0045	0.0021

3.2.1.6　批发、零售业和住宿、餐饮业煤耗强度的确定

批发、零售业和住宿、餐饮业作为我国第三产业的一部分对我国的国民生产总值的贡献在 10% 以上且呈现上升的趋势，但是其煤耗量占总煤耗量的比重却在

0.9%以下，且呈现逐年递减的趋势，到 2011 年时只有 0.64%。本书从 2000 ~ 2013 年的中国统计年鉴选取 2000 ~ 2011 年的我国批发、零售业和住宿、餐饮业煤耗量与产值，通过计算得出我国批发、零售业和住宿、餐饮业煤耗强度，具体如表 3.40 所示。从表中可以看出从 2000 ~ 2011 年我国批发、零售业和住宿、餐饮业煤耗量与产值均呈现增长的态势，但煤耗强度却为下降的趋势，且下降幅度较大。

表 3.40　2000~2011 年中国批发、零售业和住宿、
餐饮业煤耗量、产值与煤耗强度的部分数据

年份	2000	2001	2002	…	2008	2009	2010	2011
煤耗量/万吨	1314.6	1260.9	1259.1	…	1791.4	1977.9	1969.9	2211.7
产值/亿元	11683.2	12801.9	13958.4	…	35105.7	39125.9	45793.2	54375.5
煤耗强度/万吨·亿元$^{-1}$	0.1125	0.0985	0.0902	…	0.0510	0.0506	0.0430	0.0407

资料来源：2000~2013 年中国统计年鉴。

将表 3.40 中 2000~2011 年的中国批发、零售业和住宿、餐饮业煤耗强度的数据按照回归分析的步骤，选取批发、零售业和住宿、餐饮业煤耗强度作为因变量，时间作为自变量，并分别选取线性回归、指数回归、二次曲线回归、三次曲线回归模型进行模型分析，得出四种回归模型的拟合优度汇总，如表 3.41 所示。

表 3.41　线性、指数、二次、三次回归模型拟合优度汇总

模型	复相关系数 R	可决系数 R 方	调整的 R 方	估计值的标准误
线性	0.989	0.979	0.977	0.004
指数	0.985	0.969	0.966	0.062
二次	0.990	0.980	0.975	0.004
三次	0.990	0.980	0.972	0.004

从表 3.41 所示的四种模型的拟合优度汇总可以得出，按照指数回归模型、三次曲线回归模型、二次曲线回归模型、线性回归模型的顺序，作为衡量回归直线对观测值拟合程度的调整的 R 方越来越大，且都大于 0.96 并非常相近，说明这四个模型的拟合程度都非常好。如果只根据模型的拟合优度来确定最佳回归模型，则应当选择三次曲线回归模型，但是不能单纯地根据模型的拟合优度高低来决定最佳模型，还需要考虑模型方程以及方程系数是否通过了显著性检验来决定最佳模型。通过进行 F 检验，得出其对应的 F 检验的概率 P 值都为 0.000，小于显著性水平 0.05，说明这四个模型方程都通过了显著性检验。进而需要对这四个模型回归系数进行显著性检验，其回归系数检验如表 3.42 所示。

表 3.42 线性、指数、二次、三次模型回归系数

模型		非标准化系数		标准化系数	t	Sig.
		B	标准误	Beta		
线性	t	−0.006	0.000	−0.989	−21.627	0.000
	常数	0.114	0.002		52.685	0.000
指数	t	−0.092	0.005	−0.985	−17.787	0.000
	常数	0.126	0.005		26.252	0.000
二次	t	−0.007	0.001	−1.098	−5.289	0.001
	t^2	5.345E−5	0.000	0.111	0.535	0.605
	常数	0.116	0.004		30.664	0.000
三次	t	−0.007	0.004	−1.151	−1.828	0.105
	t^2	0.000	0.001	0.243	0.165	0.873
	t^3	−3.263E−6	0.000	−0.081	−0.091	0.930
	常数	0.116	0.006		18.343	0.000

从表 3.42 所示的线性、指数、二次、三次模型回归系数可以看出，该表给出了各回归方程的系数值与其进行 t 检验的结果。从表中可以看出，二次、三次曲线方程的系数没有全部通过 t 检验，线性、指数方程的系数全部通过了 t 检验，但是当选用线性模型进行预测时会出现批发、零售业和住宿、餐饮业煤耗强度为负值的情况，不符合实际情况，因此选择指数曲线回归模型为最佳模型，其回归方程如式 (3.14)所示。批发、零售业和住宿、餐饮业煤耗强度用 y 表示，时间用 t 表示。

$$y = e^{(0.126 - 0.092t)} \tag{3.14}$$

批发、零售业和住宿、餐饮业煤耗强度指数曲线回归模型的拟合效果图如图 3.6 所示。

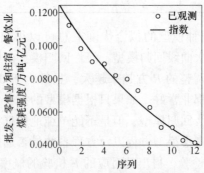

图 3.6 批发、零售业和住宿、餐饮业煤耗强度的拟合效果图

运用得出的指数曲线回归模型进行预测，从而得出 2012～2030 年的中国批

发、零售业和住宿、餐饮业煤耗强度指标值，如表 3.43 所示。

表 3.43　2012~2030 年中国批发、零售业和住宿、餐饮业煤耗强度

年份	2012	2013	2016	2021	2030
煤耗强度/万吨·亿元$^{-1}$	0.0380	0.0317	0.0220	0.0139	0.0088

3.2.1.7　其他行业煤耗强度的确定

其他行业主要是指除了交通运输业、仓储邮政业、批发零售业和住宿餐饮业以外的第三产业所包含的行业，主要有金融业、房地产等。其他行业对我国的国民生产总值的贡献在 20% 以上且呈现较快的上升趋势，但是其煤耗量占总煤耗量的比重却只有 0.8% 以下，且呈现逐年递减的趋势，到 2011 年时只有 0.62%。本书从 2004~2013 年的中国统计年鉴选取 2003~2011 年的我国其他行业的煤耗量与产值，通过计算得出我国其他行业的煤耗强度，具体如表 3.44 所示。从表中可以看出从 2003~2011 年我国其他行业的煤耗量与产值均呈现增长的态势，但煤耗强度却为下降的趋势，且下降幅度较大。

表 3.44　2003~2011 年中国其他行业煤耗量、产值与煤耗强度的部分数据

年份	2003	2004	2005	…	2008	2009	2010	2011
煤耗量/万吨	1450.6	1631.0	1715.9	…	1791.6	1986.1	2006.6	2112.2
产值/亿元	30808.0	35997.4	42067.0	…	70211.4	78251.9	91586.3	108751.0
煤耗强度/万吨·亿元$^{-1}$	0.0471	0.0453	0.0408	…	0.0255	0.0254	0.0219	0.0194

资料来源：2000~2013 年中国统计年鉴。

将表 3.44 中 2003~2011 年的中国其他行业煤耗强度的数据按照回归分析的步骤，选取其他行业煤耗强度作为因变量，时间作为自变量，并分别选取线性、指数、二次曲线、三次曲线回归模型进行模型分析，得出拟合优度汇总，如表 3.45 所示。

表 3.45　线性、指数、二次、三次回归模型拟合优度汇总

模型	复相关系数 R	可决系数 R 方	调整的 R 方	估计值的标准误
线性	0.989	0.977	0.974	0.002
指数	0.986	0.973	0.969	0.057
二次	0.989	0.979	0.972	0.002
三次	0.993	0.986	0.977	0.002

从表 3.45 所示的四种模型的拟合优度汇总可以得出，按照指数回归模型、二次曲线回归模型、线性回归模型、三次曲线回归模型的顺序，作为衡量回归直线对观测值拟合程度的调整的 R 方越来越大，并且非常相近，除指数外都大于

0.97，说明这四个模型的拟合程度都非常好。如果只根据模型的拟合优度来确定最佳回归模型，则应当选择三次曲线回归模型，但是不能单纯地根据模型的拟合优度高低来决定最佳模型，还需要考虑模型方程以及方程系数是否通过了显著性检验来决定最佳模型。通过进行 F 检验，得出其对应的 F 检验的概率 P 值都为0.000，小于显著性水平 0.05，说明这四个模型方程都通过了显著性检验。进而需要对线性、指数、二次、三次模型回归系数进行显著性检验，其回归系数检验如表 3.46 所示。

表 3.46　线性、指数、二次、三次模型回归系数

模型		非标准化系数		标准化系数	t	Sig.
		B	标准误	Beta		
线性	t	−0.004	0.000	−0.989	−17.303	0.000
	常数	0.052	0.001		42.610	0.000
指数	t	−0.117	0.007	−0.986	−15.936	0.000
	常数	0.057	0.002		24.133	0.000
二次	t	−0.004	0.001	−1.165	−4.327	0.005
	t^2	6.645E-5	0.000	0.181	0.673	0.526
	常数	0.053	0.002		23.911	0.000
三次	t	0.000	0.003	−0.076	−0.104	0.922
	t^2	−0.001	0.001	−2.470	−1.455	0.205
	t^3	6.481E-5	0.000	1.609	1.578	0.175
	常数	0.048	0.003		14.446	0.000

从表 3.46 所示的线性、指数、二次、三次模型回归系数可以看出，该表给出了各回归方程的系数值与其进行 t 检验的结果。从表中可以看出，二次、三次曲线方程的系数没有全部通过 t 检验，线性、指数方程的系数全部通过了 t 检验，但是当选用线性模型进行预测时会出现其他行业煤耗强度为负值的情况，不符合实际情况，因此选择指数曲线回归模型为最佳模型，其回归方程如式（3.15）所示。其他行业煤耗强度用 y 表示，时间用 t 表示。

$$y = e^{(0.057 - 0.117t)} \qquad (3.15)$$

其他行业煤耗强度指数曲线回归模型的拟合效果图如图 3.7 所示。

运用得出的指数曲线回归模型进行预测，从而得出 2012~2030 年中国其他行业煤耗强度指标值，如表 3.47 所示。

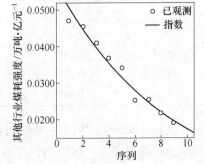

图 3.7　其他行业煤耗强度的拟合效果图

表 3.47 2012~2030 年中国其他行业煤耗强度

年份	2012	2013	2016	2021	2030
煤耗强度/万吨·亿元$^{-1}$	0.0175	0.0139	0.0088	0.0049	0.0027

3.2.2 石油相关指标的确定

3.2.2.1 第一产业油耗量的确定

第一产业主要包括农、林、渔、牧、水利业等方面，其产值占我国国内生产总值的比重从 2000 年的 15.1% 逐渐下降到了 2012 年的 10.1%，其油耗量占总油耗量的比重基本保持在 3%~4%。本书从 2000~2013 年中国统计年鉴选取 2000~2011 年的我国第一产业油耗量，具体如表 3.48 所示。从表中可以看出，从 2000~2011 年我国第一产业油耗量呈现增长的态势，但增长幅度不大。

表 3.48 2000~2011 年中国第一产业油耗量的部分数据

年份	2000	2001	2002	…	2008	2009	2010	2011
油耗量/万吨	788.5	838.6	922.4	…	1265.8	1308.1	1382.5	1466.3

资料来源：2000~2013 年中国统计年鉴。

将表 3.48 中 2000~2011 年中国第一产业油耗量的数据按照回归分析的步骤，选取第一产业油耗量作为因变量，时间作为自变量，并分别选取线性回归、对数回归、二次曲线回归、三次曲线回归模型进行模型分析，得出四种回归模型的拟合优度汇总，如表 3.49 所示。

表 3.49 线性、对数、二次、三次回归模型拟合优度汇总

模型	复相关系数 R	可决系数 R 方	调整的 R 方	估计值的标准误
线性	0.815	0.665	0.631	156.679
对数	0.885	0.783	0.761	126.149
二次	0.914	0.835	0.799	115.705
三次	0.916	0.839	0.778	121.429

从表 3.49 所示的四种模型的拟合优度汇总可以得出，按照线性回归模型、对数回归模型、三次曲线回归模型、二次曲线回归模型的顺序，作为衡量回归直线对观测值拟合程度的调整的 R 方越来越大。其中，对数回归模型、三次曲线回归模型、二次曲线回归模型的调整的可决系数 R 方都较大且相近，说明这三个模型的拟合程度都较好。如果只根据模型的拟合优度来确定最佳回归模型，则应当选择二次回归模型，但是不能单纯地根据模型的拟合优度高低来决定最佳模型，还需要考虑模型方程以及方程系数是否通过了显著性检验来决定最佳模型。在这

里考虑对数回归模型、三次曲线回归模型、二次回归模型，这三个模型通过进行 F 检验，得出其对应的 F 检验的概率 P 值都小于显著性水平 0.05，说明这三个模型方程都通过了显著性检验。进而需要对对数、二次、三次模型回归系数进行显著性检验，其回归系数检验如表 3.50 所示。

表 3.50　对数、二次、三次模型回归系数

模型		非标准化系数		标准化系数	t	Sig.
		B	标准误	Beta		
对数	$\ln(t)$	301.993	50.322	0.885	6.001	0.000
	常数	718.075	91.386		7.858	0.000
二次	t	184.150	42.294	2.573	4.354	0.002
	t^2	-9.677	3.167	-1.806	-3.056	0.014
	常数	548.293	119.584		4.585	0.001
三次	t	233.436	127.039	3.262	1.838	0.103
	t^2	-18.787	22.251	-3.506	-0.844	0.423
	t^3	0.467	1.128	1.043	0.414	0.690
	常数	484.524	198.668		2.439	0.041

从表 3.50 所示的对数、二次、三次模型回归系数可以看出，该表给出了各回归方程的系数值与其进行 t 检验的结果。从表中可以看出，三次曲线方程的系数没有全部通过 t 检验，对数、二次方程的系数全部通过了 t 检验，但是当选用二次模型进行预测时会出现第一产业油耗量从 2021 年开始出现负值的情况，不符合实际情况，因此选择对数曲线回归模型为最佳模型，其回归方程如式(3.16)所示。中国第一产业油耗量用 y 表示，时间用 t 表示。

$$y = 718.075 + 301.993\ln(t) \tag{3.16}$$

中国第一产业油耗量对数曲线回归模型的拟合效果图如图 3.8 所示。

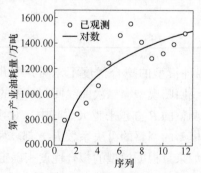

图 3.8　中国第一产业油耗量的拟合效果图

运用得出的对数曲线回归模型进行预测，从而得出 2012~2030 年中国第一产业油耗量的指标值，进而得出增长率，具体如表 3.51 所示。

表 3.51　2012~2030 年中国第一产业油耗量增长率

年份	2012	2013	2016	2021	2030
增长率/%	1.50	1.38	1.03	0.78	0.62

3.2.2.2　工业油耗量的确定

工业作为第二产业的重要组成部分，对我国国内生产总值的贡献在 40% 左右，工业石油消费量虽然从 2000 年的 11248.50 万吨增加到 2011 年的 18005.00 万吨，共增加了 60%，但是占总油耗的比重却呈现出一定的下降趋势，从 2000 年的 50% 下降到了 2011 年的 39.7%，如表 3.52 所示。

表 3.52　2000~2011 年中国工业油耗量的部分数据

年份	2000	2001	2002	…	2008	2009	2010	2011
油耗量/万吨	11248.5	11227.2	12309.4	…	15603.1	15692.9	18148.8	18005.0

资料来源：2000~2013 年中国统计年鉴。

将表 3.52 中 2000~2011 年中国工业油耗量的数据按照回归分析的步骤，选取工业油耗量作为因变量，时间作为自变量，并分别选取线性回归、对数回归、二次曲线回归、三次曲线回归模型进行模型分析，得出四种回归模型的拟合优度汇总，如表 3.53 所示。

表 3.53　线性、对数、二次、三次回归模型拟合优度汇总

模型	复相关系数 R	可决系数 R 方	调整的 R 方	估计值的标准误
线性	0.960	0.922	0.914	663.918
对数	0.917	0.841	0.825	947.952
二次	0.960	0.922	0.905	699.819
三次	0.969	0.938	0.915	661.643

从表 3.53 所示的四种模型的拟合优度汇总可以得出，按照三次曲线回归模型、线性回归模型、二次曲线回归模型、对数回归模型的顺序，作为衡量回归直线对观测值拟合程度的调整的 R 方越来越小。其中，线性回归模型、二次曲线回归模型、三次曲线回归模型的调整的可决系数 R 方都大于 0.8，说明这三个模型的拟合程度都非常好。如果只根据模型的拟合优度来确定最佳回归模型，则应当选择三次曲线回归模型，但是不能单纯地根据模型的拟合优度高低来决定最佳模型，还需要考虑模型方程以及方程系数是否通过了显著性检验来决定最佳模型。通过进行 F 检验，得出其对应的 F 检验的概率 P 值都为 0.000，小于显著性水平

0.05, 说明线性、二次、三次曲线回归模型方程都通过了显著性检验。进而需要对线性、二次、三次模型回归系数进行显著性检验, 其回归系数检验如表 3.54 所示。

表 3.54　线性、二次、三次模型回归系数

模型		非标准化系数		标准化系数	t	Sig.
		B	标准误	Beta		
线性	t	603.851	55.520	0.960	10.876	0.000
	常数	10604.524	408.613		25.952	0.000
二次	t	608.139	255.809	0.967	2.377	0.041
	t^2	-0.330	19.156	-0.007	-0.017	0.987
	常数	10594.520	723.283		14.648	0.000
三次	t	1540.958	692.209	2.450	2.226	0.057
	t^2	-172.747	121.241	-3.668	-1.425	0.192
	t^3	8.842	6.148	2.247	1.438	0.188
	常数	9387.602	1082.503		8.672	0.000

从表 3.54 所示的线性、二次、三次模型回归系数可以看出, 该表给出了各回归方程的系数值与其进行 t 检验的结果。从表中可以看出, 二次、三次曲线方程的系数没有全部通过 t 检验, 线性方程的系数全部通过了 t 检验, 因此选择线性回归模型为最佳模型, 其回归方程如式 (3.17) 所示。工业油耗量用 y 表示, 时间用 t 表示。

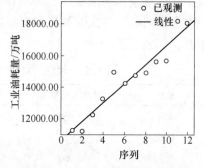

$$y = 603.851t + 10604.524 \quad (3.17)$$

工业油耗量指数曲线回归模型的拟合效果图如图 3.9 所示。

图 3.9　工业油耗量的拟合效果图

运用得出的线性曲线回归模型进行预测, 从而得出 2012～2030 年的中国工业油耗量的指标值, 进而得出增长率, 如表 3.55 所示。

表 3.55　2012～2030 年中国工业油耗量增长率

年份	2012	2013	2016	2021	2030
增长率/%	3.30	3.17	2.82	2.47	2.20

3.2.2.3　建筑业油耗量的确定

建筑业作为我国第二产业的重要组成部分, 从 2000～2011 年对我国的国民

生产总值的贡献在 5%~7%，其油耗量占总油耗量的比重呈现逐年递增的趋势，从 3.7% 上升到 5.6%。本书从 2000~2013 年的中国统计年鉴选取 2000~2011 年的我国建筑业油耗量进行预测，具体如表 3.56 所示。从表中可以看出从 2000~2011 年我国建筑业油耗量呈现增长的态势。

表 3.56 2000~2011 年中国建筑业油耗量的部分数据

年份	2000	2001	2002	...	2008	2009	2010	2011
油耗量/万吨	840.6	933.8	1046.4	...	1517.5	1942.3	2345.1	2521.8

资料来源：2000~2013 年中国统计年鉴。

将表 3.56 中 2000~2011 年的中国建筑业油耗量的数据按照回归分析的步骤，选取建筑业油耗量作为因变量，时间作为自变量，并分别选取线性回归、指数回归、二次曲线回归、三次曲线回归模型进行模型分析，得出四种回归模型的拟合优度汇总，如表 3.57 所示。

表 3.57 线性、指数、二次、三次回归模型拟合优度汇总

模型	复相关系数 R	可决系数 R 方	调整的 R 方	估计值的标准误
线性	0.962	0.924	0.917	153.181
指数	0.887	0.787	0.766	257.088
二次	0.967	0.936	0.921	149.153
三次	0.975	0.950	0.931	139.731

从表 3.57 所示的四种模型的拟合优度汇总可以得出，按照指数回归模型、线性回归模型、二次曲线回归模型、三次曲线回归模型的顺序，作为衡量回归直线对观测值拟合程度的调整的 R 方越来越大，其中，线性回归模型、二次曲线回归模型、三次曲线回归模型的调整的可决系数 R 方都大于或近似于 0.8，说明这三个模型的拟合程度都非常好。如果只根据模型的拟合优度来确定最佳回归模型，则应当选择三次曲线回归模型，但是不能单纯地根据模型的拟合优度高低来决定最佳模型，还需要考虑模型方程以及方程系数是否通过了显著性检验来决定最佳模型。通过进行 F 检验，得出其对应的 F 检验的概率 P 值都为 0.000，小于显著性水平 0.05，说明这三个模型方程都通过了显著性检验。进而需要对线性、二次、三次模型回归系数进行显著性检验，其回归系数检验如表 3.58 所示。

表 3.58 线性、二次、三次模型回归系数

模型		非标准化系数		标准化系数	t	Sig.
		B	标准误	Beta		
线性	t	141.741	12.810	0.962	11.065	0.000
	常数	637.382	94.276		6.761	0.000

续表 3.58

模型		非标准化系数		标准化系数	t	Sig.
		B	标准误	Beta		
二次	t	75.720	54.521	0.514	1.389	0.198
	t^2	5.079	4.083	0.460	1.244	0.245
	常数	791.432	154.154		5.134	0.001
三次	t	281.394	146.186	1.909	1.925	0.090
	t^2	-32.937	25.604	-2.984	-1.286	0.234
	t^3	1.950	1.298	2.113	1.502	0.172
	常数	525.322	228.611		2.298	0.051

从表 3.58 所示的线性、二次、三次模型回归系数可以看出，该表给出了各回归方程的系数值与其进行 t 检验的结果。从表中可以看出，二次、三次曲线方程的部分系数没有全部通过 t 检验，因此选择线性曲线回归模型为最佳模型，其回归方程如式（3.18）所示。中国建筑业油耗量用 y 表示，时间用 t 表示。

$$y = 141.741t + 637.382 \qquad (3.18)$$

中国建筑业油耗量线性曲线回归模型的拟合效果图如图 3.10 所示。

运用得出的线性曲线回归模型进行预测，从而得出 2012~2030 年的中国建筑业油耗量的指标值，进而得出增长率，具体如表 3.59 所示。

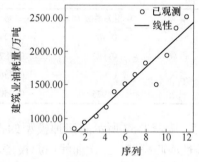

图 3.10　中国建筑业油耗量的拟合效果图

表 3.59　2012~2030 年中国建筑业油耗量增长率

年份	2012	2013	2016	2021	2030
增长率/%	5.60	5.42	4.46	3.65	3.08

3.2.2.4　交通运输、仓储和邮政业油耗量的确定

交通运输、仓储和邮政业作为我国第三产业的一部分对我国的国民生产总值的贡献在 5%~6%，但是其油耗量占总油耗量的比重却呈现逐年递增的趋势，从 2000 年的 28% 增长到 2011 年的 35%，成为消费石油量除工业以外的第二大行业。本书从 2000 年到 2013 年的中国统计年鉴选取 2000 年到 2011 年的我国交通运输、仓储和邮政业油耗量，具体如表 3.60 所示。从表中可以看出从 2000 年到 2011 年我国交通运输、仓储和邮政业油耗量呈现增长的态势，且增长幅度较大。

表 3.60　2000～2011 年中国交通运输、仓储和邮政业油耗量的部分数据

年份	2000	2001	2002	…	2008	2009	2010	2011
油耗量/万吨	6399.0	6587.9	7041.7	…	13279.40	13548.50	14870.30	16021.00

资料来源：2000～2013 年中国统计年鉴。

　　将表 3.60 中 2000～2011 年的中国交通运输、仓储和邮政业油耗量的数据按照回归分析的步骤，选取交通运输、仓储和邮政业油耗量作为因变量，时间作为自变量，并分别选取线性回归、指数回归、二次曲线回归、三次曲线回归模型进行模型分析，得出四种回归模型的拟合优度汇总，如表 3.61 所示。

表 3.61　线性、指数、二次、三次回归模型拟合优度汇总

模型	复相关系数 R	可决系数 R 方	调整的 R 方	估计值的标准误
线性	0.991	0.982	0.980	478.017
指数	0.982	0.965	0.961	0.064
二次	0.991	0.982	0.978	502.768
三次	0.993	0.986	0.980	473.463

　　从表 3.61 所示的四种模型的拟合优度汇总可以得出，按照指数回归模型、二次曲线回归模型、线性回归模型、三次曲线回归模型的顺序，作为衡量回归直线对观测值拟合程度的调整的 R 方越来越大。其中，线性回归模型、二次曲线回归模型、三次曲线回归模型的调整的可决系数 R 方都大于 0.97，说明这三个模型的拟合程度都非常好。如果只根据模型的拟合优度来确定最佳回归模型，则应当选择三次回归模型，但是不能单纯地根据模型的拟合优度高低来决定最佳模型，还需要考虑模型方程以及方程系数是否通过了显著性检验来决定最佳模型。在这里考虑线性回归模型、二次曲线回归模型、三次曲线回归模型，这三个模型通过进行 F 检验，得出其对应的 F 检验的概率 P 值都为 0.000，小于显著性水平 0.05，说明这三个模型方程都通过了显著性检验。进而需要对线性、二次、三次模型回归系数进行显著性检验，其回归系数检验如表 3.62 所示。

表 3.62　线性、二次、三次模型回归系数

模型		非标准化系数		标准化系数	t	Sig.
		B	标准误	Beta		
线性	t	922.922	39.974	0.991	23.088	0.000
	常数	4890.965	294.199		16.625	0.000
二次	t	958.557	183.780	1.029	5.216	0.001
	t^2	-2.741	13.762	-0.039	-0.199	0.847
	常数	4807.816	519.625		9.252	0.000

续表 3.62

模型		非标准化系数		标准化系数	t	Sig.
		B	标准误	Beta		
三次	t	278.255	495.336	0.299	0.562	0.590
	t^2	123.002	86.758	1.763	1.418	0.194
	t^3	-6.448	4.399	-1.106	-1.466	0.181
	常数	5688.018	774.625		7.343	0.000

从表 3.62 所示的线性、二次、三次模型回归系数可以看出,该表给出了各回归方程的系数值与其进行 t 检验的结果。从表中可以看出,二次、三次曲线方程的系数没有全部通过 t 检验,线性方程的系数全部通过了 t 检验,因此选择线性回归模型为最佳模型,其回归方程如式(3.19)所示。交通运输、仓储和邮政业油耗量用 y 表示,时间用 t 表示。

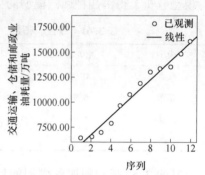

图 3.11　交通运输、仓储和邮政业油耗量的拟合效果图

$$y = 4890.965 + 922.922t \quad (3.19)$$

交通运输、仓储和邮政业油耗量线性回归模型的拟合效果图如图 3.11 所示。

运用得出的线性回归模型进行预测,从而得出 2012 年到 2030 年的中国交通运输、仓储和邮政业油耗量指标值,进而得出增长率,如表 3.63 所示。

表 3.63　2012~2030 年中国交通运输、仓储和邮政业油耗量增长率

年份	2012	2013	2016	2021	2030
增长率/%	5.46	5.19	4.31	3.54	3.01

3.2.2.5　批发、零售业和住宿、餐饮业油耗强度的确定

批发、零售业和住宿、餐饮业作为我国第三产业的一部分对我国的国民生产总值的贡献在 10% 以上且呈现上升的趋势,但是其油耗量占总油耗量的比重却在 1% 左右。本书从 2000 年到 2013 年的中国统计年鉴选取 2000 年到 2011 年的我国批发、零售业和住宿、餐饮业油耗量与产值,通过计算得出我国批发、零售业和住宿、餐饮业油耗强度,具体如表 3.64 所示。从表中可以看出,从 2000 年到 2011 年我国批发、零售业和住宿、餐饮业油耗量与产值均呈现增长的态势,但油耗强度却为下降的趋势。

**表 3.64 2000~2011 年中国批发、零售业和住宿、
餐饮业油耗量、产值与油耗强度的部分数据**

年份	2000	2001	2002	...	2008	2009	2010	2011
油耗量/万吨	247.0	252.4	273.0	...	366.4	429.7	481.0	500.0
产值/亿元	11683.2	12801.9	13958.4	...	35105.7	39125.9	45793.2	54375.5
油耗强度/万吨·亿元$^{-1}$	0.0211	0.0197	0.0196	...	0.0104	0.0110	0.0105	0.0092

资料来源：2000~2013 年中国统计年鉴。

将表 3.64 中 2000~2011 年的中国批发、零售业和住宿、餐饮业油耗强度的数据按照回归分析的步骤，选取批发、零售业和住宿、餐饮业油耗强度作为因变量，时间作为自变量，并分别选取线性回归、指数回归、二次曲线回归、三次曲线回归模型进行模型分析，得出四种回归模型的拟合优度汇总，如表 3.65 所示。

表 3.65 线性、指数、二次、三次回归模型拟合优度汇总

模型	复相关系数 R	可决系数 R 方	调整的 R 方	估计值的标准误
线性	0.959	0.920	0.912	0.001
指数	0.947	0.897	0.887	0.101
二次	0.966	0.934	0.919	0.001
三次	0.972	0.945	0.925	0.001

从表 3.65 所示的四种模型的拟合优度汇总可以得出，按照指数回归模型、线性回归模型、二次曲线回归模型、三次曲线回归模型的顺序，作为衡量回归直线对观测值拟合程度的调整的 R 方越来越大，说明这四个模型的拟合程度都非常好。如果只根据模型的拟合优度来确定最佳回归模型，则应当选择三次曲线回归模型，但是不能单纯地根据模型的拟合优度高低来决定最佳模型，还需要考虑模型方程以及方程系数是否通过了显著性检验来决定最佳模型。通过进行 F 检验，得出其对应的 F 检验的概率 P 值都为 0.000，小于显著性水平 0.05，说明这四个模型方程都通过了显著性检验。进而需要对这四个模型回归系数进行显著性检验，其回归系数检验如表 3.66 所示。

表 3.66 线性、指数、二次、三次模型回归系数

模型		非标准化系数		标准化系数	t	Sig.
		B	标准误	Beta		
线性	t	−0.001	0.000	−0.959	−10.703	0.000
	常数	0.023	0.001		29.199	0.000

模型		非标准化系数		标准化系数	t	Sig.
		B	标准误	Beta		
指数	t	-0.079	0.008	-0.947	-9.337	0.000
	常数	0.025	0.002		16.104	0.000
二次	t	-0.001	0.000	-0.454	-1.211	0.257
	t^2	-4.643E-5	0.000	-0.519	-1.384	0.200
	常数	0.022	0.001		17.055	0.000
三次	t	0.001	0.001	0.791	0.764	0.467
	t^2	0.000	0.000	-3.593	-1.482	0.177
	t^3	1.410E-5	0.000	1.886	1.282	0.236
	常数	0.020	0.002		10.159	0.000

从表 3.66 所示的线性、指数、二次、三次模型回归系数可以看出,该表给出了各回归方程的系数值与其进行 t 检验的结果。从表中可以看出,二次、三次曲线方程的系数没有全部通过 t 检验,线性、指数方程的系数全部通过了 t 检验,但是当选用线性模型进行预测时会出现批发、零售业和住宿、餐饮业油耗强度为负值的情况,不符合实际情况,因此选择指数曲线回归模型为最佳模型,其回归方程如式(3.20)所示。批发、零售业和住宿、餐饮业油耗强度用 y 表示,时间用 t 表示。

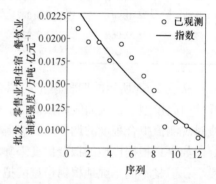

图 3.12　批发、零售业和住宿、餐饮业油耗强度的拟合效果图

$$y = e^{(0.025 - 0.079t)} \qquad (3.20)$$

批发、零售业和住宿、餐饮业油耗强度指数曲线回归模型的拟合效果图如图 3.12 所示。

运用得出的指数曲线回归模型进行预测,从而得出 2012 年到 2030 年的中国批发、零售业和住宿、餐饮业油耗强度指标值,如表 3.67 所示。

表 3.67　2012~2030 年中国批发、零售业和住宿、餐饮业油耗强度

年份	2012	2013	2016	2021	2030
油耗强度/万吨·亿元$^{-1}$	0.0090	0.0077	0.0056	0.0038	0.0026

3.2.2.6　其他行业油耗强度的确定

其他行业主要是指除了交通运输业、仓储邮政业、批发零售业和住宿餐饮业

以外的第三产业所包含的行业，主要有金融业、房地产等。其他行业对我国的国民生产总值的贡献在 20% 以上且呈现较快的上升趋势，但是其油耗量占总油耗量的比重却只有 7% 以下，且呈现逐年递减的趋势。本书从 2000 年到 2013 年的中国统计年鉴选取 2000 年到 2011 年的我国其他行业的油耗量与产值，通过计算得出我国其他行业的油耗强度，具体如表 3.68 所示。从表中可以看出，从 2000～2011 年我国其他行业的油耗量与产值均呈现增长的态势，但油耗强度却为下降的趋势，且下降幅度较大。

表 3.68　2000～2011 年中国其他行业油耗强度的部分数据

年份	2000	2001	2002	…	2008	2009	2010	2011
油耗量/万吨	1450.6	1631.0	1715.9	…	1791.6	1986.1	2006.6	2112.2
产值/亿元	23366.5	25603.9	27916.8	…	70211.4	78251.9	91586.3	108751.0
油耗强度/万吨·亿元$^{-1}$	0.0700	0.0654	0.0608	…	0.0255	0.0254	0.0219	0.0194

资料来源：2000～2013 年中国统计年鉴。

将表 3.68 中 2000～2011 年的中国其他行业油耗强度的数据按照回归分析的步骤，选取其他行业油耗强度作为因变量，时间作为自变量，并分别选取线性回归、指数回归、二次曲线回归、三次曲线回归模型进行模型分析，得出四种回归模型的拟合优度汇总，如表 3.69 所示。

表 3.69　线性、指数、二次、三次回归模型拟合优度汇总

模型	复相关系数 R	可决系数 R 方	调整的 R 方	估计值的标准误
线性	0.991	0.983	0.981	0.002
指数	0.992	0.984	0.983	0.046
二次	0.994	0.988	0.985	0.002
三次	0.997	0.995	0.993	0.001

从表 3.69 所示的四种模型的拟合优度汇总可以得出，按照线性回归模型、指数回归模型、二次曲线回归模型、三次曲线回归模型的顺序，作为衡量回归直线对观测值拟合程度的调整的 R 方越来越大，并且非常相近都大于 0.98，说明这四个模型的拟合程度都非常好。如果只根据模型的拟合优度来确定最佳回归模型，则应当选择三次曲线回归模型，但是不能单纯地根据模型的拟合优度高低来决定最佳模型，还需要考虑模型方程以及方程系数是否通过了显著性检验来决定最佳模型。通过进行 F 检验，得出其对应的 F 检验的概率 P 值都为 0.000，小于显著性水平 0.05，说明这四个模型方程都通过了显著性检验。进而需要对线性、指数、二次、三次模型回归系数进行显著性检验，其回归系数检验如表 3.70 所示。

表 3.70　线性、指数、二次、三次模型回归系数

模型		非标准化系数		标准化系数	t	Sig.
		B	标准误	Beta		
线性	t	-0.004	0.000	-0.991	-23.968	0.000
	常数	0.074	0.001		56.463	0.000
指数	t	-0.096	0.004	-0.992	-25.151	0.000
	常数	0.081	0.002		35.622	0.000
二次	t	-0.006	0.001	-1.286	-7.950	0.000
	t^2	9.698E-5	0.000	0.302	1.870	0.094
	常数	0.077	0.002		39.090	0.000
三次	t	-0.001	0.001	-0.298	-0.932	0.379
	t^2	-0.001	0.000	-2.137	-2.860	0.021
	t^3	4.011E-5	0.000	1.497	3.301	0.011
	常数	0.071	0.002		33.225	0.000

　　从表 3.70 所示的线性、指数、二次、三次模型回归系数可以看出，该表给出了各回归方程的系数值与其进行 t 检验的结果。从表中可以看出，二次、三次曲线方程的系数没有全部通过 t 检验，线性、指数方程的系数全部通过了 t 检验，但是当选用线性模型进行预测时会出现其他行业油耗强度为负值的情况，不符合实际情况，因此选择指数曲线回归模型为最佳模型，其回归方程如式（3.21）所示。其他行业油耗强度用 y 表示，时间用 t 表示。

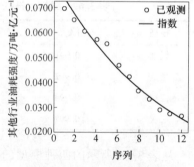

图 3.13　其他行业油耗强度的拟合效果图

$$y = e^{(0.081 - 0.096t)} \qquad (3.21)$$

　　其他行业油耗强度指数曲线回归模型的拟合效果图如图 3.13 所示。

　　运用得出的指数曲线回归模型进行预测，从而得出 2012 年到 2030 年的中国其他行业油耗强度指标值，如表 3.71 所示。

表 3.71　2012~2030 年中国其他行业油耗强度

年份	2012	2013	2016	2021	2030
油耗强度/万吨·亿元$^{-1}$	0.0234	0.0193	0.0133	0.0082	0.0051

3.2.2.7　生活油耗量的确定

　　人们日常生活作为石油消费的一个用途，其油耗量占总油耗量的比重呈现逐

年递增的趋势，从 2000 年的 5.9% 增长到了 2011 年的 8.8%。本书从 2000 年到 2013 年的中国统计年鉴选取 2000 年到 2011 年的我国生活油耗量，具体如表 3.72 所示。从表中可以看出，我国生活油耗量呈现增长的态势，从 2000 年的 1336.5 万吨增长到了 2011 年的 3983.9 万吨，且增长幅度较大。

表 3.72 2000~2011 年中国生活油耗量的部分数据

年份	2000	2001	2002	…	2008	2009	2010	2011
油耗量/万吨	1336.5	1374.80	1497.50	…	2916.90	3166.80	3460.80	3983.90

资料来源：2000~2013 年中国统计年鉴。

将表 3.72 中 2000~2011 年的中国生活油耗量的数据按照回归分析的步骤，选取生活油耗量作为因变量，时间作为自变量，并分别选取线性回归、指数回归、二次曲线回归、三次曲线回归模型进行模型分析，得出四种回归模型的拟合优度汇总，如表 3.73 所示。

表 3.73 线性、指数、二次、三次回归模型拟合优度汇总

模型	复相关系数 R	可决系数 R 方	调整的 R 方	估计值的标准误
线性	0.988	0.976	0.974	139.840
指数	0.986	0.972	0.969	0.065
二次	0.990	0.980	0.976	135.740
三次	0.990	0.980	0.973	143.973

从表 3.73 所示的四种模型的拟合优度汇总可以得出，按照指数回归模型、三次曲线回归模型、线性回归模型、二次曲线回归模型的顺序，作为衡量回归直线对观测值拟合程度的调整的 R 方越来越大。其中，三次曲线回归模型、线性回归模型、二次回归模型的调整的可决系数 R 方都较大且相近，说明这三个模型的拟合程度都较好。如果只根据模型的拟合优度来确定最佳回归模型，则应当选择二次回归模型，但是不能单纯地根据模型的拟合优度高低来决定最佳模型，还需要考虑模型方程以及方程系数是否通过了显著性检验来决定最佳模型。在这里考虑线性回归模型、三次曲线回归模型、二次曲线回归模型，这三个模型通过进行 F 检验，得出其对应的 F 检验的概率 P 值都小于显著性水平 0.05，说明这三个模型方程都通过了显著性检验。进而需要对线性、二次、三次模型回归系数进行显著性检验，其回归系数检验如表 3.74 所示。

表 3.74 线性、二次、三次模型回归系数

模型		非标准化系数		标准化系数	t	Sig.
		B	标准误	Beta		
线性	t	238.060	11.694	0.988	20.357	0.000
	常数	911.836	86.065		10.595	0.000

模型		非标准化系数		标准化系数	t	Sig.
		B	标准误	Beta		
二次	t	176.711	49.618	0.733	3.561	0.006
	t^2	4.719	3.716	0.262	1.270	0.236
	常数	1054.984	140.291		7.520	0.000
三次	t	175.015	150.624	0.726	1.162	0.279
	t^2	5.033	26.382	0.279	0.191	0.853
	t^3	-0.016	1.338	-0.011	-0.012	0.991
	常数	1057.178	235.551		4.488	0.002

从表 3.74 所示的线性、二次、三次模型回归系数可以看出，该表给出了各回归方程的系数值与其进行 t 检验的结果。从表中可以看出，二次、三次曲线方程的系数没有全部通过 t 检验，线性方程的系数全部通过了 t 检验，因此选择线性回归模型为最佳模型，其回归方程如式 (3.22) 所示。中国生活油耗量用 y 表示，时间用 t 表示。

$$y = 911.836 + 238.06t \quad (3.22)$$

中国生活油耗量线性回归模型的拟合效果图如图 3.14 所示。

运用得出的线性回归模型进行预测，从而得出 2012 年到 2030 年的中国生活油耗量的指标值，进而得出增长率，具体如表 3.75 所示。

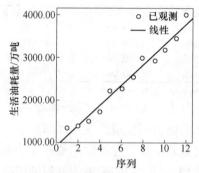

图 3.14　中国生活油耗量的拟合效果图

表 3.75　2012～2030 年中国生活油耗量增长率

年份	2012	2013	2016	2021	2030
增长率/%	5.94	5.62	4.60	3.74	3.15

3.2.3　天然气相关指标的确定

中国天然气消费量从 2000 年的 245 亿立方米不断增长到了 2011 年的 1305 亿立方米，增长了 4.33 倍。其中第二产业的工业，第三产业的交通运输、仓储和邮政业以及人民日常生活消费构成了天然气消费的主体，这三方面气耗量占总气耗量的比重从 2000 年的 98% 降到 2011 年的 95.2%，虽然有所下降，但仍然占非常大的比重。工业气耗量占总气耗的比重从 2000 年的 81.2% 下降到 2011 年的

64.4%，呈现逐年递减的趋势，但仍然为第一大气耗主体；交通运输、仓储和邮政业的气耗量占总气耗的比重从 2000 年的 3.6% 增长到 2011 年的 10.6%，呈现逐年增长的趋势；生活气耗量占总气耗量的比重也呈现增长的趋势，2011 年达到了 20.3%，为第二大气耗主体。同时，由于从 2000 年到 2011 年发电气耗量的比重从 2.63% 增长到了 16.54%，有了较大的增长幅度，因此本书将工业气耗量分为发电气耗量和除发电的工业气耗量两个方面。为了方便研究，取电力、热力的生产和供应业的气耗量为发电气耗量，工业总气耗量减去发电气耗量为除发电的工业气耗量。第一产业对天然气的需求很少，因此不予考虑。

3.2.3.1　发电气耗量的确定

21 世纪以后，随着天然气的不断发展，如表 3.76 所示，发电的天然气消费量从 2000 年的 6.44 亿立方米增加到 2011 年的 215.9 亿立方米，共增长了 32.52 倍，占总气耗的比重也不断上升，从 2000 年的 2.63% 增长到 2011 年的 16.54%。本书从 2000 年到 2013 年的中国统计年鉴上选取 2000 年到 2011 年的中国发电气耗的数据进行分析处理，从而得出 2012 年到 2030 年的中国发电气耗的增长率。

表 3.76　2000~2011 年中国发电气耗量的部分数据

年份	2000	2001	2002	…	2008	2009	2010	2011
气耗量/亿立方米	6.44	7.29	6.92	…	73.92	127.91	180.80	215.90

资料来源：2000~2013 年中国统计年鉴。

将表 3.76 中 2000~2011 年的中国发电气耗量的数据按照回归分析的步骤，选取发电气耗量作为因变量，时间作为自变量，并分别选取指数回归、二次曲线回归、三次曲线回归模型进行模型分析，得出三种回归模型的拟合优度汇总，如表 3.77 所示。

表 3.77　指数、二次、三次回归模型拟合优度汇总

模型	复相关系数 R	可决系数 R 方	调整的 R 方	估计值的标准误
指数	0.978	0.956	0.951	0.299
二次	0.993	0.986	0.983	9.572
三次	0.995	0.990	0.986	8.837

从表 3.77 所示的三种模型的拟合优度汇总可以得出，按照指数回归模型、二次曲线回归模型、三次曲线回归模型的顺序，作为衡量回归直线对观测值拟合程度的调整 R 方越来越大，都大于 0.95 且相近，说明这三个模型的拟合程度都较好。如果只根据模型的拟合优度来确定最佳回归模型，则应当选择三次回归模型，但是不能单纯地根据模型的拟合优度高低来决定最佳模型，还需要考虑模型方程以及方程系数是否通过了显著性检验来决定最佳模型。这三个模型通过进

行 F 检验, 得出其对应的 F 检验的概率 P 值都为 0.000, 小于显著性水平 0.05, 说明这三个模型方程都通过了显著性检验。进而需要对指数、二次、三次模型回归系数进行显著性检验, 其回归系数检验如表 3.78 所示。

表 3.78 指数、二次、三次模型回归系数

模型		非标准化系数		标准化系数	t	Sig.
		B	标准误	Beta		
指数	t	0.367	0.025	0.978	14.692	0.000
	常数	2.724	0.501		5.440	0.000
二次	t	−19.283	3.499	−0.943	−5.511	0.000
	t^2	2.890	0.262	1.887	11.029	0.000
	常数	32.017	9.893		3.236	0.010
三次	t	−5.424	9.246	−0.265	−0.587	0.574
	t^2	0.328	1.619	0.214	0.203	0.844
	t^3	0.131	0.082	1.027	1.600	0.148
	常数	14.085	14.459		0.974	0.358

从表 3.78 所示的指数、二次、三次模型回归系数可以看出, 该表给出了各回归方程的系数值与其进行 t 检验的结果。从表中可以看出, 三次曲线方程的系数全部没有通过 t 检验, 指数、二次方程的系数全部通过了 t 检验, 但是由于二次曲线方程的调整的可决系数 R 方大于指数方程的 R 方, 因此选择二次曲线回归模型为最佳模型, 其回归方程如式(3.23)所示。中国发电气耗量用 y 表示, 时间用 t 表示。

$$y = 32.017 − 19.283t + 2.89t^2$$
$$(3.23)$$

中国发电气耗量二次曲线回归模型的拟合效果图如图 3.15 所示。

运用得出的二次曲线回归模型进行预测, 从而得出 2012 年到 2030 年的中国发电气耗量指标值, 进而得出发电气耗的增长率, 具体如表 3.79 所示。

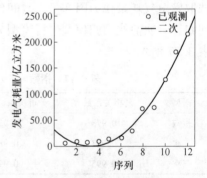

图 3.15 中国发电气耗量的拟合效果图

表 3.79 2012~2030 年中国发电气耗增长率

年份	2012	2013	2016	2021	2030
气耗增长率/%	21.78	19.77	14.25	10.49	8.30

3.2.3.2 工业（除发电）气耗量的确定

工业作为第二产业的重要组成部分，对我国国内生产总值的贡献在40%左右，如表3.80所示，中国除发电以外的工业天然气消费量虽然从2000年的192.56亿立方米增加到2011年的624.10亿立方米，共增长了2.24倍，但是占总气耗的比重却呈现出一定的下降趋势，从2000年的78.6%下降到2011年的47.8%。本书从2000年到2013年的中国统计年鉴上选取2000年到2011年的中国工业（除发电）气耗量的数据进行分析处理，从而得出2012年到2030年的中国工业（除发电）气耗量的增长率。

表3.80 2000~2011年中国工业（除发电）气耗量的部分数据

年份	2000	2001	2002	...	2008	2009	2010	2011
气耗量/亿立方米	192.56	207.51	215.58	...	457.68	449.99	506.50	624.10

资料来源：2000~2013年中国统计年鉴。

将表3.80中2000~2011年的中国工业（除发电）气耗量的数据按照回归分析的步骤，选取工业（除发电）气耗量作为因变量，时间作为自变量，并分别选取线性回归、二次曲线回归、三次曲线回归模型进行模型分析，得出三种回归模型的拟合优度汇总，如表3.81所示。

表3.81 线性、二次、三次回归模型拟合优度汇总

模型	复相关系数 R	可决系数 R 方	调整的 R 方	估计值的标准误
线性	0.975	0.950	0.945	31.992
二次	0.990	0.980	0.975	21.589
三次	0.990	0.980	0.972	22.856

从表3.81所示的三种模型的拟合优度汇总可以得出，按照线性回归模型、三次曲线回归模型、二次曲线回归模型的顺序，作为衡量回归直线对观测值拟合程度的调整的 R 方越来越大且都大于0.94，说明这三个模型的拟合程度都较好。如果只根据模型的拟合优度来确定最佳回归模型，则应当选择二次曲线回归模型，但是不能单纯地根据模型的拟合优度高低来决定最佳模型，还需要考虑模型方程以及方程系数是否通过了显著性检验来决定最佳模型。这三个模型通过进行 F 检验，得出其对应的 F 检验的概率 P 值都为0.000，小于显著性水平0.05，说明这三个模型方程都通过了显著性检验。进而需要对线性、二次、三次模型回归系数进行显著性检验，其回归系数检验如表3.82所示。

表 3.82　线性、二次、三次模型回归系数

模型		非标准化系数		标准化系数	t	Sig.
		B	标准误	Beta		
线性	t	36.974	2.675	0.975	13.821	0.000
	常数	113.545	19.689		5.767	0.000
二次	t	9.319	7.891	0.246	1.181	0.268
	t^2	2.127	0.591	0.749	3.600	0.006
	常数	178.074	22.312		7.981	0.000
三次	t	13.150	23.912	0.347	0.550	0.597
	t^2	1.419	4.188	0.500	0.339	0.743
	t^3	0.036	0.212	00.153	0.171	0.868
	常数	173.118	37.395		4.629	0.002

从表 3.82 所示的线性、二次、三次模型回归系数可以看出，该表给出了各回归方程的系数值与其进行 t 检验的结果。从表中可以看出，二次、三次曲线方程的系数没有全部通过 t 检验，线性方程的系数全部通过了 t 检验，因此选择线性回归模型为最佳模型，其回归方程如式(3.24)所示。中国工业（除发电）气耗量用 y 表示，时间用 t 表示。

$$y = 113.545 + 36.974t \qquad (3.24)$$

中国工业（除发电）气耗量线性回归模型的拟合效果图如图 3.16 所示。

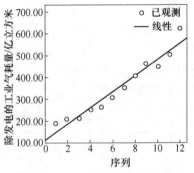

图 3.16　中国工业（除发电）气耗量的拟合效果图

运用得出的线性回归模型进行预测，从而得出 2012 年到 2030 年的中国工业（除发电）气耗量指标值，进而得出工业（除发电）气耗的增长率，如表 3.83 所示。

表 3.83　2012~2030 年中国工业（除发电）气耗增长率

年份	2012	2013	2016	2021	2030
气耗增长率/%	6.22	5.87	4.77	3.85	3.23

3.2.3.3　交通运输、仓储和邮政业气耗强度的确定

交通运输、仓储和邮政业作为我国第三产业的一部分对我国的国民生产总值的贡献在 5%~6%，其气耗量占总气耗量的比重从 2000 年的 3.6% 增长到 2011 年的 10.6%，呈现逐年增长的趋势。本书从 2000 年到 2013 年的中国统计年鉴选取

2000 年到 2011 年的我国交通运输、仓储和邮政业气耗量与产值,通过计算得出我国交通运输、仓储和邮政业气耗强度,具体如表 3.84 所示。从表中可以看出,从 2000 年到 2011 年我国交通运输、仓储和邮政业气耗量、产值、气耗强度均呈现增长的态势。

表 3.84　2000~2011 年中国交通运输、仓储和邮政业气耗量、产值与气耗强度的部分数据

年份	2000	2001	2002	…	2008	2009	2010	2011
气耗量/亿立方米	8.8	11.0	16.4	…	71.6	91.1	106.7	138.3
产值/亿元	6160.95	6870.25	7492.95	…	16362.50	16727.11	19132.19	22432.84
气耗强度/立方米·元$^{-1}$	0.0014	0.0016	0.0022	…	0.0044	0.0054	0.0056	0.0062

资料来源:2000~2013 年中国统计年鉴。

将表 3.84 中 2000~2011 年的中国交通运输、仓储和邮政业气耗强度的数据按照回归分析的步骤,选取交通运输、仓储和邮政业气耗强度作为因变量,时间作为自变量,并分别选取线性回归、幂回归、二次曲线回归、三次曲线回归模型进行模型分析,得出四种回归模型的拟合优度汇总,如表 3.85 所示。

表 3.85　线性、幂、二次、三次回归模型拟合优度汇总

模型	复相关系数 R	可决系数 R 方	调整的 R 方	估计值的标准误
线性	0.974	0.949	0.944	0.000
幂	0.960	0.922	0.914	0.141
二次	0.979	0.958	0.948	0.000
三次	0.980	0.960	0.944	0.000

从表 3.85 所示的四种模型的拟合优度汇总可以得出,按照幂回归模型、线性回归模型、三次曲线回归模型、二次曲线回归模型的顺序,作为衡量回归直线对观测值拟合程度的调整的 R 方越来越大,且都大于 0.9,说明这四个模型的拟合程度都较好。如果只根据模型的拟合优度来确定最佳回归模型,则应当选择二次回归模型,但是不能单纯地根据模型的拟合优度高低来决定最佳模型,还需要考虑模型方程以及方程系数是否通过了显著性检验来决定最佳模型。通过进行 F 检验,得出其对应的 F 检验的概率 P 值都为 0.000,小于显著性水平 0.05,说明这四个模型方程都通过了显著性检验。进而需要对线性、幂、二次、三次模型回归系数进行显著性检验,其回归系数检验如表 3.86 所示。

表 3.86　线性、幂、二次、三次模型回归系数

模型		非标准化系数		标准化系数	t	Sig.
		B	标准误	Beta		
线性	t	0.000	0.000	0.974	13.593	0.000
	常数	0.001	0.000		3.350	0.007

模型		非标准化系数		标准化系数	t	Sig.
		B	标准误	Beta		
幂	$\ln(t)$	0.611	0.056	0.960	10.844	0.000
	常数	0.001	0.000		9.771	0.000
二次	t	0.000	0.000	0.568	1.897	0.090
	t^2	1.370E-5	0.000	0.417	1.392	0.197
	常数	0.001	0.000		3.205	0.011
三次	t	00.000	0.000	1.075	1.209	0.261
	t^2	-2.738E-5	0.000	-0.833	-0.401	0.699
	t^3	2.106E-6	0.000	0.767	0.608	0.560
	常数	0.001	0.001		1.481	0.177

从表 3.86 所示的线性、幂、二次、三次模型回归系数可以看出，该表给出了各回归方程的系数值与其进行 t 检验的结果。从表中可以看出，二次、三次曲线方程的系数没有全部通过 t 检验，线性、幂方程的系数全部通过了 t 检验，因此选择线性和幂曲线回归模型为最佳模型，其回归方程如式（3.25）所示。交通运输、仓储和邮政业气耗强度用 y 表示，时间用 t 表示。

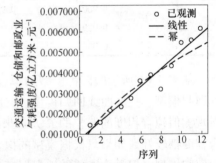

$$y = 0.00077 + 0.00043t$$
$$\ln(y) = 0.001 + 0.611\ln(t) \qquad (3.25)$$

交通运输、仓储和邮政业气耗强度线性和幂曲线回归模型的拟合效果图如图 3.17 所示。

运用得出的线性、幂曲线回归模型进行预测，从而分别得出 2012 年到 2030 年的中国交通运输、仓储和邮政业气耗强度指标值，再取其加权平均值作为预测结果，具体指标如表 3.87 所示。

图 3.17　交通运输、仓储和邮政业气耗强度的拟合效果图

表 3.87　2012~2030 年中国交通运输、仓储和邮政业气耗强度

年份	2012	2013	2016	2021	2030
气耗强度/立方米·元$^{-1}$	0.00595	0.00663	0.00796	0.00956	0.01113

3.2.3.4　生活气耗量的确定

人们日常生活作为天然气消费的一个主要用途，其气耗量占总气耗量的比重呈现逐年递增的趋势，从 2000 年的 13.18% 增长到了 2011 年的 20.26%。本书从

2000 年到 2013 年的中国统计年鉴选取 2000 年到 2011 年的我国生活气耗量，具体如表 3.88 所示。从表中可以看出，我国生活气耗量呈现增长的态势，从 2000 的 32.3 亿立方米增长到了 2011 年的 264.4 亿立方米，且增长幅度较大。

表 3.88 2000~2011 年中国生活气耗量的部分数据

年份	2000	2001	2002	…	2008	2009	2010	2011
气耗量/亿立方米	32.3	42.1	46.2	…	170.1	177.7	226.9	264.4

资料来源：2000~2013 年中国统计年鉴。

将表 3.88 中的 2000~2011 年的中国生活气耗量的数据按照回归分析的步骤，选取生活气耗量作为因变量，时间作为自变量，并分别选取线性回归、二次曲线回归、三次曲线回归模型进行模型分析，得出三种回归模型的拟合优度汇总，如表 3.89 所示。

表 3.89 线性、二次、三次回归模型拟合优度汇总

模型	复相关系数 R	可决系数 R 方	调整的 R 方	估计值的标准误
线性	0.975	0.950	0.945	31.992
二次	0.990	0.980	0.975	21.589
三次	0.990	0.980	0.972	22.856

从表 3.89 所示的四种模型的拟合优度汇总可以得出，按照线性回归模型、三次曲线回归模型、二次曲线回归模型的顺序，作为衡量回归直线对观测值拟合程度的调整的 R 方越来越大，且相近，说明这三个模型的拟合程度都较好。如果只根据模型的拟合优度来确定最佳回归模型，则应当选择二次回归模型，但是不能单纯地根据模型的拟合优度高低来决定最佳模型，还需要考虑模型方程以及方程系数是否通过了显著性检验来决定最佳模型。这三个模型通过进行 F 检验，得出其对应的 F 检验的概率 P 值都小于显著性水平 0.05，说明这三个模型方程都通过了显著性检验。进而需要对线性、二次、三次模型回归系数进行显著性检验，其回归系数检验如表 3.90 所示。

表 3.90 线性、二次、三次模型回归系数

模型		非标准化系数		标准化系数	t	Sig.
		B	标准误	Beta		
线性	t	36.974	2.675	0.975	13.821	0.000
	常数	113.545	19.689		5.767	0.000
二次	t	9.319	7.891	0.246	1.181	0.008
	t^2	2.127	0.591	0.749	3.600	0.006
	常数	178.074	22.312		7.981	0.000

模型		非标准化系数		标准化系数	t	Sig.
		B	标准误	Beta		
三次	t	13. 150	23. 912	0. 347	0. 550	0. 597
	t^2	1. 419	4. 188	0. 500	0. 339	0. 743
	t^3	0. 036	0. 212	0. 153	0. 171	0. 868
	常数	173. 118	37. 395		4. 629	0. 002

从表 3. 90 所示的线性、二次、三次模型回归系数可以看出，该表给出了各回归方程的系数值与其进行 t 检验的结果。从表中可以看出，三次曲线方程的系数没有全部通过 t 检验，线性、二次方程的系数全部通过了 t 检验，但二次方程的调整的可决系数 R 方大于线性方程的调整的可决系数 R 方，因此选择二次回归模型为最佳模型，其回归方程如式（3. 26）所示。中国生活气耗量用 y 表示，时间用 t 表示。

$$y = 178. 074 + 9. 319t + 2. 127t^2$$

$$(3. 26)$$

中国生活气耗量二次曲线回归模型的拟合效果图如图 3. 18 所示。

运用得出的二次回归模型进行预测，从而得出 2012 年到 2030 年的中国生活气耗量的指标值，进而得出增长率，具体如表 3. 91 所示。

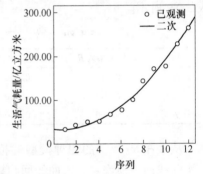

图 3. 18　中国生活气耗量的拟合效果图

表 3. 91　2012~2030 年中国生活气耗量增长率

年份	2012	2013	2016	2021	2030
增长率/%	14. 85	13. 96	11. 13	8. 80	7. 25

3.2.4　电力相关指标的确定

3.2.4.1　第一产业电耗量的确定

第一产业主要包括农、林、渔、牧、水利业等方面，其产值占我国国内生产总值的比重从 2000 年的 15.1% 逐渐下降到了 2012 年的 10.1%，其电耗量占总电耗量的比重从 2000 年的 3.93% 到 2011 年的 2.16% 呈现逐年降低的趋势。本书从 2000 年到 2013 年的中国统计年鉴选取 2000 年到 2011 年的我国第一产业电耗量，具体如表 3. 92 所示。从表中可以看出，从 2000 年到 2011 年我国第一产业电耗量呈现增长的态势。

表 3.92 2000~2011 年中国第一产业电耗量、产值与电耗强度的部分数据

年份	2000	2001	2002	…	2008	2009	2010	2011
电耗量/亿千瓦·时	533.0	582.4	606.2	…	887.1	939.9	976.5	1012.9

资料来源：2000~2013 年中国统计年鉴。

将表 3.92 中 2000~2011 年的中国第一产业电耗量的数据按照回归分析的步骤，选取第一产业电耗量作为因变量，时间作为自变量，并分别选取线性回归、指数回归、二次曲线回归、三次曲线回归模型进行模型分析，得出四种回归模型的拟合优度汇总，如表 3.93 所示。

表 3.93 线性、指数、二次、三次回归模型拟合优度汇总

模型	复相关系数 R	可决系数 R 方	调整的 R 方	估计值的标准误
线性	0.991	0.982	0.981	22.111
指数	0.979	0.959	0.955	0.045
二次	0.995	0.991	0.989	17.046
三次	0.995	0.991	0.987	17.996

从表 3.93 所示的四种模型的拟合优度汇总可以得出，按照指数回归模型、线性回归模型、三次曲线回归模型、二次曲线回归模型的顺序，作为衡量回归直线对观测值拟合程度的调整 R 方越来越大。其中，线性回归模型、三次曲线回归模型、二次曲线回归模型的调整的可决系数 R 方都大于 0.98 且相近，说明这三个模型的拟合程度都较好。如果只根据模型的拟合优度来确定最佳回归模型，则应当选择二次回归模型，但是不能单纯地根据模型的拟合优度高低来决定最佳模型，还需要考虑模型方程以及方程系数是否通过了显著性检验来决定最佳模型。在这里考虑线性回归模型、三次曲线回归模型、二次曲线回归模型，这三个模型通过进行 F 检验，得出其对应的 F 检验的概率 P 值都小于显著性水平 0.05，说明这三个模型方程都通过了显著性检验。进而需要对线性、三次、二次模型回归系数进行显著性检验，其回归系数检验如表 3.94 所示。

表 3.94 线性、三次、二次模型回归系数

模型		非标准化系数		标准化系数	t	Sig.
		B	标准误	Beta		
线性	t	43.749	1.849	0.991	23.660	0.000
	常数	505.832	13.609		37.170	0.000
三次	t	65.533	18.827	1.485	3.481	0.008
	t^2	−2.195	3.298	−0.664	−0.666	0.524
	t^3	0.046	0.167	0.165	0.273	0.792
	常数	460.007	29.443		15.624	0.000

续表3.94

模型		非标准化系数		标准化系数	t	Sig.
		B	标准误	Beta		
二次	t	60.718	6.231	1.376	9.745	0.000
	t^2	-1.305	0.467	-0.395	-2.798	0.021
	常数	466.236	17.617		26.465	0.000

从表3.94所示的线性、三次、二次模型回归系数可以看出，该表给出了各回归方程的系数值与其进行t检验的结果。从表中可以看出，三次曲线方程的系数没有全部通过t检验，线性、二次方程的系数全部通过了t检验，但是当选用二次模型进行预测时会出现第一产业电耗量为负值的情况，不符合实际情况，因此选择线性回归模型为最佳模型，其回归方程如式(3.27)所示。中国第一产业电耗量用y表示，时间用t表示。

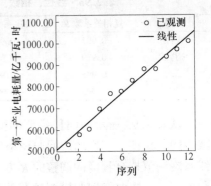

图3.19　中国第一产业
电耗量的拟合效果图

$$y = 505.832 + 43.749t \qquad (3.27)$$

中国第一产业电耗量线性回归模型的拟合效果图如图3.19所示。

运用得出的线性回归模型进行预测，从而得出2012年到2030年的中国第一产业电耗量指标值，进而得出增长率，具体如表3.95所示。

表3.95　2012~2030年中国第一产业电耗量增长率

年份	2012	2013	2016	2021	2030
增长率/%	4.07	3.92	3.39	2.90	2.53

3.2.4.2　工业电耗量的确定

工业作为第二产业的重要组成部分，对我国国内生产总值的贡献在40%左右，如表3.96所示，中国工业电耗量虽然从2000年的10004.6亿千瓦·时增加到2011年的34691.6亿千瓦·时，共增长了2.47倍，占总电耗的比重保持在74%左右。本书从2000年到2013年的中国统计年鉴上选取2000年到2011年的中国工业电耗量的数据进行分析处理，从而得出2012年到2030年的中国工业电耗量的增长率。

表3.96　2000~2011年中国工业电耗量的部分数据

年份	2000	2001	2002	…	2008	2009	2010	2011
电耗量/亿千瓦·时	10004.6	10944.7	12402.2	…	25388.6	26854.5	30871.8	34691.6

资料来源：2000~2013年中国统计年鉴。

将表 3.96 中 2000～2011 年中国工业电耗量的数据按照回归分析的步骤，选取工业电耗量作为因变量，时间作为自变量，并分别选取线性回归、二次曲线回归、三次曲线回归模型进行模型分析，得出三种回归模型的拟合优度汇总，如表 3.97 所示。

表 3.97　线性、二次、三次回归模型拟合优度汇总

模型	复相关系数 R	可决系数 R 方	调整的 R 方	估计值的标准误
线性	0.992	0.983	0.982	1095.245
二次	0.997	0.994	0.992	718.575
三次	0.997	0.994	0.991	762.085

从表 3.97 所示的三种模型的拟合优度汇总可以得出，按照线性回归模型、三次曲线回归模型、二次曲线回归模型的顺序，作为衡量回归直线对观测值拟合程度的调整的 R 方越来越大且都大于 0.98，说明这三个模型的拟合程度都较好。如果只根据模型的拟合优度来确定最佳回归模型，则应当选择二次曲线回归模型，但是不能单纯地根据模型的拟合优度高低来决定最佳模型，还需要考虑模型方程以及方程系数是否通过了显著性检验来决定最佳模型。这三个模型通过进行 F 检验，得出其对应的 F 检验的概率 P 值都为 0.000，小于显著性水平 0.05，说明这三个模型方程都通过了显著性检验。进而需要对线性、二次、三次模型回归系数进行显著性检验，其回归系数检验如表 3.98 所示。

表 3.98　线性、二次、三次模型回归系数

模型		非标准化系数 B	标准误	标准化系数 Beta	t	Sig.
线性	t	2218.556	91.589	0.992	24.223	0.000
	常数	6065.403	674.077		8.998	0.000
二次	t	1253.938	262.665	0.560	4.774	0.101
	t^2	74.201	19.669	0.443	3.772	0.004
	常数	8316.177	742.668		11.198	0.000
三次	t	1284.452	797.291	0.574	1.611	0.146
	t^2	68.561	139.646	0.409	0.491	0.637
	t^3	0.289	7.081	0.021	0.041	0.968
	常数	8276.698	1246.834		6.638	0.000

从表 3.98 所示的线性、二次、三次模型回归系数可以看出，该表给出了各回归方程的系数值与其进行 t 检验的结果。从表中可以看出，二次、三次曲线方程的系数没有全部通过 t 检验，对于线性方程的系数全部通过了 t 检验，因此选

择线性回归模型为最佳模型，其回归方程如式 (3.28) 所示。中国工业电耗量用 y 表示，时间用 t 表示。

$$y = 6065.403 + 2218.556t \quad (3.28)$$

中国工业电耗量线性回归模型的拟合效果图如图 3.20 所示。

运用得出的线性回归模型进行预测，从而得出 2012 年到 2030 年的中国工业电耗量指标值，进而得出工业电耗的增长率，具体如表 3.99 所示。

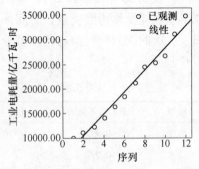

图 3.20　中国工业电耗量的拟合效果图

表 3.99　2012~2030 年中国工业电耗增长率

年份	2012	2013	2016	2021	2030
电耗增长率/%	6.36	5.99	4.85	3.90	3.26

3.2.4.3　建筑业电耗强度的确定

建筑业作为我国第二产业的重要组成部分，从 2000 年到 2011 年对我国的国民生产总值的贡献在 5%~7%，其电耗量占总电耗量的比重只有 1% 左右。本书从 2000 年到 2013 年的中国统计年鉴选取 2000 年到 2011 年的我国建筑业电耗量与建筑业产值，通过计算得出我国建筑业电耗强度，具体如表 3.100 所示。从表中可以看出从 2000 年到 2011 年我国建筑业电耗量与建筑业产值均呈现增长的态势，但建筑业电耗强度却为下降的趋势。

**表 3.100　2000~2011 年中国建筑业电耗量、
建筑业产值与建筑业电耗强度的部分数据**

年份	2000	2001	2002	⋯	2008	2009	2010	2011
电耗量/万吨	159.8	154.9	154.1	⋯	367.3	421.9	483.2	571.8
产值/亿元	5522.3	5931.7	6465.5	⋯	18743.2	22398.8	26661.0	31942.7
电耗强度/万吨·亿元$^{-1}$	0.0289	0.0261	0.0238	⋯	0.0196	0.0188	0.0181	0.0179

资料来源：2000~2013 年中国统计年鉴。

将表 3.100 中 2000~2011 年中国建筑业电耗强度数据按照回归分析的步骤，选取建筑业电耗强度作为因变量，时间作为自变量，并分别选取线性回归、指数回归、二次曲线回归、三次曲线回归模型进行模型分析，得出四种回归模型的拟合优度汇总，如表 3.101 所示。

表 3.101 线性、指数、二次、三次回归模型拟合优度汇总

模型	复相关系数 R	可决系数 R 方	调整的 R 方	估计值的标准误
线性	0.973	0.946	0.941	0.001
指数	0.984	0.968	0.964	0.028
二次	0.982	0.965	0.958	0.001
三次	0.985	0.971	0.960	0.001

从表 3.101 所示的四种模型的拟合优度汇总可以得出,按照线性回归模型、二次曲线回归模型、三次曲线回归模型、指数回归模型的顺序,作为衡量回归直线对观测值拟合程度的调整 R 方越来越大,说明这四个模型的拟合程度都较好。如果只根据模型的拟合优度来确定最佳回归模型,则应当选择三次曲线回归模型,但是不能单纯地根据模型的拟合优度高低来决定最佳模型,还需要考虑模型方程以及方程系数是否通过了显著性检验来决定最佳模型。通过进行 F 检验,得出其对应的 F 检验的概率 P 值都为 0.000,小于显著性水平 0.05,说明这四个模型方程都通过了显著性检验。进而需要对线性、指数、二次、三次模型回归系数进行显著性检验,其回归系数检验如表 3.102 所示。

表 3.102 线性、指数、二次、三次模型回归系数

模型		非标准化系数		标准化系数	t	Sig.
		B	标准误	Beta		
线性	t	-0.001	0.000	-0.973	-13.294	0.000
	常数	0.028	0.001		55.654	0.000
指数	t	-0.041	0.002	-0.984	-17.272	0.000
	常数	0.028	0.000		57.473	0.000
二次	t	-0.001	0.000	-1.556	-5.730	0.000
	t^2	4.191E-5	0.000	0.599	2.207	0.055
	常数	0.029	0.001		40.803	0.000
三次	t	-0.002	0.001	-2.455	-3.266	0.011
	t^2	0.000	0.000	2.817	1.602	0.148
	t^3	-7.951E-6	0.000	-1.361	-1.276	0.238
	常数	0.030	0.001		27.647	0.000

从表 3.102 所示的线性、指数、二次、三次模型回归系数可以看出,该表给出了各回归方程的系数值与其进行 t 检验的结果。从表中可以看出,二次、三次曲线方程的系数没有全部通过 t 检验,线性、指数方程的系数全部通过了 t 检验,且由于指数曲线回归方程的调整可决系数 R 方优于线性方程,因此选择指数曲线

回归模型为最佳模型。其回归方程如式（3.29）所示，中国建筑业电耗强度用 y 表示，时间用 t 表示。

$$y = e^{(0.028 - 0.001t)} \quad (3.29)$$

中国建筑业电耗强度指数曲线回归模型的拟合效果图如图 3.21 所示。

运用得出的指数曲线回归模型进行预测，从而得出 2012 年到 2030 年的中国建筑业电耗强度指标值，具体如表 3.103 所示。

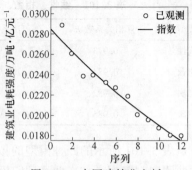

图 3.21 中国建筑业电耗强度的拟合效果图

表 3.103 2012~2030 年中国建筑业电耗强度

年份	2012	2013	2016	2021	2030
电耗强度/千瓦时·元$^{-1}$	0.0168	0.0155	0.0131	0.0107	0.0087

3.2.4.4 交通运输、仓储和邮政业电耗量的确定

交通运输、仓储和邮政业作为我国第三产业的一部分对我国的国民生产总值的贡献在 5%~6%，其电耗量占总电耗量的比重基本保持在 2% 左右。本书从 2000 年到 2013 年的中国统计年鉴选取 2000 年到 2011 年的我国交通运输、仓储和邮政业电耗量，具体如表 3.104 所示。从表中可以看出从 2000 年到 2011 年我国交通运输、仓储和邮政业电耗量呈现增长的态势。

表 3.104 2000~2011 年中国交通运输、仓储和邮政业电耗量的部分数据

年份	2000	2001	2002	…	2008	2009	2010	2011
电耗量/亿千瓦·时	281.2	309.3	303.0	…	571.8	617.0	734.5	848.4

资料来源：2000~2013 年中国统计年鉴。

将表 3.104 中 2000~2011 年的中国交通运输、仓储和邮政业电耗量的数据按照回归分析的步骤，选取交通运输、仓储和邮政业电耗量作为因变量，时间作为自变量，并分别选取线性回归、指数回归、二次曲线回归、三次曲线回归模型进行模型分析，得出四种回归模型的拟合优度汇总，如表 3.105 所示。

表 3.105 线性、指数、二次、三次回归模型拟合优度汇总

模型	复相关系数 R	可决系数 R 方	调整的 R 方	估计值的标准误
线性	0.964	0.930	0.923	48.565
指数	0.983	0.966	0.963	0.067
二次	0.985	0.969	0.962	33.866
三次	0.992	0.983	0.977	26.586

从表 3.105 所示的四种模型的拟合优度汇总可以得出，按照线性回归模型、二次曲线回归模型、指数回归模型、三次曲线回归模型的顺序，作为衡量回归直线对观测值拟合程度的调整的 R 方越来越大且都大于 0.9，说明这四个模型的拟合程度都非常好。如果只根据模型的拟合优度来确定最佳回归模型，则应当选择三次回归模型，但是不能单纯地根据模型的拟合优度高低来决定最佳模型，还需要考虑模型方程以及方程系数是否通过了显著性检验来决定最佳模型。这四个模型通过进行 F 检验，得出其对应的 F 检验的概率 P 值都为 0.000，小于显著性水平 0.05，说明这四个模型方程都通过了显著性检验。进而需要对线性、指数、二次、三次模型回归系数进行显著性检验，其回归系数检验如表 3.106 所示。

表 3.106　线性、指数、二次、三次模型回归系数

模型		非标准化系数		标准化系数	t	Sig.
		B	标准误	Beta		
线性	t	46.757	4.061	0.964	11.513	0.000
	常数	192.021	29.890		6.424	0.000
指数	t	0.095	0.006	0.983	16.956	0.000
	常数	252.795	10.435		24.227	0.000
二次	t	5.776	12.379	0.119	0.467	0.652
	t^2	3.152	0.927	0.868	3.401	0.008
	常数	287.643	35.002		8.218	0.000
三次	t	72.750	27.814	1.500	2.616	0.031
	t^2	-9.227	4.872	-2.541	-1.894	0.095
	t^3	0.635	0.247	2.092	2.570	0.033
	常数	200.990	43.497		4.621	0.002

从表 3.106 所示的线性、指数、二次、三次模型回归系数可以看出，该表给出了各回归方程的系数值与其进行 t 检验的结果。从表中可以看出，二次、三次曲线方程的系数没有全部通过 t 检验，线性、指数方程的系数全部通过了 t 检验，且指数方程的拟合程度较高，因此选择指数回归模型为最佳模型，其回归方程如式(3.30)所示。交通运输、仓储和邮政业电耗量用 y 表示，时间用 t 表示。

$$y = e^{(252.795 + 0.095t)} \tag{3.30}$$

交通运输、仓储和邮政业电耗量指数回归模型的拟合效果图如图 3.22 所示。

运用得出的指数回归模型进行预测，从而得出 2012 年到 2030 年的中国交通运输、仓储和邮政业电耗量指标值，进而得出增长率如表 3.107 所示。

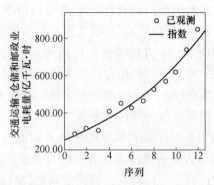

图 3. 22　交通运输、仓储和邮政业电耗量的拟合效果图

表 3. 107　2012~2030 年中国交通运输、仓储和邮政业电耗量增长率

年份	2012	2013	2016	2021	2030
增长率/%	9.76	9.76	9.76	9.76	9.76

3.2.4.5　批发、零售业和住宿、餐饮业电耗量的确定

批发、零售业和住宿、餐饮业作为我国第三产业的一部分对我国的国民生产总值的贡献在 10% 以上且呈现上升的趋势,其电耗量占总电耗量的比重基本保持在 3% 左右。本书从 2000 年到 2013 年的中国统计年鉴选取 2000 年到 2011 年的我国批发、零售业和住宿、餐饮业电耗量,具体如表 3.108 所示。从表中可以看出从 2000 年到 2011 年我国批发、零售业和住宿、餐饮业电耗量呈现增长的态势。

表 3. 108　2000~2011 年中国批发、零售业和住宿、餐饮业电耗量的部分数据

年份	2000	2001	2002	…	2008	2009	2010	2011
电耗量/亿千瓦·时	418.7	459.9	500.0	…	1017.4	1136.8	1292.0	1503.1

资料来源：2000~2013 年中国统计年鉴。

将表 3.108 中 2000~2011 年的中国批发、零售业和住宿、餐饮业电耗量的数据按照回归分析的步骤,选取批发、零售业和住宿、餐饮业电耗量作为因变量,时间作为自变量,并分别选取线性回归、二次曲线回归、三次曲线回归模型进行模型分析,得出三种回归模型的拟合优度汇总,如表 3.109 所示。

表 3. 109　线性、二次、三次回归模型拟合优度汇总

模型	复相关系数 R	可决系数 R 方	调整的 R 方	估计值的标准误
线性	0.983	0.967	0.963	65.401
二次	0.996	0.993	0.991	32.387
三次	0.998	0.996	0.995	24.544

从表 3.109 所示的三种模型的拟合优度汇总可以得出，按照线性回归模型、二次曲线回归模型、三次曲线回归模型的顺序，作为衡量回归直线对观测值拟合程度的调整的 R 方越来越大且都大于 0.96，说明这三个模型的拟合程度都非常好。如果只根据模型的拟合优度来确定最佳回归模型，则应当选择三次回归模型，但是不能单纯地根据模型的拟合优度高低来决定最佳模型，还需要考虑模型方程以及方程系数是否通过了显著性检验来决定最佳模型。这三个模型通过进行 F 检验，得出其对应的 F 检验的概率 P 值都为 0.000，小于显著性水平 0.05，说明这三个模型方程都通过了显著性检验。进而需要对线性、二次、三次模型回归系数进行显著性检验，其回归系数检验如表 3.110 所示。

表 3.110 线性、二次、三次模型回归系数

模型		非标准化系数		标准化系数	t	Sig.
		B	标准误	Beta		
线性	t	93.235	5.469	0.983	17.048	0.000
	常数	241.950	40.251		6.011	0.000
二次	t	28.268	11.839	0.298	2.388	0.041
	t^2	4.997	0.887	0.704	5.637	0.000
	常数	393.539	33.473		11.757	0.000
三次	t	94.906	25.678	1.001	3.696	0.006
	t^2	−7.319	4.497	−1.031	−1.627	0.142
	t^3	0.632	0.228	1.064	2.770	0.024
	常数	307.320	40.156		7.653	0.000

从表 3.110 所示的线性、二次、三次模型回归系数可以看出，该表给出了各回归方程的系数值与其进行 t 检验的结果。从表中可以看出，三次曲线方程的系数没有全部通过 t 检验，线性、二次方程的系数全部通过了 t 检验，但是二次曲线的拟合效果更好，因此选择二次回归模型为最佳模型，其回归方程如式(3.31)所示。批发、零售业和住宿、餐饮业电耗量用 y 表示，时间用 t 表示。

$$y = 393.539 + 28.268t + 4.997t^2 \qquad (3.31)$$

批发、零售业和住宿、餐饮业电耗量二次回归模型的拟合效果图如图 3.23 所示。

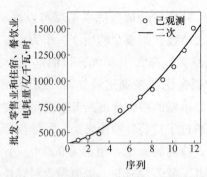

图 3.23　批发、零售业和住宿、餐饮业电耗量的拟合效果图

　　运用得出的二次回归模型进行预测，从而得出 2012 年到 2030 年的中国批发、零售业和住宿、餐饮业电耗量指标值，进而得出增长率，如表 3.111 所示。

表 3.111　2012～2030 年中国批发、零售业和住宿、餐饮业电耗量增长率

年份	2012	2013	2016	2021	2030
增长率/%	10.10	9.80	8.47	7.15	6.15

3.2.4.6　其他行业电耗量的确定

　　其他行业主要是指除了交通运输业、仓储邮政业、批发零售业和住宿餐饮业以外的第三产业所包含的行业，主要有金融业、房地产等。其他行业对我国的国民生产总值的贡献在 20%以上且呈现较快的上升趋势，其电耗量占总电耗量的比重从 2000 年的 4.6%到 2011 年的 5.9%，呈现逐年递增的趋势。本书从 2000 年到 2013 年的中国统计年鉴选取 2000 年到 2011 年的我国其他行业电耗量，具体如表 3.112 所示。从表中可以看出，从 2000 年到 2011 年我国其他行业电耗量呈现增长的态势。

表 3.112　2000～2011 年中国其他行业电耗量的部分数据

年份	2000	2001	2002	…	2008	2009	2010	2011
电耗量/亿千瓦·时	623.2	663.1	728.5	…	1913.0	2189.9	2451.8	2753.1

　　资料来源：2000～2013 年中国统计年鉴。

　　将表 3.112 中 2000～2011 年的中国其他行业电耗量的数据按照回归分析的步骤，选取其他行业电耗量作为因变量，时间作为自变量，并分别选取线性回归、二次曲线回归、三次曲线回归模型进行模型分析，得出三种回归模型的拟合优度汇总，如表 3.113 所示。

表 3.113 线性、二次、三次回归模型拟合优度汇总

模型	复相关系数 R	可决系数 R 方	调整的 R 方	估计值的标准误
线性	0.988	0.976	0.974	118.219
二次	0.998	0.996	0.995	50.341
三次	0.998	0.997	0.996	47.132

从表 3.113 所示的三种模型的拟合优度汇总可以得出，按照线性回归模型、二次曲线回归模型、三次曲线回归模型的顺序，作为衡量回归直线对观测值拟合程度的调整的 R 方越来越大且都大于 0.97，说明这三个模型的拟合程度都非常好。如果只根据模型的拟合优度来确定最佳回归模型，则应当选择三次回归模型，但是不能单纯地根据模型的拟合优度高低来决定最佳模型，还需要考虑模型方程以及方程系数是否通过了显著性检验来决定最佳模型。这三个模型通过进行 F 检验，得出其对应的 F 检验的概率 P 值都为 0.000，小于显著性水平 0.05，说明这三个模型方程都通过了显著性检验。进而需要对线性、二次、三次模型回归系数进行显著性检验，其回归系数检验如表 3.114 所示。

表 3.114 线性、二次、三次模型回归系数

模型		非标准化系数		标准化系数	t	Sig.
		B	标准误	Beta		
线性	t	199.294	9.886	0.988	20.159	0.000
	常数	194.224	72.759		2.669	0.024
二次	t	77.603	18.401	0.385	4.217	0.002
	t^2	9.361	1.378	0.620	6.793	0.000
	常数	478.168	52.029		9.190	0.000
三次	t	8.038	49.310	0.040	0.163	0.875
	t^2	22.219	8.637	1.471	2.573	0.033
	t^3	-0.659	0.438	-0.522	-1.506	0.171
	常数	568.175	77.112		7.368	0.000

从表 3.114 所示的线性、二次、三次模型回归系数可以看出，该表给出了各回归方程的系数值与其进行 t 检验的结果。从表中可以看出，三次曲线方程的系数没有全部通过 t 检验，线性、二次方程的系数全部通过了 t 检验，但是二次曲线的拟合程度更高，因此选择二次回归模型为最佳模型，其回归方程如式（3.32）所示。其他行业电耗量用 y 表示，时间用 t 表示。

$$y = 478.168 + 77.603t + 9.361t^2 \qquad (3.32)$$

其他行业电耗量二次回归模型的拟合效果图如图 3.24 所示。

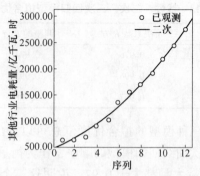

图 3.24 其他行业电耗量的拟合效果图

运用得出的二次回归模型进行预测，从而得出 2012 年到 2030 年的中国其他行业电耗量指标值，进而得出增长率，如表 3.115 所示。

表 3.115 2012~2030 年中国其他行业电耗量增长率

年份	2012	2013	2016	2021	2030
增长率/%	10.70	10.28	8.66	7.19	6.13

3.2.4.7 生活电耗量的确定

人们日常生活作为除工业之外的电力消费的一个主要用途，其电耗量占总电耗量的比重呈现逐年递增的趋势，从 2000 年的 10.8% 增长到了 2011 年的 12%。本书从 2000 年到 2013 年的中国统计年鉴选取 2000 年到 2011 年的我国生活电耗量，具体如表 3.116 所示，从表中可以看出从 2000 年到 2011 年我国生活电耗量呈现增长的态势。

表 3.116 2000~2011 年中国生活电耗量的部分数据

年份	2000	2001	2002	…	2008	2009	2010	2011
电耗量/亿千瓦·时	1452.0	1609.2	1771.4	…	4396.1	4872.2	5124.6	5620.1

资料来源：2000~2013 年中国统计年鉴。

将表 3.116 中 2000~2011 年中国生活电耗量的数据按照回归分析的步骤，选取生活电耗量作为因变量，时间作为自变量，并分别选取线性回归、二次曲线回归、三次曲线回归模型进行模型分析，得出三种回归模型的拟合优度汇总，如表 3.117 所示。

表 3.117 线性、二次、三次回归模型拟合优度汇总

模型	复相关系数 R	可决系数 R 方	调整的 R 方	估计值的标准误
线性	0.991	0.981	0.979	212.671
二次	0.995	0.990	0.987	167.489
三次	0.999	0.998	0.997	84.416

　　从表 3.117 所示的三种模型的拟合优度汇总可以得出，按照线性回归模型、二次曲线回归模型、三次曲线回归模型的顺序，作为衡量回归直线对观测值拟合程度的调整的 R 方越来越大且都大于 0.97，说明这三个模型的拟合程度都非常好。如果只根据模型的拟合优度来确定最佳回归模型，则应当选择三次回归模型，但是不能单纯地根据模型的拟合优度高低来决定最佳模型，还需要考虑模型方程以及方程系数是否通过了显著性检验来决定最佳模型。这三个模型通过进行 F 检验，得出其对应的 F 检验的概率 P 值都为 0.000，小于显著性水平 0.05，说明这三个模型方程都通过了显著性检验。进而需要对线性、二次、三次模型回归系数进行显著性检验，其回归系数检验如表 3.118 所示。

表 3.118　线性、二次、三次模型回归系数

模型		非标准化系数		标准化系数	t	Sig.
		B	标准误差	Beta		
线性	t	406.941	17.784	0.991	22.882	0.000
	常数	653.815	130.890		4.995	0.001
二次	t	247.878	61.223	0.603	4.049	0.103
	t^2	12.236	4.585	0.398	2.669	0.026
	常数	1024.964	173.105		5.921	0.100
三次	t	−185.511	88.316	−0.452	−2.101	0.069
	t^2	92.341	15.469	3.002	5.970	0.000
	t^3	−4.108	0.784	−1.598	−5.237	0.001
	常数	1585.699	138.111		11.481	0.000

　　从表 3.118 所示的线性、二次、三次模型回归系数可以看出，该表给出了各回归方程的系数值与其进行 t 检验的结果。从表中可以看出，二次曲线方程的系数没有全部通过 t 检验，线性、三次方程的系数基本全部通过了 t 检验，但因为三次曲线模型的预测值在 2021 年开始出现负值，不符合实际情况，因此选择线性回归模型为最佳模型，其回归方程如式（3.33）所示。生活电耗量用 y 表示，时间用 t 表示。

$$y = 653.815 + 406.941t \quad (3.33)$$

生活电耗量线性回归模型的拟合效果图如图 3.25 所示。

　　运用得出的线性回归模型进行预测，从而得出 2012 年到 2030 年的中国生活电耗量指标值，进而得出增长率，如表 3.119 所示。

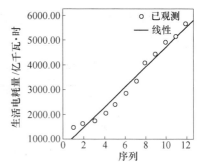

图 3.25　生活电耗量的拟合效果图

表 3.119　2012~2030 年中国生活电耗量增长率

年份	2012	2013	2016	2021	2030
增长率/%	6.85	6.43	5.13	4.08	3.39

3.2.5　水电、核电指标的确定

水电、核电作为清洁、高效的电力生产来源，对环境的破坏相对于综合效益而言是微乎其微的。中国水电和核电的开发潜力巨大，中国"十二五"规划中明确指出将大力发展水电、核电，其目标为：全国发电装机容量达到 14.63 亿千瓦左右，其中水电 3.01 亿千瓦，抽水蓄能 4100 万千瓦，核电 4300 万千瓦；两者之和将占全国发电装机容量的 23.5%。2020 年的规划目标为：全国发电装机容量达到 19.35 亿千瓦左右，其中水电 3.6 亿千瓦，抽水蓄能 6000 万千瓦，核电 8000 万千瓦；两者之和将占全国发电装机容量的 22.7%。

3.2.5.1　水电指标的确定

水电作为我国除火电之外的主要发电形式之一，在 2000 年到 2011 年之间的发电量占我国总发电量的 14%~19%，是具有较大开发强力的清洁能源之一。本书从 2000 年到 2013 年的中国统计年鉴选取 2000 年到 2011 年的我国水电产量的数据，具体如表 3.120 所示。从表中可以看出，从 2000 年到 2011 年我国水电产量呈现增长的态势。

表 3.120　2000~2011 年中国水电产量的部分数据

年份	2000	2001	2002	…	2008	2009	2010	2011
水电产量/亿千瓦·时	2224.1	2774.3	2879.7	…	5851.9	6156.4	7221.7	6989.5

资料来源：2000~2013 年中国统计年鉴。

将表 3.120 中 2000~2011 年的中国水电产量的数据按照回归分析的步骤，选取水电产量作为因变量，时间作为自变量，并分别选取线性回归、二次曲线回归、三次曲线回归模型进行模型分析，得出三种回归模型的拟合优度汇总，如表 3.121 所示。

表 3.121　线性、二次、三次回归模型拟合优度汇总

模型	复相关系数 R	可决系数 R 方	调整的 R 方	估计值的标准误
线性	0.980	0.961	0.957	361.239
二次	0.989	0.978	0.973	284.428
三次	0.991	0.983	0.976	268.250

从表 3.121 所示的三种模型的拟合优度汇总可以得出，按照线性回归模型、二次曲线回归模型、三次曲线回归模型的顺序，作为衡量回归直线对观测值拟合

程度的调整的 R 方越来越大且相近，说明这三个模型的拟合程度都较好。如果只根据模型的拟合优度来确定最佳回归模型，则应当选择三次回归模型，但是不能单纯地根据模型的拟合优度高低来决定最佳模型，还需要考虑模型方程以及方程系数是否通过了显著性检验来决定最佳模型。这三个模型通过进行 F 检验，得出其对应的 F 检验的概率 P 值都小于显著性水平 0.05，说明这三个模型方程都通过了显著性检验。进而需要对线性、二次、三次模型回归系数进行显著性检验，其回归系数检验如表 3.122 所示。

表 3.122　线性、二次、三次模型回归系数

模型		非标准化系数		标准化系数	t	Sig.
		B	标准误差	Beta		
线性	t	471.321	30.208	0.980	15.602	0.000
	常数	1407.291	222.327		6.330	0.000
二次	t	201.059	103.969	0.418	1.934	0.085
	t^2	20.789	7.785	0.577	2.670	0.026
	常数	2037.902	293.965		6.932	0.000
三次	t	−181.661	280.642	−0.378	−0.647	0.536
	t^2	91.529	49.155	2.542	1.862	0.100
	t^3	−3.628	2.492	−1.205	−1.455	0.184
	常数	2533.080	438.879		5.772	0.000

从表 3.122 所示的线性、三次、二次模型回归系数可以看出，该表给出了各回归方程的系数值与其进行 t 检验的结果。从表中可以看出，三次曲线方程的系数没有全部通过 t 检验，线性、二次方程的系数基本全部通过了 t 检验，但是二次曲线方程的拟合程度更高，因此选择二次回归模型为最佳模型，其回归方程如式（3.34）所示。中国水电产量用 y 表示，时间用 t 表示。

$$y = 2037.902 + 201.059t + 20.789t^2 \qquad (3.34)$$

中国水电产量二次曲线回归模型的拟合效果图如图 3.26 所示。

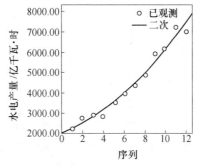

图 3.26　中国水电产量的拟合效果图

运用得出的线性回归模型进行预测，从而得出 2012 年到 2030 年的中国水电指标值，进而得出增长率，具体如表 3.123 所示。

表 3.123   2012~2030 年中国水电产量增长率

年份	2012	2013	2016	2021	2030
增长率/%	9.68	9.01	7.84	6.68	5.79

3.2.5.2 核电指标的确定

核电作为我国发电的清洁能源之一，在 2000 年到 2011 年之间的发电量占我国总发电量的 1%~3%，相对于火电和水电来说所占比重较小，但具有较大的发展潜力。本书从 2000 年到 2013 年的中国统计年鉴选取 2000 年到 2011 年的我国核电产量的数据，具体如表 3.124 所示。从表中可以看出从 2000 年到 2011 年我国核电产量呈现增长的态势。

表 3.124   2000~2011 年中国核电产量的部分数据

年份	2000	2001	2002	…	2008	2009	2010	2011
电产量/亿千瓦·时	167.4	174.7	251.3	…	683.9	701.3	738.8	863.5

资料来源：2000~2013 年中国统计年鉴。

将表 3.124 中 2000~2011 年中国核电产量的数据按照回归分析的步骤，选取核电产量作为因变量，时间作为自变量，并分别选取线性回归、二次曲线回归、三次曲线回归、幂回归模型进行模型分析，得出四种回归模型的拟合优度汇总，如表 3.125 所示。

表 3.125   线性、二次、三次、幂回归模型拟合优度汇总

模型	复相关系数 R	可决系数 R 方	调整的 R 方	估计值的标准误
线性	0.978	0.956	0.952	49.607
二次	0.984	0.968	0.961	44.676
三次	0.986	0.972	0.961	44.636
幂	0.971	0.944	0.938	0.139

从表 3.125 所示的四种模型的拟合优度汇总可以得出，按照幂回归模型、线性回归模型、二次曲线回归模型、三次曲线回归模型的顺序，作为衡量回归直线对观测值拟合程度的调整的 R 方越来越大。其中，线性回归模型、二次曲线回归模型、三次曲线回归模型的调整的 R 方都大于 0.95 且相近，说明这三个模型的拟合程度都较好。如果只根据模型的拟合优度来确定最佳回归模型，则应当选择三次回归模型，但是不能单纯地根据模型的拟合优度高低来决定最佳模型，还需要考虑模型方程以及方程系数是否通过了显著性检验来决定最佳模型。这三个模

型通过进行 F 检验，得出其对应的 F 检验的概率 P 值都小于显著性水平 0.05，说明这三个模型方程都通过了显著性检验。进而需要对线性、二次、三次模型回归系数进行显著性检验，其回归系数检验如表 3.126 所示。

表 3.126　线性、二次、三次模型回归系数

模型		非标准化系数		标准化系数	t	Sig.
		B	标准误	Beta		
线性	t	61.202	4.148	0.978	14.753	0.000
	常数	120.486	30.531		3.946	0.003
二次	t	90.209	16.331	1.441	5.524	0.000
	t^2	-2.231	1.223	-0.476	-1.825	0.101
	常数	52.805	46.174		1.144	0.282
三次	t	134.319	46.698	2.146	2.876	0.021
	t^2	-10.384	8.179	-2.216	-1.270	0.240
	t^3	0.418	0.415	1.067	1.008	0.343
	常数	-4.267	73.028		-0.058	0.955

从表 3.126 所示的线性、三次、二次模型回归系数可以看出，该表给出了各回归方程的系数值与其进行 t 检验的结果。从表中可以看出，二次、三次曲线方程的系数没有全部通过 t 检验，线性方程的系数全部通过了 t 检验，因此选择线性回归模型为最佳模型，其回归方程如式（3.35）所示。中国核电产量用 y 表示，时间用 t 表示。

$$y = 120.486 + 61.202t \tag{3.35}$$

中国核电产量线性曲线回归模型的拟合效果图如图 3.27 所示。

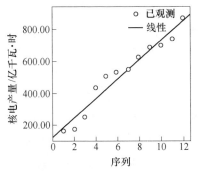

图 3.27　中国核电产量的拟合效果图

运用得出的线性回归模型进行预测，从而得出 2012 年到 2030 年的中国核电指标值，进而得出增长率，具体如表 3.127 所示。

表 3. 127　　2012~2030 年中国核电产量增长率

年份	2012	2013	2016	2021	2030
增长率/%	6. 09	6. 28	5. 03	4. 02	3. 34

3.3　环境子系统指标预测

对于环境子系统而言，简易模型只考虑了二氧化碳这单一指标作为环境子系统的评判指标，但在改进模型中，综合国家在大气污染方面对于二氧化硫这一指标的考虑，通过火电燃煤与终端燃煤两个方面来分别计算二氧化硫的排放量，最后通过单位 GDP 的二氧化硫排放量、单位能源二氧化硫排放量、单位人口二氧化硫排放量这些指标将环境子系统与经济子系统、能源子系统、人口子系统进行联系，从而更好地对我国的大气环境方面进行评判。

3.3.1　二氧化碳指标的确定

作为能源消费衍生产品的二氧化碳是全球气温升高的绝对杀手，且对环境造成的破坏日益严重，煤炭、石油、天然气在燃烧过程中会产生大量的二氧化碳，其中煤炭以及相关制成品的二氧化碳排放量最大，石油的二氧化碳排放量次之，天然气的二氧化碳排放量最小。因此，本书将从煤炭、石油、天然气这三个方面来对二氧化碳排放量进行计算。

3.3.1.1　煤炭、石油、天然气二氧化碳排放系数的确定

由于煤炭、石油、天然气燃烧过程中产生的二氧化碳排放量不同，因此，对于二氧化碳排放量的计算需要确定煤炭、石油、天然气的二氧化碳排放系数。通过中华人民共和国国家发展和改革委员会节能信息传播中心（NDRC-ECIDC）公布的数据，如表 3.128 所示，不同燃料二氧化碳排放系数值的公布主要来自美国能源部、日本能源研究所、中国工程院、全球气候变化基金会、亚洲开发银行、北京加拿大项目，相同热值的不同燃料燃烧所排放的二氧化碳是有较大差别的，煤炭的最多，天然气的最少。本书的煤炭、石油、天然气的二氧化碳排放系数选取表 3.128 中所示的国家发展和改革委员会能源研究所公布的数据，即煤炭的二氧化碳排放系数为 0.748 吨碳/吨标煤、石油的二氧化碳排放系数为 0.583 吨碳/吨标煤、天然气的二氧化碳排放系数为 0.444 吨碳/吨标煤。

表 3. 128　　CO_2 排放系数　　　　（吨碳 / 吨标煤）

来源	煤炭	石油	天然气
美国能源部 DOE/EIA	0. 702	0. 478	0. 389
日本能源研究所	0. 756	0. 586	0. 449
中国工程院	0. 680	0. 540	0. 410

续表3.128

来源	煤炭	石油	天然气
国家发展和改革委员会能源研究所	0.748	0.583	0.444
亚洲开发银行	0.726	0.583	0.409
北京加拿大项目	0.656	0.591	0.452

资料来源：中华人民共和国国家发展和改革委员会节能信息传播中心（NDRC-ECIDC）。

3.3.1.2 二氧化碳排放量的确定

二氧化碳排放量的计量单位主要有两种：吨碳与吨二氧化碳，这是两个完全不同的单位，但它们之间是可以进行转化的。1吨碳相当于3.67吨二氧化碳，由于不同的统计部门运用的计量单位不同，可能导致相互之间比较有差异，因此本书统一采用吨碳作为二氧化碳排放量的计量单位。

二氧化碳排放量主要由煤炭二氧化碳排放量、石油二氧化碳排放量、天然气二氧化碳排放量组成，且二氧化碳排放量的计算主要涉及煤炭、石油、天然气的消费量与二氧化碳排放系数以及固体、液体、气体燃料的固碳率，又由于固体、液体、气体燃料的固碳率分别为0.2%、14.7%、1.7%，因此得出我国二氧化碳排放量的计算公式如下。

二氧化碳排放量=煤炭二氧化碳排放量+石油二氧化碳排放量+天然气二氧化碳排放量=煤炭消费量×标煤与煤炭换算系数×(1−固体能源固碳率)×煤炭二氧化碳排放系数+石油消费量×标煤与石油换算系数×(1−液体能源固碳率)×石油二氧化碳排放系数+天然气消费量×标煤与天然气换算系数×(1−气体能源固碳率)×天然气二氧化碳排放系数

二氧化碳排放量作为环境子系统的指标，通过单位GDP的二氧化碳排放量、单位能源二氧化碳排放量、单位人口二氧化碳排放量这些指标将环境子系统与经济子系统、能源子系统、人口子系统进行了联系。

3.3.2 二氧化硫指标的确定

据相关部门与专家学者的统计与研究，我国二氧化硫排放量的90%来自于煤炭的燃烧，其中大部分来自火电厂中煤炭发电产生。据统计到1995年底时我国火电厂二氧化硫排放量占全国总二氧化硫排放量的35%，2000年我国火电厂二氧化硫排放量接近全国总排放量的50%。因此，本书主要分析燃煤产生的二氧化硫，其中主要分为火电燃煤产生的二氧化硫和终端燃煤产生的二氧化硫。

3.3.2.1 火电燃煤与终端燃煤二氧化硫排放系数的确定

中国通常把每公斤含热29306千焦的煤定为标准煤，单位标准煤的硫含量通常是不同的。根据《工业企业节能减排主要指标解释》的文献可以知道，不具备条件取得燃煤的含硫量暂按 1.2% 来计算。由于我国各地的煤炭成分不同导致煤中的硫含量差距较大,西南地区的煤炭硫含量一般为 3%~5%,部分硫含量高的可达到 7% 以上;西北地区与东北地区的煤炭硫含量则比较低,通常为 0.3%~0.5%。通过对我国各省的标煤含硫计算得出的其均值是 1.65%。国家对于民用燃煤(即不属于电厂燃煤)要求硫含量需要低于 0.7%。由此可见,不同硫含量的煤炭产生的二氧化硫量也不同,因此本书将二氧化硫排放系数分为电厂燃煤二氧化硫排放系数与终端燃煤二氧化硫排放系数两部分来进行计算。

根据《节能手册》中公布的中国化石燃料大气污染物排放系数的数据,可以得知火力发电二氧化硫的排放系数是 8.03 克/度,终端燃煤二氧化硫的排放系数是 0.0165 吨/吨标煤。由于电力折算标准煤的换算系数为 1 千瓦·时大约为 0.327 千克标煤,将其带入火力发电二氧化硫的排放系数中进行单位换算,得出火力发电二氧化硫的排放系数为 0.0246 吨/吨标煤。

3.3.2.2　脱硫效率的确定

脱硫效率是指标准状态下脱硫装置出口的二氧化硫平均浓度与入口的二氧化硫平均浓度之比。出口烟气二氧化硫浓度主要依据混合烟道在线监测浓度核定,在线监测点位设在净烟道上的依据旁路漏风情况扣减脱硫效率。我国燃煤电站锅炉通常采用的脱硫方法主要有石灰石-石膏法、喷雾干燥法、海水脱硫法、电子束氨法、NADS 氨-肥法等,运用较多的是石灰石-石膏法,原理简单,脱硫效率达到 90% 以上,副产品石膏具有一定的商业价值。但是由于我国中小型燃煤锅炉占全国燃煤锅炉的比重较大,且其脱硫效率一般为 30%~80%,因此,本书综合考虑这两种情况,设定模型中的脱硫效率的值为 60%。

3.3.2.3　二氧化硫排放量的确定

二氧化硫的实际排放量由未经处理的二氧化硫排放量减去二氧化硫去除量计算得出,其中未经处理的二氧化硫排放量由火电燃煤二氧化硫排放量与终端燃煤二氧化硫排放量组成,且火电燃煤二氧化硫排放量与终端燃煤二氧化硫排放量由标煤下电力煤耗量与标煤下终端煤耗量分别乘以各自的二氧化硫排放系数计算得出,即未经处理的二氧化硫排放量=火电燃煤二氧化硫排放量+终端燃煤二氧化硫排放量=标煤下电力煤耗量×火电燃煤二氧化硫排放系数+标煤下终端煤耗量×终端燃煤二氧化硫排放系数。二氧化硫去除量由未经处理的二氧化硫排放量与脱硫效率相乘得出,即二氧化硫去除量=未经处理的二氧化硫排放量×脱硫效率。

二氧化硫排放量作为环境子系统的指标,通过单位 GDP 的二氧化硫排放量、单位能源二氧化硫排放量、单位人口二氧化硫排放量这些指标将环境子系统与经济子系统、能源子系统、人口子系统进行了联系。

3.4 人口子系统指标预测

对于人口子系统来说，简易模型中只考虑的是人口自然增长率对人口总量的影响，而在此的改进模型中，将对人口总量的影响分为了人口增加量与人口减少量。对于人口增加量考虑了人口出生率与生育影响因子对其的影响。对于人口减少量考虑了人口死亡率与生态环境影响因子对其的影响，其中人口出生率又受生活质量影响因子的影响，人口死亡率受寿命影响因子的影响，生活质量影响因子和寿命影响因子由国民生活水平来决定，进而形成了整个人口子系统。

3.4.1 国民生活水平的确定

国民生活水平作为影响人口子系统的一个重要指标，本书从 1991 年到 2013 年的中国统计年鉴选取 1990 年到 2012 年的我国人均可支配收入作为衡量我国国民生活水平的数据，将国民生活水平看作被解释变量，人均国内生产总值看作解释变量，由于只有人均国内生产总值一个解释变量，可以视为一元回归模型，进而通过模型分析可以确定人口子系统中国国民生活水平与人均国内生产总值的关系。1990 年到 2012 年国民生活水平与人均国内生产总值的部分数据如表 3.129 所示。

表 3.129 1990~2012 年中国国民生活水平与人均国内生产总值的部分数据

年份	1990	1991	…	2000	2001	…	2011	2012
国民生活水平/元	2196.5	2409.2	…	8533.4	9226	…	28787.1	32481.3
人均国内生产总值/元	1644	1893	…	7858	8622	…	35181	38459

资料来源：1991~2013 年中国统计年鉴。

将表 3.129 中 1990~2012 年的国民生活水平与人均国内生产总值的数据按照回归分析的步骤，选取国民生活水平作为因变量，人均国内生产总值作为自变量，并分别选取对数回归、线性回归、二次曲线回归、三次曲线回归模型进行模型分析，得出四种回归模型的拟合优度汇总，如表 3.130 所示。

表 3.130 对数、线性、二次、三次回归模型拟合优度汇总

模型	复相关系数 R	可决系数 R 方	调整的 R 方	估计值的标准误
对数	0.940	0.883	0.877	3028.254
线性	0.997	0.995	0.995	628.507
二次	0.999	0.997	0.997	488.056
三次	1.000	1.000	1.000	191.327

从表 3.130 所示的四种模型的拟合优度汇总可以得出，按照对数回归模型、线性回归模型、二次曲线回归模型、三次曲线回归模型的顺序，作为衡量回归直线对观测值拟合程度的可决系数 R 方和调整的 R 方越来越大，三次曲线回归的调整的 R 方达到了 1，并且估计值的标准误则越来越小。其中，线性回归模型、二次曲线回归模型、三次曲线回归模型的调整的可决系数 R 方都大于 0.99，说明这三个模型的拟合程度都非常好。如果只根据模型的拟合优度来确定最佳回归模型，则应当选择三次曲线回归模型，但是不能单纯地根据模型的拟合优度高低来决定最佳模型，还需要考虑模型方程以及方程系数是否通过了显著性检验来决定最佳模型。在这里只需考虑线性回归模型、二次曲线回归模型、三次曲线回归模型，它们的方差分析如表 3.131 所示。

表 3.131　线性、二次、三次回归模型方差分析

模　型		平方和	df	均方	F	Sig.
线性	回归	1.636E9	1	1.636E9	4141.150	0.000
	残差	8295445.986	21	395021.237		
	总计	1.644E9	22			
二次	回归	1.639E9	2	8.197E8	3441.196	0.000
	残差	4763964.552	20	238198.228		
	总计	1.644E9	22			
三次	回归	1.643E9	3	5.478E8	14965.098	0.000
	残差	695516.153	19	36606.113		
	总计	1.644E9	22			

从表 3.131 所示的线性、二次、三次回归模型方差分析可以得出，这三个模型通过进行 F 检验，得出其对应的 F 检验的概率 P 值都为 0.000，小于显著性水平 0.05，说明这三个模型方程都通过了显著性检验。进而需要对线性、二次、三次模型回归系数进行显著性检验，其回归系数检验如表 3.132 所示。

表 3.132　线性、二次、三次模型回归系数

模型		非标准化系数		标准化系数	t	Sig.
		B	标准误	Beta		
线性	人均国内生产总值	0.792	0.012	0.997	64.352	0.000
	常数	1905.697	205.825		9.259	0.000
二次	人均国内生产总值	0.930	0.037	1.172	24.994	0.000
	人均国内生产总值^2	-3.748E-6	0.000	-0.181	-3.850	0.001
	常数	1168.092	249.484		4.682	0.000

续表 3. 132

模型		非标准化系数		标准化系数	t	Sig.
		B	标准误	Beta		
三次	人均国内生产总值	1. 266	0. 035	1. 595	36. 150	0. 000
	人均国内生产总值^2	−2. 642E−5	0. 000	−1. 273	−12. 096	0. 000
	人均国内生产总值^3	3. 970E−10	0. 000	0. 694	.	.
	常数	86. 916	141. 714		0. 613	0. 547

从表 3. 132 所示的线性、二次、三次模型回归系数可以看出，该表给出了各回归方程的系数值与其进行 t 检验的结果。从表中可以看出，三次曲线回归方程的常数项的 t 检验对应的概率值 P 为 0. 547 大于 0. 05，说明该项没有通过显著性检验，即三次曲线回归方程没有通过系数的显著性检验。线性和二次曲线方程的系数全部通过了 t 检验，但由于二次方程的可决系数 R 方为 0. 997 大于线性方程的 0. 995，说明二次曲线方程的自变量人均国内生产总值可以解释因变量国民生活水平 99. 7% 的信息，因此选择二次曲线回归模型为最佳模型，其回归方程如式 (3. 36) 所示。国民生活水平用 y 表示，人均国内生产总值用 x 表示。

$$y = 1168. 092 + 0. 93x - 0. 000003748x^2 \qquad (3. 36)$$

国民生活水平与人均国内生产总值二次曲线回归模型的拟合效果图如图 3. 28 所示。

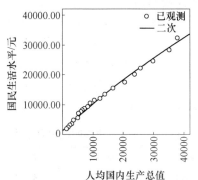

图 3. 28　国民生活水平与人均国内生产总值的拟合效果图

3. 4. 2　人口出生率的确定

由于居民的生活质量水平会对人口的出生率产生一定的影响，因此本书通过采用生活质量影响因子这个指标来搭建国民生活水平与人口出生率的关系，进而运用生活质量影响因子来计算人口出生率。生活质量影响因子与国民生活水平呈反向增长的关系，其一般的计算公式为：生活质量影响因子 = 1000/国民生活水平。1990 年到 2012 年人口出生率与生活质量影响因子的数据如表 3. 133 所示。

表 3.133　1990~2012 年中国人口出生率与生活质量影响因子的部分数据

年份	1990	1991	...	2000	2001	...	2011	2012
人口出生率/‰	21.06	19.68		14.03	13.38	...	11.93	12.1
生活质量影响因子	0.46	0.42		0.12	0.11	...	0.03	0.03

资料来源：1991~2013 年中国统计年鉴和作者整理。

　　将表 3.133 中 1990~2012 年的人口出生率与生活质量影响因子的数据按照回归分析的步骤，选取人口出生率作为因变量，生活质量影响因子作为自变量，并分别选取对数回归、线性回归、二次曲线回归、三次曲线回归模型进行模型分析，得出四种回归模型的拟合优度汇总，如表 3.134 所示。

表 3.134　对数、线性、二次、三次回归模型拟合优度汇总

模型	复相关系数 R	可决系数 R 方	调整的 R 方	估计值的标准误
对数	0.937	0.878	0.872	1.039
线性	0.932	0.868	0.862	1.079
二次	0.959	0.919	0.911	0.866
三次	0.961	0.923	0.911	0.867

　　从表 3.134 所示的四种模型的拟合优度汇总可以得出，按照线性回归模型、对数回归模型、二次曲线回归模型、三次曲线回归模型的顺序，作为衡量回归直线对观测值拟合程度的可决系数 R 方和调整的 R 方越来越大，并且估计值的标准误越来越小。其中，二次曲线回归模型、三次曲线回归模型的调整的可决系数 R 方都大于 0.9，说明这两个模型的拟合程度比较好。如果只根据模型的拟合优度来确定最佳回归模型，则应当选择三次曲线回归模型，但是不能单纯地根据模型的拟合优度高低来决定最佳模型，还需要考虑模型方程以及方程系数是否通过了显著性检验来决定最佳模型。在这里只需考虑二次曲线回归模型、三次曲线回归模型，它们的方差分析如表 3.135 所示。

表 3.135　二次、三次回归模型方差分析表

模型		平方和	df	均方	F	Sig.
二次	回归	170.579	2	85.289	113.824	0.000
	残差	14.986	20	0.749		
	总计	185.565	22			
三次	回归	171.294	3	57.098	76.020	0.000
	残差	14.271	19	0.751		
	总计	185.565	22			

　　从表 3.135 所示的二次、三次回归模型方差分析可以得出，这两个模型通过进行 F 检验，得出其对应的 F 检验的概率 P 值都为 0.000，小于显著性水平

0.05，说明这两个模型方程都通过了显著性检验。进而需要对二次、三次模型回归系数进行显著性检验，其回归系数检验如表 3.136 所示。

表 3.136　二次、三次模型回归系数

模型		非标准化系数		标准化系数	t	Sig.
		B	标准误	Beta		
二次	生活质量影响因子	43.995	6.301	1.843	6.982	0.000
	生活质量影响因子^2	-47.709	13.411	-0.939	-3.558	0.002
	常数	9.980	0.502		19.886	0.000
三次	生活质量影响因子	57.629	15.328	2.415	3.760	0.001
	生活质量影响因子^2	-126.371	81.704	-2.488	-1.547	0.138
	生活质量影响因子^3	117.099	119.975	1.006	0.976	0.341
	常数	9.417	0.765		12.311	0.000

从表 3.136 所示的二次、三次模型回归系数可以看出，该表给出了各回归方程的系数值与其进行 t 检验的结果。从表中可以看出，三次曲线回归方程的二次项和三次项的 t 检验对应的概率值 P 分别为 0.138 和 0.341，都大于 0.05，说明没有通过显著性检验，即三次曲线回归方程没有通过系数的显著性检验。二次曲线方程的系数全部通过了 t 检验，且二次方程的可决系数 R 方为 0.919，说明二次曲线方程的自变量生活质量影响因子可以解释因变量人口出生率 91.9%的信息，因此选择二次曲线回归模型为最佳模型，其回归方程如式（3.37）所示。人口出生率用 y 表示，生活质量影响因子用 x 表示。

$$y = 9.98 + 43.995x - 47.709x^2 \tag{3.37}$$

国民生活水平与人均国内生产总值二次曲线回归模型的拟合效果图如图 3.29 所示。

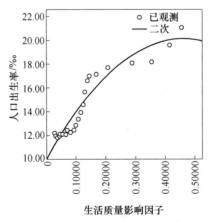

图 3.29　国民生活水平与人均国内生产总值的拟合效果图

3.4.3 人口死亡率的确定

本书采用衡量人口死亡率与寿命影响因子之间的关系来得出人口死亡率的具体计算方程，而要得出寿命影响因子的值必须先明确其与国民生活水平的关系。通过查阅国内外学者的相关研究，得出寿命影响因子与国民生活水平的一般关系式为：寿命影响因子=国民生活水平/1000000，说明寿命影响因子与国民生活水平之间呈现正相关关系，根据此关系式可以计算得出 1990 年到 2012 年的寿命影响因子的值，具体如表 3.137 所示。1990~2012 年中国人口死亡率与寿命影响因子的数据如表 3.137 所示。

表 3.137　1990~2012 年中国人口死亡率与寿命影响因子的部分数据

年份	1990	1991	…	2000	2001	…	2011	2012
人口死亡率/‰	6.67	6.7	…	6.45	6.43	…	7.14	7.11
寿命影响因子	0.0022	0.0024	…	0.0085	0.0092	…	0.0287	0.0325

资料来源：1991~2013 年中国统计年鉴和作者整理。

将表 3.137 中 1990~2012 年的人口死亡率与寿命影响因子的数据按照回归分析的步骤，选取人口死亡率作为因变量，寿命影响因子作为自变量，并分别选取对数回归、线性回归、二次曲线回归、三次曲线回归模型进行模型分析，得出四种回归模型的拟合优度汇总，如表 3.138 所示。

表 3.138　对数、线性、二次、三次回归模型拟合优度汇总

模型	复相关系数 R	可决系数 R 方	调整的 R 方	估计值的标准误
对数	0.578	0.334	0.303	0.221
线性	0.792	0.627	0.610	0.165
二次	0.844	0.713	0.684	0.149
三次	0.963	0.928	0.917	0.076

从表 3.138 所示的四种模型的拟合优度汇总可以得出，按照对数回归模型、线性回归模型、二次曲线回归模型、三次曲线回归模型的顺序，作为衡量回归直线对观测值拟合程度的可决系数 R 方和调整的 R 方越来越大，并且估计值的标准误越来越小。其中，只有三次曲线回归模型的调整的可决系数 R 方大于 0.9，说明三次曲线模型的拟合程度较好。如果只根据模型的拟合优度来确定最佳回归模型，则应当选择三次曲线回归模型，但是当达到一定年限之后运用三次曲线预测的人口死亡率开始出现负值，不符合实际情况，因此在这里考虑二次曲线回归模型，它的方差分析如表 3.139 所示。

表 3.139 二次回归模型方差分析

模型		平方和	df	均方	F	Sig.
二次	回归	1.098	2	0.549	24.851	0.000
	残差	0.442	20	0.022		
	总计	1.540	22			

从表 3.139 所示的二次回归模型方差分析可以得出，二次曲线回归模型通过进行 F 检验，得出其对应的 F 检验的概率 P 值为 0.000，小于显著性水平 0.05，说明二次曲线方程通过了显著性检验。进而需要对二次模型回归系数进行显著性检验，其回归系数检验如表 3.140 所示。

表 3.140 二次模型回归系数

模型		非标准化系数		标准化系数	t	Sig.
		B	标准误	Beta		
二次	寿命影响因子	−9.520	14.287	−0.311	−0.666	0.013
	寿命影响因子^2	1057.896	432.671	1.141	2.445	0.024
	常数	6.564	0.091		72.290	0.000

从表 3.140 所示的二次模型回归系数可以看出，该表给出了回归方程的系数值与其进行 t 检验的结果。从表中可以看出，二次曲线方程系数的 t 检验值对应的 P 值都为 0.000，小于 0.05，全部通过了 t 检验，因此选择二次曲线回归模型为最佳模型，其回归方程如式（3.38）所示。人口死亡率用 y 表示，寿命影响因子用 x 表示。

$$y = 6.564 - 9.52x + 1057.896x^2 \qquad (3.38)$$

3.4.4 生育影响因子与生态环境影响因子的确定

出于对模型可行性的考虑并结合尽量简化模型的原则，对那些随时间变化不显著的参数近似取值为常数值，根据实际情况进行多次检验，某些变量可以取常数值。经查阅国内外相关学者的资料，最终决定选取生育影响因子为 0.75，生态环境影响因子为 0.6。

3.5 本章小结

本章主要对经济子系统、能源子系统、环境子系统、人口子系统进行了分析与指标预测。首先，对经济子系统、能源子系统、环境子系统、人口子系统的系统构成情况进行了分析。经济子系统考虑了我国国内生产总值、产业产值及其构成情况,产业结构主要分为了农、林、渔、牧、水利业;工业;建筑业;交通运输业、仓储和邮政业;批发、零售业与住宿、餐饮业;其他行业;能源子系统将煤炭、石油、天然气、电力、水电和核电分别与经济子系统中的产业结构相联系,并从这六个行业的能源消费角度进行了分析;环境子系统主要考虑了二氧化碳和二氧化硫这两个指标;人口子系统则通过分析人口出生率和死亡率的影响因素,进而得出人口总量。然后,运用曲线回归模型和灰色系统模型对经济子系统、能源子系统、环境子系统、人口子系统中的相关指标进行了预测,为中国能源-经济-环境-人口的系统动力学模型运行提供数据准备。

4　中国能源-经济-环境-人口的系统动力学模型

通过对系统动力学仿真建模理论的介绍，以及对中国能源-经济-环境-人口系统模型的分析，得出其系统流图和系统方程，进而通过运行中国能源-经济-环境-人口大系统，分别得出了能源子系统、经济子系统、环境子系统、人口子系统的预测结果。

4.1　系统动力学仿真建模理论基础

系统动力学（System Dynamic，SD），以反馈控制理论为理论基础，以计算机技术为技术手段，从系统内部微观结构入手，建立系统动力学数学模型，可用于研究处理复杂的社会、经济、生态等系统问题，并可在宏观、微观层次上对复杂的、动态的、非线性的、多层次的大规模系统进行综合研究。

4.1.1　系统动力学理论基本点与特点

系统动力学一般是通过对结构和功能的分析以及信息的反馈来解决复杂系统问题的。其理论的基本点有：（1）系统的重要特性有稳定性、总体性、相关性、类似性，其系统结构具有层次性和等级性；（2）系统的内部结构、变量等是随时间的推移而变化的，即为时间的函数；（3）系统中可能存在诸多不同的反馈回路，但必然会存在一条或一条以上的主要反馈回路；（4）有些系统的行为会具有一定的趋向性，即系统可能会从原来的稳定状态向新的稳定状态发展，或者由原先的波动状态向稳态发展。

系统动力学仿真建模的特点有：（1）以结构分析为基础的系统动力学可从宏微观方面对系统进行综合性的研究；（2）系统动力学的主要研究对象一般为开放的系统，主要强调动态的、发展的、系统的观点；（3）系统动力学一般运用定性与定量相结合的方法从整体角度来研究复杂的系统问题；（4）系统动力学可以借助历史数据和计算机仿真技术能够规范地处理非线性、多重反馈、高阶次的复杂动态系统问题，进而深入探索系统问题，使复杂的系统问题变得规律化、简单化；（5）系统动力学通常强调有条件的预测，采用"如果……则……"的形式，即要求对预测结果的原始条件必须清楚明白。

4.1.2　系统动力学建模步骤

　　系统动力学将整个建模过程归纳为系统分析、系统结构分析、数学模型建立、模型的实验与评估以及模型模拟与政策分析五个大步骤。第一步，系统分析分为任务调研、问题定义、划定界限，主要是调查收集有关系统的情况、明确所要解决的基本问题和主要问题，从而初步划分系统的界限。第二步，进行系统结构分析，包括反馈结构分析和变量的定义，主要是进行分析系统总体与局部的反馈机制，绘制系统因果关系图以明确回路之间的关系从而得出所需的变量以及变量之间的关系。第三步，在系统分析与系统结构分析的基础上，建立规范的数学模型，主要是建立系统动力学模型流图，建立状态变量方程、速率方程、辅助方程等方程，并给所有的初始值、常数、表函数赋值，并进行相关的参数估计。第四步，进行模型模拟与模型评估，这一步并不是独立存在的，它是贯穿于整个步骤中的，当模型不符合系统的原始目标时，需要进行系统模型的修正，从而保证系统的正确运行。第五步，进行模型结果的分析并给予一定的政策分析。具体的系统动力学建模步骤如图 4.1 所示。

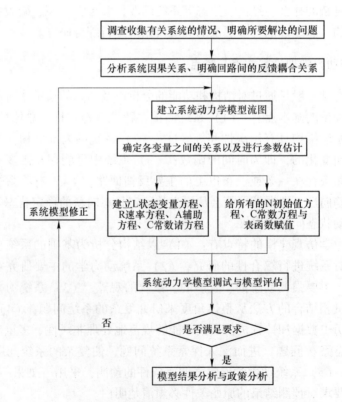

图 4.1　系统动力学建模过程（资料来源：作者整理）

本书采用了 Vensim（Ventana Simulation Enviroment，即 Ventana 系统动力学模拟环境）软件，这个系统动力学软件是由美国 Ventana Systems Inc. 公司于1988 年开发，具有可视化、多视窗等特点，使用 Vensim 软件建立系统动力学仿真模型，可以更直观地建立数学模型、了解模型变量之间的关系、查看模型结构、得出模型结果以及图表化结果，更方便操作与运用。

4.1.2.1 模型变量

系统动力学模型变量一般包括状态变量、速率变量、常量、辅助变量、隐藏变量，本书通过国内生产总值的系统动力学流图来表示这五种变量在 Vensim 软件中的具体符号。国内生产总值流图如图 4.2 所示。

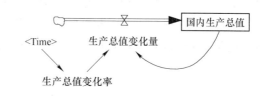

图 4.2　系统动力学建模中变量示例图——国内生产总值流图（资料来源：作者整理）

第一种，状态变量又称流位变量或者水平变量，是积分量，用符号"□"来表示，在系统动力学中被视为具有一定累积效应的变量，图 4.2 中的"国内生产总值"就是一个状态变量，它表示了每一年的国内生产总值。第二种，速率变量，是反映状态变量中的累积效应变化快慢的速度变量，是状态变量和辅助变量的函数，用符号"⤳"来表示，一般至少有一端指向一个状态变量，图 4.2 中的"生产总值变化量"就是速率变量，它表示的是国内生产总值每一年的变化量，是由国内生产总值与生产总值变化率的乘积计算而成的。第三种，常量，是不随时间变化而变化的量，是一个固定值。第四种，辅助变量，是联系状态变化和速率变量的中间变量，是随时间变化而变化的量，图 4.2 中的"生产总值变化率"就是一个辅助变量，它是用时间表示的函数。第五种，隐藏变量，一般表示时间变量或者窗口中已经存在的变量，无须再进行定义的变量，用"<>"符号表示，图 4.2 中的"<Time>"就是一个隐藏变量。各类模型变量之间用箭头连接起来，才能建立起它们之间的关系式。

4.1.2.2 系统因果关系图

因果关系图是系统动力学分析的前提基础，是系统结构分析阶段对模型结构的概念化直观描述，是由表示系统内在动态发展机制的因果反馈环组成的，通过研究模型变量之间的因果逻辑关系进而确定系统模型的基本结构框架。因果关系图有助于帮助用户理清影响系统行为的主要影响因素和主导路线。

因果关系图是一种有向图，通常变量之间由带有正负号的箭头依次连接，箭头上标有的正号表示被箭头指向的变量将随箭头源的变量的增加而增加，负号表示被箭头指向的变量将随箭头源的变量的增加而减少，正负号不表示连接的两个变量之间存在比例关系。当在一个因果循环反馈回路中存在偶数个负号时，表示回路的极性为正，即因果链的累积效应为正，表示回路中的变量的偏离增强；当在一个因果循环反馈回路中存在奇数个负号时，表示回路的极性为负，即因果链的累积效应为负，表示回路中的变量被控制在稳定的范围内。系统因果关系图是一个闭合的反馈循环系统，可以把历史信息带回给系统，从而以影响系统未来的发展。Vensim 软件同时还提供了三种分析因果循环图逻辑架构的工具：Causes Tree 因果树图、Uses Tree 因果树图、Loops 循环图。Causes Tree 因果树图与 Uses Tree 因果树图工具显示在树形图内，表示变量与工作变量的因果关系，而 Loops 循环图工具显示包含工作变量的因果反馈循环。国内生产总值的因果关系如图 4.3 所示。

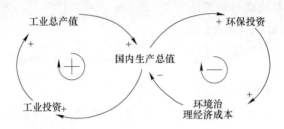

图 4.3　系统动力学建模中因果关系示例图——国内生产总值
因果关系图（资料来源：作者整理）

　　由图 4.3 所示，可以发现两条反馈回路：国内生产总值→工业投资→工业总产值→国内生产总值；国内生产总值→环保投资→环境治理经济成本→国内生产总值。第一条回路极性为正，其中国内生产总值的增加会导致工业投资的增加，工业投资增加又会使工业总产值增加，反过来又会使国内生产总值增加，是一个增强的累积效应。第二条回路极性为负，因为有一个负号，其中国内生产总值的增加会使环保投资增加，环保投资增加则会增加环境治理的经济成本，环境治理经济成本的增加则会导致国内生产总值的减少，这是一个趋于稳定的回路。

　　4.1.2.3　系统动力学流图

　　系统动力学流图能够更详细地表达出系统的结构形式，能够用直观的形式给出数学方程信息。系统动力学流图不仅可以清楚明白系统的结构关系和主要影响因素以及反馈循环关系，还能表示不同变量之间的区别以及展现状态变量的累积效应，能清楚描述状态和速率，区分物质流和信息流。如图 4.2 所示的国内生产总值的流图，清楚地展示了状态变量国内生产总值、速率变量生产总值变化量、辅助变量生产总值变化率以及它们之间的关系，而且还清楚地表达了状态变量国内生产总值的累积概念。

　　4.1.2.4　系统动力学方程

　　系统动力学建立方程的目的是将非正规的、构思的模型结构转化成正规的、定量的数学表达式，以便于计算机模拟研究系统中隐含的系统动力学特征，从而得出解决问题的对策。系统动力学方程的建立主要包括建立状态变量方程、速率方程、辅助变量方程、常数方程以及进行初始值赋值、常数赋值、表函数赋值等。如图 4.2 所示的国内生产总值流图中所需建立的方程包括国内生产总值这个状态变量的状态变量方程、生产总值变化量这个速率变量的速率方程、生产总值变化率这个辅助变量的辅助变量方程。国内生产总值是生产总值变化量的一个一阶微分方程，生产总值变化量是由国内生产总值与生产总值变化率的乘积计算得出，生产总值变化率是由与时间相关的表函数赋值得出。

由此可见，系统动力学仿真的基本方法就是建立系统的结构模型和规范的数学模型，并运用一定的编程语言将其转换为适合在计算机上运行的仿真模型，进而对系统模型进行仿真实验。

4.2 能源-经济-环境-人口的系统动力学模型的建立

通过对系统动力学仿真建模基础理论的学习以及中国能源-经济-环境-人口系统的模型分析与指标设定，并运用 Vensim 软件绘制了中国能源-经济-环境-人口的系统流图，并得到了系统动力学方程。

4.2.1 系统动力学流程图

中国能源-经济-环境-人口系统作为一个包含能源子系统、经济子系统、环境子系统、人口子系统的复杂大系统，通过系统动力学软件绘制出的大系统流程图较为复杂，因此将中国能源-经济-环境-人口大系统的整体流程图分解为能源子系统流程图、经济子系统流程图、环境子系统流程图、人口子系统流程图来逐一进行描述。图 4.4 为能源子系统流程图，图 4.5 为经济子系统流程图，图 4.6 为环境子系统流程图，图 4.7 为人口子系统流程图。

由图 4.4 的能源子系统流程图可以看出，能源子系统包括总能耗、标煤下煤耗、标煤下油耗、标煤下气耗、标煤下可再生能源、人均能耗、单位 GDP 能耗等一系列变量。总煤耗是由第一产业煤耗、第二产业煤耗、第三产业煤耗和生活煤耗计算得出，其中第一产业煤耗是通过对第一产业煤耗强度的预测并运行软件得出，第二产业煤耗是通过对发电煤耗变化率、工业（除发电）煤耗变化率以及建筑业煤耗强度进行预测进而运行软件得出，第三产业煤耗是通过对交通运输仓储和邮政业煤耗强度、批发零售业和住宿餐饮业煤耗强度、其他行业煤耗强度进行预测进而运行软件得出；总油耗是由第一产业油耗、第二产业油耗、第三产业油耗和生活油耗计算得出，其中第一产业油耗和生活油耗是分别通过对第一产业和生活油耗增长率的预测并运行软件得出，第二产业油耗是通过对工业油耗强

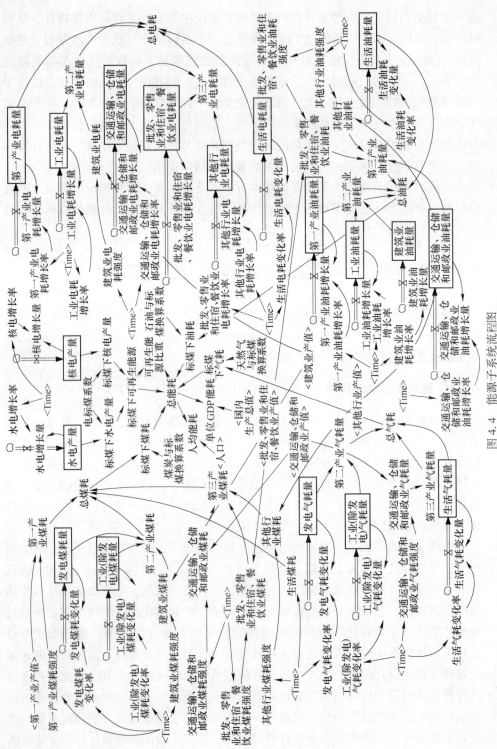

图 4.4 能源子系统流程图

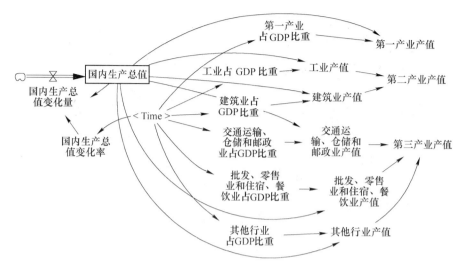

图 4.5　经济子系统流程图

度和建筑业油耗强度进行预测进而运行软件得出，第三产业油耗是通过对交通运输、仓储和邮政业油耗增长率，批发、零售业和住宿、餐饮业油耗强度，其他行业油耗强度进行预测进而运行软件得出；总气耗是由第二产业气耗、第三产业气耗和生活气耗计算得出，其中生活气耗是分别通过对生活气耗变化率的预测并运行软件得出，第二产业气耗是通过对发电气耗变化率和工业（除发电）气耗变化率进行预测进而运行软件得出，第三产业气耗是通过对交通运输、仓储和邮政业气耗增长率进行预测进而运行软件得出；标煤下可再生能源是由标煤下水电产量和标煤下核电产量通过软件运行计算得出；总电耗是由第一产业电耗、第二产业电耗、第三产业电耗和生活电耗计算得出，其中第一产业电耗和生活电耗是分别通过对第一产业和生活电耗增长率的预测并运行软件得出，第二产业电耗是通过对工业电耗增长率和建筑业电耗强度进行预测进而运行软件得出，第三产业电耗是通过对交通运输、仓储和邮政业油耗增长率，批发、零售业和住宿、餐饮业油耗增长率，其他行业油耗增长率进行预测进而运行软件得出；最后，总能耗与经济子系统中的国内生产总值、人口子系统中的人口计算得出单位 GDP 能耗和人均能耗。

由图 4.5 的经济子系统流程图可以看出，经济子系统包括三次产业产值和国内生产总值等变量，其中中国国内生产总值根据国内生产总值变化率计算得出，第一产业产值根据国内生产总值和第一产业占 GDP 比重模拟运行软件得出；第二产业产值根据工业占 GDP 比重、建筑业占 GDP 比重和国内生产总值运行软件计算得出；第三产业产值由交通运输、仓储和邮政业占 GDP 比重，批发、零售业和住宿、餐饮业占 GDP 比重，其他行业占 GDP 比重和国内生产总值运行软件计算得出。

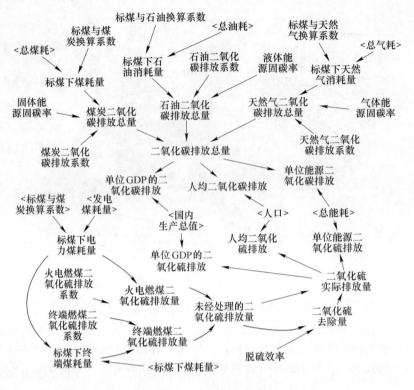

图 4.6　环境子系统流程图

由图 4.6 的环境子系统流程图可以看出，环境子系统主要是对中国二氧化碳的排放量和二氧化硫的排放量进行了计算，二氧化碳排放总量是由煤炭二氧化碳排放量、石油二氧化碳排放量、天然气二氧化碳排放量三部分组成，二氧化硫排放量主要分为火电燃煤二氧化硫排放量和终端燃煤二氧化硫排放量两部分，最后模拟运行软件得到 2013 年到 2030 年中国二氧化碳排放量和二氧化硫排放量。与此同时，二氧化碳排放量和二氧化硫排放量分别与经济子系统中的国内生产总值、人口子系统中的人口总量、能源子系统中的总能源相互计算，得出了单位 GDP 二氧化碳排放量和单位 GDP 二氧化硫排放量、人均二氧化碳排放量和人均二氧化硫排放量、单位能源二氧化碳排放量和单位能源二氧化硫排放量一系列指标，为评价中国的能源、环境问题提供了依据。

由图 4.7 的人口子系统流程图可以看出，人口子系统包括人口、人口出生率、人口死亡率等变量，国民生活水平通过分别影响生活质量影响因子和寿命影响因子，进而作用于人口出生率和人口死亡率，最后再考虑生育影响因子和生态环境影响因子对人口总量的影响并模拟运行软件得到 2013 年到 2030 年中国的人口总量。

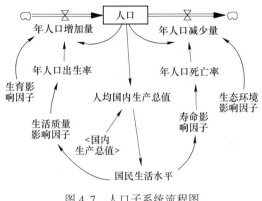

图 4.7 人口子系统流程图

4.2.2 系统动力学方程

通过对中国能源-经济-环境-人口系统的模型分析与指标设定，得出中国能源-经济-环境-人口的系统动力学流图，并得出在基本方案下的系统动力学方程，具体的能源子系统、经济子系统、环境子系统、人口子系统的方程如下：

（1）标煤下电力煤耗量=发电煤耗量＊标煤与煤炭换算系数（单位：万吨标煤）

（2）标煤下核电产量=电标煤系数＊核电产量（单位：万吨标煤）

（3）标煤下可再生能源=标煤下核电产量+标煤下水电产量（单位：万吨标煤）

（4）标煤下煤耗量=煤炭与标煤换算系数＊总煤耗（单位：万吨标煤）

（5）标煤下天然气消费量=天然气与标煤换算系数＊总气耗（单位：万吨标煤）

（6）标煤下水电产量=电标煤系数＊水电产量（单位：万吨标煤）

（7）标煤下石油消费量=石油与标煤换算系数＊总油耗（单位：万吨标煤）

（8）标煤下终端煤耗量=标煤下煤耗量−标煤下电力煤耗量（单位：万吨标煤）

（9）标煤与煤炭换算系数=0.7143（单位：万吨标煤/万吨）

（10）标煤与石油换算系数=1.4286（单位：万吨标煤/万吨）

（11）标煤与天然气换算系数=13.3（单位：万吨标煤/亿立方米）

（12）单位能源二氧化硫排放=二氧化硫实际排放量/总能耗（单位：吨/吨标煤）

（13）单位能源二氧化碳排放=二氧化碳排放总量/总能耗（单位：吨/吨标煤）

（14）单位 GDP 的二氧化硫排放=二氧化硫实际排放量/国内生产总值（单位：吨/万元）

（15）单位 GDP 的二氧化碳排放=二氧化碳排放总量/国内生产总值（单位：吨/万元）

（16）单位 GDP 能耗=总能耗/国内生产总值（单位：吨标煤/万元）

（17）电标煤系数=3.3（单位：万吨标煤/亿千瓦·时）

（18）第二产业产值=工业产值+建筑业产值（单位：亿元）

（19）第二产业电耗量=工业电耗量+建筑业电耗量（单位：亿千瓦·时）

（20）第二产业煤耗量=发电煤耗量+工业（除发电）煤耗量+建筑业煤耗量（单位：万吨）

（21）第二产业气耗量=发电气耗量+工业（除发电）气耗量（单位：亿立方米）

（22）第二产业油耗量=工业油耗量+建筑业油耗量（单位：万吨）

（23）第三产业产值=交通运输仓储邮政业产值+批发零售住宿餐饮业产值+其他行业产值（单位：亿元）

（24）第三产业电耗量=交通运输仓储邮政业电耗量+其他行业电耗量+批发零售住宿餐饮业电耗量（单位：亿千瓦·时）

（25）第三产业煤耗量=交通运输仓储邮政业煤耗量+其他行业煤耗量+批发零售住宿餐饮业煤耗量（单位：万吨）

（26）第三产业气耗量=交通运输仓储邮政业气耗量（单位：亿立方米）

（27）第三产业油耗量=交通运输仓储邮政业油耗量+其他行业油耗量+批发零售住宿餐饮业油耗量（单位：万吨）

（28）第一产业产值=第一产业占 GDP 比重 * 国内生产总值（单位：亿元）

（29）第一产业电耗量 = INTEG（第一产业电耗增长量，1074.57）（单位：亿千瓦·时）

（30）第一产业电耗增长量=第一产业电耗量 * 第一产业电耗增长率（单位：亿千瓦·时）

（31）第一产业电耗增长率 = WITH LOOKUP（Time，（［（2012，0）-（2030，1）］，（2012，0.0407），（2013，0.0392），（2016，0.0339），（2021，0.029），（2030，0.0253）））（单位：Dmnl）

（32）第一产业煤耗量=第一产业产值 * 第一产业煤耗强度（单位：万吨）

（33）第一产业煤耗强度 = WITH LOOKUP（Time，（［（2012，0）-（2030，1）］，（2012，0.0341），（2013，0.0285），（2016，0.0199），（2021，0.0127），（2030，0.008）））（单位：万吨/亿元）

（34）第一产业占 GDP 比重 = WITH LOOKUP（Time，（［（2012，0）-

(2030, 1)], （2012, 0.101), (2015, 0.094), （2020, 0.091), （2025, 0.092), （2030, 0.096)))（单位：Dmnl）

（35）第一产业油耗量 = INTEG（第一产业油耗增长量，1492.67）（单位：万吨）

（36）第一产业油耗增长量=第一产业油耗量 * 第一产业油耗增长率（单位：万吨）

（37）第一产业油耗增长率 = WITH LOOKUP（Time, ([（2012, 0) - (2030, 1)], (2012, 0.015), (2013, 0.0138), (2016, 0.0103), (2021, 0.0078), (2030, 0.0062)))（单位：Dmnl）

（38）二氧化硫去除量=未经处理的二氧化硫排放量 * 脱硫效率（单位：万吨）

（39）二氧化硫实际排放量=未经处理的二氧化硫排放量-二氧化硫去除量（单位：万吨）

（40）二氧化碳排放总量=煤炭二氧化碳排放总量+天然气二氧化碳排放总量+石油二氧化碳排放总量（单位：万吨）

（41）发电煤耗变化量=发电煤耗变化率 * 发电煤耗量（单位：万吨）

（42）发电煤耗变化率 = WITH LOOKUP（Time, ([（2012, 0) - (2030, 1)], (2012, 0.065), (2013, 0.057), (2016, 0.046), (2021, 0.038), (2030, 0.032)))（单位：Dmnl）

（43）发电煤耗量 = INTEG（发电煤耗变化量，191821）（单位：万吨）

（44）发电气耗变化量=发电气耗变化率 * 发电气耗量（单位：亿立方米）

（45）发电气耗变化率 = WITH LOOKUP（Time, ([（2012, 0) - (2030, 1)], (2012, 0.2178), (2013, 0.1977), (2016, 0.1425), (2021, 0.1049), (2030, 0.083)))（单位：Dmnl）

（46）发电气耗量 = INTEG（发电气耗变化量，269.71）（单位：亿立方米）

（47）工业（除发电）煤耗变化量=工业（除发电）煤耗变化率 * 工业（除发电）煤耗量（单位：万吨）

（48）工业（除发电）煤耗变化率 = WITH LOOKUP（Time, ([（2012, 0) - (2030, 1)], (2012, 0.05), (2013, 0.047), (2016, 0.04), (2021, 0.033), (2030, 0.028)))（单位：Dmnl）

（49）工业（除发电）煤耗量 = INTEG（工业（除发电）煤耗变化量，172546）（单位：万吨）

（50）工业（除发电）气耗变化量=工业（除发电）气耗变化率 * 工业（除发电）气耗量（单位：亿立方米）

（51）工业（除发电）气耗变化率 = WITH LOOKUP（Time, ([（2012, 0) -

(2030,1)〕,(2012,0.0622),(2013,0.0587),(2016,0.0477),(2021,0.0385),(2030,0.0323)))(单位:Dmnl)

(52)工业(除发电)气耗量 = INTEG(工业(除发电)气耗变化量,594.21)(单位:亿立方米)

(53)工业产值=工业占GDP比重＊国内生产总值(单位:亿元)

(54)工业电耗量 = INTEG(工业电耗增长量,34906.6)(单位:亿千瓦·时)

(55)工业电耗增长量=工业电耗量＊工业电耗增长率(单位:亿千瓦·时)

(56)工业电耗增长率 = WITH LOOKUP(Time,(〔(2012,0)-(2030,1)〕,(2012,0.0636),(2013,0.0599),(2016,0.0485),(2021,0.039),(2030,0.0326)))(单位:Dmnl)

(57)工业占GDP比重=WITH LOOKUP(Time,(〔(2012,0)-(2030,1)〕,(2012,0.385),(2013,0.395),(2015,0.391),(2020,0.373),(2025,0.336),(2030,0.281)))(单位:Dmnl)

(58)工业油耗量 = INTEG(工业油耗增长量,18454.6)(单位:万吨)

(59)工业油耗增长量=工业油耗量＊工业油耗增长率(单位:万吨)

(60)工业油耗增长率 = WITH LOOKUP(Time,(〔(2012,0)-(2030,1)〕,(2012,0.033),(2013,0.0317),(2016,0.0282),(2021,0.0247),(2030,0.022)))(单位:万吨/亿元)

(61)固体能源固碳率=0.002

(62)国民生活水平=1168.09+0.93＊人均国内生产总值-3.748e-006＊人均国内生产总值＊人均国内生产总值(单位:元)

(63)国内生产总值 = INTEG(国内生产总值变化量,518942)(单位:亿元)

(64)国内生产总值变化量=国内生产总值＊国内生产总值变化率(单位:亿元)

(65)国内生产总值变化率 = WITH LOOKUP(Time,(〔(2012,0)-(2030,1)〕,(2012,0.077),(2013,0.08),(2016,0.07),(2021,0.06),(2030,0.05)))(单位:Dmnl)

(66)核电产量 = INTEG(核电增长量,916.11)(单位:亿千瓦·时)

(67)核电增长量=核电产量＊核电增长率(单位:亿千瓦·时)

(68)核电增长率 = WITH LOOKUP(Time,(〔(2012,0)-(2030,1)〕,(2012,0.0609),(2013,0.0628),(2016,0.0503),(2021,0.0402),(2030,0.0334)))(单位:Dmnl)

(69)火电燃煤二氧化硫排放量=标煤下电力煤耗量＊火电燃煤二氧化硫排放系数(单位:万吨)

（70）火电燃煤二氧化硫排放系数=0.0246（单位：吨/吨标煤）

（71）建筑业产值=建筑业占 GDP 比重*国内生产总值（单位：亿元）

（72）建筑业电耗=建筑业产值*建筑业电耗强度（单位：亿千瓦·时）

（73）建筑业电耗强度 = WITH LOOKUP（Time,（[（2012,0)−(2030,1)]，(2012, 0.0168)，(2013, 0.0155)，(2016, 0.0131)，(2021, 0.0107)，(2030, 0.0087)))（单位：千瓦·时/元）

（74）建筑业煤耗=建筑业产值*建筑业煤耗强度（单位：万吨）

（75）建筑业煤耗强度 = WITH LOOKUP（Time,（[（2012,0)−(2030,1)]，(2012, 0.0209)，(2013, 0.0161)，(2016, 0.0095)，(2021, 0.0049)，(2030, 0.0025)))（单位：万吨/亿元）

（76）建筑业占 GDP 比重 = WITH LOOKUP（Time,（[（2012,0)−(2030,1)]，(2012, 0.068)，(2015, 0.069)，(2020, 0.071)，(2025, 0.07)，(2030, 0.063)))（单位：Dmnl）

（77）建筑业油耗量 = INTEG（建筑业油耗增长量，2480.02）（单位：万吨）

（78）建筑业油耗增长量=建筑业油耗量*建筑业油耗增长率（单位：万吨）

（79）建筑业油耗增长率 = WITH LOOKUP（Time,（[（2012,0)−(2030,1)]，(2012, 0.056)，(2013, 0.0542)，(2016, 0.0446)，(2021, 0.0365)，(2030, 0.0308)))（单位：万吨/亿元）

（80）交通运输仓储邮政业产值=交通运输仓储邮政业占 GDP 比重*国内生产总值（单位：亿元）

（81）交通运输仓储邮政业电耗量 = INTEG（交通运输仓储邮政业电耗增长量，799.86）（单位：亿千瓦·时）

（82）交通运输仓储邮政业电耗增长量=交通运输仓储邮政业电耗量*交通运输仓储邮政业电耗增长率（单位：亿千瓦·时）

（83）交通运输仓储邮政业电耗增长率=WITH LOOKUP（Time,（[（2012,0)−(2030,1)]，(2012, 0.0976)，(2013, 0.0976)，(2016, 0.0976)，(2021, 0.0976)，(2030, 0.0976)))（单位：Dmnl）

（84）交通运输仓储邮政业煤耗=交通运输仓储邮政业产值*交通运输仓储邮政业煤耗强度（单位：万吨）

（85）交通运输仓储邮政业煤耗强度 = WITH LOOKUP（Time,（[（2012,0)−(2030,1)]，(2012, 0.0244)，(2013, 0.018)，(2016, 0.0099)，(2021, 0.0045)，(2030, 0.0021)))（单位：万吨/亿元）

（86）交通运输仓储邮政业气耗量=交通运输仓储邮政业产值*交通运输仓储邮政业气耗强度（单位：亿立方米）

（87）交通运输仓储邮政业气耗强度 = WITH LOOKUP（Time,（[（2012,0)-（2030,1)],（2012,0.00595),（2013,0.00663),（2016,0.00796),（2021,0.00956),(2030,0.01113)))（单位：立方米/元）

（88）交通运输仓储邮政业占 GDP 比重 =WITH LOOKUP（Time,（[（2012,0)-（2030,1)],（2012,0.048),（2015,0.042),（2020,0.035),（2025,0.027),（2030,0.019)))（单位：Dmnl）

（89）交通运输仓储邮政业油耗量 = INTEG（交通运输仓储邮政业油耗增长量，16888.9)（单位：万吨）

（90）交通运输仓储邮政业油耗增长量 =交通运输仓储邮政业油耗量 ∗交通运输仓储邮政业油耗增长率（单位：万吨）

（91）交通运输仓储邮政业油耗增长率 =WITH LOOKUP（Time,（[（2012,0)-（2030,1)],（2012,0.0546),（2013,0.0519),（2016,0.0431),（2021,0.0354),(2030,0.0301)))（单位：Dmnl）

（92）可再生能源比重 =标煤下可再生能源/总能耗 （单位：Dmnl）

（93）煤炭二氧化碳排放系数 =0.68 （单位：吨碳/吨标准煤）

（94）煤炭二氧化碳排放总量 =标煤下煤耗量 ∗（1-固体能源固碳率）∗煤炭二氧化碳排放系数 （单位：万吨）

（95）煤炭与标煤换算系数 =0.7143 （单位：万吨标煤/万吨）

（96）其他行业产值 =国内生产总值 ∗其他行业占 GDP 比重 （单位：亿元）

（97）其他行业电耗量 = INTEG（其他行业电耗增长量，2785.04）（单位：亿千瓦·时）

（98）其他行业电耗增长量 =其他行业电耗量 ∗其他行业电耗增长率（单位：亿千瓦·时）

（99）其他行业电耗增长率 = WITH LOOKUP（Time,（[（2012,0)-（2030,1)],(2012,0.107),（2013,0.1028),（2016,0.0866),（2021,0.0719),（2030,0.0613)))（单位：Dmnl）

（100）其他行业煤耗 =其他行业产值 ∗其他行业煤耗强度 （单位：万吨）

（101）其他行业煤耗强度 = WITH LOOKUP（Time,（[（2012,0)-（2030,1)],(2012,0.0175),（2013,0.0139),（2016,0.0088),（2021,0.0049),（2030,0.0027)))（单位：万吨/亿元）

（102）其他行业油耗强度 =WITH LOOKUP（Time,（[（2012,0)-（2030,1)],（2012,0.0234),（2013,0.0193),（2016,0.0133),（2021,0.0082),（2030,0.0051)))（单位：万吨/亿元）

（103）其他行业占 GDP 比重 = WITH LOOKUP（Time,（[（2012,0)-（2030,1)],（2012,0.283),（2015,0.281),（2020,0.280),（2025,0.266),（2030,

0.231）））（单位：Dmnl）

（104）其他行业油耗=其他行业产值＊其他行业油耗（单位：万吨）

（105）年人口出生率=（9.98+43.995＊生活质量影响因子-47.709＊生活质量影响因子＊生活质量影响因子）/1000（单位：Dmnl）

（106）年人口减少量=人口＊年人口死亡率＊生态环境影响因子（单位：亿人）

（107）年人口死亡率=（6.564-9.52＊寿命影响因子+1057.9＊寿命影响因子＊寿命影响因子）/1000（单位：Dmnl）

（108）年人口增加量=人口＊年人口出生率＊生育影响因子（单位：亿人）

（109）气体能源固碳率=0.017

（110）批发零售住宿餐饮业产值=批发零售住宿餐饮业占 GDP 比重＊国内生产总值（单位：亿元）

（111）批发零售住宿餐饮业电耗量=INTEG（批发零售住宿餐饮业电耗增长量，1454）（单位：亿千瓦·时）

（112）批发零售住宿餐饮业电耗增长量=批发零售住宿餐饮业电耗量＊批发零售住宿餐饮业电耗增长率（单位：亿千瓦·时）

（113）批发零售住宿餐饮业电耗增长率=WITH LOOKUP（Time,（[（2012,0)-(2030,1)]，（2012,0.101），（2013,0.098），（2016,0.0847），（2021,0.0715），（2030,0.0615)))（单位：Dmnl）

（114）批发零售住宿餐饮业煤耗=批发零售住宿餐饮业产值＊批发零售住宿餐饮业煤耗强度（单位：万吨）

（115）批发零售住宿餐饮业煤耗强度=WITH LOOKUP（Time,（[（2012,0)-(2030,1)]，（2012,0.038），（2013,0.0317），（2016,0.022），（2021,0.0139），（2030,0.0088)))（单位：万吨/亿元）

（116）批发零售住宿餐饮业占 GDP 比重=WITH LOOKUP（Time,（[（2012,0)-(2030,1)]，（2012,0.115），（2015,0.122），（2020,0.15），（2025,0.209），（2030,0.31)))（单位：Dmnl）

（117）批发零售住宿餐饮业油耗=批发零售住宿餐饮业产值＊批发零售住宿餐饮业油耗强度（单位：万吨）

（118）批发零售住宿餐饮业油耗强度=WITH LOOKUP（Time,（[（2012,0)-(2030,1)]，（2012,0.009），（2013,0.0077），（2016,0.0056），（2021,0.0038），（2030,0.0026)))（单位：万吨/亿元）

（119）水电产量=INTEG（水电增长量，7534.46）（单位：亿千瓦·时）

（120）水电增长量=水电产量×水电增长率（单位：亿千瓦·时）

（121）水电增长率=WITH LOOKUP（Time,（[（2012,0)-(2030,1)]，（2012,

0.078），（2013, 0.059），（2016, 0.048），（2021, 0.039），（2030, 0.032）））（单位：Dmnl）

（122）石油二氧化碳排放系数＝0.54（单位：吨碳/吨标煤）

（123）石油二氧化碳排放总量＝标煤下石油消费量＊（1-液体能源固碳率）＊石油二氧化碳排放系数（单位：万吨）

（124）石油与标煤换算系数＝1.4286（单位：万吨标煤/万吨）

（125）人均二氧化硫排放＝二氧化硫实际排放量/（人口＊10000）（单位：吨/人）

（126）人均二氧化碳排放＝二氧化碳排放总量/（人口＊10000）（单位：吨/人）

（127）人均国内生产总值＝国内生产总值/人口（单位：亿元/亿人）

（128）人均能耗＝总能耗/（人口＊10000）（单位：吨标煤/人）

（129）人口＝INTEG（年人口增加量-年人口减少量，13.5404）（单位：亿人）

（130）生活电耗变化量＝生活电耗变化率＊生活电耗量（单位：亿千瓦·时）

（131）生活电耗变化率＝WITH LOOKUP（Time，（[（2012, 0）-（2030, 1）]，（2012, 0.0685），（2013, 0.0643），（2016, 0.0513），（2021, 0.0408），（2030, 0.0339）））（单位：Dmnl）

（132）生活电耗量＝INTEG（生活电耗变化量，5944.05）（单位：亿千瓦·时）

（133）生活煤耗＝WITH LOOKUP（Time，（[（2012, 0）-（2030, 1）]，（2012, 9228），（2013, 7932），（2016, 6529），（2021, 5209），（2030, 3942）））（单位：万吨）

（134）生活气耗变化量＝生活气耗变化率＊生活气耗量（单位：亿立方米）

（135）生活气耗变化率＝WITH LOOKUP（Time，（[（2012, 0）-（2030, 1）]，（2012, 0.1485），（2013, 0.1396），（2016, 0.1113），（2021, 0.088），（2030, 0.0725）））（单位：Dmnl）

（136）生活气耗量＝INTEG（生活气耗变化量，306.07）（单位：亿立方米）

（137）生活质量影响因子＝1000/国民生活水平（单位：Dmnl）

（138）生活油耗变化量＝生活油耗变化率＊生活油耗量（单位：万吨）

（139）生活油耗变化率＝WITH LOOKUP（Time，（[（2012, 0）-（2030, 1）]，（2012, 0.0594），（2013, 0.0562），（2016, 0.046），（2021, 0.0374），（2030, 0.0315）））（单位：＊＊undefined＊＊）

（140）生活油耗量＝INTEG（生活油耗变化量，4006.61）（单位：万吨）

（141）寿命影响因子＝国民生活水平/1e+006（单位：Dmnl）

（142）生态环境影响因子＝0.6

（143）生育影响因子＝0.75

（144）FINAL TIME = 2030 单位：Year　The final time for the simulation.

（145）未经处理的二氧化硫排放量=火电燃煤二氧化硫排放量+终端燃煤二氧化硫排放量（单位：万吨）

（146）天然气二氧化碳排放系数=0.41（单位：吨碳/吨标煤）

（147）天然气二氧化碳排放总量=标煤下天然气消费量*（1-气体能源固碳率）*天然气二氧化碳排放系数（单位：万吨）

（148）天然气与标煤换算系数=13.3（单位：万吨标煤/亿立方米）

（149）INITIAL TIME = 2012 单位：Year　The initial time for the simulation.

（150）脱硫效率=0.73

（151）液体能源固碳率=0.147

（152）终端燃煤二氧化硫排放量=标煤下终端煤耗量*终端燃煤二氧化硫排放系数（单位：万吨）

（153）终端燃煤二氧化硫排放系数=0.0165（单位：吨/吨标煤）

（154）总电耗量=第一产业电耗量+第三产业电耗量+第二产业电耗量+生活电耗量（单位：亿千瓦·时）

（155）总煤耗量=第二产业煤耗量+第三产业煤耗量+第一产业煤耗量+生活煤耗量（单位：万吨）

（156）总气耗量=第二产业气耗量+第三产业气耗量+生活气耗量（单位：亿立方米）

（157）总能耗量=标煤下可再生能源量+标煤下煤耗量+标煤下气耗量+标煤下油耗量（单位：万吨标煤）

（158）总油耗量=第一产业油耗量+第三产业油耗量+第二产业油耗量+生活油耗量（单位：万吨）

4.3　本章小结

本章在了解系统动力学仿真建模理论的基础上，对中国能源-经济-环境-人口系统结构进行了分析，其中经济子系统考虑了我国国内生产总值、产业产值及其构成情况；产业结构主要分为了农、林、渔、牧、水利业，工业，建筑业，交通运输业、仓储和邮政业，批发、零售业与住宿、餐饮业，其他行业。能源子系统将煤炭、石油、天然气、电力、水电和核电分别与经济子系统中的产业结构相联系，并从这六个行业的能源消费角度进行了分析。环境子系统主要考虑了二氧化碳和二氧化硫两个指标。人口子系统则通过分析人口出生率和死亡率的影响因素，得出人口总量，进而绘制出了中国能源-经济-环境-人口系统动力学流程图，以及得出了相关方程共 158 个，为系统的运行提供了准备。

5　能源子系统预测结果

能源子系统是中国能源-经济-环境-人口系统最主要的部分，其中主要包括了能源消费状况分析、电力的生产与消费状况分析两个部分，它们之间相互联系相互作用，构成了整个能源子系统。

5.1　能源消费预测结果分析

能源消费主要包括了煤炭消费、石油消费、天然气消费、水电消费和核电消费这五个部分，其中煤炭、石油、天然气的消费是根据与经济子系统中的产业结构计算得出的，最后这五部分相加得出了我国的能源总消费量，具体如表 5.1 和图 5.1 所示的 2013 年到 2030 年中国能源消费总量和煤炭消费量（见图 5.1 左坐标轴）、石油、天然气、水电、核电消费量（见图 5.1 右坐标轴），进而能源消费总量分别与人口总量、国内生产总值 GDP 计算得出 2013～2030 年我国人均能耗（见图 5.2 左坐标轴）与单位 GDP 能耗（见图 5.2 右坐标轴）。

表 5.1　2013～2030 年中国能源消费量以及相关指标

年份	煤炭消费量/万吨标煤	石油消费量/万吨标煤	天然气消费量/万吨标煤	水电、核电消费量/万吨标煤	总消费量/万吨标煤	人均能耗/吨标煤·人⁻¹	单位 GDP 能耗/吨标煤·万元⁻¹
2013	270441.9	69720.8	19705.2	30151.4	390019.3	2.98262	0.725574
2014	284805.1	72330.4	21945.8	32780.5	411861.8	3.12689	0.707146
2015	299393.9	74846.8	24296.8	35512.2	434049.7	3.26978	0.689473
2016	314332.9	77274.8	26767.6	38334.4	456709.7	3.41106	0.672644
2017	329652.7	79908.1	29233.4	41232.9	480027.1	3.55465	0.657490
2018	345417.0	82517.5	31835.9	44258.8	504029.2	3.69974	0.643015
2019	361698.2	85093.0	34564.7	47408.1	528764.0	3.84587	0.629170
2020	378578.8	87624.1	37405.8	50675.7	554284.4	3.99257	0.615905
2021	396152.2	90103.5	40317.1	54055.3	580628.1	4.13953	0.603209
2022	413454.8	92845.6	43234.1	57539.3	607073.8	4.29089	0.591687
2023	432466.3	95622.0	46319.7	61195.2	635603.2	4.44613	0.580715
2024	452481.5	98429.9	49577.6	65027.2	665516.2	4.60524	0.570267
2025	473647.3	101267.0	53010.9	69039.4	696964.6	4.76814	0.560318
2026	487236.3	104128.0	56621.7	73235.4	721221.4	4.93528	0.550897

续表 5.1

年份	煤炭消费量/万吨标煤	石油消费量/万吨标煤	天然气消费量/万吨标煤	水电、核电消费量/万吨标煤	总消费量/万吨标煤	人均能耗/吨标煤·人$^{-1}$	单位 GDP 能耗/吨标煤·万元$^{-1}$
2027	509335.2	107014.0	60411.4	77618.7	754379.3	5.10607	0.541922
2028	532838.2	109920.0	64380.4	82192.5	789331.1	5.28040	0.533371
2029	557941.1	112845.0	68527.7	86959.4	826273.2	5.45810	0.525223
2030	580071.0	115784.0	72851.5	91921.9	860628.4	5.63900	0.517458

资料来源：作者整理。

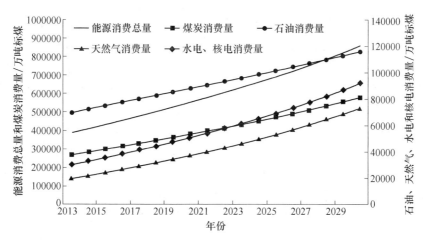

图 5.1 2013~2030 年中国能源消费量趋势图（资料来源：作者整理）

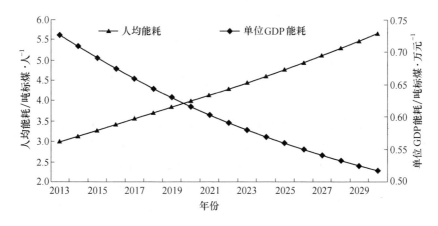

图 5.2 2013~2030 年中国人均能耗与单位 GDP 能耗趋势图（资料来源：作者整理）

从表 5.1 和图 5.1 所示的 2013 年到 2030 年中国能源消费量趋势以及相关计算可以得出，中国能源总耗量从 2013 年的 39 亿吨标煤逐渐增长到了 2030 年的

86.1 亿吨标煤，但增长率却呈现一定的下降趋势，从 2013 年的 5.6% 下降到了 2030 年的 4.77%，年均增长率为 4.8%。"十二五"期间，能源消费总量由 348002 万吨标煤增加到 434049.7 万吨标煤，增长将近 1.25 倍，年均增长率为 5.97%。"十三五"期间，能源消费总量由 456709.7 万吨标煤增长到 554284.4 万吨标煤，增长将近 1.21 倍，年均增长率为 5.01%；"十三五"期末较"十二五"期末，能源消费总量将增加 120234.7 万吨标煤，能源消费增长率将下降 0.56%。"十四五"期间，能源消费总量由 580628.1 万吨标煤增加到 696964.6 万吨标煤，增长将近 1.2 倍，年均增长率为 4.69%；"十四五"期末较"十二五"期末，能源消费总量将增加 262914.9 万吨标煤，能源消费增长率将下降 0.66%。"十五五"期间，能源消费总量由 721221.4 万吨标煤增加到 860628.4 万吨标煤，增长将近 1.19 倍，年均增长率 4.31%；"十五五"期末较"十二五"期末，能源消费总量将增长 426578.7 万吨标煤，能源消费增长率将下降 1.23%。

煤炭作为我国的主要消耗能源，其占能源总消耗量的比重从 2013 年的 69.3% 下降到 2030 年的 67.4%，但仍然保持在 60% 以上，同时增长率从 5.31% 到 3.97% 也保持了一定的下降趋势，且其年均增长率为 4.59%，低于总能耗的年均增长率。"十二五"期间，煤炭消费量由 238033.4 万吨标煤增加到 299393.9 万吨标煤，增长将近 1.26 倍，年均增长 5.33%。"十三五"期间，煤炭消费量由 314332.9 万吨标煤增长到 378578.8 万吨标煤，增长将近 1.2 倍，年均增长率为 4.81%；"十三五"期末较"十二五"期末，煤炭消费量将增加 79184.9 万吨标煤，煤炭消费增长率将下降 0.46%。"十四五"期间，煤炭消费量由 396152.2 万吨标煤增加到 473647.3 万吨标煤，增长将近 1.2 倍，年均增长率为 4.58%；"十四五"期末较"十二五"期末，煤炭消费量将增加 174253.4 万吨标煤，煤炭消费增长率将下降 0.44%。"十五五"期间，煤炭消费量由 487236.3 万吨标煤增加到 580071 万吨标煤，增长将近 1.19 倍，年均增长率为 4.14%；"十五五"期末较"十二五"期末，煤炭消费量将增长 280677.1 万吨标煤，煤炭消费增长率将下降 1.16%。

石油消耗量虽然从 2013 年 69720.8 万吨标煤逐渐增长到 2030 年的 115784 万吨标煤，但是只保持了 3.03% 的年均增长率，占能源消耗量的比重基本保持在 15% 左右。"十二五"期间，石油消费量逐年增加，由 64728.3 万吨标煤增加到 74846.8 万吨标煤，增长将近 1.16 倍，年均增长率为 3.93%。"十三五"期间，石油消费量由 77274.8 万吨标煤增长到 87624.1 万吨标煤，增长将近 1.13 倍，年均增长率为 3.20%；"十三五"期末较"十二五"期末，石油消费量将增加 12777.3 万吨标煤，石油消费增长率将下降 0.5%。"十四五"期间，石油消费量由 90103.5 万吨标煤增加到 101267 万吨标煤，增长将近 1.12 倍，年均增长率为 2.94%；"十四五"期末较"十二五"期末，石油消费量将增加 26420.2 万吨标煤，石油消费增长率将下降 0.6%。"十五五"期间，石油消费量由 104128 万吨标煤增加到 115784 万吨标煤，增长将近 1.11 倍，年均增长率为 2.72%；"十五五"期末较"十二五"期末，石油消费量将增长 40937.2 万吨标煤，石油消费增长率将下降 0.87%。

天然气消耗量占能源消耗总量的比重从 2013 年的 5.05% 逐渐增长到 2030 年的 8.46%，并且消耗量以 8.01% 的年均增长率呈现了较快的增长。"十二五"期间，天然气消费量快速增加，由 17400.1 万吨标煤增加到 24296.8 万吨标煤，增长将近 1.4 倍，年均增长率为 11.33%。"十三五"期间，天然气消费量由 26767.6 万吨标煤增长到 37405.8 万吨标煤，增长将近 1.4 倍，年均增长率为 9.01%；"十三五"期末较"十二五"期末，天然气消费量将增加 13109 万吨标煤，天然气消费增长率将下降 2.49%。"十四五"期间，天然气消费量由 40317.1 万吨标煤增加到 53010.9 万吨标煤，增长将近 1.31 倍，年均增长率为 7.22%；"十四五"期末较"十二五"期末，天然气消费量将增加 28714.1 万吨标煤，天然气消费增长率将下降 3.79%。"十五五"期间，天然气消费量由 56621.7 万吨标煤增加到 72851.5 万吨标煤，增长将近 1.29 倍，年均增长率为 6.57%；"十五五"期末较"十二五"期末，天然气消费量将增长 48554.7 万吨标煤，天然气消费增长率将下降 4.4%。

水电、核电作为我国的清洁能源，其消耗量占能源消耗总量的比重从 2013 年的 7.73% 快速增长到 2030 年的 10.68%，且年均增长率为 6.78%，高于能源消耗总量的年均增长率，说明未来水电、核电这些清洁能源占能源消耗总量的比重将会持续保持上升的趋势。"十二五"期间，水电、核电消费量由 27840.2 万吨标煤增加到 35512.2 万吨标煤，增长将近 1.28 倍，年均增长率为 5.50%。"十三五"期间，水电、核电消费量由 38334.4 万吨标煤增长到 50675.7 万吨标煤，增长将近 1.32 倍，年均增长率为 7.37%；"十三五"期末较"十二五"期末，水电、核电消费量将增加 15163.5 万吨标煤，增长率将下降 1.44%。"十四五"期间，水电、核电消费量由 54055.3 万吨标煤增加到 69039.4 万吨标煤，增长将近 1.28 倍，年均增长率为 6.38%；"十四五"期末较"十二五"期末，水电、核电消费量将增加 33527.2 万吨标煤，增长率将下降 2.16%。"十五五"期间，水电、核电消费量由 73235.4 万吨标煤增加到 91921.9 万吨标煤，增长将近 1.26 倍，年均增长率为 5.89%；"十五五"期末较"十二五"期末，水电、核电消费量将增长 56409.7 万吨标煤，消费增长率将下降 2.63%。

从表 5.1 和图 5.2 所示的 2013 年到 2030 年中国人均能耗与单位 GDP 能耗趋势图以及相关计算可以得出，在 2012 年时我国的人均能耗是发达国家人均能耗平均水平的 43% 左右，是美国人均能耗的 20% 左右，人均能耗从 2013 年的 2.98 吨标煤/人增长到了 2030 年的 5.64 吨标煤/人，年均增长率为 3.82%，虽然取得了一定的增长，但相对于发达国家而言还存在一定的差距。"十二五"期间，人均能耗由2.98262吨标煤/人增加到3.26978吨标煤/人，年均增长率为4.7%。"十三五"期间，人均能耗由3.41106吨标煤/人增长到3.99257吨标煤/人，年均增长率为4.08%；"十三五"期末较"十二五"期末，人均能耗将增加0.72279吨标煤/人。"十四五"期间，人均能耗由4.13953吨标煤/人增加到4.76814吨标煤/人，年均增长率为3.61%；"十四五"期末较"十二五"期末，人均能耗将增加1.49836吨标煤/人。"十五五"期间，人均能耗由4.93528吨标煤/人增加到5.639吨标煤/人，年均增长率为3.41%；"十五五"期末较"十二五"期末，人均能耗将增长2.36922吨标煤/人。

单位GDP能耗从2013年的0.726吨标煤/万元到2030年的0.517吨标煤/万元，以年均1.97%的降低率呈现出稳步的下降趋势。国务院常务会议通过的《节能减排"十二五"规划》提出到2015年实现单位GDP能耗比2010年下降16%，经过对预测结果的计算得出2015年的单位GDP能耗0.671吨标煤/万元比2010年的0.809吨标煤/万元减低了17.1%，说明到2015年我国将会超额完成"十二五"预定降低单位GDP能耗的目标。"十二五"期间，单位GDP能耗由0.725574吨标煤/万元下降到0.689473吨标煤/万元，年均下降率为2.52%。"十三五"期间，单位GDP能耗由0.672644吨标煤/万元下降到0.615905吨标煤/万元，年均下降率为2.234%；"十三五"期末较"十二五"期末，单位GDP能耗将减少0.07357吨标煤/万元。"十四五"期间，单位GDP能耗由0.603209吨标煤/万元下降到0.560318吨标煤/万元，年均下降率为1.87%；"十四五"期末较"十二五"期末，单位GDP能耗将减少0.12916吨标煤/万元。"十五五"期间，单位GDP能耗由0.550897吨标煤/万元下降到0.517458吨标煤/万元，年均下降率为1.58%；"十五五"期末较"十二五"期末，单位GDP能耗将减少0.17202吨标煤/万元。

由此可见，到2030年我国以煤为主的能源消费结构仍然没有改变，但煤耗比重的不断下降以及天然气、水电、核电这些清洁能源所占比重的不断上升，说明我国在能源结构调整方面做出的努力正在不断地影响着我国的能源消费结构向合理的方向调整，同时能源消费结构的不断调整对于我国的环境方面将会有积极的影响，但是由于我国未来20年仍将处于工业化阶段，人均能耗的增长和单位GDP能耗的降低已经取得了一定的成就，但仍然需要应对严峻的能源问题。

5.2   煤炭消费预测结果分析

煤炭作为我国主要的消费能源，对我国的经济发展发挥了巨大的作用，但也对我国环境造成了较大的污染。

本书从第一产业（即农林渔牧水利业）、发电、工业（除发电）、建筑业、交通运输仓储和邮政业、批发零售业和住宿餐饮业、其他行业以及生活这八个方面对我国2013年到2030年的煤炭消费量进行了分析，具体如表5.2所示，得出了2013年到2030年各行业煤耗量所占比重趋势。由于交通运输仓储和邮政业煤耗所占比重、批发零售业和住宿餐饮业煤耗所占比重、其他行业煤耗所占比重相对较小，因此将这三个方面整合为第三产业煤耗量所占比重进行分析，具体如图5.3所示，第一产业、建筑业、第三产业、生活煤耗所占比重见左坐标轴，发电、工业（除发电）煤耗所占比重见右坐标轴。

表5.2　2013~2030年中国各行业煤耗量　　　　　　　　　（万吨）

年份	第一产业煤耗量	发电煤耗量	工业（除发电）煤耗量	建筑业煤耗量	第三产业煤耗量	生活煤耗量
2013	1571.63	204289	181173	614.88	4734.95	7932.00
2014	1490.53	215934	189688	576.13	4536.77	7464.33
2015	1390.81	227450	198161	524.66	4262.08	6996.67
2016	1296.5	238747	206550	459.89	3962.20	6529.00
2017	1278.61	249729	214812	446.99	3963.84	6265.00
2018	1250.89	260817	223104	428.64	3927.11	6001.00
2019	1212.69	271980	231403	404.34	3847.23	5737.00
2020	1163.37	283186	239687	373.60	3719.30	5473.00
2021	1112.12	294400	247933	333.11	3607.97	5209.00
2022	1132.85	305587	256114	332.93	3793.08	5068.22
2023	1150.63	316996	264424	331.31	3971.21	4927.44
2024	1165.12	328619	272856	328.11	4140.08	4786.67
2025	1175.95	340449	281406	323.23	4297.25	4645.89
2026	1190.46	352479	290067	311.11	4538.63	4505.11
2027	1200.56	364698	298833	297.32	4763.56	4364.33
2028	1205.77	377098	307699	281.88	4967.97	4223.56
2029	1205.62	389667	316656	264.77	5147.50	4082.78
2030	1199.58	402397	325698	246.01	5297.52	3942.00

资料来源：作者整理。

从表5.2和图5.3所示的2013年到2030年中国各行业煤耗所占比重趋势图以及相关计算结果可以得出，第一产业煤耗量、建筑业煤耗量、第三产业煤耗量、生活煤耗量占煤炭消费总量都保持较低的比重，且分别从2013年的0.39%、0.15%、1.18%、1.98%逐渐下降到了2030年的0.16%、0.03%、0.72%、

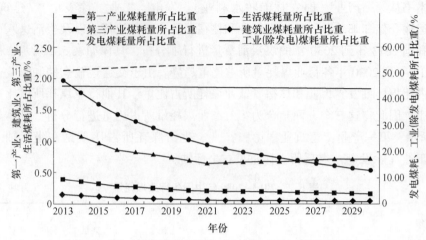

图 5.3　2013~2030 年中国各行业煤耗所占比重趋势图（资料来源：作者整理）

0.53%，除发电以外的工业煤耗量所占比重基本保持在 45% 左右，发电煤耗量所占比重从 2013 年的 51.03% 上升到了 2030 年的 54.47%，这与煤电仍然占据电力生产的主导地位相符合。"十二五" 期间，第一产业煤耗量、建筑业煤耗量、第三产业煤耗量、生活煤耗量占煤炭消费总量的比重分别由 0.39%、0.15%、1.18%、1.98% 下降到 0.32%、0.12%、0.97%、1.59%，发电煤耗量所占比重从 51.03% 增长到了 51.84%，除发电以外的工业煤耗量所占比重则从 45.26% 下降到了 45.16%。"十三五" 期间，第一产业煤耗量、建筑业煤耗量、第三产业煤耗量、生活煤耗量占煤炭消费总量的比重分别由 0.28%、0.1%、0.87%、1.43% 下降到 0.22%、0.07%、0.7%、1.03%，发电煤耗量所占比重从 52.18% 增长到了 53.07%，除发电以外的工业煤耗量所占比重则从 45.14% 下降到了 44.92%；"十三五" 期末较 "十二五" 期末，第一产业煤耗量、除发电以外的工业煤耗量、建筑业煤耗量、第三产业煤耗量、生活煤耗量占煤炭消费总量的比重分别下降了 0.1%、0.24%、0.05%、0.27%、0.57%，发电煤耗量所占比重则增长了 1.23%。"十四五" 期间，第一产业煤耗量、除发电以外的工业煤耗量、建筑业煤耗量、生活煤耗量占煤炭消费总量的比重分别由 0.2%、44.87%、0.06%、0.94% 下降到 0.19%、44.51%、0.05%、0.73%，第三产业煤耗量、发电煤耗量所占比重分别从 0.65%、53.28% 增长到 0.68%、53.84%；"十四五" 期末较 "十二五" 期末，第一产业煤耗量、除发电以外的工业煤耗量、建筑业煤耗量、第三产业煤耗量、生活煤耗量占煤炭消费总量的比重分别下降了 0.13%、0.66%、0.07%、0.29%、0.86%，发电煤耗量所占比重则增长了 2.01%。"十五五" 期间，第一产业煤耗量、除发电以外的工业煤耗量、建筑业煤耗量、生活煤耗量占煤炭消费总量的比重分别由 0.18%、44.41%、0.05%、

0.69%下降到 0.16%、44.09%、0.03%、0.53%，第三产业煤耗量、发电煤耗量所占比重分别从 0.69%、53.97%增长到 0.72%、54.47%；"十五五"期末较"十二五"期末，第一产业煤耗量、除发电以外的工业煤耗量、建筑业煤耗量、第三产业煤耗量、生活煤耗量占煤炭消费总量的比重分别下降了 0.15%、1.08%、0.09%、0.25%、1.06%，发电煤耗量所占比重则增长了 2.63%。

由此可见，到 2030 年我国的煤炭主要用于工业生产，其中一半用于电力的生产方面，这与煤电仍然占据电力生产的主导地位保持一致，同时生活煤耗量的不断下降说明我国农村正在不断地摆脱使用煤炭作为主要燃料的局面，表明我国对于改变农村的生活方式取得了一定的成就。

5.3　石油消费预测结果分析

石油作为经济发展的血液对于社会的持续发展具有不可替代的作用，但我国石油的供不应求一定程度上又对经济的发展产生了一定的阻碍。本书从第一产业、工业、建筑业、交通运输、仓储和邮政业、批发零售业和住宿餐饮业、其他行业以及生活这七个方面对我国 2013 年到 2030 年的石油消费量进行了分析，具体如表 5.3 所示，得出了 2013 年到 2030 年中国石油消费总量以及各行业油耗量趋势图、2013 年到 2030 年各行业油耗量所占比重趋势图，分别如图 5.4 和图 5.5 所示。

表 5.3　2013~2030 年中国各行业油耗量　　　　　　　　　　（万吨）

年份	石油消费总量	工业油耗量	建筑业油耗量	交通运输、仓储和邮政业油耗量	生活油耗量
2013	48803.6	19063.6	2618.90	17811.0	4244.60
2014	50630.2	19667.9	2760.85	18735.4	4483.15
2015	52391.7	20268.4	2901.65	19652.8	4719.86
2016	54091.3	20863.7	3040.35	20557.5	4953.02
2017	55934.6	21452.0	3175.95	21443.6	5180.86
2018	57761.1	22041.9	3312.45	22334.7	5410.27
2019	59563.9	22632.7	3449.45	23228.6	5640.53
2020	61335.7	23223.4	3586.53	24122.4	5870.89
2021	63071.2	23813.3	3723.25	25013.5	6100.56
2022	64990.6	24401.4	3859.15	25899.0	6328.72
2023	66934.0	24996.8	3997.57	26800.6	6561.27
2024	68899.6	25599.3	4138.41	27717.7	6798.05
2025	70885.4	26208.5	4281.60	28650.0	7038.93

续表 5.3

年份	石油消费总量	工业油耗量	建筑业油耗量	交通运输、仓储和 邮政业油耗量	生活油耗量
2026	72888.3	26824.4	4427.03	29596.7	7283.73
2027	74908.1	27446.8	4574.60	30557.3	7532.27
2028	76942.7	28075.3	4724.19	31531.0	7784.35
2029	78989.8	28709.8	4875.68	32517.2	8039.76
2030	81047.4	29350.0	5028.94	33515.2	8298.28

资料来源：作者整理。

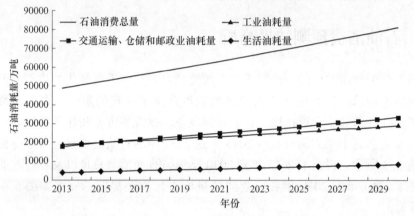

图 5.4　2013~2030 年中国石油消费总量以及各行业油耗量趋势图（资料来源：作者整理）

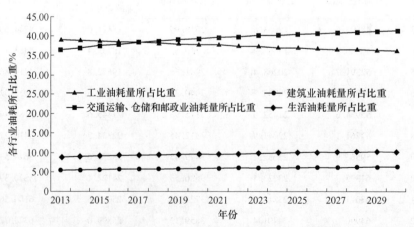

图 5.5　2013~2030 年中国各行业油耗量所占比重趋势图（资料来源：作者整理）

从表 5.3 和图 5.4 所示的 2013 年到 2030 年中国石油消费总量以及各行业油耗量趋势图、图 5.5 所示的中国各行业油耗量所占比重趋势图以及相关计算结果可以得出，我国石油消费总量从 2012 年的 4.9 亿吨逐渐增长到了 2030 年的 8.1 亿吨，其中工业、交通运输、仓储和邮政业、生活、建筑业为主要的油耗行业，交通运输、仓储和邮政业油耗量所占比重不断呈现递增的趋势，从 2013 年的 36.5% 增长到了 2030 年的 41.4%，工业油耗量所占比重从 2013 年的 39.1% 缓慢下降到 2030 年的 36.2%，且在 2018 年交通运输、仓储和邮政业油耗量所占比重超过了工业油耗的比重，这与第三产业的不断发展有着密切的联系，同时，随着建筑业的不断发展以及居民生活水平的不断提高，建筑业油耗量和生活油耗量所占比重分别从 2013 年的 5.4%、8.7% 增长到了 2030 年的 6.2%、10.2%，呈现了缓慢的增长趋势。"十二五"期间，建筑业油耗量、交通运输、仓储和邮政业油耗量、生活油耗量占石油消费总量的比重分别由 5.37%、36.5%、8.7% 增长到 5.54%、37.51%、9.01%，工业油耗量所占比重从 39.06% 下降到 38.69%。"十三五"期间，建筑业油耗量、交通运输、仓储和邮政业油耗量、生活油耗量占石油消费总量的比重分别由 5.62%、38.01%、9.16% 增长到 5.85%、39.33%、9.57%，工业油耗量所占比重从 38.57% 下降到了 37.86%；"十三五"期末较"十二五"期末，建筑业油耗量、交通运输、仓储和邮政业油耗量、生活油耗量占石油消费总量的比重分别增长了 0.31%、1.82%、0.56%，工业油耗量所占比重下降了 0.82%。"十四五"期间，建筑业油耗量、交通运输、仓储和邮政业油耗量、生活油耗量占石油消费总量的比重分别由 5.9%、39.66%、9.67% 增长到 6.04%、40.42%、9.93%，工业油耗量所占比重从 37.76% 下降到了 36.97%；"十四五"期末较"十二五"期末，建筑业油耗量、交通运输、仓储和邮政业油耗量、生活油耗量占石油消费总量的比重分别增长了 0.5%、2.91%、0.92%，工业油耗量所占比重下降了 1.71%。"十五五"期间，建筑业油耗量、交通运输、仓储和邮政业油耗量、生活油耗量占石油消费总量的比重分别由 6.07%、40.61%、9.99% 增长到 6.2%、41.35%、10.24%，工业油耗量所占比重从 36.8% 下降到 36.21%；"十五五"期末较"十二五"期末，建筑业油耗量、交通运输、仓储和邮政业油耗量、生活油耗量占石油消费总量的比重分别增长了 0.67%、3.84%、1.23%，工业油耗量所占比重下降了 2.47%。

由此可见，到 2030 年在我国石油消费方面，工业、交通运输、仓储和邮政业、生活、建筑业是主要的油耗行业，它们油耗量所占比重基本保持在 90% 以上。随着交通运输、仓储和邮政业的发展，其油耗量比重将在 2018 年超过工业油耗比重成为最大的油耗行业，同时建筑业油耗量和生活油耗量所占比重将呈现缓慢的增长趋势。

5.4　天然气消费预测结果分析

天然气作为我国消费的主要化石能源之一，对我国工业、交通运输业的发展以及人民生活水平的提高起到了较大的作用。本书从发电、工业（除发电）、交通运输、仓储和邮政业以及生活这四个方面对我国 2013 年到 2030 年的天然气消费量进行了分析，得出了 2013 年到 2030 年中国天然气消费总量以及各行业天然气消费量趋势，如表 5.4 和图 5.6 所示。

表 5.4　2013~2030 年中国各行业气耗量　　　　　　　　（亿立方米）

年份	天然气消费量	发电气耗量	工业（除发电）气耗量	交通运输、仓储和邮政业气耗量	生活气耗量
2013	1481.60	328.45	631.17	170.45	351.52
2014	1650.06	393.39	668.22	187.86	400.59
2015	1826.82	463.92	704.99	205.17	452.74
2016	2012.60	538.57	741.21	225.43	507.40
2017	2198.00	615.31	776.56	242.26	563.87
2018	2393.68	698.37	812.18	259.13	624.00
2019	2598.85	787.38	847.93	275.90	687.64
2020	2812.47	881.82	883.69	292.39	754.56
2021	3031.36	980.96	919.34	306.59	824.48
2022	3250.69	1083.86	954.74	315.06	897.03
2023	3482.69	1194.92	990.84	322.51	974.43
2024	3727.64	1314.45	1027.62	328.76	1056.82
2025	3985.78	1442.74	1065.06	333.63	1144.36
2026	4257.27	1580.04	1103.13	336.93	1237.18
2027	4542.21	1726.56	1141.80	338.46	1335.40
2028	4840.63	1882.47	1181.04	338.01	1439.11
2029	5152.46	2047.88	1220.81	335.37	1548.40
2030	5477.56	2222.83	1261.09	330.31	1663.33

资料来源：作者整理。

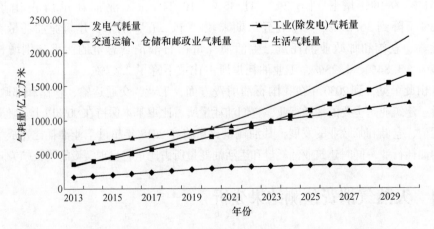

图 5.6　2013~2030 年中国天然气消费量趋势图（资料来源：作者整理）

从表 5.4 和图 5.6 所示的 2013 年到 2030 年中国天然气消费量趋势图以及相关计算结果可以得出，我国天然气主要用于工业、交通运输、仓储和邮政业以及生活消费这些方面，且它们的天然气消费量基本都保持上升的趋势。包括发电在内的整个工业气耗量所占比重基本保持在 63% 左右，呈现相对比较稳定的态势，其中发电气耗量上升趋势最明显，年均增长率为 12%，所占比重从 2013 年的 22.2% 增长到 2030 年的 40.6%；生活气耗量以 9.6% 的年均增长率紧随其后，所占比重从 23.7% 增长到 30.4%；交通运输、仓储和邮政业气耗量从 2013 年的 170 亿立方米以 4.04% 的年均增长率增长到了 2030 年的 330 亿立方米，所占比重却从 2013 年的 11.5% 下降到 2030 年的 6.03%。"十二五"期间，发电气耗量、生活气耗量占天然气消费总量的比重分别由 22.17%、23.73% 增长到 25.4%、24.78%，除发电的工业气耗量、交通运输、仓储和邮政业气耗量所占比重从 42.6%、11.5% 下降到 38.59%、11.23%。"十三五"期间，发电气耗量、生活气耗量占天然气消费总量的比重分别由 26.76%、25.21% 增长到 31.35%、26.83%，除发电的工业气耗量、交通运输、仓储和邮政业气耗量所占比重从 36.83%、11.2% 下降到 31.42%、10.4%；"十三五"期末较"十二五"期末，发电气耗量、生活气耗量占天然气消费总量的比重分别增长了 5.96%、2.05%，除发电的工业气耗量、交通运输、仓储和邮政业气耗量所占比重下降了 7.17%、0.83%。"十四五"期间，发电气耗量、生活气耗量占天然气消费总量的比重分别由 32.36%、27.2% 增长到 36.2%、28.71%，除发电的工业气耗量、交通运输、仓储和邮政业气耗量所占比重从 30.33%、10.11% 下降到 26.72%、8.37%；"十四五"期末较"十二五"期末，发电气耗量、生活气耗量占天然气消费总量的比重分别增长了 10.8%、3.93%，除发电的工业气耗量、交通运输、仓储和邮政业气耗量所占比重下降了 11.87%、2.86%。"十五五"期间，发电气耗量、生活气耗量占天然气消费总量的比重分别由 37.11%、29.06% 增长到 40.58%、30.37%，除发电的工业气耗量、交通运输、仓储和邮政业气耗量所占比重从 25.91%、7.91% 下降到 23.02%、6.03%；"十五五"期末较"十二五"期末，发电气耗量、生活气耗量占天然气消费总量的比重分别增长了 15.19%、5.58%，除发电的工业气耗量、交通运输、仓储和邮政业气耗量所占比重下降了 15.57%、5.2%。

由此可见，到 2030 年我国的天然气主要用于工业的发展和人民生活水平的提高方面，其中发电气耗量以不断增长的比重成为最主要的天然气消费行业，其次为生活气耗。

5.5　水电、核电消费预测结果分析

水电和核电作为我国目前较为高效利用的清洁可再生能源，以其绝对的优势

对我国经济发展及环境保护都起到了较大的作用，逐渐成为了我国重点发展的清洁可再生能源。2013 年到 2030 年中国水电、核电的消费量以及比重趋势如表5.5 和图 5.7 所示。

表 5.5　2013~2030 年中国水电和核电消费量

年份	水电消费量/万吨标煤	核电消费量/万吨标煤	水电消费量所占比重/%	核电消费量所占比重/%	可再生能源比重/%
2013	26944. 10	3207. 27	6.64	0.79	7.44
2014	29371. 80	3408. 69	6.88	0.80	7.68
2015	31903. 60	3608. 55	7.12	0.81	7.93
2016	34529. 30	3805. 10	7.36	0.81	8.17
2017	37236. 40	3996. 49	7.59	0.81	8.40
2018	40069. 40	4189. 45	7.82	0.82	8.63
2019	43024. 90	4383. 25	8.05	0.82	8.87
2020	46098. 60	4577. 16	8.28	0.82	9.10
2021	49284. 90	4770. 41	8.51	0.82	9.33
2022	52577. 10	4962. 18	8.73	0.82	9.55
2023	56037. 30	5157. 91	8.95	0.82	9.78
2024	59669. 80	5357. 47	9.18	0.82	10.00
2025	63478. 70	5560. 69	9.40	0.82	10.23
2026	67468. 00	5767. 43	9.63	0.82	10.45
2027	71641. 20	5977. 49	9.86	0.82	10.68
2028	76001. 80	6190. 69	10.09	0.82	10.91
2029	80552. 60	6406. 81	10.32	0.82	11.14
2030	85296. 30	6625. 64	10.55	0.82	11.37

资料来源：作者整理。

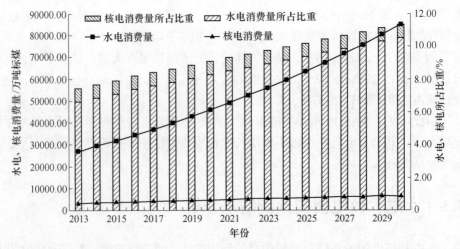

图 5.7　2013~2030 年中国水电、核电消费量及比重趋势图（资料来源：作者整理）

从表 5.5 和图 5.7 所示的 2013 年到 2030 年中国水电、核电消费量及比重趋势图以及相关计算结果可以得出，水电、核电消费量分别从 2013 年的 26944 万吨标煤、3207 万吨标煤增长到 2030 年的 85296 万吨标煤、6626 万吨标煤，其中水电消费量占能源消费总量的比重增长较大，从 2013 年的 6.64% 增长到 2030 年的 10.55%，核电所占比重增长较慢，基本保持在 0.8% 左右。"十二五"期间，水电、核电消费量占能源消费总量的比重由 7.44% 增长到 7.93%。"十三五"期间，水电、核电消费量占能源消费总量的比重由 8.17% 增长到 9.1%；"十三五"期末较"十二五"期末，水电、核电消费量占能源消费总量的比重增长了 1.17%。"十四五"期间，水电、核电消费量占能源消费总量的比重由 9.33% 增长到 10.23%；"十四五"期末较"十二五"期末，水电、核电消费量占能源消费总量的比重增长了 2.3%。"十五五"期间，水电、核电消费量占能源消费总量比重由 10.45% 增长到 11.37%；"十五五"期末较"十二五"期末，水电、核电消费量占能源消费总量比重增长了 3.45%。

由此可见，随着我国对清洁能源的不断重视以及对水电、核电基础措施的大力投入，到 2030 年水电和核电占能源消费总量比重呈现出了不断增长的趋势，这也符合国家对可持续发展方面的政策号召。

5.6　电力生产与消费预测结果分析

能源子系统中对电力的研究主要从电力的生产和电力的消费两个方面进行了讨论，其中电力的生产主要研究了煤电、气电、水电和核电这四个方面，电力的消费则从农林渔牧水利业电耗、工业电耗、建筑业电耗、交通运输、仓储和邮政业电耗、批发零售业和住宿餐饮业电耗、其他行业电耗以及生活电耗这七个角度进行了分析，同时通过运行系统动力学模型得出我国电力的生产和消费基本相同，符合电力的生产、输送、消费是同时进行的，即具有不可大量储存的特性。2013 年到 2030 年中国总电产量与各种电产量占总电产量比重如表5.6 和图 5.8 所示。

表 5.6　2013~2030 年中国电产量和各种电产量占总电产量比重

年份	总电产量/亿千瓦·时	水电产量比重/%	核电产量比重/%	煤电产量比重/%	气电产量比重/%
2013	50884.58	16.05	1.91	79.66	2.38
2014	54231.73	16.41	1.90	79.00	2.68
2015	57605.07	16.78	1.90	78.34	2.98
2016	60977.55	17.16	1.89	77.69	3.26

续表 5.6

年份	总电产量/亿千瓦·时	水电产量比重/%	核电产量比重/%	煤电产量比重/%	气电产量比重/%
2017	64318.50	17.54	1.88	77.04	3.53
2018	67742.25	17.92	1.87	76.39	3.81
2019	71240.36	18.30	1.86	75.75	4.08
2020	74802.98	18.67	1.85	75.12	4.36
2021	78418.33	19.05	1.84	74.49	4.62
2022	82074.00	19.41	1.83	73.88	4.88
2023	85855.86	19.78	1.82	73.26	5.14
2024	89764.82	20.14	1.81	72.64	5.41
2025	93801.94	20.51	1.80	72.01	5.68
2026	97967.59	20.87	1.78	71.39	5.96
2027	102261.70	21.23	1.77	70.76	6.24
2028	106684.00	21.59	1.76	70.13	6.52
2029	111233.60	21.94	1.75	69.51	6.80
2030	115909.50	22.30	1.73	68.88	7.08

资料来源：作者整理。

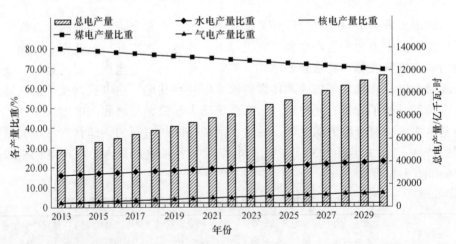

图 5.8 2013~2030 年中国总电产量与各种电产量占总电产量比重趋势图 （资料来源：作者整理）

由表 5.6 和图 5.8 所示的 2013 年到 2030 年中国总电产量与各种电产量占总电产量比重趋势图以及相关计算结果可以得出，模型预测出的我国的电力产量基本与电力的消费量相同，从 2013 年的 50885 亿千瓦·时逐渐增长到了 2030 年的 115909 亿千瓦·时，年均增长率为 4.96% 左右，且年增长率呈现递减的趋势，这符合我国在《电力工业"十二五"规划研究报告》中指出的由于受我国转变经济发展方式、对单位 GDP 电耗和能耗的硬性约束影响造成我国电量增速逐步放缓的趋势；煤电、气电、水电、核电作为电力生产的主要方式，其电力产量从 2013 年到 2030 年都保持持续增长的趋势，且年均增长率分别为 4.07%、11.95%、7.02%、4.36%，其中气电产量的增长率最大，且明显高于其他方式的电产量增长率；与此同时，可以看出煤电仍然占据电力生产的主导地位，其电产量占总电产量的比重虽然从 2013 年的 79.7% 逐渐下降到 2030 年的 68.9%，但始终保持较大的比重，这与煤炭作为我国第一大消费能源具有必然的联系；作为可再生清洁能源的水电和核电以及气电也是电力生产的主要方式，其中水电占比较大，从 2013 年的 16.1% 逐渐增长到 2030 年的 22.3%，说明我国在水力发电方面有了较大的发展；核电所占比重最低，从 2013 年到 2030 年没有较大的增长；气电的比重从 2.4% 增长到 7.1%，这与其增长率保持较大一致。

由此可见，到 2030 年我国以煤电为主要电力生产方式的局面不会改变，这与煤炭作为我国第一大消费能源具有不可分割的联系；水电、核电占总能耗的比重虽然从 2013 年的 7.4% 增长到 2030 年的 11.4%，但占比仍然较小，制约了清洁能源电产量占总电产量的比重；气电的比重虽然有所增长，但比重较小。因此，未来我国首先要全力做好电煤保障工作，确保煤炭安全稳定的供应，与此同时大力发展可再生清洁能源，增加水电、核电在总能耗中的占比，从而确保我国电力的持续安全的供应。

2013 年到 2030 年中国各行业电耗量占总电耗量比重，如表 5.7 和图 5.9 所示。由表 5.7 和图 5.9 所示的 2013 年到 2030 年中国各行业电耗量占总电耗量比

表 5.7 2013~2030 年中国各行业电耗量占总电耗量比重 （%）

年份	农、林、渔、牧业电耗量比重	工业电耗量比重	建筑业电耗量比重	交通运输、仓储和邮政业电耗量比重	批发、零售业和住宿、餐饮业电耗量比重	其他行业电耗量比重	生活电耗量比重
2013	2.18	72.36	1.15	1.86	3.45	6.62	12.38
2014	2.13	72.05	1.12	1.92	3.55	6.86	12.38
2015	2.08	71.73	1.08	1.99	3.66	7.10	12.37
2016	2.04	71.41	1.04	2.06	3.78	7.33	12.35
2017	2.00	71.06	1.02	2.15	3.89	7.56	12.32
2018	1.96	70.71	1.00	2.24	4.00	7.79	12.29
2019	1.93	70.36	0.98	2.34	4.11	8.02	12.26
2020	1.90	70.00	0.96	2.45	4.22	8.24	12.22
2021	1.87	69.64	0.93	2.57	4.34	8.47	12.18
2022	1.84	69.26	0.92	2.71	4.45	8.69	12.14

续表 5.7

年份	农、林、渔、牧业电耗量比重	工业电耗量比重	建筑业电耗量比重	交通运输、仓储和邮政业电耗量比重	批发、零售业和住宿、餐饮业电耗量比重	其他行业电耗量比重	生活电耗量比重
2023	1.81	68.87	0.91	2.84	4.56	8.91	12.09
2024	1.79	68.47	0.90	2.99	4.67	9.13	12.04
2025	1.76	68.07	0.89	3.15	4.78	9.36	11.99
2026	1.74	67.67	0.86	3.31	4.90	9.58	11.94
2027	1.71	67.26	0.84	3.49	5.01	9.80	11.88
2028	1.69	66.85	0.81	3.68	5.13	10.02	11.82
2029	1.66	66.42	0.78	3.88	5.24	10.25	11.76
2030	1.64	65.99	0.75	4.10	5.35	10.47	11.70

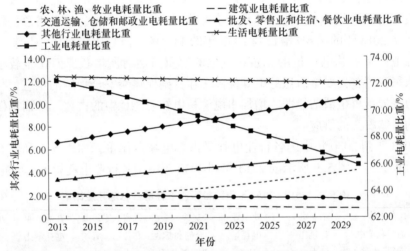

图 5.9　2013~2030 年中国各行业电耗量占总电耗量比重趋势图（资料来源：作者整理）

重趋势图以及对预测结果的相关计算可以得出，从 2013 年到 2030 年第一产业和生活电耗量比重呈现缓慢的下降趋势，第二产业电耗量比重从 2013 年的 73.5%下降到 2030 年的 66.7%，呈现较大的下降趋势，第三产业电耗量比重从 2013 年的 11.9%增加到 2030 年的 19.9%，呈现递增的趋势。同时，工业作为主要的电耗行业，其电耗量比重下降趋势最为明显，从 2013 年的 72.4%下降到 2030 年的 66%，这与我国产业结构的调整有着密不可分的关系；第三产业中的交通运输仓储和邮政业电耗量比重、批发零售业和住宿餐饮业电耗量比重、其他行业电耗量比重分别从 2013 年的 1.9%、3.5%、6.6%逐渐增长到 2030 年的 4.1%、5.4%、10.5%，基本与第三产业产值占 GDP 比重的增长保持一致；生活电耗量随着居民消费结构的不断升级，用电量比重基本保持在12%左右。

但是，截止到2030年我国第一产业电耗量、第二产业电耗量、第三产业电耗量、生活电耗量占总电耗量的比重分别为1.6%、66.7%、19.9%、11.7%，而世界发达国家完成工业化时第二产业电耗量、第三产业电耗量、生活电耗量对应的比重分别为62%、18%、20%，虽然我国已经取得了较大的发展，但与世界发达国家完成工业化时相比，我国第二产业电耗量比重仍然较高，而居民生活消费用电比重偏低的特点仍较为明显。

由此可见，到2030年为止我国第一产业电耗量基本为稳中略降，第二产业中的工业所占比重虽然呈现较大的下降趋势，但仍然为主要的电力消费行业，同时随着第三产业的不断发展，作为服务业的第三产业电耗量比重呈现了较大的增长趋势，生活电耗量随着居民消费结构的不断升级基本保持稳定。

5.7　本章小结

通过对中国能源-经济-环境-人口系统动力学模型的模拟运行，得出能源子系统的预测结果分析如下：

（1）到2030年，我国以煤为主的能源消费结构仍然没有改变，但煤耗比重的不断下降以及天然气、水电、核电这些清洁能源所占比重的不断上升，说明我国在能源结构调整方面做出的努力正在不断地影响着我国的能源消费结构向合理的方向调整；人均能耗呈现增长的趋势，单位GDP能耗呈现下降的趋势，但仍然与发达国家存在一定的差距；我国的煤炭主要用于工业生产，其中一半用于电力的生产；工业、交通运输仓储和邮政业、生活是主要的油耗行业，其中交通运输仓储和邮政业油耗量比重将在2018年超过工业油耗比重成为最大的油耗行业，同时生活油耗量所占比重呈现缓慢的增长趋势；我国的天然气主要用于工业的发展和人民生活水平的提高方面，其中发电以不断增长的比重成为最主要的天然气消费行业，其次为生活气耗。

（2）到2030年，我国以煤电为主的电力生产结构不会改变，水电、核电、气电的比重虽然有所增长，但仍然较小；第一产业电耗量稳中略降，工业电耗量所占比重虽然呈现出较大的下降趋势，但仍然为主要的电力消费行业，第三产业电耗量比重呈现了较大的增长趋势，生活电耗量则基本保持稳定。

6　经济子系统预测结果

中国能源-经济-环境-人口系统中的经济子系统，主要通过产业结构与能源子系统中煤炭、石油、天然气、水电和核电等的消费量计算进行联系。我国经济的发展需要煤炭、石油、天然气、可再生能源的持续供应，而产业结构的变动与发展又进一步影响能源消费的总量与构成。

6.1　国内生产总值与三次产业比重预测结果分析

经济子系统与能源子系统的联系非常紧密，经济的发展需要能源的持续供应，而经济结构又进一步影响能源消费总量及其构成。国内生产总值（GDP）用于衡量经济总量的增长，产业结构不仅是决定我国经济增长方式的重要因素，同时也是体现国民经济整体素质、衡量经济发展水平的重要标志。不同的产业结构对于经济的发展具有不用程度的影响。2013 年到 2030 年中国 GDP（见图 6.1 右坐标轴）与三次产业分别占 GDP 比重（见图 6.1 左坐标轴）分别如表 6.1 和图 6.1 所示。

表 6.1　2013~2030 年中国 GDP 与三次产业分别占 GDP 比重

年份	国内生产总值 GDP /亿元	第一产业占 GDP 比重/%	第二产业占 GDP 比重/%	第三产业占 GDP 比重/%
2013	558901	9.6	44.8	45.7
2014	603613	9.4	44.5	46.1
2015	649890	9.3	44.2	46.5
2016	697548	9.2	43.8	46.9
2017	746377	9.1	43.4	47.4
2018	797130	9.1	42.9	48.0
2019	849741	9.1	42.3	48.6
2020	904124	9.1	41.7	49.2
2021	960180	9.1	41.0	49.9
2022	1017790	9.2	40.1	50.7
2023	1077730	9.2	39.2	51.5
2024	1140000	9.3	38.2	52.5

年份	国内生产总值 GDP /亿元	第一产业占 GDP 比重/%	第二产业占 GDP 比重/%	第三产业占 GDP 比重/%
2025	1204600	9.4	37.1	53.5
2026	1271520	9.4	35.9	54.7
2027	1340740	9.5	34.5	56.0
2028	1412250	9.6	33.0	57.4
2029	1486000	9.7	31.4	58.9
2030	1561950	9.7	29.7	60.5

资料来源：作者整理。

从表 6.1 可知，2013 年到 2030 年国内生产总值呈比较稳定的快速增长趋势，由 558901 亿元增加到 1561950 亿元，年均增长率为 6.24%。"十二五"期间，国内生产总值由 472882 亿元增加到 649890 亿元，增长将近 1.37 倍，年均增长率为 7.83%。"十三五"期间，国内生产总值由 697548 亿元增长到 904124 亿元，增长将近 1.3 倍，年均增长率为 6.83%；"十三五"期末较"十二五"期末，国内生产总值将增长 254234 亿元，增长率将下降 1.27%。"十四五"期间，国内生产总值由 960180 亿元增长到 1204600 亿元，增长将近 1.25 倍，年均增长率为 5.9%；"十四五"期末较"十二五"期末，国内生产总值将增长 554710 亿元，增长率将下降 2%。"十五五"期间，国内生产总值由 1271520 亿元增长到 1561950 亿元，增长将近 1.23 倍，年均增长率为 5.33%；"十五五"期末较"十二五"期末，国内生产总值将增长 912060 亿元，国内生产总值增长率将下降 2.56%。

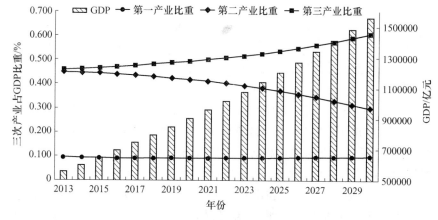

图 6.1　2013~2030 年中国 GDP 与三次产业分别占
GDP 比重趋势图（资料来源：作者整理）

　　由图 6.1 所示的 2013 年到 2030 年中国 GDP 和三次产业分别占 GDP 的比重可以看出，我国第一产业占 GDP 的比重基本保持在 9%左右，呈现稳定的态势；国务院印发的《服务业发展"十二五"规划》指出到 2015 年服务业的增加值占GDP 的比重较 2010 年将提高 4 个百分点，成为三次产业中所占比重最高的产业，并能推动特大型城市形成以服务业为主的产业结构；我国的第二产业产值所占比重从 2013 年的 44.8%下降到 2030 年的 29.7%，呈现出下降的趋势；第三产业产值所占比重则从 2013 年的 45.7%增加到 2030 年的 60.5%，呈现出上升的趋势，并且在 2013 年已经超过第二产业所占比重，成为我国的支柱产业，这与我国的《服务业发展"十二五"规划》的目标相符。

6.2　人均国内生产总值预测结果分析

　　人均 GDP 是衡量我国人民生活水平与经济发展状况的主要指标，人均 GDP是衡量经济子系统与人口子系统之间关系的重要指标，也是反应我国人民生活水平的重要指标。2013 年到 2030 年中国人均 GDP 表以及变化趋势图分别如表 6.2和图 6.2 所示。

表 6.2　2013~2030 年中国人均 GDP 与单位 GDP 能耗

年份	人均 GDP/元·人$^{-1}$	年份	人均 GDP/元·人$^{-1}$
2013	41107.1	2022	72518.9
2014	44218.5	2023	76562.2
2015	47424.4	2024	80754.6
2016	50711.3	2025	85095.7
2017	54063.9	2026	89584.6
2018	57537.1	2027	94219.6
2019	61125.9	2028	98998.1
2020	64824.0	2029	103917.0
2021	68624.4	2030	108972.0

资料来源：作者整理。

　　由表 6.2 与图 6.2 所示的中国 2013 年到 2030 年人均 GDP 变化趋势可以看出，我国人均 GDP 从 2013 年的 41107.1 元增长到了 2030 年的 108972 元，增加了 2.65 倍，呈现出较快的增长趋势，年均增长率保持在 6%左右。根据"十二五"规划中国内生产总值和人口总量的目标计算得出人均 GDP 到 2015 年的目标至少为 40159 元/人，本书预测得出到 2015 年的人均 GDP 值为 47424 元/人，验证我国完成了十二五规划的人均 GDP 目标。"十二五"期间，人均 GDP 由41107.1 元/人增加到 47424.4 元/人，增长将近 1.15 倍，年均增长率为 7.41%。"十三五"期间，人均 GDP 由 50711.3 元/人增长到 64824 元/人，增长将近 1.28

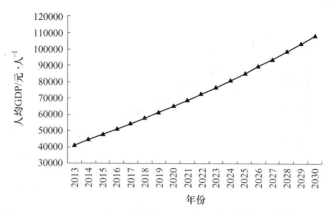

图 6.2 2013~2030 年中国人均 GDP 图（资料来源：作者整理）

倍，年均增长率为 6.45%；"十三五"期末较"十二五"期末，人均 GDP 将增长 17400 元/人，增长率将下降 1.2%。"十四五"期间，人均 GDP 由 68624.4 元/人增加到 85095.7 元/人，增长将近 1.24 倍，年均增长率为 5.59%；"十四五"期末较"十二五"期末，人均 GDP 将增长 37671 元/人，人均 GDP 增长率将下降 1.87%。"十五五"期间，人均 GDP 由 89584.6 元/人增加到 108972 元/人，增长将近 1.22 倍，年均增长率为 5.07%；"十五五"期末较"十二五"期末，人均 GDP 将增长 61548 元/人，增长率将下降 2.39%。

6.3 单位 GDP 能耗预测结果分析

单位产值能耗则是反映单位 GDP 的能源消费量，是由经济总量和能源消费总量决定的。2013 年到 2030 年中国单位 GDP 能耗以及变化趋势分别如表 6.3 和图 6.3 所示。

表 6.3 2013~2030 年中国单位 GDP 能耗

年份	单位 GDP 能耗/吨标煤·万元$^{-1}$	年份	单位 GDP 能耗/吨标煤·万元$^{-1}$
2013	0.725574	2022	0.591687
2014	0.707146	2023	0.580715
2015	0.689473	2024	0.570267
2016	0.672644	2025	0.560318
2017	0.657490	2026	0.550897
2018	0.643015	2027	0.541922
2019	0.629170	2028	0.533371
2020	0.615905	2029	0.525223
2021	0.603209	2030	0.517458

资料来源：作者整理。

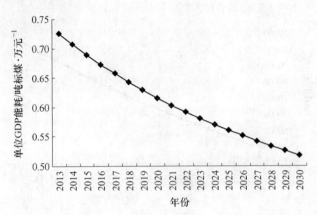

图 6.3　2013~2030 年中国单位 GDP 能耗图（资料来源：作者整理）

　　从表 6.3 与图 6.3 所示的 2013 年到 2030 年中国单位 GDP 能耗趋势以及相关计算可以得出，单位 GDP 能耗从 2013 年的 0.726 吨标煤/万元到 2030 年的 0.517 吨标煤/万元，以年均 1.97% 的降低率呈现出稳步的下降趋势。国务院常务会议通过的《节能减排"十二五"规划》提出到 2015 年实现单位 GDP 能耗比 2010 年时下降 16%，经过对预测结果的计算得出 2015 年的单位 GDP 能耗 0.689 标煤/万元比 2010 年的 0.809 吨标煤/万元减低了 17.1%，验证到 2015 年时我国超额完成了"十二五"预定降低单位 GDP 能耗的目标。"十二五"期间，单位 GDP 能耗由 0.725574 吨标煤/万元下降到 0.689473 吨标煤/万元，年均下降率为 2.52%。"十三五"期间，单位 GDP 能耗由 0.672644 吨标煤/万元下降到 0.615905 吨标煤/万元，年均下降率为 2.234%；"十三五"期末较"十二五"期末，单位 GDP 能耗将减少 0.07357 吨标煤/万元。"十四五"期间，单位 GDP 能耗由 0.603209 吨标煤/万元下降到 0.560318 吨标煤/万元，年均下降率为 1.87%；"十四五"期末较"十二五"期末，单位 GDP 能耗将减少 0.12916 吨标煤/万元。"十五五"期间，单位 GDP 能耗由 0.550897 吨标煤/万元下降到 0.517458 吨标煤/万元，年均下降率为 1.58%；"十五五"期末较"十二五"期末，单位 GDP 能耗将减少 0.17202 吨标煤/万元。

6.4　本章小结

　　通过对中国能源-经济-环境-人口系统动力学模型的模拟运行，得出了经济子系统的预测分析结果，到 2030 年，我国第一产业占 GDP 的比重基本保持在 9% 左右，呈现稳定的态势，第三产业所占比重呈现出上升的趋势，并且在 2013 年已经超过第二产业所占比重，成为我国的支柱产业，同时我国人均 GDP 以年均 6% 的增长率呈现出较快的增长。虽然单位 GDP 能耗呈现下降的趋势，但仍然与发达国家存在一定的差距。

7 环境子系统预测结果

煤炭、石油、天然气等化石能源的消费对大气中二氧化碳、二氧化硫的排放量具有较大的影响，同时由于煤炭是二氧化硫产生的主要原因，因此本书只考虑了煤炭消费过程中产生的二氧化硫。本书以二氧化碳和二氧化硫为研究对象，根据能源子系统中预测得出的煤炭、石油、天然气的消费量以及它们的排放系数从而得出我国二氧化碳排放量和二氧化硫排放量，并分别与经济子系统中的 GDP、能源子系统中的总能耗、人口子系统中的人口总量进行计算得出单位 GDP 的二氧化碳排放量和单位 GDP 的二氧化硫排放量、单位能耗的二氧化碳排放量和单位能耗的二氧化硫排放量、人均二氧化碳排放量和人均二氧化硫排放量，从而作为评价环境与经济、能源、人口系统的重要指标。

7.1 二氧化碳预测结果分析

二氧化碳排放量作为环境子系统的指标，通过单位 GDP 的二氧化碳排放量、单位能源二氧化碳排放量、单位人口二氧化碳排放量这些指标将环境子系统与经济子系统、能源子系统、人口子系统进行联系。2013 年到 2030 年中国二氧化碳的排放量（见图 7.1 右坐标轴）以及单位排放强度（见图 7.1 左坐标轴）的趋势如表 7.1 和图 7.1 所示。

表 7.1 2013~2030 年中国二氧化碳排放量以及单位排放强度

年份	二氧化碳排放量/万吨碳	单位 GDP 二氧化碳排放量/吨碳·万元$^{-1}$	单位能耗的二氧化碳排放量/吨碳·吨标煤$^{-1}$	人均二氧化碳排放量/吨碳·人$^{-1}$
2013	234111	0.418878	0.577305	1.72189
2014	245607	0.406896	0.575406	1.79923
2015	256971	0.395407	0.573491	1.87519
2016	268178	0.384459	0.571563	1.94964
2017	279572	0.374572	0.569700	2.02508
2018	291049	0.365121	0.567826	2.10080
2019	302572	0.356076	0.565946	2.17655
2020	314102	0.347411	0.564066	2.25206
2021	325624	0.339128	0.562207	2.32725

年份	二氧化碳排放量 /万吨碳	单位GDP二氧化碳排 放量/吨碳·万元⁻¹	单位能耗的二氧化碳排放 量/吨碳·吨标煤⁻¹	人均二氧化碳排放 量/吨碳·人⁻¹
2022	337484	0.331585	0.560406	2.40461
2023	349590	0.324377	0.558583	2.48350
2024	361938	0.317491	0.556740	2.56388
2025	374518	0.310908	0.554878	2.64569
2026	387371	0.304653	0.553012	2.72922
2027	400440	0.298670	0.551130	2.81405
2028	413712	0.292945	0.549234	2.90010
2029	427177	0.287467	0.547324	2.98727
2030	440819	0.282223	0.545403	3.07544

资料来源：作者整理。

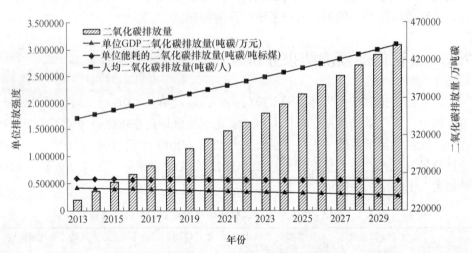

图7.1　2013~2030年中国二氧化碳排放量以及单位排放强度趋势图（资料来源：作者整理）

从图7.1所示的2013年到2030年中国二氧化碳排放量、单位GDP二氧化碳排放量、单位能耗二氧化碳排放量、人均二氧化碳排放量的趋势可以看出，二氧化碳排放量和人均二氧化碳排放量均呈现增长的趋势，分别从2013年的234111万吨碳、1.722吨碳/人增长到了2030年的440819万吨碳、3.075吨碳/人，年均增长率为3.79%、3.47%，说明我国现在是二氧化碳排放大国，但在未来二十年里我国仍无法摆脱这一状态，二氧化碳排放量仍然呈现增长的趋势；同时随着我国人口呈现出的缓慢增长，人均二氧化碳排放量也呈现出增长的趋势，但是仍低于二氧化碳排放总量的增长速度。"十二五"期间，二氧化碳排放量由234111

万吨碳增长到 256971 万吨碳，增长将近 1.1 倍，年均增长率为 4.77%；人均二氧化碳排放量由 1.72189 吨碳/人增长到 1.87519 吨碳/人，增长将近 1.09 倍，年均增长率为 4.36%。"十三五"期间，二氧化碳排放量由 268178 万吨碳增加到 314102 万吨碳，增长将近 1.17 倍，年均增长率为 4.1%；人均二氧化碳排放量由 1.94964 吨碳/人增长到 2.25206 吨碳/人，增长将近 1.16 倍，年均增长率为 3.73%；"十三五"期末较"十二五"期末，二氧化碳排放量将增加 57131 万吨碳，二氧化碳排放增长率将下降 0.82%，人均二氧化碳排放量将增加 0.37687 吨碳/人，人均二氧化碳排放增长率将下降 0.75%。"十四五"期间，二氧化碳排放量由 325624 万吨碳增加到 374518 万吨碳，增长将近 1.15 倍，年均增长率为 3.58%；人均二氧化碳排放量由 2.32725 吨碳/人增加到 2.64569 吨碳/人，增长将近 1.14 倍，年均增长率为 3.27%；"十四五"期末较"十二五"期末，二氧化碳排放量将增加 117547 万吨碳，二氧化碳排放增长率将下降 1.15%，人均二氧化碳排放量将增加 0.7705 吨碳/人，人均二氧化碳排放增长率将下降 1.03%。"十五五"期间，二氧化碳排放量由 387371 万吨碳增长到 440819 万吨碳，增长将近 1.14 倍，年均增长率为 3.31%；人均二氧化碳排放量由 2.72922 吨碳/人增长到 3.07544 吨碳/人，增长将近 1.13 倍，年均增长率为 3.06%；"十五五"期末较"十二五"期末，二氧化碳排放量将增加 183848 万吨碳，二氧化碳排放增长率将下降 1.43%，人均二氧化碳排放量将增加 1.20025 吨碳/人，人均二氧化碳排放量增长率将下降 1.27%。

　　2013 年到 2030 年，我国单位 GDP 二氧化碳排放量呈现一定的下降趋势，由 0.418878 吨碳/万元下降到 0.282223 吨碳/万元。"十二五"期间，单位 GDP 二氧化碳排放量由 0.418878 吨碳/万元下降到 0.395407 吨碳/万元，年均下降率为 2.84%。"十三五"期间，单位 GDP 二氧化碳排放量由 0.384459 吨碳/万元下降到 0.347411 吨碳/万元，年均下降率为 2.55%；"十三五"期末较"十二五"期末，单位 GDP 二氧化碳排放量将减少 0.047996 吨碳/万元。"十四五"期间，单位 GDP 二氧化碳排放量由 0.339128 吨碳/万元下降到 0.310908 吨碳/万元，年均下降率为 2.2%；"十四五"期末较"十二五"期末，单位 GDP 二氧化碳排放量将减少 0.084499 吨碳/万元。"十五五"期间，单位 GDP 二氧化碳排放量由 0.304653 吨碳/万元下降到 0.282223 吨碳/万元，年均下降率为 1.92%；"十五五"期末较"十二五"期末，单位 GDP 二氧化碳排放量将减少 0.113184 吨碳/万元。中科院在《2009 中国可持续发展战略报告》中指出到 2020 年中国的单位 GDP 二氧化碳排放量将降低 50% 左右，随后中国政府明确指出到 2020 年单位 GDP 二氧化碳排放量将比 2005 年下降 40%~45%，并将其作为约束性条件纳入"十二五"规划以及我国发展的中长期规划中。2011 年公布的《"十二五"控制温室气体排放工作方案》中指出，到 2015 年单位 GDP 二氧化碳排放量将比 2010

年时下降17%的目标。从图7.1中以及预测的结果看来，我国的单位 GDP 二氧化碳排放量从 2013 年的 0.419 吨碳/万元逐渐下降到 2030 年的 0.282 吨碳/万元，年均降低率为 2.30%，且 2020 年的 0.347 吨碳/万元比 2005 年的 0.746 吨碳/万元下降了 53.4%，2015 年的 0.395 吨碳/万元比 2010 年的 0.565 吨碳/万元下降了 30%，说明我国制定的单位 GDP 二氧化碳排放目标都已超额完成。

单位能耗的二氧化碳排放量从 2013 年的 0.577 吨碳/吨标煤下降到 2030 的 0.545 吨碳/吨标煤，年均减低率为 0.334%，下降趋势不明显。"十二五"期间，单位能耗的二氧化碳排放量由 0.577305 吨碳/吨标煤下降到 0.573491 吨碳/吨标煤，年均下降率为 0.33%。"十三五"期间，单位能耗的二氧化碳排放量由 0.571563 吨碳/吨标煤下降到 0.564066 吨碳/吨标煤，年均下降率为 0.33%；"十三五"期末较"十二五"期末，单位能耗的二氧化碳排放量将减少 0.009425 吨碳/吨标煤。"十四五"期间，单位能耗的二氧化碳排放量由 0.562207 吨碳/吨标煤下降到 0.554878 吨碳/吨标煤，年均下降率为 0.327%；"十四五"期末较"十二五"期末，单位能耗的二氧化碳排放量将减少 0.018613 吨碳/吨标煤。"十五五"期间，单位能耗的二氧化碳排放量由 0.553012 吨碳/吨标煤下降到 0.545403 吨碳/吨标煤，年均下降率为 0.34%；"十五五"期末较"十二五"期末，单位能耗的二氧化碳排放量将减少 0.028088 吨碳/吨标煤。说明在未来二十年中，我国在能源消费的过程中对全球变暖产生的影响基本保持不变。

7.2 二氧化硫预测结果分析

本书主要分析燃煤产生的二氧化硫，其中主要分为火电燃煤产生的二氧化硫和终端燃煤产生的二氧化硫。二氧化硫排放量作为环境子系统的指标，通过单位 GDP 的二氧化硫排放量、单位能源二氧化硫排放量、单位人口二氧化硫排放量这些指标将环境子系统与经济子系统、能源子系统、人口子系统进行了联系。2013 年到 2030 年中国二氧化硫的排放量（见图 7.2 右坐标轴）及单位排放强度（见图 7.2 左坐标轴）如表 7.2 和图 7.2 所示。

表 7.2 2013~2030 年中国二氧化硫排放量以及单位排放强度

年份	二氧化硫排放量/万吨	单位 GDP 二氧化硫排放量/吨·万元⁻¹	单位能耗的二氧化硫排放量/吨·吨标煤⁻¹	人均二氧化硫排放量/吨·人⁻¹
2013	1593.02	0.002850	0.003982	0.011717
2014	1672.87	0.002771	0.003998	0.012255
2015	1751.62	0.002695	0.004016	0.012782
2016	1828.97	0.002622	0.004035	0.013296

年份	二氧化硫排放量/万吨	单位 GDP 二氧化硫排放量/吨·万元$^{-1}$	单位能耗的二氧化硫排放量/吨·吨标煤$^{-1}$	人均二氧化硫排放量/吨·人$^{-1}$
2017	1906.43	0.002554	0.004038	0.013809
2018	1984.32	0.002489	0.004041	0.014323
2019	2062.40	0.002427	0.004046	0.014836
2020	2140.42	0.002367	0.004050	0.015346
2021	2218.38	0.002310	0.004058	0.015855
2022	2297.69	0.002258	0.004053	0.016371
2023	2378.43	0.002207	0.004049	0.016897
2024	2460.54	0.002158	0.004044	0.017430
2025	2543.94	0.002112	0.004039	0.017971
2026	2628.90	0.002068	0.004036	0.018522
2027	2715.03	0.002025	0.004032	0.019080
2028	2802.24	0.001984	0.004029	0.019644
2029	2890.45	0.001945	0.004025	0.020213
2030	2979.56	0.001908	0.004021	0.020787

资料来源：作者整理。

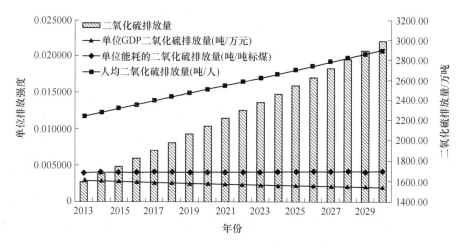

图 7.2 2013~2030 年中国二氧化硫排放量以及单位排放强度趋势图（资料来源：作者整理）

从图 7.2 所示的 2013 年到 2030 年中国二氧化硫排放量、单位 GDP 二氧化硫排放量、单位能耗二氧化硫排放量、人均二氧化硫排放量的趋势可以看出，二氧化硫排放量和人均二氧化硫排放量均呈现增长的趋势，分别从 2013 年的 1593 万吨、0.0117 吨/人增长到了 2030 年的 2979 万吨、0.0208 吨/人，年均增长率为

3.75%、3.43%。"十二五"期间，二氧化硫排放量由 1593.02 万吨增长到 1751.62 万吨，增长将近 1.1 倍，年均增长率为 4.86%；人均二氧化硫排放量由 0.011717 吨/人增长到 0.012782 吨/人，增长将近 1.09 倍，年均增长率为 4.45%。"十三五"期间，二氧化硫排放量由 1828.97 万吨增加到 2140.42 万吨，增长将近 1.17 倍，年均增长率为 4.1%；人均二氧化硫排放量由 0.013296 吨/人增长到 0.015346 吨/人，增长将近 1.15 倍，年均增长率为 3.72%；"十三五"期末较"十二五"期末，二氧化硫排放量将增加 388.8 万吨，二氧化硫排放增长率将下降 0.92%，人均二氧化硫排放量将增加 0.00256 吨/人，人均二氧化硫排放增长率将下降 0.86%。"十四五"期间，二氧化硫排放量由 2218.38 万吨增加到 2543.94 万吨，增长将近 1.15 倍，年均增长率为 3.51%；人均二氧化硫排放量由 0.015855 吨/人增加到 0.017971 吨/人，增长将近 1.13 倍，年均增长率为 3.21%；"十四五"期末较"十二五"期末，二氧化硫排放量将增加 792.32 万吨，二氧化硫排放增长率将下降 1.32%，人均二氧化硫排放量将增加 0.00519 吨/人，人均二氧化硫排放增长率将下降 1.2%。"十五五"期间，二氧化硫排放量由 2628.9 万吨增长到 2979.56 万吨，增长将近 1.13 倍，年均增长率为 3.21%；人均二氧化硫排放量由 0.018522 吨/人增长到 0.020787 吨/人，增长将近 1.12 倍，年均增长率为 2.95%；"十五五"期末较"十二五"期末，二氧化硫排放量将增加 1227.9 万吨，二氧化硫排放增长率将下降 1.62%，人均二氧化硫排放量将增加 0.008 吨/人，人均二氧化硫排放量增长率将下降 1.46%。说明在未来二十年里我国二氧化硫排放量仍然呈现增长的趋势；同时随着我国人口呈现出的缓慢增长，人均二氧化硫排放量也呈现出增长的趋势，但是仍低于二氧化硫排放总量的增长速度。

我国的单位 GDP 二氧化硫排放量则从 2013 年的 0.00285 吨/万元逐渐下降到 2030 年的 0.00191 吨/万元，年均降低率为 2.34%，表明随着科学的不断发展和经济的增长，我国二氧化硫的排放强度将越来越小。"十二五"期间，单位 GDP 二氧化硫排放量由 0.00285 吨/万元下降到 0.002695 吨/万元，年均下降率为 2.76%。"十三五"期间，单位 GDP 二氧化硫排放量由 0.00262 吨/万元下降到 0.002367 吨/万元，年均下降率为 2.56%；"十三五"期末较"十二五"期末，单位 GDP 二氧化硫排放量将减少 0.000328 吨/万元。"十四五"期间，单位 GDP 二氧化硫排放量由 0.00231 吨/万元下降到 0.00211 吨/万元，年均下降率为 2.26%；"十四五"期末较"十二五"期末，单位 GDP 二氧化硫排放量将减少 0.000583 吨/万元。"十五五"期间，单位 GDP 二氧化硫排放量由 0.002068 吨/万元下降到 0.001908 吨/万元，年均下降率为 2.01%；"十五五"期末较"十二五"期末，单位 GDP 二氧化硫排放量将减少 0.000788 吨/万元。

单位能耗的二氧化硫排放量从 2013 年的 0.00398 吨/吨标煤增长到 2030 年

的 0.00402 吨/吨标煤，年均增长率为 0.058%，上升趋势不明显。"十二五"期间，单位能耗的二氧化硫排放量由 0.003982 吨/吨标煤上升到 0.004016 吨/吨标煤，年均增长率为 0.42%。"十三五"期间，单位能耗的二氧化硫排放量由 0.004035 吨/吨标煤上升到 0.00405 吨/吨标煤，年均增长率为 0.17%；"十三五"期末较"十二五"期末，单位能耗的二氧化硫排放量将增长 0.000035 吨/吨标煤。"十四五"期间，单位能耗的二氧化硫排放量由 0.004058 吨/吨标煤下降到 0.004039 吨/吨标煤，年均下降率为 0.05%；"十四五"期末较"十二五"期末，单位能耗的二氧化硫排放量将增长 0.000024 吨/吨标煤。"十五五"期间，单位能耗的二氧化硫排放量由 0.004036 吨/吨标煤下降到 0.004021 吨/吨标煤，年均下降率为 0.09%；"十五五"期末较"十二五"期末，单位能耗的二氧化硫排放量将增长 0.000005 吨/吨标煤。说明在未来二十年中，我国在能源消耗的过程中对大气造成的破坏程度仍然很大，表明能源消耗的环境成本还没有完全引起相关部门足够的重视，治理任务仍然很艰巨。

7.3 本章小结

通过对中国能源–经济–环境–人口系统动力学模型的模拟运行，得出了环境子系统的预测分析结果，从"十二五"到"十五五"，虽然单位 GDP 二氧化碳的排放量和单位 GDP 二氧化硫的排放量都呈现出下降趋势，但是二氧化碳和二氧化硫排放总量以及人均排放量仍呈现上升的趋势，表明我国的大气环境压力仍然比较大，节能减排的任务仍然比较艰巨。

8　人口子系统预测结果

　　人口子系统作为中国能源-经济-环境-人口系统的一部分，与能源子系统、经济子系统和环境子系统有着不可分割的联系。国内生产总值、总能耗、二氧化碳排放量、二氧化硫排放量分别与人口总量进行计算得出人均国内生产总值、人均能耗、人均二氧化碳排放量、人均二氧化硫排放量这些指标，便于评价我国的能源、经济、环境状况。其中，人均国内生产总值、人均二氧化碳排放量、人均二氧化硫排放量这些指标已经分别在第 5 章与第 7 章中进行了详细分析，本章将重点对 2013 年到 2030 年的人口总量与人均能耗的预测结果进行分析。

8.1　人口总量预测结果分析

　　人口基数大仍然是我国在社会主义初级阶段长期面临的首要且重要的问题。尽管 2012 年的 10 月关于人口的报告已经显示我国进入了低增长时期，且未来还将进一步减缓，但由于较为庞大的人口基数将导致我国人口总量在较长的时期内仍然保持一定的增长态势。由于人口众多一直是制约我国经济发展的重大问题之一，因此保持我国人口数量的适当增长态势是我们必须做出的重要战略选择。通过运行中国能源-经济-环境-人口系统动力学模型，得出 2013 年到 2030 年的人口总量（见图 8.1 左坐标轴）和人口增长率（见图 8.1 右坐标轴）如表 8.1 和图 8.1 所示。

表 8.1　2013~2030 年人口总量和人口增长率

年份	人口总量/亿人	人口增长率/‰	人口出生率/‰	人口死亡率/‰
2013	13.60	4.12	11.27	7.41
2014	13.65	4.01	11.20	7.52
2015	13.70	3.88	11.14	7.65
2016	13.76	3.77	11.09	7.78
2017	13.81	3.65	11.04	7.91
2018	13.85	3.53	10.99	8.05
2019	13.90	3.41	10.96	8.19
2020	13.95	3.30	10.92	8.34
2021	13.99	3.18	10.89	8.48

续表 8.1

年份	人口总量/亿人	人口增长率/‰	人口出生率/‰	人口死亡率/‰
2022	14.03	3.07	10.86	8.63
2023	14.08	2.97	10.83	8.77
2024	14.12	2.86	10.81	8.91
2025	14.16	2.76	10.79	9.05
2026	14.19	2.66	10.77	9.18
2027	14.23	2.57	10.76	9.30
2028	14.27	2.49	10.74	9.40
2029	14.30	2.42	10.73	9.50
2030	14.33	2.35	10.72	9.57

资料来源：作者整理。

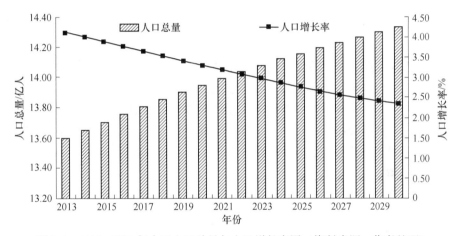

图 8.1 2013~2030 年中国人口总量与人口增长率图（资料来源：作者整理）

从表 8.1 和图 8.1 可以得出，从 2013 年到 2030 年人口总量呈现缓慢增长的趋势，从 2013 年的 13.6 亿人增长到了 2030 年的 14.3 亿人，人口增长率从 2013 年的 4.12‰逐渐下降到 2030 年的 2.35‰。国务院办公厅分别在 2006 年和 2011 年印发了《人口发展"十一五"和 2020 年规划》和《国家人口发展"十二五"规划》，规划提出到 2010 年人口总量控制在 13.6 亿以内，到 2015 年人口总量控制在 13.9 亿以内，到 2020 年人口总量控制在 14.5 亿以内。由中国统计年鉴得出我国 2010 年的人口总量为 13.4 亿已经达到了规划提出的目标。由人口子系统的预测结果可知，2015 年和 2020 年的我国人口总量预测值分别为 13.7 亿人和 13.95 亿人，都达到了我国在规划中提出的人口总量发展目标。"十二五"期间，人口总量由 13.47 亿人增加到 13.70 亿人，增长将近 1.017 倍，年均增长率为

4‰。"十三五"期间，人口总量由 13.76 亿人增加到 13.95 亿万人，增长将近 1.002 倍，年均增长率为 3.53‰；"十三五"期末较"十二五"期末，人口总量将增长 0.24 亿人，人口总量增长率将下降 0.58‰。"十四五"期间，人口总量由 13.99 亿人增加到 14.16 亿人，增长将近 1.012 倍，年均增长率为 2.97‰；"十四五"期末较"十二五"期末，人口总量将增长 0.45 亿人，人口总量增长率将下降 1.12‰。"十五五"期间，人口总量由 14.19 亿人增加到 14.33 亿人，增长将近 1.01 倍，年均增长率为 2.5‰；"十五五"期末较"十二五"期末，人口总量将增长 0.63 亿人，人口总量增长率将下降 1.53‰。由此可见，从"十二五"到"十五五"我国的人口总量虽然呈现缓慢增长的趋势，但是其总量值都合理地控制在国家规划的范围之内。

8.2　人均能耗预测结果分析

人均能耗量是单位人口能源消费的多少，是一个国家经济发展水平和人民生活水平的综合体现。中国是能源消费大国，能源消费总量居世界第一，但由于人口众多，人均能耗一直处于较低水平。2012 年，中国人均能耗为 2.51 吨标煤，仅达到世界平均水平，远低于美国、加拿大等众多国家。发达国家的发展历程表明：随着国家工业化和社会的发展人均能耗应该保持较快的增长，当经济发展到一定程度时，其值应趋于稳定甚至下降，呈现"倒 U"形走势。2010~2030 年中国人均能耗的变化趋势如表 8.2 和图 8.2 所示。

表 8.2　2013~2030 年人均能耗

年份	人均能耗/吨标煤·人$^{-1}$	年份	人均能耗/吨标煤·人$^{-1}$
2013	2.98262	2022	4.29089
2014	3.12689	2023	4.44613
2015	3.26978	2024	4.60524
2016	3.41106	2025	4.76814
2017	3.55465	2026	4.93528
2018	3.69974	2027	5.10607
2019	3.84587	2028	5.28040
2020	3.99257	2029	5.45810
2021	4.13953	2030	5.63900

资料来源：作者整理。

从表 8.2 和图 8.2 所示的 2013 年到 2030 年中国人均能耗以及相关计算可以得出，在 2012 年时我国的人均能耗是发达国家人均能耗平均水平的 43% 左右，

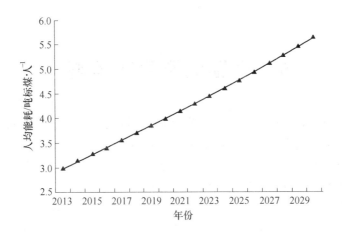

图 8.2　2013~2030 年中国人均能耗图（资料来源：作者整理）

是美国人均能耗的 20% 左右，人均能耗从 2013 年的 2.98 吨标煤/人增长到 2030 年的 5.64 吨标煤/人，年均增长率为 3.82%，虽然取得了一定的增长，但相对于发达国家而言还存在一定的差距。"十二五"期间，人均能耗由 2.98262 吨标煤/人增加到 3.26978 吨标煤/人，年均增长率为 4.7%。"十三五"期间，人均能耗由 3.41106 吨标煤/人增长到 3.99257 吨标煤/人，年均增长率为 4.08%；"十三五"期末较"十二五"期末，人均能耗将增加 0.72279 吨标煤/人。"十四五"期间，人均能耗由 4.13953 吨标煤/人增加到 4.76814 吨标煤/人，年均增长率为 3.61%；"十四五"期末较"十二五"期末，人均能耗将增加 1.49836 吨标煤/人。"十五五"期间，人均能耗由 4.93528 吨标煤/人增加到 5.639 吨标煤/人，年均增长率为 3.41%；"十五五"期末较"十二五"期末，人均能耗将增长 2.36922 吨标煤/人。

8.3　本章小结

通过对中国能源-经济-环境-人口系统动力学模型的模拟运行，得出了人口子系统的预测分析结果，从"十二五"到"十五五"，我国的人口总量虽然呈现缓慢增长的趋势，但都合理地控制在国家规划的范围之内。同时，虽然人均能耗呈现增长的趋势，但仍然与发达国家存在一定的差距。

9　中国能源生产预测

随着我国经济的高速增长，对能源的需求也随之增长，能源短缺问题成了影响我国高速发展的主要瓶颈，对此我国必须准确预测我们的能源生产量，从而针对能源短缺问题做出重大的决策，这样才能为我国的进一步发展提供坚实可靠的依据。我国能源供给量主要包括国内生产量和国外进口量，由于我国能源总量丰富，拥有丰富的化石能源以及可再生能源，其中煤炭占主要地位，从而考虑到我国现有的这些能源优势，本书的预测主要是针对我国能源生产总量。

9.1　中国能源供给预测模型

由于各种单一预测模型的预测方法不同、预测角度不同，最终可能导致提取的有效信息不同，从而预测精度也不尽相同。为了更进一步提高模型预测的精度，集中各个单一预测模型的有效信息，本章采用灰色系统的 GM（1，1）预测模型、曲线回归预测模型以及将这两种模型进行组合的定权重和变权重组合预测模型分别对中国煤炭生产总量、中国石油生产总量和中国天然气生产总量进行预测，进而结合能源-经济-环境-人口系统动力学模型中计算出的水电和核电产量，从而计算得出中国能源生产总量。

9.1.1　灰色系统预测模型

灰色系统理论是由我国学者邓聚龙于 1982 年创建的，该理论以较少的样本作为研究对象，通过对相关样本信息进行挖掘从而提取出有意义的规律。灰色系统预测模型的建模过程是先对原始数据序列进行一次累加从而生成规律性较强的新序列后再建模，由模型得出的数据再进行逆处理得到还原模型，最后通过还原模型得出预测模型。我们通常使用的是 GM（1，1）模型，它是只有一个变量的单序列一阶线性动态模型，该模型的建模包括七个基本步骤[114]：

第 1 步：对原始数据序列：$X^{(0)} = \{x^{(0)}(1), x^{(0)}(2), \cdots, x^{(0)}(n)\}$ 进行一次累加得到新的数据序列：$X^{(1)} = \{x^{(1)}(1), x^{(1)}(2), \cdots, x^{(1)}(n)\}$，其中

$$x^{(1)}(i) = \sum_{k=1}^{i} x^{(0)}(k) \tag{9.1}$$

第 2 步：构造常数项向量 $Y_N = [x^{(0)}(2), x^{(0)}(3), \cdots, x^{(0)}(n)]^T$ 和累加矩

阵 **B**。

$$B = \begin{bmatrix} -\dfrac{1}{2}(x^{(1)}(1) + x^{(1)}(2)) & 1 \\ -\dfrac{1}{2}(x^{(1)}(2) + x^{(1)}(3)) & 1 \\ \vdots & \vdots \\ -\dfrac{1}{2}(x^{(1)}(n-1) + x^{(1)}(n)) & 1 \end{bmatrix} \quad (9.2)$$

第3步：应用最小二乘法求解出发展灰数：

$$\hat{a} = \begin{bmatrix} a \\ b \end{bmatrix} = (B^{\mathrm{T}}B)^{-1}B^{\mathrm{T}}Y_N \quad (9.3)$$

第4步：将发展灰数代入时间函数：

$$\hat{x}^{(1)}(t+1) = \left(x^{(0)}(1) - \frac{b}{a}\right)e^{-at} + \frac{b}{a} \quad (9.4)$$

第5步：通过对 $\hat{X}^{(1)}$ 求导得到：

$$\hat{x}^{(0)}(t+1) = -a\left(x^{(0)}(1) - \frac{b}{a}\right)e^{-at} \quad (9.5)$$

第6步：计算得出 $x^{(0)}(t)$ 与 $\hat{x}^{(0)}(t)$ 的差 $\varepsilon^{(0)}(t)$ 以及相对误差 $e(t)$。

$$\varepsilon^{(0)}(t) = x^{(0)}(t) - \hat{x}^{(0)}(t) \quad (9.6)$$

$$e(t) = \frac{\varepsilon^{(0)}(t)}{x^{(0)}(t)} \quad (9.7)$$

第7步：检验模型的可靠性，并利用得出的模型进行预测。

首先，检验发展灰数的范围从而来确定 GM（1，1）模型的预测是否有意义。模型的建立与发展灰数 a 具有密切的相关，具体范围见表9.1。

表9.1 发展灰数

发展灰数的范围	备注
$-a \leq 0.3$	适合中长期预测
$0.3 < -a \leq 0.5$	适合短期预测
$0.5 < -a \leq 0.8$	慎用短期预测
$0.8 < -a \leq 1$	需进行误差修正模型
$-a > 1$	不宜使用 GM（1，1）模型

其次，对模型精度进行检验。目前通用的检验方法是后验差检验，即通过计算后验比 C 和小误差概率 P 从而来评价模型精度水平，其计算公式如式（9.8）与式（9.9）所示（具体的判断标准如表9.2所示）。

$$C = \frac{s_1}{s_2} \tag{9.8}$$

其中数据离差
$$s_1^2 = \sum_{t=1}^{m} (x^{(0)}(t) - \bar{x}^{(0)}(t))^2$$

残差离差
$$s_2^2 = \frac{1}{m-1} \sum_{t=1}^{m-1} (q^{(0)}(t) - \bar{q}^{(0)}(t))^2$$

$$P = \{ |q^{(0)}(t) - \bar{q}^{(0)}| < 0.6745 s_1 \} \tag{9.9}$$

表 9.2　GM（1，1）精度等级

精度指标 精度等级	后验差 （C）	小误差概率 （P）
一级	0.35	0.95
二级	0.50	0.80
三级	0.65	0.70
四级	0.80	0.60

由表 9.2 可以看出，当 $C<0.35$ 并且 $P>0.95$ 时，GM（1，1）模型的拟合效果达到一级精度水平；当 $0.35<C<0.50$ 并且 $0.95>P>0.80$ 时，模型为二级精度水平；当 $0.50<C<0.65$ 并且 $0.80>P>0.70$ 时，模型为三级精度水平；当 $0.65<C<0.80$ 并且 $0.70>P>0.60$ 时，模型为四级精度水平。

9.1.2　曲线回归预测模型

回归预测模型是解决预测变量与一个变量或者是一组变量之间依存关系的模型，它主要依据变量之间的因果关系来进行预测。在回归分析模型中，将自由变化的量称为自变量或解释变量，将受自变量变化的量称为因变量或者被解释变量。回归分析模型对数据的要求比较宽泛，可以是时间序列数据、横断面数据，也可以是相邻两个数据间的时间间隔不等的广义时间序列数据。

回归分析模型的基本思想是：首先找出解释变量和被解释变量间的近似函数关系作为回归方程式，然后再根据该方程式求出被解释变量的预测值。

曲线回归又称非线性回归，主要是以最小二乘法来分析变量在数量变化上的规律和特征的方法，是表示变量间呈现曲线关系的回归分析的方法。当两个变量间呈现不出明显的线性关系时，可以尝试使用曲线回归模型进行分析。曲线回归模型主要包括二次曲线模型、三次曲线模型、对数曲线模型、指数曲线模型、幂曲线模型等[115]。

当确定出建立的回归模型之后，最重要的一步就是对模型进行检验，检验的步骤主要包括：

第 1 步：方程现实意义的检验。

建立方程以后，首先要分析解释变量和被解释变量之间的关系、变量的大小、变量系数的符号等是否符合现实意义以及相关的理论关系，符合才能进行下一步的检验，否则必须重新确定关系模型。

第 2 步：方程拟合度的检验。

可以通过查看可决系数 R^2 的大小来进行方程拟合优度的检验，主要检验的是解释变量对被解释变量的解释程度，可决系数 R^2 的公式为：

$$R^2 = \frac{\text{ESS}}{\text{TSS}} = 1 - \frac{\text{RSS}}{\text{TSS}} = 1 - \frac{\sum (Y_i - \hat{Y}_i)^2}{\sum (Y_i - \bar{Y}_i)^2} \tag{9.10}$$

式中，Y_i 为被解释变量的实际值；$\hat{Y}_i$ 为被解释变量的拟合值；$\bar{Y}_i$ 为被解释变量实际值的均值；ESS 为解释平方和，表示被解释变量的拟合值围绕其均值的总变异，它是由解释变量引起的变动；RSS 为残差平方和，表示被解释变量的实际值与拟合值之间的差异程度，是除解释变量以外的因素引起的变动；TSS 为总（离差）平方和，表示被解释变量的实际值围绕其均值的总变异；可决系数 R 方测度了在被解释变量的总变异中由回归模型解释的那部分所占的百分比，取值范围在 0 到 1 之间，越接近 1，说明实际观测点离样本回归线越近则拟合优度越高，通常当 R 方大于 0.7 时则认为拟合效果比较好。

第 3 步：方程及回归系数的显著性检验。

对于回归系数来说，可以通过查看系数的 t 统计量的 p 值来确定其是否通过了显著性检验，通常认为当 p 值小于 0.05 时则通过了显著性检验，否则没有通过显著性检验；对于方程总体来说，可以通过查看 F 统计量的 p 值来确定其是否通过了显著性检验，当 p 值小于 0.05 则说明方程通过了显著性检验，否则没有通过显著性检验。

第 4 步：自相关检验及其相关补救。

对于自相关检验可以通过构造 DW（Durbin-Watson）统计量来检验随机误差项是否存在自相关问题来确定，DW 检验统计量为：

$$DW = \frac{\sum_{\varepsilon=2}^{n} (e_i - e_{i-1})^2}{\sum_{\varepsilon=1}^{n} e_i^2} \tag{9.11}$$

DW 统计量的取值范围一般在 0 到 4 之间，当 DW 的值近似为 4 时，说明随机误差存在完全负自相关；当 DW 值在 2 到 4 之间时，说明随机误差存在负自相关；当 DW 值近似为 2 时，可以认为随机误差项是不存在自相关问题的；当 DW 值在 0 到 2 之间时，说明随机误差存在正自相关；当 DW 值接近 0 时，说明随机误差存在完全正自相关。

当随机误差项存在自相关问题时，需要采取相关的补救措施，通常可以采用迭代法进行补救，全称为科克伦-奥克特（Cochrane-Orcutt）迭代法，是用逐步逼近的办法求自相关系数的估计值，通过在解释变量中引入 AR（1）…，其中 AR（p）表示随机误差项的 p 阶自回归，AR(1) 的模式为 $\hat{u}_t = \hat{\rho}\,\hat{u}_{t-1} + \hat{\nu}_t$，通过计算即可得到参数和 ρ 的估计值，最后只有当模型的 DW 值近似为 2 时，才消除了随机误差项的自相关问题，方程才能用于预测。

9.1.3　定权重组合预测模型

组合预测理论是由 Bated 和 Granger 于 20 世纪 60 年代首次提出，采用两种或两种以上不同的预测方法对同一个对象进行预测，它通过综合各种单一预测方法所提供的信息从而可以达到提高模型预测精度的目的，而且实践表明组合预测模型的预测精度通常高于任何单一预测模型的精度。纵观国内外研究，组合预测模型主要分为定权重组合预测模型和变权重组合预测模型，定权重组合预测模型的研究比较早而且权重确定方法比较成熟，但预测精度较差。定权重组合预测方法一般分为两种：一种是比较几种预测方法，选择拟合优度最佳或标准离差最小的预测模型作为最优模型进行预测；另一种是将几种预测方法所得的预测结果，选取适当的权重进行加权平均的预测方法。

定权重组合预测法常用的两种基本方法为[116]：

（1）等权组合预测法。等权组合预测法是经常使用的一种定权重组合预测方法，它没有考虑单一预测模型的预测精度，而是直接赋予每个预测模型相同的权重。设 Y（$i=1, 2, \cdots, n$）为第 i 种模型的预测值，如果用 Y 代表定权重组合预测值，则用等权组合预测法得到的定权重组合模型的表达式为：

$$Y = \frac{1}{n}\sum_{i=1}^{n} Y_i \tag{9.12}$$

等权组合预测法的优点是不需要了解每一预测值的预测精度，也不需要知道每一预测误差之间的相互关系。

（2）标准差优选组合预测法。当知道各种模型的预测精度时，就适合采用加权平均这种方法，对较为精确的预测值模型赋以较大的权重，精度较低的模型则赋以较小的权重。标准差优选组合预测法就是对预测误差的标准差最小的那个模型赋以最大的权重。其权重计算公式如下：

$$W_i = \frac{\sigma - \sigma_i}{\sigma} \times \frac{1}{n-1}, \ \sigma = \sum_{i=1}^{n}\sigma_i, \ i = 1, 2, \cdots, n \tag{9.13}$$

式中，σ_i 为第 i 种模型的预测误差的标准差；W_i 为第 i 种模型的权重；n 为模型种类数。标准差法就是用这种方法确定权重的，运用标准差法得到的组合预测模型的表达式为：

$$Y = \sum_{i=1}^{m} W_i Y_i \tag{9.14}$$

式中，Y 为定权重组合模型的预测值；Y_i 为第 i 种模型的预测值；W_i 为第 i 种模型的权重。这种方法在理论上是可以得到最佳的权重系数的，但实际情况中有时并不是最佳的。

9.1.4 变权重组合预测模型

虽然变权重组合预测模型起步较晚，且权重的确定方法一直处于研究阶段，但是变权重组合预测模型的预测精度却明显高于定权重组合预测模型，因此本书重点采用了变权重组合预测模型来研究中国能源供给总量的变化。

变权重组合预测模型的基本研究步骤是[117]：

第 1 步：建立组合预测优化模型，求出各单一预测方法在各个样本点的最优权重。

假设有 n 种预测模型，且

Y_t：第 t 期的实际观测值（$t = 1, 2, \cdots, m$）；

F_{it}：第 i 种预测方法在第 t 期的预测值（$i = 1, 2, \cdots, n$；$t = 1, 2, \cdots, m$）；

W_{it}：第 i 种预测方法在第 t 期的权重，且满足 $\sum_{i=1}^{n} W_{it} = 1$，$W_{it} \geq 0 (i = 1, 2, \cdots, n$；$t = 1, 2, \cdots, m$）；

$e_{it} = Y_t - F_{it}$：第 i 种预测模型在第 t 期的预测误差值（$i = 1, 2, \cdots, n$；$t = 1, 2, \cdots, m$）；

F_t：变权重组合预测模型在第 t 期的预测值（$t = 1, 2, \cdots, m$）；

$e_t = Y_t - F_t$：变权重组合预测方法在第 t 期的预测误差（$t = 1, 2, \cdots, m$）。

（1）当在第 t 时刻时，对所有的 i 均有 $e_{it} \geq 0$ 或 $e_{it} \leq 0$，即对于同一样本点所有模型的误差值均是同方向的，其优化模型如式（9.15）所示。

$$\begin{cases} \min J_t = \left| \sum_{i=1}^{n} W_{it} \times e_{it} \right| = \sum_{i=1}^{n} W_{it} \times |e_{it}| \\ s.t \sum_{i=1}^{n} W_{it} = 1, \ W_{it} \geq 0 (t = 1, 2, \cdots, m) \end{cases} \tag{9.15}$$

其优化模型式（9.15）只有一个最优解，即当 $e_{pt} = \min(|e_{it}|)(i = 1, 2, \cdots, n)$ 时，模型取到最优解，即最优解如式（9.16）所示，说明权重取 1

的模型较其他模型来说是最优的模型。

$$
\begin{cases}
W_{pt} = 1 \\
W_{it} = 0(t = 1, 2, \cdots, m)(i = 1, 2, \cdots, n, i \neq p)
\end{cases} \tag{9.16}
$$

（2）当在第 t 时刻时，对于部分的 i 有 $e_{it} \geq 0$，而对于另一部分 i 有 $e_{it} \leq 0$，即对于同一样本点有部分模型的误差值为正，另一部分误差值为负，即对于优化模型：

$$
\begin{cases}
\min J_t = \left| \sum_{i=1}^{n} W_{it} \times e_{it} \right| = \left| \sum_{i \in I_1} W_{it} \times e_{it} + \sum_{i \in I_2} W_{it} \times e_{it} \right| \\
s.t \sum_{i \in I_1} W_{it} + \sum_{i \in I_2} W_{it} = 1, \ W_{it} \geq 0(t = 1, 2, \cdots, m) \\
(I_1 = \{e_{it} \geq 0\}, \ I_2 = \{e_{it} \leq 0\}, \ I_1 + I_2 = n)
\end{cases} \tag{9.17}
$$

若数据集 I_1 中存在 p_1 使得 $e_{p_1 t} \leq e_{it}(i \in I_1, \ i \neq p_1)$，则第 p_1 种模型为前 I_1 种模型的最优预测模型；若数据集 I_2 中存在 p_2 使得 $e_{p_2 t} \leq e_{it}(i \in I_2, \ i \neq p_2)$，则第 p_2 种模型为后 I_2 种模型的最优预测模型，最后通过计算得出权重的最优解为：

$$
\begin{cases}
W_{p_1 t} = |e_{p_2 t}|/(|e_{p_1 t}| + |e_{p_2 t}|) \\
W_{p_2 t} = |e_{p_1 t}|/(|e_{p_1 t}| + |e_{p_2 t}|)
\end{cases} \tag{9.18}
$$

第 2 步：根据确定出的权重确定各种预测方法在预测时点的组合权重。计算公式如式（9.19）所示。

$$
\begin{cases}
W_{i, \ m+1} = \dfrac{1}{m} \sum_{t=1}^{m} W_{it} \\
W_{i, \ m+2} = \dfrac{1}{m} \sum_{t=2}^{m+1} W_{it} \\
W_{i, \ m+j} = \dfrac{1}{m} \sum_{i=j}^{m+j-1} W_{it}(j = 1, 2, \cdots)
\end{cases} \tag{9.19}
$$

第 3 步：根据上述求出的各种预测方法在预测时点的组合权重，再乘以相应的各种预测方法在预测时点的预测值，便可得出变权重组合预测方法的预测值。

9.2 中国煤炭生产总量预测

9.2.1 中国煤炭产量的 GM（1，1）预测模型

将从中国统计年鉴上整理得到的 1990 年到 2012 年的中国煤炭生产总量的数据（单位：万吨标煤）$X(1) = (77110.1, \ 77689.4, \ 79691.2, \ 82183.7,$

88571.8, 97162.6, 99774.0, 99160.8, 95168.3, 97500.0, 98855.1, 105028.8, 110732.2, 130992.4, 151615.6, 167785.9, 180625.9, 192135.8, 200103.9, 212279.7, 227437.7, 247393.9, 253863.7）代入式（9.1）进行一次累加生成新的数据序列 $X^{(1)}$，然后将 $X^{(0)}$ 与 $X^{(1)}$ 分别代入式（9.2）构造累加矩阵 **B** 与常数项向量 Y_N，进而根据式（9.3）运用最小二乘法求解得出发展灰数 $\hat{a}$，最后将发展灰数代入式（9.4）得出时间函数，并根据式（9.5）对 $\hat{X}^{(1)}$ 求导还原得到最终的 GM(1,1) 灰色预测模型以及中国煤炭生产总量的分析结果，其中包括 1991~2012 年中国煤炭生产总量的实际值、拟合值、误差值、相对误差，见表9.3。

表9.3 中国煤炭生产总量的 GM（1,1）预测误差

年份	实际值 /万吨标煤	拟合值 /万吨标煤	误差值 /万吨标煤	相对误差 /%
1991	77689.4	63960.43	13728.97	17.67
1992	79691.2	68292.30	11398.90	14.30
1993	82183.7	72917.57	9266.13	11.27
1994	88571.8	77856.09	10715.71	12.10
1995	97162.6	83129.08	14033.52	14.44
1996	99774.0	88759.20	11014.80	11.04
1997	99160.8	94770.64	4390.16	4.43
1998	95168.3	101189.21	-6020.91	-6.33
1999	97500.0	108042.50	-10542.50	-10.81
2000	98855.1	115359.95	-16504.85	-16.70
2001	105028.8	123172.98	-18144.18	-17.28
2002	110732.2	131515.17	-20782.97	-18.77
2003	130992.4	140422.36	-9429.96	-7.20
2004	151615.6	149932.81	1682.79	1.11
2005	167785.9	160087.38	7698.52	4.59
2006	180625.9	170929.69	9696.21	5.37
2007	192135.8	182506.32	9629.48	5.01
2008	200103.9	194867.01	5236.89	2.62
2009	212279.7	208064.86	4214.84	1.99
2010	227437.7	222156.56	5281.14	2.32
2011	247393.9	237202.66	10191.24	4.12
2012	253863.7	253267.80	595.90	0.23

设中国煤炭生产总量的 GM（1,1）模型的参数分别为 a、b，计算得出 $a=-0.0655$，$b=56834.35$，得出 GM（1,1）模型为：

$$x(t+1) = 944379.566479e^{0.065533t} + 867269.4664797 \quad (9.20)$$

由于 GM（1,1）模型的建立与发展灰数 a 密切相关，只有当 $|a|<2$ 时进

行预测才有意义，由于此模型的 $|a| = 0.065533$，因此适合进行中长期预测。接着对模型进行精度检验，从相对误差来看，平均相对误差为 8.62%，预测精度达到 91.38%。运用后验差 $C = S_2/S_1$ 和小误差概率 P 进行精度检验，S_1 为数据的标准差，S_2 为残差的标准差，经过计算得到我国煤炭生产总量 GM（1，1）模型的 $C = 0.1831$，$P = 1.0000$，可见其模型精度达到了一级精度水平，模型评价为：很好。说明能客观地反映我国煤炭生产总量的动态变化趋势，此模型适合对我国煤炭生产总量进行预测。

9.2.2　中国煤炭产量的回归预测模型

9.2.2.1　中国煤炭生产总量回归模型的选择与建立

将从中国统计年鉴上整理得到的 1990 年到 2012 年的中国煤炭生产总量的数据（单位：万吨标煤）按照回归分析的步骤，因变量选择中国煤炭生产总量，自变量选择时间，模型选项中选择线性、对数、二次、三次、幂、指数模型，从而得出模型汇总和参数估计值，如表 9.4 所示。

表 9.4　模型汇总和参数估计值

方程	模型汇总					参数估计值			
	R^2	F	df_1	df_2	Sig.	常数	b_1	b_2	b_3
线性	0.992	1288.49	1	11	0.000	80146.681	13592.788		
对数	0.880	80.861	1	11	0.000	62254.952	65161.650		
二次	0.992	603.150	2	10	0.000	77900.228	14491.370	−64.184	
三次	0.992	378.055	3	9	0.000	81926.672	11567.404	439.121	−23.97
幂	0.932	150.950	1	11	0.000	82157.269	0.410		
指数	0.970	349.718	1	11	0.000	94124.194	0.082		

从表 9.4 所示的六种模型的拟合优度汇总可以得出，按照对数回归模型、幂回归模型、指数回归模型、线性回归模型、二次曲线回归模型、三次曲线回归模型的顺序，作为衡量回归直线对观测值拟合程度的可决系数 R 方越来越大，并且估计值的标准误则越来越小。其中，线性回归模型、二次曲线回归模型、三次曲线回归模型的可决系数 R 方都大于 0.99，说明这三个模型的拟合程度都非常好。如果只根据模型的拟合优度来确定最佳回归模型，则三个模型都比较合适，但是不能单纯地根据模型的拟合优度高低来决定最佳模型，还需要考虑模型方程以及方程系数是否通过了显著性检验来决定最佳模型。从表 9.4 所示的线性、二次、三次回归模型汇总可以得出，这三个模型通过进行 F 检验，得出其对应的 F 检验的概率 P 值都为 0.000，小于显著性水平 0.05，说明这三个模型方程都通过了显著性检验。进而需要对线性、二次、三次模型回归系数进行显著性检验，其回归系数检验如表 9.5 所示。

表9.5　线性、二次、三次模型回归系数

模型		非标准化系数		标准化系数	t	Sig.
		B	标准误	Beta		
线性	t	13592.788	378.676	0.996	35.896	0.000
	常数	80146.681	3005.646		26.665	0.000
二次	t	14491.370	1697.942	1.062	8.535	0.000
	t^2	-64.184	118.015	-0.068	-0.544	0.598
	常数	77900.228	5168.470		15.072	0.000
三次	t	11567.404	4950.839	0.847	2.336	0.044
	t^2	439.121	806.329	0.463	0.545	0.599
	t^3	-23.967	37.957	-0.326	-0.631	0.543
	常数	81926.672	8311.700		9.857	0.000

从表9.5所示的线性、二次、三次模型回归系数可以看出，该表给出了各回归方程的系数值与其进行 t 检验的结果。从中可以看出，二次、三次曲线回归方程的部分系数项的 t 检验对应的概率值 P 大于 0.05，说明没有通过显著性检验，即二次、三次曲线回归方程没有通过系数的显著性检验。对于线性方程的系数全部通过了 t 检验，且其可决系数 R 方为 0.992，说明线性方程的自变量时间可以解释因变量中国煤炭生产总量 99.2% 的信息，因此选择线性回归模型为最佳模型，其回归方程如式（9.21）所示，因变量中国煤炭生产总量用 y_1 表示，自变量时间用 t 表示。

$$y_1 = 80146.681 + 13592.788t \tag{9.21}$$

9.2.2.2　中国煤炭生产总量回归模型的检验与修正

模型的异方差检验和自相关检验是回归模型通过显著性检验之后的重要步骤，然而对于一元回归方程来说不会存在异方差问题，因此此时只要进行自相关检验以及对检验结果实施补救措施即可。

将中国煤炭生产总量的数据导入 Eviews 6.0 软件中，建立了中国煤炭生产总量与时间 t 的线性模型，得出整个模型的拟合效果很好。然后对模型选用 LM 拉格朗日乘数进行自相关检验，按照【View】 → 【Residual Tests】 → 【Serial Correlation LM Test】的步骤得出结果，如图 9.1 所示。

Breusch–Godfrey Serial Correlation LM Test：

F–statistic	2.712827	Prob.F(2,9)	0.1197
Obs*R–squared	4.889449	Prob.Chi–Square(2)	0.0868

图 9.1　LM 检验结果图

当 LM 检验的 Obs * R-squared 统计量的 p 值小于显著性水平 0.05 时，说明此时残差存在自相关问题，当 p 值大于 0.05 时，说明残差不存在自相关问题。从图 9.1 中可以看出 Obs * R-squared 统计量的 p 值为 0.0868 大于 0.05，说明不存在自相关问题。因此，在拟合方程时，设因变量中国煤炭生产总量为 y_1，自变量为时间 t，得出方程为：

$$y_1 = 80146.681 + 13592.788t$$

9.2.2.3　中国煤炭生产总量回归模型的预测结果

1992 年到 2012 年中国煤炭生产总量的线性回归预测误差包括实际值、拟合值、误差值和相对误差率，如表 9.6 所示。

表 9.6　中国煤炭生产总量的线性回归模型误差

年份	实际值 /万吨标煤	拟合值 /万吨标煤	误差值 /万吨标煤	相对误差 /%
1992	79691.20	79520.10	171.10	0.21
1993	82183.70	83425.85	−1242.15	−1.51
1994	88571.80	88013.11	558.69	0.63
1995	97162.60	92056.71	5105.90	5.25
1996	99774.00	94885.48	4888.52	4.90
1997	99160.80	96569.70	2591.10	2.61
1998	95168.30	97860.14	−2691.84	−2.83
1999	97500.00	99911.29	−2411.29	−2.47
2000	98855.10	93739.47	5115.63	5.17
2001	105028.80	107332.26	−2303.46	−2.19
2002	110732.20	120925.05	−10192.85	−9.20
2003	130992.40	134517.83	−3525.43	−2.69
2004	151615.60	148110.62	3504.98	2.31
2005	167785.90	161703.41	6082.49	3.63
2006	180625.90	175296.20	5329.70	2.95
2007	192135.80	188888.99	3246.81	1.69
2008	200103.90	202481.78	−2377.88	−1.19
2009	212279.70	216074.57	−3794.87	−1.79
2010	227437.70	229667.35	−2229.65	−0.98
2011	247393.90	243260.14	4133.76	1.67
2012	253863.70	256852.93	−2989.23	−1.18

从表 9.6 中得出中国煤炭生产总量的线性回归模型的平均相对误差为

2.72%，预测精度达到了97.28%，线性回归模型可以用来进行预测。

9.2.3　中国煤炭生产总量的定权重组合预测模型

分别把灰色预测模型 GM（1，1）和线性回归预测模型这两种模型的预测误差的标准差代入标准差优选组合预测模型的权重公式（9.13）中，计算得出权重分别为 $W_1 = 0.281$，$W_2 = 0.719$，根据权重得到定权重组合预测模型，如式（9.22）所示。

$$Y = 0.281Y_1 + 0.719Y_2 \qquad (9.22)$$

选取 1992 年到 2012 年的中国煤炭生产总量以及各单一模型的预测值，计算得出定权重组合预测的拟合值、绝对误差和相对误差率，计算结果如表 9.7 所示。

表 9.7　中国煤炭生产总量的定权重组合预测误差

年份	实际值 /万吨标煤	定权重组合模型拟合值 /万吨标煤	误差值 /万吨标煤	相对误差 /%
1992	79691.2	76365.45	3325.747	4.17
1993	82183.7	80473.36	1710.336	2.08
1994	88571.8	85159.31	3412.486	3.85
1995	97162.6	89548.33	7614.269	7.84
1996	99774.0	93164.19	6609.805	6.62
1997	99160.8	96064.22	3096.576	3.12
1998	95168.3	98795.51	-3627.210	-3.81
1999	97500.0	102195.9	-4695.900	-4.82
2000	98855.1	99814.13	-959.027	-0.97
2001	105028.8	111783	-6754.190	-6.43
2002	110732.2	123900.5	-13168.300	-11.89
2003	130992.4	136176.8	-5184.420	-3.96
2004	151615.6	148622.6	2993.001	1.97
2005	167785.9	161249.4	6536.541	3.90
2006	180625.9	174069.4	6556.549	3.63
2007	192135.8	187095.7	5040.135	2.62
2008	200103.9	200342.3	-238.373	-0.12
2009	212279.7	213824.1	-1544.400	-0.73
2010	227437.7	227557.1	-119.364	-0.05
2011	247393.9	241558.2	5835.714	2.36
2012	253863.7	255845.6	-1981.920	-0.78

进而对中国煤炭生产总量的定权重组合预测模型进行精度检验，从相对误差来看，平均相对误差为 3.61%，小于灰色预测模型的 8.62%，大于线性回归模型的 2.72%，虽然定权重组合预测模型的预测精度达到 96.39%，但并没有优于线性曲线回归模型，因此不适合对中国煤炭生产总量进行预测。

9.2.4　中国煤炭生产总量的变权重组合预测模型

上述分别应用了灰色系统 GM (1，1) 模型、线性模型以及定权重组合预测模型对中国煤炭生产总量进行了长期预测，但由于是从不同的角度进行的预测以致预测的精度不同，为了更全面更准确地反应中国煤炭生产总量的信息，在此采用变权重组合预测模型进行预测，经过计算得出 1992 年到 2030 年中国煤炭生产总量的灰色系统模型和线性回归模型的权重，如表 9.8 所示。

表 9.8　中国煤炭生产总量变权重组合预测模型权重

年份	灰色系统模型权重	线性回归模型权重	年份	灰色系统模型权重	线性回归模型权重
1992	0.000	1.000	2012	0.834	0.166
1993	0.118	0.882	2013	0.156	0.844
1994	0.000	1.000	2014	0.163	0.837
1995	0.000	1.000	2015	0.165	0.835
1996	0.000	1.000	2016	0.173	0.827
1997	0.000	1.000	2017	0.181	0.819
1998	0.000	1.000	2018	0.190	0.810
1999	0.000	1.000	2019	0.199	0.801
2000	0.237	0.763	2020	0.209	0.791
2001	0.000	1.000	2021	0.219	0.781
2002	0.000	1.000	2022	0.218	0.782
2003	0.000	1.000	2023	0.228	0.772
2004	1.000	0.000	2024	0.239	0.761
2005	0.000	1.000	2025	0.250	0.750
2006	0.000	1.000	2026	0.215	0.785
2007	0.000	1.000	2027	0.225	0.775
2008	0.312	0.688	2028	0.236	0.764
2009	0.474	0.526	2029	0.247	0.753
2010	0.297	0.703	2030	0.244	0.756
2011	0.000	1.000			

将求出的权重分别乘以各自的预测值得出中国煤炭生产总量的变权重组合预测值，如表 9.9 所示，其中包括 1992 年到 2012 年中国煤炭生产总量的实际值、变权重组合模型拟合值、误差值和相对误差率。

表9.9　中国煤炭生产总量变权重组合预测模型误差

年份	实际值/万吨标煤	拟合值/万吨标煤	误差值/万吨标煤	相对误差/%
1992	79691.2	79520.1	171.1	0.21
1993	82183.7	82183.7	0.0	0.00
1994	88571.8	88013.1	558.7	0.63
1995	97162.6	92056.7	5105.9	5.25
1996	99774.0	94885.5	4888.5	4.90
1997	99160.8	96569.7	2591.1	2.61
1998	95168.3	97860.1	-2691.8	-2.83
1999	97500.0	99911.3	-2411.3	-2.47
2000	98855.1	98855.1	0.0	0.00
2001	105028.8	107332.3	-2303.5	-2.19
2002	110732.2	120925.0	-10192.8	-9.20
2003	130992.4	134517.8	-3525.4	-2.69
2004	151615.6	149932.8	1682.8	1.11
2005	167785.9	161703.4	6082.5	3.63
2006	180625.9	175296.2	5329.7	2.95
2007	192135.8	188889.0	3246.8	1.69
2008	200103.9	200103.9	0.0	0.00
2009	212279.7	212279.7	0.0	0.00
2010	227437.7	227437.7	0.0	0.00
2011	247393.9	243260.1	4133.8	1.67
2012	253863.7	253863.7	0.0	0.00

　　从表9.9中得出变权重组合预测模型的平均相对误差为2.10%，既小于灰色预测模型的8.62%，也小于线性回归模型的2.72%，预测精度达到了97.9%，充分提高了预测精度，因此变权重组合预测模型较灰色系统GM（1，1）模型、线性模型以及定权重组合预测模型更适合用来进行预测。2013年到2030年的中国煤炭生产总量预测值如表9.10所示。

表9.10　中国煤炭生产总量变权重组合模型预测结果

年份	中国煤炭生产总量预测值/万吨标煤	年份	中国煤炭生产总量预测值/万吨标煤	年份	中国煤炭生产总量预测值/万吨标煤
2013	285946	2019	367568	2025	451650
2014	299785	2020	381152	2026	466503
2015	313425	2021	394719	2027	481550
2016	326824	2022	408600	2028	496778
2017	340361	2023	422723	2029	512170
2018	353956	2024	437077	2030	527711

9.3　中国石油生产总量预测

9.3.1　中国石油产量的 GM（1，1）预测模型

将从中国统计年鉴上整理得到的 1990 年到 2012 年中国石油生产总量的数据（单位：万吨标煤）$X(2)$ =（19745.2，20130，20271.4，20768，20896.3，21419.6，22482.4，22955.1，22980.6，22824.8，23228.3，23451.6，23803.6，24238.7，25170.9，25946.3，26234.9，26706.1，27358，27187.2，29097.8，28936.8，29534.5）代入式（9.1）进行一次累加生成新的数据序列 $X^{(1)}$，然后将 $X^{(0)}$ 与 $X^{(1)}$ 分别代入式（9.2）构造累加矩阵 $\boldsymbol{B}$ 与常数项向量 $\boldsymbol{Y}_N$，进而根据式（9.3）运用最小二乘法求解得出发展灰数 $\hat{a}$，最后将发展灰数代入式（9.4）得出时间函数，并根据式（9.5）对 $\hat{X}^{(1)}$ 求导还原得到最终的 GM（1，1）灰色预测模型以及中国石油生产总量的分析结果，其中包括 1991~2012 年中国石油生产总量的实际值、拟合值、误差值、相对误差，见表 9.11。

表 9.11　中国石油生产总量的 GM（1，1）预测误差

年份	实际值/万吨标煤	拟合值/万吨标煤	误差值/万吨标煤	相对误差/%
1991	20130.0	19930.02	199.98	0.99
1992	20271.4	20300.18	-28.78	-0.14
1993	20768.0	20677.23	90.78	0.44
1994	20896.3	21061.27	-164.97	-0.79
1995	21419.6	21452.45	-32.85	-0.15
1996	22482.4	21850.89	631.51	2.81
1997	22955.1	22256.74	698.36	3.04
1998	22980.6	22670.12	310.48	1.35
1999	22824.8	23091.18	-266.38	-1.17
2000	23228.3	23520.06	-291.76	-1.26
2001	23451.6	23956.91	-505.31	-2.15
2002	23803.6	24401.87	-598.27	-2.51
2003	24238.7	24855.10	-616.40	-2.54
2004	25170.9	25316.74	-145.84	-0.58
2005	25946.3	25786.96	159.34	0.61
2006	26234.9	26265.91	-31.01	-0.12
2007	26706.1	26753.75	-47.65	-0.18
2008	27358.0	27250.66	107.34	0.39

续表 9.11

年份	实际值/万吨标煤	拟合值/万吨标煤	误差值/万吨标煤	相对误差/%
2009	27187.2	27756.80	-569.60	-2.10
2010	29097.8	28272.33	825.47	2.84
2011	28936.8	28797.45	139.35	0.48
2012	29534.5	29332.31	202.16	0.68

设中国石油生产总量的 GM(1, 1) 模型的参数分别为 a、b，计算得出 $a =$ -0.018，$b = 19383.82$，得出模型为：

$$x(t + 1) = 1073042.603202e^{0.018403t} + 1053297.403202 \quad (9.23)$$

由于 GM(1, 1) 模型的建立与发展灰数 a 密切相关，只有当 $|a| < 2$ 时进行预测才有意义，由于此模型的 $|a| = 0.018403$，因此适合进行中长期预测。接着对模型进行精度检验，从相对误差来看，平均相对误差为 1.24%，预测精度达到 98.76%。运用后验差 $C = S_2/S_1$ 和小误差概率 P 进行精度检验，S_1 为数据的标准差，S_2 为残差的标准差，经过计算得到我国石油生产总量 GM(1, 1) 模型的 $C = 0.1321$，$P = 1.0000$，可见其模型精度达到了一级精度水平，模型评价为：很好。说明能客观地反映我国石油生产总量的动态变化趋势，此模型适合对我国石油生产总量进行预测。

9.3.2 中国石油产量的回归预测模型

9.3.2.1 构建中国石油生产总量回归模型

将从中国统计年鉴上整理得到的 1990 年到 2012 年的中国石油生产总量的数据（单位：万吨标煤）按照回归分析的步骤，因变量选择中国石油生产总量，自变量选择时间，模型选项中选择线性、对数、二次、三次、幂、指数模型，从而得出模型汇总和参数估计值，如表 9.12 所示。

表 9.12 模型汇总和参数估计值

方程	模型汇总					参数估计值			
	R^2	F	df_1	df_2	Sig.	常数	b_1	b_2	b_3
线性	0.975	824.346	1	21	0.000	18879.32	438.926		
对数	0.789	78.668	1	21	0.000	16875.05	3240.703		
二次	0.985	668.032	2	20	0.000	19634.13	257.772	7.548	
三次	0.987	464.783	3	19	0.000	19267.93	423.500	-9.353	0.469
幂	0.828	100.954	1	21	0.000	17643.43	0.137		
指数	0.984	1258.855	1	21	0.000	19280.68	0.018		

　　从表 9.12 所示的六种模型的拟合优度汇总可以得出，按照对数回归模型、幂回归模型、线性回归模型、指数回归模型、二次曲线回归模型、三次曲线回归模型的顺序，作为衡量回归直线对观测值拟合程度的可决系数 R 方越来越大，并且估计值的标准误则越来越小。其中，线性回归模型、二次曲线回归模型、三次曲线回归模型、指数回归模型的可决系数 R 方都大于 0.97，说明这三个模型的拟合程度都非常好。如果只根据模型的拟合优度来确定最佳回归模型，则应当选择这几个曲线回归模型，但是不能单纯地根据模型的拟合优度高低来决定最佳模型，还需要考虑模型方程以及方程系数是否通过了显著性检验来决定最佳模型。从表 9.12 所示的线性、二次、三次、指数回归模型汇总可以得出，这三个模型通过进行 F 检验，得出其对应的 F 检验的概率 P 值都为 0.000，小于显著性水平 0.05，说明这四个模型方程都通过了显著性检验。进而需要对线性、二次、三次、指数模型回归系数进行显著性检验，其回归系数检验如表 9.13 所示。

表 9.13　线性、二次、三次、指数回归模型系数

模型		非标准化系数		标准化系数	t	Sig.
		B	标准误	Beta		
线性	t	438.926	15.288	0.988	28.711	0.000
	常数	18879.323	209.612		90.068	0.000
二次	t	257.772	50.431	0.580	5.111	0.000
	t^2	7.548	2.040	0.420	3.700	0.001
	常数	19634.131	262.707		74.738	0.000
三次	t	423.500	131.635	0.953	3.217	0.005
	t^2	−9.353	12.603	−0.520	−0.742	0.467
	t^3	0.469	0.346	0.586	1.358	0.190
	常数	19267.933	372.701		51.698	0.000
指数	t	0.018	0.001	0.992	35.480	0.000
	常数	19280.677	135.141		142.671	0.000

　　从表 9.13 的线性、二次、三次、指数回归模型系数可以看出，该表给出了各回归方程的系数值与其进行 t 检验的结果。从表中可以看出，三次曲线回归方程的系数项的 t 检验对应的概率值 P 大于 0.05，说明没有通过显著性检验，即三次曲线回归方程没有通过系数的显著性检验。对于线性、二次和指数曲线方程的系数全部通过了 t 检验，但由于二次方程的可决系数 R 方为 0.985 大于线性和指数的可决系数 R 方，说明二次曲线方程的自变量时间可以解释因变量中国石油生产总量 98.5%的信息，因此选择二次曲线回归模型为最佳模型，其回归方程如式 (9.24) 所示，因变量中国石油生产总量用 y_2 表示，自变量时间用 t 表示。

$$y_2 = 19634.131 + 257.772t + 7.548t^2 \tag{9.24}$$

9.3.2.2 中国石油生产总量回归模型的检验与修正

模型的异方差检验和自相关检验是回归模型通过显著性检验之后的重要步骤，然而对于一元回归方程来说不会存在异方差问题，因此此时我们只要进行自相关检验以及对检验结果实施补救措施即可。

将中国石油生产总量的数据导入 Eviews 6.0 软件中，建立了中国石油生产总量与时间 t 的二次曲线模型，得出整个模型的拟合效果很好，但是 Durbin-Watson 值为 1.484047，还需对方程进行自相关问题检验。然后对模型选用 LM 拉格朗日乘数进行自相关检验，按照【View】→【Residual Tests】→【Serial Correlation LM Test】的步骤，得出结果如图 9.2 所示。

Breusch–Godfrey Serial Correlation LM Test:

F–statistic	0.629848	Prob.F(2,18)	0.5440
Obs*R–squared	1.504333	Prob.Chi–Square(2)	0.4713

Test Equation:
Dependent Variable：RESID
Method：Least Squares

图 9.2 LM 检验结果图

当 LM 检验的 Obs * R-squared 统计量的 p 值小于显著性水平 0.05 时，说明此时残差存在自相关问题，当 p 值大于 0.05 时，说明残差不存在自相关问题。从图可以看出 Obs * R-squared 统计量的 p 值为 0.4713，大于 0.05，说明不存在自相关问题。可以使用二次回归模型进行我国石油生产总量预测。

9.3.2.3 中国石油生产总量回归模型的预测结果

1990 年到 2012 年中国石油生产总量的二次回归预测误差包括实际值、拟合值、误差值和相对误差率，如表 9.14 所示。

表 9.14 中国石油生产总量的二次曲线模型误差

年份	实际值/万吨标煤	拟合值/万吨标煤	误差值/万吨标煤	相对误差/%
1990	19745.2	19899.45	−154.25	−0.78
1991	20130.0	20179.87	−49.87	−0.25
1992	20271.4	20475.38	−203.98	−1.01
1993	20768.0	20785.99	−17.99	−0.09
1994	20896.3	21111.69	−215.39	−1.03
1995	21419.6	21452.50	−32.90	−0.15
1996	22482.4	21808.39	674.01	3.00

年份	实际值/万吨标煤	拟合值/万吨标煤	误差值/万吨标煤	相对误差/%
1997	22955.1	22179.39	775.71	3.38
1998	22980.6	22565.48	415.12	1.81
1999	22824.8	22966.66	-141.86	-0.62
2000	23228.3	23382.94	-154.64	-0.67
2001	23451.6	23814.32	-362.72	-1.55
2002	23803.6	24260.80	-457.20	-1.92
2003	24238.7	24722.37	-483.67	-2.00
2004	25170.9	25199.03	-28.13	-0.11
2005	25946.3	25690.80	255.50	0.98
2006	26234.9	26197.66	37.24	0.14
2007	26706.1	26719.61	-13.51	-0.05
2008	27358.0	27256.66	101.34	0.37
2009	27187.2	27808.81	-621.61	-2.29
2010	29097.8	28376.05	721.75	2.48
2011	28936.8	28958.39	-21.59	-0.07
2012	29534.5	29555.83	-21.36	-0.07

　　从表 9.14 中得出中国石油生产总量的二次曲线模型的平均相对误差为 1.08%，预测精度达到了 98.92%，可以用来进行预测。

9.3.3　中国石油生产总量的定权重组合预测模型

　　分别把灰色预测模型 GM(1,1) 和二次曲线回归预测模型这两种模型的预测误差的标准差代入标准差优选组合预测模型的权重公式 (9.13) 中，计算得出权重分别为 $W_1 = 0.4787$，$W_2 = 0.5213$，根据权重得到定权重组合预测模型如下：

$$Y = 0.4787Y_1 + 0.5213Y_2 \tag{9.25}$$

　　选取 1991 年到 2012 年的中国石油生产总量以及各单一模型的预测值，计算得出定权重组合预测的预测值、绝对误差和相对误差率，计算结果如表 9.15 所示。

表 9.15　中国石油生产总量的定权重组合预测误差

年份	实际值/万吨标煤	定权重组合模型拟合值/万吨标煤	误差值/万吨标煤	相对误差/%
1991	20130.0	20060.25	69.75	0.35

年份	实际值 /万吨标煤	定权重组合模型拟合值 /万吨标煤	误差值 /万吨标煤	相对误差 /%
1992	20271.4	20391.51	−120.11	−0.59
1993	20768.0	20733.92	34.08	0.16
1994	20896.3	21087.55	−191.26	−0.92
1995	21419.6	21452.47	−32.87	−0.15
1996	22482.4	21828.74	653.66	2.91
1997	22955.1	22216.42	738.68	3.22
1998	22980.6	22615.57	365.03	1.59
1999	22824.8	23026.27	−201.48	−0.88
2000	23228.3	23448.59	−220.29	−0.95
2001	23451.6	23882.58	−430.99	−1.84
2002	23803.6	24328.33	−524.73	−2.20
2003	24238.7	24785.91	−547.21	−2.26
2004	25170.9	25255.38	−84.48	−0.34
2005	25946.3	25736.83	209.47	0.81
2006	26234.9	26230.33	4.57	0.02
2007	26706.1	26735.96	−29.86	−0.11
2008	27358.0	27253.79	104.21	0.38
2009	27187.2	27783.91	−596.71	−2.19
2010	29097.8	28326.40	771.40	2.65
2011	28936.8	28881.34	55.46	0.19
2012	29534.5	29448.82	85.65	0.29

　　进而对中国石油生产总量的定权重组合预测模型进行精度检验，从相对误差来看，平均相对误差为 1.14%，小于灰色预测模型的 1.24%，大于二次曲线回归模型的 1.08%。虽然定权重组合预测模型的预测精度达到 98.86%，但并没有优于二次曲线回归模型，因此不适合对中国石油生产总量进行预测。

9.3.4　中国石油生产总量的变权重组合预测模型

　　上述分别应用了灰色系统 GM（1，1）模型、二次曲线模型以及定权重组合预测模型对中国石油生产总量进行了长期预测，但由于是从不同的角度进行的预测以致预测的精度不同，为了更全面、更准确地反应中国石油生产总量的信息，在此采用变权重组合预测模型进行预测，经过计算得出灰色系统模型和二次曲线模型的权重，分别如表 9.16 所示。

表 9.16　中国石油生产总量变权重组合预测模型权重

年份	灰色系统模型权重	二次曲线模型权重	年份	灰色系统模型权重	二次曲线模型权重
1991	0.200	0.800	2011	0.415	0.585
1992	1.000	0.000	2012	0.425	0.575
1993	0.165	0.835	2013	0.399	0.601
1994	1.000	0.000	2014	0.410	0.590
1995	1.000	0.000	2015	0.383	0.617
1996	1.000	0.000	2016	0.355	0.645
1997	1.000	0.000	2017	0.326	0.674
1998	1.000	0.000	2018	0.295	0.705
1999	0.000	1.000	2019	0.263	0.737
2000	0.000	1.000	2020	0.275	0.725
2001	0.000	1.000	2021	0.287	0.713
2002	0.000	1.000	2022	0.300	0.700
2003	0.000	1.000	2023	0.314	0.686
2004	0.000	1.000	2024	0.328	0.672
2005	1.000	0.000	2025	0.343	0.657
2006	0.546	0.454	2026	0.313	0.687
2007	0.000	1.000	2027	0.303	0.697
2008	0.000	1.000	2028	0.317	0.683
2009	1.000	0.000	2029	0.415	0.585
2010	0.000	1.000	2030	0.425	0.575

　　将求出的权重分别乘以各自的预测值得出中国石油生产总量的变权重组合预测值，如表 9.17 所示，其中包括 1991 年到 2012 年中国石油生产总量的实际值、变权重组合模型拟合值、误差值和相对误差率。

表 9.17　中国石油生产总量变权重组合预测模型误差

年份	实际值/万吨标煤	拟合值/万吨标煤	误差值/万吨标煤	相对误差/%
1991	20130.0	20130.00	0.00	0.00
1992	20271.4	20300.18	−28.78	−0.14
1993	20768.0	20768.00	0.00	0.00
1994	20896.3	21061.27	−164.98	−0.79
1995	21419.6	21452.45	−32.85	−0.15
1996	22482.4	21850.89	631.51	2.81

年份	实际值/万吨标煤	拟合值/万吨标煤	误差值/万吨标煤	相对误差/%
1997	22955.1	22256.74	698.36	3.04
1998	22980.6	22670.12	310.48	1.35
1999	22824.8	22966.66	-141.86	-0.62
2000	23228.3	23382.94	-154.64	-0.67
2001	23451.6	23814.32	-362.72	-1.55
2002	23803.6	24260.80	-457.20	-1.92
2003	24238.7	24722.37	-483.67	-2.00
2004	25170.9	25199.03	-28.13	-0.11
2005	25946.3	25786.96	159.34	0.61
2006	26234.9	26234.90	0.00	0.00
2007	26706.1	26719.61	-13.51	-0.05
2008	27358.0	27256.66	101.34	0.37
2009	27187.2	27756.80	-569.60	-2.10
2010	29097.8	28376.05	721.75	2.48
2011	28936.8	28936.80	0.00	0.00
2012	29534.5	29534.47	0.00	0.00

从表 9.17 得出变权重组合预测模型的平均相对误差为 0.94%，既小于灰色预测模型的 1.24%，也小于二次曲线回归模型的 1.08%，预测精度达到了 99.06%，充分提高了预测精度，因此变权重组合预测模型较灰色系统 GM（1，1）模型、二次曲线模型以及定权重组合预测模型更适合用来进行预测。预测出 2013 年到 2030 年的中国石油生产总量预测值如表 9.18 所示。

表 9.18　中国石油生产总量变权重组合模型预测结果

年份	中国石油生产总量预测值/万吨标煤	年份	中国石油生产总量预测值/万吨标煤	年份	中国石油生产总量预测值/万吨标煤
2013	30047.35	2019	33901.58	2025	38245.30
2014	30641.20	2020	34615.11	2026	38995.26
2015	31262.50	2021	35350.23	2027	39755.13
2016	31881.99	2022	36057.74	2028	40606.09
2017	32535.82	2023	36776.26	2029	41441.92
2018	33208.76	2024	37505.54	2030	42245.39

9.4　中国天然气生产总量预测

9.4.1　中国天然气产量的 GM（1，1）预测模型

将从中国能源统计年鉴上整理得到的 1990 年到 2012 年中国天然气生产总量

的数据（单位：万吨标煤）$X(3)$ = （2078.4, 2096.9, 2145.1, 2221.2, 2255.9, 2451.6, 2660.6, 2802.7, 2856.3, 3298.4, 3646.3, 4028.5, 4369, 4641.5, 5506.1, 6486.6, 7893.7, 9149.3, 10656.6, 11259.3, 12470.5, 13673.4, 14269.46）代入式（9.1）进行一次累加生成新的数据序列 $X^{(1)}$，然后将 $X^{(0)}$ 与 $X^{(1)}$ 分别代入式（9.2）构造累加矩阵 $\boldsymbol{B}$ 与常数项向量 $\boldsymbol{Y}_N$，进而根据式（9.3）运用最小二乘法求解得出发展灰数 $\hat{a}$，最后将发展灰数代入式（9.4）得出时间函数，并根据式（9.5）对 $\hat{X}^{(1)}$ 求导还原得到最终的 GM(1, 1) 灰色预测模型以及中国天然气生产总量的分析结果，其中包括 1991~2012 年中国天然气生产总量的实际值、拟合值、误差值、相对误差，见表 9.19。

表 9.19　中国天然气生产总量的 GM（1, 1）预测误差

年份	实际值/万吨标煤	拟合值/万吨标煤	误差值/万吨标煤	相对误差/%
1991	2096.9	1345.97	750.93	35.81
1992	2145.1	1506.03	639.07	29.79
1993	2221.2	1685.12	536.08	24.13
1994	2255.9	1885.51	370.39	16.42
1995	2451.6	2109.73	341.87	13.94
1996	2660.6	2360.62	299.98	11.28
1997	2802.7	2641.34	161.36	5.76
1998	2856.3	2955.44	99.14	−3.47
1999	3298.4	3306.89	8.49	−0.26
2000	3646.3	3700.14	53.84	−1.48
2001	4028.5	4140.16	111.66	−2.77
2002	4369.0	4632.49	263.49	−6.03
2003	4641.5	5183.38	541.88	−11.67
2004	5506.1	5799.78	293.68	−5.33
2005	6486.6	6489.47	2.87	−0.04
2006	7893.7	7261.19	632.51	8.01
2007	9149.3	8124.67	1024.63	11.20
2008	10656.6	9090.84	1565.76	14.69
2009	11259.3	10171.90	1087.40	9.66
2010	12470.5	11381.52	1088.98	8.73
2011	13673.4	12734.99	938.41	6.86
2012	14269.5	14249.41	20.05	0.14

设中国天然气生产总量的 GM（1，1）模型的参数分别为 a、b，计算得出 $a = -0.112$，$b = 1038.23$，得出模型为：

$$x(t + 1) = 11318.471013e^{0.112362t} + 9240.071013 \qquad (9.26)$$

由于 GM（1，1）模型的建立与发展灰数 a 密切相关，只有当 $|a| < 2$ 时进行预测才有意义，由于此模型的 $|a| = 0.112362$，因此适合进行中长期预测。接着对模型进行精度检验，从相对误差来看，平均相对误差为 10.34%，预测精度达到 89.66%。运用后验差 $C = S_2 / S_1$ 和小误差概率 P 进行精度检验，S_1 为数据的标准差，S_2 为残差的标准差，经过计算得到我国天然气生产总量 GM（1，1）模型的 $C = 0.1333$，$P = 1.0000$，可见其模型精度达到了一级精度水平，模型评价为：很好。说明能客观地反映我国天然气生产总量的动态变化趋势，此模型适合对我国天然气生产总量进行预测。

9.4.2 中国天然气产量的回归预测模型

9.4.2.1 中国天然气生产总量回归模型的选择与建立

将从中国能源统计年鉴上整理得到的 1990 年到 2012 年中国天然气生产总量的数据（单位：万吨标煤）按照曲线回归的步骤，因变量选择中国天然气生产总量，自变量选择时间，模型选项中选择线性、对数、二次、三次、幂、指数模型，从而得出模型汇总和参数估计值，如表 9.20 所示。

表 9.20　模型汇总和参数估计值

方程	模型汇总					参数估计值			
	R^2	F	df_1	df_2	Sig.	常数	b_1	b_2	b_3
线性	0.856	125.020	1	21	0.000	-936.604	559.635		
对数	0.555	26.161	1	21	0.000	-2515.625	3696.745		
二次	0.991	1144.974	2	20	0.000	2821.839	-342.391	37.584	
三次	0.992	780.548	3	19	0.000	2481.330	-188.289	21.869	0.437
幂	0.715	52.764	1	21	0.000	971.597	0.694		
指数	0.962	524.651	1	21	0.000	1421.341	0.098		

从表 9.20 所示的六种模型的拟合优度汇总可以得出，按照对数回归模型、幂回归模型、线性回归模型、指数回归模型、二次曲线回归模型、三次曲线回归模型的顺序，作为衡量回归直线对观测值拟合程度的可决系数 R 方越来越大，并且估计值的标准误则越来越小。其中，二次曲线回归模型、三次曲线回归模型、指数回归模型的可决系数 R 方都大于 0.96，说明这三个模型的拟合程度都非常好。如果只根据模型的拟合优度来确定最佳回归模型，则应当选择二次或三次曲线回归模型，但是不能单纯地根据模型的拟合优度高低来决定最佳模型，还需要

考虑模型方程以及方程系数是否通过了显著性检验来决定最佳模型。从表 9.20 的二次、三次、指数回归模型汇总可以得出，这三个模型通过进行 F 检验，得出其对应的 F 检验的概率 P 值都为 0.000，小于显著性水平 0.05，说明这三个模型方程都通过了显著性检验。进而需要对二次、三次、指数模型回归系数进行显著性检验，其回归系数检验如表 9.21 所示。

表 9.21　二次、三次、指数模型回归系数

模型		非标准化系数		标准化系数	t	Sig.
		B	标准误	Beta		
二次	t	−342.391	52.578	−0.566	−6.512	0.000
	t^2	37.584	2.127	1.536	17.669	0.000
	常数	2821.839	273.891		10.303	0.000
三次	t	−188.289	138.595	−0.311	−1.359	0.190
	t^2	21.869	13.269	0.894	1.648	0.116
	t^3	0.437	0.364	0.400	1.200	0.245
	常数	2481.330	392.407		6.323	0.000
指数	t	0.098	0.004	0.981	22.905	0.000
	常数	1421.341	83.373		17.048	0.000

从表 9.21 所示的二次、三次、指数模型回归系数可以看出，该表给出了各回归方程的系数值与其进行 t 检验的结果。从表中可以看出，三次曲线回归方程的系数项的 t 检验对应的概率值 P 大于 0.05，说明没有通过显著性检验，即三次曲线回归方程没有通过系数的显著性检验。对于二次和指数曲线方程的系数全部通过了 t 检验，但由于二次方程的可决系数 R 方为 0.991，大于指数方程的 0.962，说明二次曲线方程的自变量时间可以解释因变量中国天然气生产总量 99.1%的信息，因此选择二次曲线回归模型为最佳模型，其回归方程如式 (9.27) 所示。因变量中国天然气生产总量用 y_3 表示，自变量时间用 t 表示。

$$y_3 = 2821.839 - 342.391t + 37.584t^2 \tag{9.27}$$

9.4.2.2　中国天然气生产总量回归模型的检验与修正

模型的异方差检验和自相关检验是回归模型通过显著性检验之后的重要步骤，然而对于一元回归方程来说不会存在异方差问题，因此此时只要进行自相关检验以及对检验结果实施补救措施即可。

将中国天然气生产总量的数据导入 Eviews 6.0 软件中，建立了中国天然气生产总量与时间 t 的二次曲线模型，得出整个模型的拟合效果很好，但是 Durbin-Watson 值为 0.594277，偏低，说明方程的随机误差项可能存在自相关问题。然后对模型选用 LM 拉格朗日乘数进行自相关检验，按照【View】→【Residual

Tests】→【Serial Correlation LM Test】的步骤，得出结果如图9.3所示。

Breusch–Godfrey Serial Correlation LM Test:

F–statistic	9.492441	Prob.F(2,18)	0.0015
Obs*R–squared	11.80624	Prob.Chi–Square(2)	0.0027

Test Equation:
Dependent Variable:RESID
Method:Least Squares

图9.3　LM检验结果图

当LM检验的 Obs*R-squared 统计量的 p 值小于显著性水平0.05时，说明此时残差存在自相关问题，当 p 值大于0.05时，说明残差不存在自相关问题。从图可以看出 Obs*R-squared 统计量的 p 值为0.0027，小于0.05，说明存在自相关问题。此时，采用最小二乘法（GLS）对自相关问题进行补救，首先选择【Quick】→【Equation Estimation】重写方程为 yct T^2ar（1），LM检验对应的 Obs*R-squared 统计量的 p 值为0.0611，大于0.05，说明已经消除了自相关问题，而且各系数均通过了显著性检验，结果如图9.4所示。

Breusch–Godfrey Serial Correlation LM Test:

F–statistic	2.726055	Prob.F(2,16)	0.0958
Obs*R–squared	5.591357	Prob.Chi–Square(2)	0.0611

(a)

Variable	Coefficient	Std.Error	t–Statistic	Prob.
C	3482.915	1337.648	2.603760	0.0180
T	−393.7486	183.9373	−2.140668	0.0462
T^2	38.03271	6.086914	6.248274	0.0000
AR(1)	0.713127	0.175957	4.052855	0.0007

(b)

图9.4　二次曲线最终结果图

最后在拟合方程时，设因变量中国天然气生产总量为 y_3，自变量为时间 t，得出方程为：

$$y_3 = 3482.915 - 393.7486t + 38.0327t^2 + [AR(1) = 0.713]$$

9.4.2.3　中国天然气生产总量回归模型的预测结果

1991年到2012年中国天然气生产总量的二次回归预测误差包括实际值、拟合值、误差值和相对误差率，如表9.22所示。

表9.22　中国天然气生产总量的二次曲线模型误差

年份	实际值/万吨标煤	拟合值/万吨标煤	误差值/万吨标煤	相对误差/%
1991	2096.9	1345.97	−2.72	−0.13

续表 9. 22

年份	实际值/万吨标煤	拟合值/万吨标煤	误差值/万吨标煤	相对误差/%
1992	2145. 1	1506. 03	34. 50	1. 61
1993	2221. 2	1685. 12	85. 11	3. 83
1994	2255. 9	1885. 51	62. 15	2. 76
1995	2451. 6	2109. 73	155. 43	6. 34
1996	2660. 6	2360. 62	208. 26	7. 83
1997	2802. 7	2641. 34	134. 05	4. 78
1998	2856. 3	2955. 44	−93. 38	−3. 27
1999	3298. 4	3306. 89	−0. 27	−0. 01
2000	3646. 3	3700. 14	−71. 66	−1. 97
2001	4028. 5	4140. 16	−180. 70	−4. 49
2002	4369. 0	4632. 49	−404. 57	−9. 26
2003	4641. 5	5183. 38	−770. 41	−16. 60
2004	5506. 1	5799. 78	−618. 72	−11. 24
2005	6486. 6	6489. 47	−426. 13	−6. 57
2006	7893. 7	7261. 19	117. 75	1. 49
2007	9149. 3	8124. 67	434. 61	4. 75
2008	10656. 6	9090. 84	927. 49	8. 70
2009	11259. 3	10171. 90	439. 97	3. 91
2010	12470. 5	11381. 52	485. 09	3. 89
2011	13673. 4	12734. 99	445. 99	3. 26
2012	14269. 5	14249. 41	−275. 93	−1. 93

从表 9. 22 中得出中国天然气生产总量的二次回归模型平均相对误差为 4. 94%，预测精度达到了 95. 06%，可以用来进行预测。

9. 4. 3　中国天然气生产总量的定权重组合预测模型

分别把灰色预测模型 GM（1，1）和二次曲线回归预测模型这两种模型的预测误差的标准差代入标准差优选组合预测模型的权重公式（9. 13）中，计算得出权重分别为 $W_1 = 0. 4028$，$W_2 = 0. 5972$，根据权重得到定权重组合预测模型如下：

$$Y = 0. 4028Y_1 + 0. 5972Y_2 \tag{9. 28}$$

选取 1991 年到 2012 年的中国天然气生产总量以及各单一模型的预测值，计算得出定权重组合预测的拟合值、绝对误差和相对误差，计算结果如表 9. 23 所示。

表 9.23　中国天然气生产总量的定权重组合预测误差

年份	实际值 /万吨标煤	定权重组合模型拟合值 /万吨标煤	误差值 /万吨标煤	相对误差 /%
1991	2096.9	1785.48	311.42	14.85
1992	2145.1	1858.59	286.51	13.36
1993	2221.2	1948.11	273.09	12.29
1994	2255.9	2065.27	190.64	8.45
1995	2451.6	2218.46	233.14	9.51
1996	2660.6	2414.11	246.49	9.26
1997	2802.7	2657.27	145.43	5.19
1998	2856.3	2952.08	−95.78	−3.35
1999	3298.4	3302.10	−3.70	−0.11
2000	3646.3	3710.54	−64.24	−1.76
2001	4028.5	4180.42	−151.92	−3.77
2002	4369.0	4714.77	−345.77	−7.91
2003	4641.5	5316.65	−675.15	−14.55
2004	5506.1	5989.33	−483.23	−8.78
2005	6486.6	6736.31	−249.71	−3.85
2006	7893.7	7561.39	332.32	4.21
2007	9149.3	8468.75	680.55	7.44
2008	10656.6	9463.06	1193.54	11.20
2009	11259.3	10549.46	709.84	6.30
2010	12470.5	11733.69	736.81	5.91
2011	13673.4	13022.16	651.24	4.76
2012	14269.5	14422.01	−152.55	−1.07

　　进而对中国天然气生产总量的定权重组合预测模型进行精度检验，从相对误差来看，平均相对误差为 7.18%，小于灰色预测模型的 10.34%，大于二次曲线回归模型的 4.94%。虽然定权重组合预测模型的预测精度达到 92.82%，但并没有优于二次曲线回归模型，因此不适合对中国天然气生产总量进行预测。

9.4.4　中国天然气生产总量的变权重组合预测模型

　　上述分别应用了灰色系统 GM (1, 1) 模型和二次曲线模型对中国天然气生产总量进行了长期预测，但由于是从不同的角度进行的预测以致预测的精度不同，为了更全面、更准确地反应中国天然气生产总量的信息，在此采用变权重组合预测模型进行预测，经过计算得出 1991 年到 2030 年灰色系统模型和二次曲线的权重，分别如表 9.24 所示。

表 9. 24　中国天然气生产总量变权重组合预测模型权重

年份	灰色系统模型权重	二次曲线模型权重	年份	灰色系统模型权重	二次曲线模型权重
1991	0.004	0.996	2011	0.000	1.000
1992	0.000	1.000	2012	0.932	0.068
1993	0.000	1.000	2013	0.315	0.685
1994	0.000	1.000	2014	0.329	0.671
1995	0.000	1.000	2015	0.344	0.656
1996	0.000	1.000	2016	0.360	0.640
1997	0.000	1.000	2017	0.376	0.624
1998	0.000	1.000	2018	0.394	0.606
1999	0.000	1.000	2019	0.411	0.589
2000	1.000	0.000	2020	0.430	0.570
2001	1.000	0.000	2021	0.450	0.550
2002	1.000	0.000	2022	0.470	0.530
2003	1.000	0.000	2023	0.446	0.554
2004	1.000	0.000	2024	0.421	0.579
2005	1.000	0.000	2025	0.395	0.605
2006	0.000	1.000	2026	0.367	0.633
2007	0.000	1.000	2027	0.338	0.662
2008	0.000	1.000	2028	0.308	0.692
2009	0.000	1.000	2029	0.322	0.678
2010	0.000	1.000	2030	0.337	0.663

　　将求出的权重分别乘以各自的预测值得出中国天然气生产总量的变权重组合预测值，如表 9.25 所示，其中包括中国天然气生产总量的实际值、变权重组合模型拟合值、误差值和相对误差率。

表 9. 25　中国天然气生产总量变权重组合预测模型误差

年份	实际值/万吨标煤	拟合值/万吨标煤	误差值/万吨标煤	相对误差/%
1991	2096.9	2096.90	0.00	0.00
1992	2145.1	2110.60	34.50	1.61
1993	2221.2	2136.09	85.11	3.83
1994	2255.9	2193.75	62.15	2.76
1995	2451.6	2296.17	155.43	6.34

年份	实际值/万吨标煤	拟合值/万吨标煤	误差值/万吨标煤	相对误差/%
1996	2660.6	2452.34	208.26	7.83
1997	2802.7	2668.65	134.05	4.78
1998	2856.3	2949.68	-93.38	-3.27
1999	3298.4	3298.68	-0.27	-0.01
2000	3646.3	3700.14	-53.84	-1.48
2001	4028.5	4140.16	-111.66	-2.77
2002	4369.0	4632.49	-263.49	-6.03
2003	4641.5	5183.38	-541.88	-11.67
2004	5506.1	5799.78	-293.68	-5.33
2005	6486.6	6489.47	-2.87	-0.04
2006	7893.7	7775.95	117.75	1.49
2007	9149.3	8714.69	434.61	4.75
2008	10656.6	9729.12	927.49	8.70
2009	11259.3	10819.33	439.97	3.91
2010	12470.5	11985.41	485.09	3.89
2011	13673.4	13227.41	445.99	3.26
2012	14269.5	14269.46	0.00	0.00

从表 9.25 中得出变权重组合预测模型的平均相对误差为 3.81%，预测精度达到了 96.19%，既小于灰色预测模型的 10.34%，也小于二次曲线回归模型的 4.94%，充分提高了预测精度，因此变权重组合预测模型较灰色系统 GM（1，1）模型、二次曲线模型以及定权重组合预测模型更适合用来进行预测。2013 年到 2030 年的中国天然气生产总量预测值如表 9.26 所示。

表 9.26　中国天然气生产总量变权重组合模型预测结果

年份	中国天然气生产总量预测值/万吨标煤	年份	中国天然气生产总量预测值/万吨标煤	年份	中国天然气生产总量预测值/万吨标煤
2013	15940.79	2019	28116.86	2025	47594.52
2014	17551.18	2020	30915.76	2026	51154.91
2015	19301.84	2021	34030.23	2027	54747.74
2016	21210.3	2022	37512.47	2028	58312.73
2017	23297.77	2023	40743.61	2029	63938.54
2018	25589.75	2024	44112.61	2030	70273.06

9.5　中国能源生产预测分析

　　通过运用变权重组合预测方法对中国煤炭生产量、石油生产量、天然气生产量进行预测，并得出相应的预测结果，进而结合中国能源-经济-环境-人口系统动力学模型计算得出的中国水电和核电的生产量，从而计算得出了 2013 年到2030 年中国能源生产总量。2013 年到 2030 年中国能源生产总量与煤炭生产量（见图 9.5 左坐标轴）、石油、天然气、水电、核电的生产量（见图 9.5 右坐标轴）预测如图 9.5 所示。2013 年到 2030 年中国煤炭生产量所占比重（见图 9.6 右坐标轴）、石油、天然气与水电、核电的生产量所占比重（见图 9.6 左坐标轴）如图 9.6 所示。

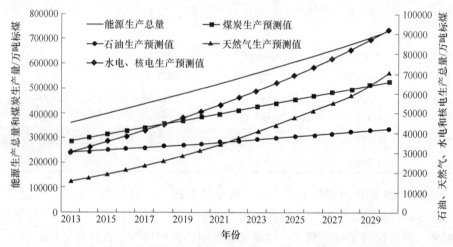

图 9.5　2013~2030 年中国能源生产总量与各品种能源的生产量预测值（资料来源：作者整理）

　　从图 9.5 所示的 2013 年到 2030 年中国能源生产总量与煤、石油、天然气、水电、核电的生产量预测值可以看出，中国能源生产总量以及煤、石油、天然气、水电、核电生产量都保持持续增长的趋势，但增长率却有所不同。中国能源生产总量从 2013 年的 362086 万吨标煤逐渐增长到了 2030 年的 732151 万吨标煤，年均增长率为 4.23%。"十二五"期间，能源生产总量由 296916 万吨标煤增加到399501.5 万吨标煤，增长将近 1.26 倍，年均增长率为 6.13%。"十三五"期间，能源生产总量由 418250.7 万吨标煤增长到 497358.6 万吨标煤，增长将近 1.19倍，年均增长率为 4.48%；"十三五"期末较"十二五"期末，能源生产总量将增加 97857 万吨标煤，能源生产增长率将下降 0.7%。"十四五"期间，能源生产总量由 518154.8 万吨标煤增加到 606529.2 万吨标煤，增长将近 1.17 倍，年均增长率为 4.05%；"十四五"期末较"十二五"期末，能源生产总量将增加

207027.7 万吨标煤，能源生产增长率将下降 1%。"十五五"期间，能源生产总量由 629888.6 万吨标煤增加到 732151.3 万吨标煤，增长将近 1.16 倍，年均增长率为 3.84%；"十五五"期末较"十二五"期末，能源生产总量将增长 332649.8 万吨标煤，能源生产增长率将下降 1%。

煤炭仍然为我国主要的能源产量，其年均增长率为 3.67%，略低于能源总产量的年均增长率。"十二五"期间，煤炭生产量由 227140.7 万吨标煤增加到 313425 万吨标煤，增长将近 1.27 倍，年均增长 4.71%。"十三五"期间，煤炭生产量由 326824 万吨标煤增长到 381152 万吨标煤，增长将近 1.17 倍，年均增长率为 3.99%；"十三五"期末较"十二五"期末，煤炭生产量将增加 67727 万吨标煤，煤炭生产增长率将下降 0.9%。"十四五"期间，煤炭生产量由 394719 万吨标煤增加到 451650 万吨标煤，增长将近 1.14 倍，年均增长率为 3.45%；"十四五"期末较"十二五"期末，煤炭生产量将增加 138225 万吨标煤，煤炭生产增长率将下降 1.2%。"十五五"期间，煤炭生产量由 466503 万吨标煤增加到 527711 万吨标煤，增长将近 1.13 倍，年均增长率为 3.16%；"十五五"期末较"十二五"期末，煤炭生产量将增长 214286 万吨标煤，增长率将下降 1.5%。

石油作为我国供不应求的能源资源，其产量从 2013 年的 30047 万吨标煤以年均 2.02% 的增长率逐渐增长到了 2030 年的 42245 万吨标煤，增长速度最慢，符合我国石油资源短缺的现状。"十二五"期间，石油生产量逐年增加，由 29097.8 万吨标煤增加到 31262.5 万吨标煤，增长将近 1.08 倍，年均增长率为 2.25%。"十三五"期间，石油生产量由 31882 万吨标煤增长到 34615.1 万吨标煤，增长将近 1.09 倍，年均增长率为 2.06%；"十三五"期末较"十二五"期末，石油生产量将增加 3352.6 万吨标煤，石油生产增长率将增长 0.1%。"十四五"期间，石油生产量由 35350.2 万吨标煤增加到 38245.3 万吨标煤，增长将近 1.08 倍，年均增长率为 2.01%；"十四五"期末较"十二五"期末，石油生产量将增加 6982.8 万吨标煤，石油生产增长率将下降 0.1%。"十五五"期间，石油生产量由 38995.3 万吨标煤增加到 42245 万吨标煤，增长将近 1.08 倍，年均增长率为 2.01%；"十五五"期末较"十二五"期末，石油生产量将增长 10982.9 万吨标煤。

天然气以 9.13% 的年均增长率成为增长率最快的能源，其次为水电和核电，这与天然气、水电、核电比重呈现增长的趋势保持一致。"十二五"期间，天然气生产量快速增加，由 12767.4 万吨标煤增加到 19301.8 万吨标煤，增长将近 1.41 倍，年均增长率为 8.65%。"十三五"期间，天然气生产量由 21210.3 万吨标煤增长到 30915.8 万吨标煤，增长将近 1.46 倍，年均增长率为 9.88%；"十三五"期末较"十二五"期末，天然气生产量将增加 11613.9 万吨标煤。"十四五"期间，天然气生产量由 34030.2 万吨标煤增加到 47594.5 万吨标煤，增长将近 1.4 倍, 年均增长率为 9.02%; "十四五" 期末较 "十二五" 期末, 天然气生产量将增加 28292.7 万吨标煤, 天然气生产增长率将下降 2.1%。"十五五" 期间, 天然气生产量由 51154.9 万吨标煤增加到 70273.1 万吨标煤, 增长将近 1.37 倍, 年均增长率为 8.11%; "十五五" 期末较 "十二五" 期末, 天然气生产量将增长 50971.2 万吨标煤, 天然气生产增长率将下降 0.1%。

水电、核电作为我国的清洁能源, 其生产量占能源生产总量的比重从 2013 年的 8.33% 增长到 2030 年的 12.56%。"十二五" 期间, 水电、核电生产量由 27840.2 万吨标煤增加到 35512.2 万吨标煤, 增长将近 1.28 倍, 年均增长率为 5.50%。"十三五" 期间, 水电、核电生产量由 38334.4 万吨标煤增长到 50675.7 万吨标煤, 增长将近 1.32 倍, 年均增长率为 7.37%; "十三五" 期末较 "十二五" 期末, 水电、核电生产量将增加 15163.5 万吨标煤, 增长率将下降 1.44%。"十四五" 期间, 水电、核电生产量由 54055.3 万吨标煤增加到 69039.4 万吨标煤, 增长将近 1.28 倍, 年均增长率为 6.38%; "十四五" 期末较 "十二五" 期末, 水电、核电生产量将增加 33527.2 万吨标煤, 增长率将下降 2.16%。"十五五" 期间, 水电、核电生产量由 73235.4 万吨标煤增加到 91921.9 万吨标煤, 增长将近 1.26 倍, 年均增长率为 5.89%; "十五五" 期末较 "十二五" 期末, 水电、核电生产量将增长 56409.7 万吨标煤, 生产增长率将下降 2.6%。

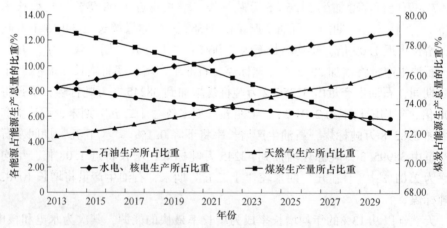

图 9.6　2013~2030 年中国煤炭、石油、天然气与水电、核电的
生产量所占比重图 (资料来源: 作者整理)

从图 9.6 所示的 2013 年到 2030 年中国煤、石油、天然气、水电、核电的生产量所占比重可以得出, 在能源生产总量中, 煤炭所占的比重仍然最大, 其次依次为水电、核电、天然气、石油, 从 2022 年开始出现天然气所占比重超过石油所占比重的趋势。我国煤炭生产量占能源生产总量的比重呈现出了下降的趋势,

从 2013 年的 78.97% 逐渐下降到 2030 年的 72.08%，但仍然保持在 70% 以上的较大比重，为我国的主要能源供给来源。石油生产量占能源生产总量的比重则保持了持续的下降趋势，从 2013 年的 8.3% 下降到 2030 年的 5.77%，而且从 2022 年开始出现天然气生产量以 6.95% 的比重超过了石油产量所占的比重，并在 2030 年达到了 9.6%。水电、核电这些清洁能源是继煤炭之后的最大的能源生产量，其所占的比重从 2013 年的 8.33% 增长到了 2030 年的 12.56%，比重持续增长的趋势表明了国家对于清洁能源重视程度的不断提高以及清洁能源消费领域的增多。

由此可见，到 2030 年煤炭仍然为我国主要的能源生产量，所占比重高达 70% 以上，石油产量基本保持不变的增长率表明我国仍然为石油稀缺的国家，天然气、水电、核电在能源总产量中比重的不断上升说明能源生产结构也在随国家工业化进程的不断发展慢慢地向发达国家的水平发展。同时，为了保障我国能源的持续供应以及经济持续平稳地增长，给出了以下几点建议：

（1）大力倡导效率优先、节约为本的能源政策。大幅提高能源利用效率，全面实行资源利用总量控制、供需双向调节、差别化管理。同时，加大对能源节约领域的经济和技术投入，加快对高耗能企业的技术改造，从根本上提高能源利用效率。同时，综合运用投资、法律、税收等手段，倡导节约，防止无效或低效使用能源。

（2）加大科技投入和增强能源科技创新能力，大力推进可再生能源的发展。例如，随着技术的进步，太阳能作为一种可再生能源，其发电的成本将可能会降低到与常规化石能源接近的水平。当把太阳能和其他形式的新能源相结合，可以实现冷-热-电的连续性联供[118]，而且太阳能更易于实现分布式发电。

9.6　本章小结

本章节通过对中国煤炭、石油、天然气产量进行预测分析，得出了以下结论：

（1）通过运用灰色系统的 GM（1，1）预测模型、曲线回归预测模型、定权重组合预测模型和变权重组合预测模型分别对中国煤炭生产总量、石油生产总量、天然气生产总量进行预测分析，得出变权重组合预测模型的预测精度最高，更适合进行预测分析，其次是曲线回归模型，预测精度最差的是灰色系统的 GM（1，1）预测模型，定权重组合预测模型则介于曲线回归模型和灰色系统的 GM（1，1）预测模型之间。

（2）中国能源生产总量、煤炭生产总量、石油生产总量、天然气生产总量与水电、核电生产总量均保持持续增长的趋势，但增长率各有不同，其中天然气的增长率最大，其次为水电、核电、煤炭，石油的增长率最低且低于能源生产总量的增长率。煤炭产量所占的比重仍然最大，其次依次为水电、核电、天然气、石油，其中天然气、水电、核电产量所占比重保持增长的趋势，煤炭、石油产量所占比重则为延续下降的趋势，这与国家对清洁能源的重视程度以及石油能源的短缺现状保持一致。

10　中国能源消费与生产缺口分析

根据对我国 1995 年到 2012 年能源生产量和消费量分析得出我国石油的缺口最大，基本与能源的缺口总量保持一致，且呈现上升的态势，煤炭则在供需平衡附近波动，但其陆续出现的不平衡问题也应该引起足够的重视。我国重要能源不断出现的供不应求的局面即将对我国经济的发展产生一定的影响，因此必须采取措施积极应对。依据本书对能源消费量和能源生产量的预测结果，得出我国煤炭在生产量方面占有很大的比重，且我国是全球最大的煤炭生产、煤气化国家，为了降低我国石油和天然气的对外依存度，应充分发挥我国丰富的煤炭资源，鼓励并推动我国现代煤化工技术的发展与应用，利用煤炭液化、气化技术，来替代石油、天然气的消费，从而减少石油、天然气的对外依存度，进而保障我国的能源安全性。

10.1　中国能源消费与生产缺口

通过对由中国能源-经济-环境-人口系统动力学模型预测得出的中国能源消费总量和由变权重组合预测模型得出的中国能源生产总量的对比分析，得出了 2013 年到 2030 年中国能源消费与生产的缺口量，具体见表 10.1 和图 10.1。

表 10.1　中国主要能源的产消缺口（缺口 = 消费量 − 生产量）

年份	能源产消缺口 /万吨标煤	煤炭产消缺口 /万吨标煤	石油产消缺口 /万吨标煤	天然气产消缺口 /万吨标煤
2013	27933.72	−15504.13	39673.45	3764.41
2014	31103.96	−14979.85	41689.20	4394.62
2015	34548.16	−14031.10	43584.30	4994.96
2016	38458.99	−12491.12	45392.81	5557.30
2017	42599.61	−10708.30	47372.28	5935.63
2018	47015.90	−8539.00	49308.74	6246.15
2019	51769.50	−5869.76	51191.42	6447.84
2020	56925.81	−2573.22	53008.99	6490.04
2021	62473.35	1433.21	54753.27	6286.87

年份	能源产消缺口 /万吨标煤	煤炭产消缺口 /万吨标煤	石油产消缺口 /万吨标煤	天然气产消缺口 /万吨标煤
2022	67364.31	4854.82	56787.86	5721.63
2023	74165.11	9743.28	58845.74	5576.09
2024	81793.89	15404.54	60924.36	5464.99
2025	90435.36	21997.27	63021.70	5416.38
2026	91332.83	20733.30	65132.74	5466.79
2027	100707.72	27785.18	67258.87	5663.66
2028	111441.81	36060.23	69313.91	6067.67
2029	121763.35	45771.11	71403.08	4589.16
2030	128477.04	52359.98	73538.61	2578.44

资料来源：作者整理。

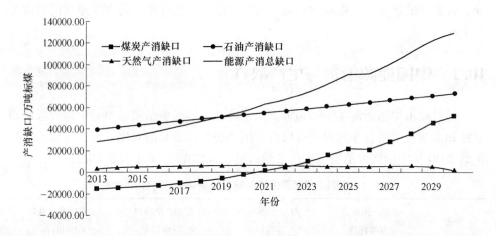

图 10.1　2013~2030 年中国产消总缺口与煤炭、石油、天然气产消缺口图（资料来源：作者整理）

从表 10.1 所示的中国主要能源产消缺口和图 10.1 所示的 2013 年到 2030 年中国产消总缺口与煤炭、石油、天然气产消缺口可以得出，中国能源产消总缺口从 2013 年的 27933.72 万吨标煤上升到了 2030 年的 128477.04 万吨标煤，总体上呈现出了上升的趋势，基本可以分为四个阶段：中国能源产消总缺口从 2013 年的 27933.72 万吨标煤持续了一定的上升趋势增长到了 2022 年的 67364.31 万吨标煤，但增长率从 11.35% 下降到 7.83%；从 2023 年到 2025 总缺口量及其增长率均为上升的趋势，增长率从 10.1% 增长到 10.56%；2025 年到 2026 年缺口以 0.99% 的增长率出现了上升，与之前相比增长率明显较低；但是中国能源产消总缺口从 2027 年到 2030 年以不断递减的增长率保持了上升的趋势，且年均增长率达到了 8.92%。由此可见，从 2013 年到 2030 年中国能源消费量与生产量缺口总体上呈现加速递增的趋势，说明虽然随着经济的发展和能源结构的不断调整，我国能源消费量和生产量不断得到改善，但缺口仍然很大，对外依存度依然保持上升的趋势。

从 2013 年到 2030 年，我国煤炭消费量与生产量的缺口总体上保持下降的趋势，主要可以分为两个阶段：2013 年到 2020 年，中国煤炭呈现为生产量大于消费量的现象，且生产量与消费量之间的差额呈现不断递减的趋势，到 2021 年时基本达到了产消平衡的状态；2021 年到 2030 年，呈现为消费量大于生产量的现象，且消费量与生产量之间的差额呈现为不断增长的趋势，虽然在 2026 年以 5.75% 的下降率出现了一定的回落，但是不影响整体的增长趋势，到 2030 年消费量与生产量的差额达到了 52359.98 万吨标煤。同时，由图 10.1 可以看出，从 2021 年以后，中国能源总缺口的曲线基本与煤炭缺口的曲线保持相同的变化趋势，由此可见，从 2021 年以后，煤炭消费量与生产量差额的不断增大对于我国能源产消缺口的上升产生了较大的影响。产生这种现象的原因可以归结于我国煤气化技术的不断发展，随着中国以先进、大型、成熟的煤气化技术为核心的现代新型煤化工技术的发展，以及国家的大力投资，充分利用我国的丰富的煤炭资源，将煤炭经过液化、气化来代替石油、天然气等，从而增加了我国对煤炭的需求，进而增加了我国的能源产消缺口，加大了能源对外依存度。

从表 10.1 所示的中国主要能源产消缺口和图 10.1 所示的 2013 年到 2030 年中国产消总缺口与煤炭、石油、天然气产消缺口可以得出，从 2013 年到 2030 年，我国石油消费量与生产量的缺口总量总体上保持上升的趋势，从 2013 年的 39673.45 万吨标煤增长到了 73538.61 万吨标煤，但是缺口增长率呈现递减的趋势，从 2014 年 5.08% 的增长率逐渐下降到了 2030 年的 2.99%。由此可见，未来二十年，虽然我国石油缺口的增长率呈现递减的趋势，但是缺口总量仍然在增长，为了保证我国国内的石油供应，我国不得不大量地进口石油，然而国际不断动荡的石油市场又给我国石油进口带来了一定的威胁。因此，我国应当从国内油气资源开发、油气资源进口、石油安全和储备、参与国际油气资源开发、石化工业发展、油气资源节约和替代、油气资源发展等方面来重新思考我国的油田储备、石油资源储备的重要问题，从而解决石油缺口问题所带来的能源安全问题。

从 2013 年到 2030 年，我国天然气消费量与生产量的缺口总体上呈现为先增后降的趋势，基本上分为四个阶段：2013 年到 2020 年以 8.23% 的年均增长率持续了一定的上升趋势，增长到了 2020 年的 6490.04 万吨标煤；从 2021 年开始出现一定程度的下降趋势，年均下降率为 3.51%，到 2025 年下降到了 5416.38 万吨标煤；2026 年到 2028 年缺口以 3.89% 的增长率出现了上升；但是从 2029 年到

2030 年以不断递增的下降率保持了下降的趋势，且到 2030 年天然气缺口下降到了 2578.44 万吨标煤。由此可见，未来三十年，我国天然气缺口基本呈现稳中下降的趋势，同时随着 2014 年 5 月 21 日在上海签订的中俄两国政府《中俄东线天然气合作项目备忘录》、中国石油天然气集团公司和俄罗斯天然气工业股份公司《中俄东线供气购销合同》，商定从 2018 年起，俄罗斯开始通过中俄天然气管道东线向中国供气，输气量逐年增长，最终达到每年 380 亿立方米，这对于我国天然气的消费提供了强有力的后盾。未来随着我国城市化进程的加快和环境保护力度的提高，我国天然气消费结构将逐渐由化工和工业燃料为主向多元化消费结构转变，同时煤制天然气将可以以城市燃气为目标市场，适度发展作为天然气资源的补充，这将进一步可以为我国天然气消费提供保障，也符合我国煤炭资源丰富这一现状，还能从一定程度上降低天然气的对外依存度。

由此可见，从 2013 年到 2030 年，中国总能源、煤炭消费量与生产量缺口总体上呈现上升的趋势，且从 2021 年以后，中国能源总缺口的曲线基本与煤炭缺口曲线保持相同的变化趋势，石油缺口增长率呈现递减的趋势，但是缺口总量仍然在增长，天然气缺口基本呈现稳中下降的趋势。

10.2　经济增速对中国能源消费与生产缺口影响

能源作为经济增长的重要投入要素之一，在成为经济学的重要研究内容之时，能源与经济增长的关系也逐渐成为国内外学者们研究与探讨的重要领域之一。国内外学者们对于能源与经济增长关系的研究主要包括两个方面：一是基础理论研究，即根据经济增长理论建立数学理论模型，进而考察能源约束条件下经济增长的路径问题；二是实证研究，即主要利用计量经济学的分析方法检验能源与经济增长二者之间的关系。通过以上的能源消费与经济增长的数学理论分析，再加上现在计量经济学分析方法的不断发展，直接地推动了能源消费与经济增长关系的实证研究。可见，经济增长与能源发展表现为相互作用的关系：能源发展是经济增长的重要动力来源，而经济增长又是能源发展的必要前提条件。当然，针对不同时期、不同国家的能源发展与经济增长之间的关系，还需要通过实证分析来具体进行分析说明。

因此，本书综合相关学者的研究结果和中国经济增长的实际情况，对经济增长的假定采用高、基本、低三种方案，进而通过对经济增长速度指标进行调整，来研究中国经济增长速度对能源缺口的影响问题。在基本方案下，在 2013 年到 2015 年保持 8%，2015 年到 2020 年、2021 年到 2030 年分别保持 7%、6%，对于高方案来说，每个阶段的经济增长率比基本方案增长一个百分点，对于低方案来说是降低一个百分点，具体如表 10.2 所示。

表 10.2　不同方案的中国经济增长速度情况　　　　　（%）

年份	2013~2015	2016~2020	2021~2030
低方案	7	6	5
基本方案	8	7	6
高方案	9	8	7

资料来源：作者整理。

在保证中国能源-经济-环境-人口系统动力学模型其他参数不变的情况下，将高方案、低方案下的经济增长速度分别代入中国能源-经济-环境-人口系统动力学模型中，最终仿真得出新的预测结果，并将得出的新的能源消费量与能源生产量进行计算得出高方案、低方案下的能源产消缺口，其主要年份的结果如表 10.3 所示。

表 10.3　中国主要能源的产消缺口（缺口=消费量−生产量）

项　　目		2015 年	2020 年	2025 年	2030 年
能源产消缺口/万吨标煤	低方案	34492.96	56653.61	89943.86	127883.54
	基本方案	34548.16	56925.81	90435.36	128477.04
	高方案	34604.66	57212.51	90979.36	129169.64
煤炭产消缺口/万吨标煤	低方案	−13949.10	−2335.22	21506.27	51528.98
	基本方案	−14031.10	−2573.22	21997.27	52359.98
	高方案	−14113.10	−2826.22	22440.28	53075.98
石油产消缺口/万吨标煤	低方案	43497.50	52745.89	62561.70	72881.61
	基本方案	43584.30	53008.99	63021.70	73538.61
	高方案	43672.00	53287.29	63530.70	74303.61
天然气产消缺口/万吨标煤	低方案	4944.56	6242.94	4941.88	1925.94
	基本方案	4994.96	6490.04	5416.38	2578.44
	高方案	5045.76	6751.44	5942.38	3337.04

资料来源：作者整理。

由表 10.3 所示的不同方案下的中国主要能源产消缺口以及相关计算结果可以得出，在中国能源-经济-环境-人口系统动力学模型中保证其他参数不变的情况下，当只考虑提高经济增长速度时，能源、煤、石油、天然气的消费量与生产量缺口也随之增长；当只考虑降低经济增长速度时，缺口则随之减少。当经济增长速度提高一个百分点（高方案）时，能源、煤炭、石油、天然气的消费量与生产量缺口在 2013 年到 2020 年期间比基本方案年均分别增长了 0.62%、2.38%、0.30%、1.88%，在 2020 年到 2030 年期间比基本方案年均分别增长了 4.14%、

4.53%、0.82%、11.5%；当经济增长速度降低一个百分点（低方案）时，能源、煤炭、石油、天然气的消费量与生产量缺口在 2013 年到 2020 年期间比基本方案年均分别降低了 0.60%、2.27%、0.28%、1.81%，在 2020 年到 2030 年期间比基本方案年均分别降低了 3.66%、4.16%、0.73%、10.22%。

由此可见，在高方案和低方案情况下，即当将经济增长速度提高或降低一个百分点时，对能源、煤炭、天然气的消费量与生产量缺口的变化率都大于一个百分点，而且天然气缺口的变化率最大，煤炭次之，然而石油的消费量与生产量缺口的变化率却小于一个百分点，说明在我国能源消费是经济增长的基础，经济增长是能源增长与发展的前提，而且到 2030 年我国经济增速的变化对煤炭和天然气消费量与生产量缺口变化的影响大于对石油消费量与生产量缺口变化的影响。

10.3　产业结构对中国能源消费与生产缺口影响

中国产业结构变动与能源消费之间存在着密切的关系，能源消费不仅与三次产业之间的变动有关，还与各产业内部结构也有关联。在产业结构中如果能源消费水平高的行业所占的比重较大，那么整个国民经济的能源消费量就会相对较高。通常来说，在经济的初级发展阶段，随着经济的增长，能源消费量会不断增长，但随着产业结构的演进，能源消费量不会随着经济增长无止境地增长，一般通过产业结构的优化调整可以实现以最少的能源消费支撑最大的经济增长。同时，考虑我国能源供给的紧张局面和实现我国发展战略目标的紧迫性，只有依据各产业能源消费的特点，研究产业结构的变化对能源消费的影响问题，进而分析我国的能源消费量与生产量的缺口问题，才能为我国经济的可持续发展奠定坚实的基础，并为我国的能源供求问题以及能源安全问题提供科学的依据。

因此，本书综合预测结果和中国的实际情况，对产业结构的假定采用高、基本、低三种方案，进而通过对产业结构指标的调整，来研究产业结构对我国能源缺口的影响问题。对于高方案来说，农、林、渔、牧、水利业（X_1）产值占国内生产总值比重保持不变，将工业（X_2）和建筑业（X_3）所占比重分别在基本方案的基础上调低两个百分点和一个百分点，相应的将交通运输仓储和邮政业（X_4）、批发零售业和住宿餐饮业（X_5）、其他行业（X_6）产值占国内生产总值比重分别调高一个百分点；对于低方案来说，农、林、渔、牧、水利业（X_1）产值占国内生产总值比重同样保持不变，将工业（X_2）和建筑业（X_3）所占比重分别在基本方案的基础上调高两个百分点和一个百分点，相应地将交通运输仓储和邮政业（X_4）、批发零售业和住宿餐饮业（X_5）、其他行业（X_6）产值占国内生产总值比重分别调低一个百分点，不同方案下的中国产业结构情况具体如表 10.4 所示。

表 10.4　2012~2030 年不同方案的中国产业结构情况　　　（%）

	年份	2012	2013~2015	2016~2020	2021~2025	2026~2030
低方案	X_1	10.1	9.4	9.1	9.2	9.6
	X_2	38.5	41.1	39.3	35.6	30.1
	X_3	6.8	7.9	8.1	8	7.3
	X_4	4.8	3.2	2.5	1.7	0.9
	X_5	11.5	11.2	14	19.9	30
	X_6	28.3	27.1	27	25.6	22.1
基本方案	X_1	10.1	9.4	9.1	9.2	9.6
	X_2	38.5	39.1	37.3	33.6	28.1
	X_3	6.8	6.9	7.1	7.0	6.3
	X_4	4.8	4.2	3.5	2.7	1.9
	X_5	11.5	12.2	15.0	20.9	31.0
	X_6	28.3	28.1	28.0	26.6	23.1
高方案	X_1	10.1	9.4	9.1	9.2	9.6
	X_2	38.5	37.1	35.3	31.6	26.1
	X_3	6.8	5.9	6.1	6.0	5.3
	X_4	4.8	5.2	4.5	3.7	2.9
	X_5	11.5	13.2	16.0	21.9	32.0
	X_6	28.3	29.1	29.0	27.6	24.1

资料来源：作者整理。

　　在保证中国能源-经济-环境-人口系统动力学模型其他参数不变的情况下，将高方案、低方案下的产业结构数据分别代入中国能源-经济-环境-人口系统动力学模型中，最终仿真得出新的预测结果，并将得出的新的能源消费量与能源生产量进行计算得出高方案、低方案下的能源产消缺口，其主要年份的结果如表 10.5 所示。

　　由表 10.5 所示的不同方案下的中国主要能源产消缺口以及相关计算结果可以得出，在中国能源-经济-环境-人口系统动力学模型中保证其他参数不变的情况下，当只考虑将工业、建筑业所占比重分别在基本方案的基础上调低两个百分点、一个百分点，相应地将交通运输仓储邮政业、批发零售住宿餐饮业、其他行业产值占国内生产总值比重分别调高一个百分点（即高方案）时，能源、煤炭、天然气的消费量与生产量缺口也随之减少，但石油的消费量与生产量缺口随之增大；当只考虑将工业、建筑业所占比重分别在基本方案的基础上调高两个百分点、一个百分点，相应地将交通运输仓储邮政业、批发零售住宿餐饮业、其他行业产值占国内生产总值比重分别调低一个百分点（即低方案）时，能源、煤炭、天然气的消费量与生产量缺口随之增大，但石油的消费量与生产量缺口随之减小。当在高方案情况下，能源、煤炭、天然气的消费量与生产量缺口在 2013 年到 2020 年期间比基本方案年均分别降低了 1.74%、1.81%、12.56%，石油的消费量与生产量的缺口增长了 0.35%，能源、煤炭、天然气的消费量与生产量缺口在 2020 年到 2030 年期间比基本方案年均分别降低了 1.92%、1.62%、36.21%，石油的消费量与生产量的缺口增长了 0.27%；当在低方案情况下，则正好与之相反。

表 10.5　中国主要能源的产消缺口（缺口 = 消费量 - 生产量）

项　目		2015 年	2020 年	2025 年	2030 年
能源产消缺口 /万吨标煤	低方案	35228.46	58073.71	92121.76	130831.14
	基本方案	34548.16	56925.81	90435.36	128477.04
	高方案	33867.96	55776.91	88747.86	126116.94
煤炭产消缺口 /万吨标煤	低方案	-14201.10	-2709.22	21867.27	52236.98
	基本方案	-14031.10	-2573.22	21997.27	52359.98
	高方案	-13861.10	-2438.22	22127.27	52483.98
石油产消缺口 /万吨标煤	低方案	43383.80	52836.19	62847.7	73366.61
	基本方案	43584.30	53008.99	63021.70	73538.61
	高方案	43784.90	53181.79	63194.70	73710.61
天然气产消缺口 /万吨标煤	低方案	5644.66	7601.14	7059.78	4890.54
	基本方案	4994.96	6490.04	5416.38	2578.44
	高方案	4345.26	5378.94	3772.88	266.34

资料来源：作者整理。

由此可见，通过产业结构的优化调整即高方案，能源、煤炭、天然气的消费量与生产量缺口降低了，但石油的缺口上升了。这主要是由于随着产业结构的优化调整，作为主要煤耗产业的第二产业所占比重下降，因此能源、煤炭、天然气的消费量下降了，随之能源、煤炭、天然气的消费量与生产量缺口也降低了。石油的消费量与生产量的缺口的上升主要是由于第三产业所占比重的上升，且交通运输业是消耗石油的主要行业，因此石油消费量随之上升，则石油消费量与生产量的缺口也随之上升。因此，我国应加大优化产业结构调整的力度，降低工业、建筑业所占比重，大力发展第三产业，确保我国经济发展的同时，保障我国能源的可持续供应。

10.4　能源消费强度对中国能源消费与生产缺口影响

能源消费强度，即能耗强度，是指单位 GDP 所使用的能源量，是对一定时期一个国家的产业部门发展、经济发展的能源利用效率的测度，主要与产业结构、能源利用效率、生活方式等因素相关，通常情况下，各种能源能耗强度的降低是该国经济、产业结构、生活、技术进步综合作用的结果。因此，本书通过调节煤炭、石油、天然气的各行业能耗强度以及水电、核电的增长率指标来研究各能源能耗强度的变化对我国能源、煤炭、石油、天然气的消费量与生产量的缺口产生的影响问题。

本书根据预测结果和中国的实际情况，对各行业的煤炭、石油、天然气的能源消费强度以及水电、核电的增长率的假定采用高、基本、低三种方案来研究能耗强度对我国能源缺口的影响问题。

对于煤炭相关指标的高方案而言，将一产煤耗强度、建筑业煤耗强度、交通运输煤耗强度、批发零售煤耗强度、其他行业煤耗强度在基本方案的基础上分别调低 0.001 万吨/亿元，将发电煤耗增长率、工业（除发电）煤耗增长率在基本方案的基础上分别调低一个百分点；对于低方案来说，则与高方案正好相反，即将一产煤耗强度、建筑业煤耗强度、交通运输煤耗强度、批发零售煤耗强度、其他行业煤耗强度在基本方案的基础上分别调高 0.001 万吨/亿元，将发电煤耗增长率、工业（除发电）煤耗增长率在基本方案的基础上分别调高一个百分点。2012 年到 2030 年不同方案的中国煤耗指标设定具体如表 10.6 所示。

表 10.6　2012~2030 年不同方案的中国煤耗指标设定

	年份	2012	2013~2015	2016~2020	2021~2025	2026~2030
低方案	一产煤耗强度/万吨·亿元⁻¹	0.0341	0.0295	0.0209	0.0137	0.0090
	发电煤耗增长率/%	6.5	6.7	5.6	4.8	4.2
	工业（除发电）煤耗增长率/%	5.0	5.7	5.0	4.3	3.8
	建筑业煤耗强度/万吨·亿元⁻¹	0.0209	0.0171	0.0105	0.0059	0.0035
	交通运输煤耗强度/万吨·亿元⁻¹	0.0244	0.0190	0.0109	0.0055	0.0031
	批发零售煤耗强度/万吨·亿元⁻¹	0.0380	0.0327	0.0230	0.0149	0.0098
	其他行业煤耗强度/万吨·亿元⁻¹	0.0175	0.0149	0.0098	0.0059	0.0037
基本方案	一产煤耗强度/万吨·亿元⁻¹	0.0341	0.0285	0.0199	0.0127	0.0080
	发电煤耗增长率/%	6.5	5.7	4.6	3.8	3.2
	工业（除发电）煤耗增长率/%	5.0	4.7	4.0	3.3	2.8
	建筑业煤耗强度/万吨·亿元⁻¹	0.0209	0.0161	0.0095	0.0049	0.0025
	交通运输煤耗强度/万吨·亿元⁻¹	0.0244	0.0180	0.0099	0.0045	0.0021
	批发零售煤耗强度/万吨·亿元⁻¹	0.0380	0.0317	0.0220	0.0139	0.0088
	其他行业煤耗强度/万吨·亿元⁻¹	0.0175	0.0139	0.0088	0.0049	0.0027

续表 10.6

年份	2012	2013~2015	2016~2020	2021~2025	2026~2030
一产煤耗强度/万吨·亿元⁻¹	0.0341	0.0275	0.0189	0.0117	0.0070
发电煤耗增长率/%	6.5	4.7	3.6	2.8	2.2
工业（除发电）煤耗增长率/%	5.0	3.7	3.0	2.3	1.8
建筑业煤耗强度/万吨·亿元⁻¹	0.0209	0.0151	0.0085	0.0039	0.0015
交通运输煤耗强度/万吨·亿元⁻¹	0.0244	0.0170	0.0089	0.0035	0.0011
批发零售煤耗强度/万吨·亿元⁻¹	0.0380	0.0307	0.0210	0.0129	0.0078
其他行业煤耗强度/万吨·亿元⁻¹	0.0175	0.0129	0.0078	0.0039	0.0017

（表左侧为"高方案"）

资料来源：作者整理。

对于石油相关指标的高方案而言，将一产油耗增长率在基本方案的基础上调低 0.5 个百分点，将工业油耗增长率、建筑业油耗增长率、交通运输油耗增长率、生活油耗增长率在基本方案的基础上分别调低一个百分点，将批发零售油耗强度、其他行业油耗强度在基本方案的基础上分别调低 0.001 万吨/亿元；对于低方案来说，则与高方案正好相反，即将一产油耗增长率在基本方案的基础上调高 0.5 个百分点，将工业油耗增长率、建筑业油耗增长率、交通运输油耗增长率、生活油耗增长率在基本方案的基础上分别调高一个百分点，将批发零售油耗强度、其他行业油耗强度在基本方案的基础上分别调高 0.001 万吨/亿元。2012 年到 2030 年不同方案的中国油耗指标设定具体如表 10.7 所示。

表 10.7　2012~2030 年不同方案的中国油耗指标设定

年份	2012	2013~2015	2016~2020	2021~2025	2026~2030
一产油耗增长率/%	1.50	1.88	1.53	1.28	1.12
工业油耗增长率/%	3.30	4.17	3.82	3.47	3.20
建筑业油耗增长率/%	5.60	6.42	5.46	4.65	4.08
交通运输油耗增长率/%	5.46	6.19	5.31	4.54	4.01
批发零售油耗强度/万吨·亿元⁻¹	0.0090	0.0087	0.0066	0.0048	0.0036
其他行业油耗强度/万吨·亿元⁻¹	0.0234	0.0203	0.0143	0.0092	0.0061
生活油耗增长率/%	5.94	6.62	5.60	4.74	4.15
一产油耗增长率/%	1.50	1.38	1.03	0.78	0.62
工业油耗增长率/%	3.30	3.17	2.82	2.47	2.20
建筑业油耗增长率/%	5.60	5.42	4.46	3.65	3.08
交通运输油耗增长率/%	5.46	5.19	4.31	3.54	3.01
批发零售油耗强度/万吨·亿元⁻¹	0.0090	0.0077	0.0056	0.0038	0.0026
其他行业油耗强度/万吨·亿元⁻¹	0.0234	0.0193	0.0133	0.0082	0.0051
生活油耗增长率/%	5.94	5.62	4.60	3.74	3.15

（上半部分为"低方案"，下半部分为"基本方案"）

续表 10.7

	年份	2012	2013~2015	2016~2020	2021~2025	2026~2030
高方案	一产油耗增长率/%	1.50	0.88	0.53	0.28	0.12
	工业油耗增长率/%	3.30	2.17	1.82	1.47	1.20
	建筑业油耗增长率/%	5.60	4.42	3.46	2.65	2.08
	交通运输油耗增长率/%	5.46	4.19	3.31	2.54	2.01
	批发零售油耗强度/万吨·亿元⁻¹	0.0090	0.0067	0.0046	0.0028	0.0016
	其他行业油耗强度/万吨·亿元⁻¹	0.0234	0.0183	0.0123	0.0072	0.0041
	生活油耗增长率/%	5.94	4.62	3.60	2.74	2.15

资料来源：作者整理。

对于天然气相关指标的高方案而言，将发电气耗增长率、工业（除发电）气耗增长率、生活气耗增长率在基本方案的基础上分别调低一个百分点，将交通运输气耗强度在基本方案的基础上调低 0.001 立方米/元；对于低方案来说，则与高方案正好相反，即将发电气耗增长率、工业（除发电）气耗增长率、生活气耗增长率在基本方案的基础上分别调高一个百分点，将交通运输气耗强度在基本方案的基础上调高 0.001 立方米/元。2012 年到 2030 年不同方案的中国气耗指标设定具体如表 10.8 所示。

表 10.8　2012~2030 年不同方案的中国气耗指标设定

	年份	2012	2013~2015	2016~2020	2021~2025	2026~2030
低方案	发电气耗增长率/%	21.78	20.77	15.25	11.49	9.30
	工业（除发电）气耗增长率/%	6.22	6.87	5.77	4.85	4.23
	交通运输气耗强度/立方米·元⁻¹	0.00595	0.00763	0.00896	0.01056	0.01213
	生活气耗增长率/%	14.85	14.96	12.13	9.80	8.25
基本方案	发电气耗增长率/%	21.78	19.77	14.25	10.49	8.30
	工业（除发电）气耗增长率/%	6.22	5.87	4.77	3.85	3.23
	交通运输气耗强度/立方米·元⁻¹	0.00595	0.00663	0.00796	0.00956	0.01113
	生活气耗增长率/%	14.85	13.96	11.13	8.80	7.25
高方案	发电气耗增长率/%	21.78	18.77	13.25	9.49	7.30
	工业（除发电）气耗增长率/%	6.22	4.87	3.77	2.85	2.23
	交通运输气耗强度/立方米·元⁻¹	0.00595	0.00563	0.00696	0.00856	0.01013
	生活气耗增长率/%	14.85	12.96	10.13	7.80	6.25

对于水电与核电相关指标的高方案而言，将水电、核电的增长速度在基本方案的基础上调高一个百分点；对于低方案来说，则与高方案正好相反，即将水

电、核电的增长速度在基本方案的基础上调低一个百分点。2012 年到 2030 年不同方案的中国气耗指标设定具体如表 10.9 所示。

表 10.9　2012~2030 年不同方案的中国水电与核电增长速度的设定（%）

年份		2012	2013~2015	2016~2020	2021~2025	2026~2030
低方案	水电	9.68	8.01	6.84	5.68	4.79
	核电	6.09	5.28	4.03	3.02	2.34
基本方案	水电	9.68	9.01	7.84	6.68	5.79
	核电	6.09	6.28	5.03	4.02	3.34
高方案	水电	9.68	10.01	8.84	7.68	6.79
	核电	6.09	7.28	6.03	5.02	4.34

资料来源：作者整理。

　　在保证中国能源-经济-环境-人口系统动力学模型其他参数不变的情况下，将高方案、低方案下的能源消费强度数据分别代入中国能源-经济-环境-人口系统动力学模型中，最终仿真得出新的预测结果，并将得出的新的能源消费量与能源生产量进行计算得出高方案、低方案下的能源产消缺口，其主要年份的结果如表 10.10 所示。

表 10.10　中国主要能源的产消缺口（缺口=消费量-生产量）

项　目		2015 年	2020 年	2025 年	2030 年
能源产消缺口/万吨标煤	低方案	38147.86	73210.21	122759.16	179881.84
	基本方案	34548.16	56925.81	90435.36	128477.04
	高方案	30909.56	39637.11	54400.56	68287.34
煤炭产消缺口/万吨标煤	低方案	-7990.10	-22152.78	71165.27	132068.98
	基本方案	-14031.10	-2573.22	21997.27	52359.98
	高方案	-20127.10	-28738.22	-32588.73	-40495.02
石油产消缺口/万吨标煤	低方案	45289.60	59278.39	75545.70	94326.61
	基本方案	43584.30	53008.99	63021.70	73538.61
	高方案	41891.70	47058.29	51669.90	55544.91
天然气产消缺口/万吨标煤	低方案	5747.06	9096.94	11443.58	14455.74
	基本方案	4994.96	6490.04	5416.38	2578.44
	高方案	4246.26	3999.14	-76.02	-7732.06

资料来源：作者整理。

　　由表 10.10 所示的不同方案下的中国主要能源产消缺口以及根据相关计算结果可以得出，在中国能源-经济-环境-人口系统动力学模型中保证其他参数不变的情况下，当只考虑将能源子系统中的煤耗、油耗、气耗、水电和核电的相关指标分别按照表 6.6~表 6.9 调整为高方案时，即将能源子系统进行优化的情况下，能源、煤炭、石油、天然气的消费量与生产量缺口都不同程度地降低了；反之，当只考虑将能源子系统中的煤耗、油耗、气耗、水电和核电的相关指标分别按照表 6.6~表 6.9 调整为低方案时，即能源子系统在粗放发展的情况下，能源、煤炭、石油、天然气的消费量与生产量缺口都相应提高了。当能源子系统指标在高方案情况下时，能源、煤炭、石油、天然气的消费量与生产量缺口在 2013 年到 2020 年期间比基本方案年均分别降低了 15.73%、220.43%、6.09%、21.66%，在 2020 年到 2030 年期间比基本方案年均分别降低了 36.59%、461.47%、18.63%、134.64%；当能源子系统指标在低方案情况下时，能源、煤炭、石油、天然气的消费量与生产量缺口在 2013 年到 2020 年期间比基本方案年均分别增长了 16.37%、231.09%、6.29%、22.21%，在 2020 年到 2030 年期间比基本方案年均分别增长了 41.1%、503.35%、20.77%、151%。

　　由此可见，通过能源子系统的优化调整即高方案，能源、煤炭、石油、天然气的消费量与生产量缺口降低了。这主要是由于随着发电煤耗增长率、工业（除发电）煤耗增长率的降低，作为主要煤耗产业的第二产业煤耗量出现了大幅度的下降，因此煤炭的消费量与生产量缺口也随之呈现出了大幅度的下降趋势。同时，由于各行业的油耗、气耗强度的下降，也导致石油、天然气产消缺口的下降，而且煤炭、石油、天然气作为我国的主要能源，它们的大幅度下降必然也导致了能源消费量与生产量缺口成倍地下降。反之，当能源消费向着粗放型的方式发展时，必然引起能源、煤炭、石油、天然气的消费量和生产量缺口的增大。因此，通过加快技术进步的速度，降低各行业的能耗强度，从而提高能源利用效率，能源的消费量和生产量缺口就会大幅度下降，这是能源实现长期稳定可持续发展的必然战略选择。

10.5　本章小结

　　本章分析了 2013 年到 2030 年中国能源消费量与生产量的缺口，并从经济增长速度、产业结构、能源消费强度三个方面分析了对中国能源消费量与生产量缺口的影响，得出了以下结论：

　　（1）从 2013 年到 2030 年，中国能源消费量与生产量缺口总体上呈现上升的趋势，煤炭消费量与生产量的缺口总体上保持上升的趋势，且从 2021 年以后，中国能源总缺口的曲线基本与煤炭缺口曲线保持相同的变化趋势，石油缺口增长率呈现递减的趋势，但是缺口总量仍然在增长，天然气缺口基本呈现稳中下降的趋势。

（2）当将经济增长速度提高、降低一个百分点，能源、煤炭、天然气的消费量与生产量缺口的变化率都大于一个百分点，而且天然气缺口的变化率最大，煤炭次之，然而石油的消费量与生产量缺口的变化率却小于一个百分点。说明我国能源消费是经济增长的基础，经济增长是能源增长与发展的前提，而且到2030年我国经济增速的变化对煤炭和天然气消费量与生产量缺口变化的影响大于对石油消费量与生产量缺口变化的影响。

（3）通过产业结构的优化调整即高方案，能源、煤炭、天然气的消费量与生产量缺口降低了，但石油的缺口上升了。因此，我国应加大优化产业结构调整的力度，降低工业、建筑业所占比重，大力发展第三产业，在确保我国经济发展的同时，保障我国能源的可持续供应，从而实现经济与能源的协调发展。

（4）通过能源子系统的优化调整即高方案，能源、煤炭、石油、天然气的消费量与生产量缺口降低了。反之，当能源消费向着粗放型的方式发展时，必然引起能源、煤炭、石油、天然气的消费量和生产量缺口的增大。因此，通过加快技术进步的速度，降低各行业的能耗强度，从而提高能源利用效率，能源的消费量和生产量缺口就会大幅度下降，这是能源实现长期稳定可持续发展的必然战略选择。

上篇研究结论

随着我国经济的快速发展、人口的不断增长，不仅对能源的依赖性逐渐增强，能源短缺问题成了影响我国高速发展的主要瓶颈，同时也给我国的生态环境带来了较大的负面影响。与此同时，能源需求的不断增加以及出现的不同程度的能源供需矛盾反过来又对我国经济的持续发展产生了一定的阻碍作用，逐渐出现的各种环境污染问题也会增加我国的经济发展成本。由此可见，能源、经济、环境、人口之间存在着相互影响、相互制约的关系，要想实现人类社会的可持续发展道路，必须要协调我国能源、经济、环境、人口系统四者之间的关系。这就需要清楚了解我国目前的能源供需状况，从而针对能源短缺问题做出重大的决策，这样才能为我国的进一步发展提供坚实可靠的依据。

在研究能源供求的相关理论和预测模型的基础上，将中国能源需求系统分为能源、环境、经济、人口四个子系统，并对系统中的各指标进行了目标设定，进而对中国能源消费量进行了仿真预测分析，然后运用灰色预测模型、曲线回归模型、定权重和变权重组合预测模型分别对我国的煤炭、石油、天然气的生产总量进行了预测分析，最后，分析了 2013 年到 2030 年中国能源消费量与生产量的缺口，并从经济增长速度、产业结构、能源消耗强度三个方面分析了它们对中国能源消费量与生产量缺口的影响。主要研究结论如下：

（1）中国能源总缺口以 9.42% 的年均增长率呈现递增的趋势。到 2030 年，中国能源总耗量以 4.8% 的年均增长率增长到了 860628 万吨标煤；中国能源生产总量的年均增长率为 4.23%，高于煤炭、石油这些化石能源产量的年均增长率，但低于天然气、水电、核电这些清洁能源的年均增长率，到 2030 年能源总生产量为 732151 万吨标煤；中国能源供求缺口总体上以 9.42% 的年均增长率呈现递增的趋势，且从 2021 年以后，中国能源总缺口的曲线基本与煤炭缺口曲线保持相同的变化趋势，到 2030 年总缺口增长到了 128477 万吨标煤。

（2）中国煤炭缺口总体上保持快速上升的趋势。到 2030 年，煤炭消耗量为 580071 万吨标煤，年均增长率为 4.59%，低于总能耗的年均增长率，但占能源总消耗量的比重仍然保持在了 60% 以上，我国煤炭的主要用途仍为工业，其中一半用于电力的生产；煤炭生产量为 527711 万吨标煤，其增长率为 3.67%，所占比重高达 70% 以上，仍然为我国主要的能源生产量；煤炭由 2013 年生产量大于消费量的趋势发展为到 2021 年以后消费量大于生产量，且缺口总体上保持快速上升的趋势，2030 年煤炭的缺口增长到了 52360 万吨标煤。

（3）中国石油缺口增长率呈现递减的趋势，但缺口总量保持增长。到 2030

年，石油消耗量为 115784 万吨标煤，只保持了 3.03% 的年均增长率，占能源消耗量的比重基本保持在 15% 左右，工业、交通运输仓储邮政业、生活是主要的油耗行业，其中交通运输仓储邮政业油耗量比重将在 2018 年超过工业油耗比重成为最大的油耗行业；石油生产量为 42245 万吨标煤，只有 2.02% 的增长率，在所有能源生产中的增长率最低；石油缺口增长率从 2013 年的 5.08% 到 2030 年的 2.99% 呈现递减的趋势，但是缺口总量仍然在增长，到 2030 年其缺口增长到了 73539 万吨标煤，这与国家对清洁能源的重视程度以及石油能源的短缺现状保持一致。

(4) 中国天然气缺口基本呈现稳中下降。到 2030 年，天然气消耗量为 72852 吨标煤，以 8.01% 的年均增长率呈现了较快的增长，占能源消耗总量的比重逐渐增长到了 2030 年的 8.46%，我国天然气主要用于工业、生活方面，其中发电以不断增长的比重成为最主要的气耗行业；2030 年天然气产量为 70273 万吨标煤，以 9.13% 保持最大的能源生产增长率，且从 2022 年开始出现天然气生产量以 6.95% 的比重超过了石油产量所占的比重，并在 2030 年达到了 9.6%；其缺口基本呈现稳中下降的趋势，到 2030 年天然气缺口为 2578 万吨标煤。

(5) 中国水电、核电产量保持持续上升。到 2030 年，水电、核电产量增长到了 91922 万吨标煤，其年均增长率为 6.78%，快于能源生产总量的年均增长率，而且水电、核电为仅次于天然气产量增长最快的能源，其占能源总量的比重增长到了 2030 年的 10.68%，说明未来水电、核电这些清洁能源占能源总量的比重将会持续保持上升的趋势。

(6) 中国电力生产结构仍以煤电为主，工业仍为主要的电力消耗行业。到 2030 年，我国以煤电为主的电力生产结构不会改变，水电、核电、气电的比重虽然有所增长，但只有 31.1%，仍然较小；第一产业电耗量稳中略降，第二产业的工业电耗量所占比重虽然从 2013 年的 72.4% 下降到了 2030 年的 66%，呈现出较大的下降趋势，但仍然为主要的电力消耗行业，第三产业电耗量比重从 2013 年的 11.9% 上升到 2030 年的 19.9%，呈现递增的趋势，基本与第三产业产值占 GDP 比重的增长保持一致；生活电耗量则基本保持稳定。

(7) 经济增长速度、产业结构、能源消耗强度对中国能源消费与生产缺口的影响。当将经济增长速度提高、降低一个百分点，能源、煤炭、天然气的消费量与生产量缺口的变化率都大于一个百分点，而且天然气缺口的变化率最大，煤炭次之，然而石油的消费量与生产量缺口的变化率却小于一个百分点，说明在我国能源消费是经济增长的基础，经济增长是能源增长与发展的前提，而且到 2030 年我国经济增速的变化对煤炭和天然气消费量与生产量缺口变化的影响大于对石油消费量与生产量缺口变化的影响。通过产业结构的优化调整即高方案，能源、煤炭、天然气的消费量与生产量缺口降低了，但石油的缺口上升了。通过能源子系统的优化调整即高方案，能源、煤炭、石油、天然气的消费量与生产量缺口降低了。反之，当能源消耗向着粗放型的方式发展时，必然引起能源、煤炭、石油、天然气的消费量和生产量缺口的增大。

（8）能源模型精度结论。对于能源需求预测模型来说，系统动力学将定性分析与定量分析相结合，并综合分析了能源、经济、环境、人口四个方面，较为精确地预测了能源消耗量。对于能源生产模型来说，变权重组合预测模型的预测精度最高，其次是曲线回归模型，预测精度最差的是灰色系统的 GM（1，1）预测模型，定权重组合预测模型则介于曲线回归模型和灰色系统的 GM（1，1）预测模型中间。

通过上述结论得出我国应加大优化产业结构调整的力度，降低工业、建筑业所占比重，大力发展第三产业，在确保我国经济发展的同时，保障我国能源的可持续供应，从而实现经济与能源的协调发展。通过加快技术进步的速度，降低各行业的能耗强度，从而提高能源利用效率，能源的消费量和生产量缺口就会大幅度下降，这是能源实现长期稳定可持续发展的必然战略选择。

上篇参考文献

［1］Joseph E Stiglitz. Growth with exhaustible natural resources：the competitive economy ［J］. The Review of Economic Studies, 1974, 41：139~152.

［2］Partha Dasgupta, Geoffrey Heal. The optimal depletion of exhaustible resources ［J］. Review of Economic Studies, 1974, 41：3~28.

［3］Raymond Gradus, Sjak Smulders. The trade-off between environmental care and long-term growth-pollution in three prototype growth models ［J］. Journal of Economics, 1993, 58 (1)：25~51.

［4］Hung Vivtor T Y, Pamela Chang, Keith Blackburn. Endogenous growth, environment and R&D ［J］. Trade, Innovation and Environment, 1994, 2：241~258.

［5］Stokey N. Are there limits to growth? ［J］. International Economic Review, 1998, 39 (1)：1~31.

［6］Simone Valente. Sustainable development, renewable resources and technological progress ［J］. Environmental and Resource Economies, 2005, 30 (1)：115~125.

［7］于渤, 黎永亮, 迟春洁. 考虑能源耗竭、污染治理的经济持续增长内生模型 ［J］. 管理科学学报, 2006, 04：12~17.

［8］梁朝晖. 经济增长条件下能源消费的变动趋势：理论与实证 ［J］. 上海经济研究, 2008, 02：31~37.

［9］许士春, 何正霞, 魏晓平. 资源消耗、污染控制下经济可持续最优增长路径 ［J］. 管理科学学报, 2010, 01：20~30.

［10］Song Yuchen, Xu Weihong, Meng Haidong, Zhang Yuan. The Application of Game Theory on China's Present Rare Earth Analysis ［J］. Advanced Materials Research, 2013, 868 (11)：228~233.

［11］Song Yuchen, Wang Qian, Li Xiaobing, Yang Zhenhua. The Influencing Factor Analysis of "Three Wastes" Emissions in Inner Mongolia ［J］. Advanced Materials Research, 2013, 864~867 (11)：1369~1378.

［12］Song Yuchen, Wang He, Yan Yujie, Zhang Jiangpeng. Sustainable Development Evaluation of the Baotou Water Resource Based on Entropy Method ［J］. Applied Mechanics and Materials, 2015, 737 (03)：723~727.

［13］Kraft J, Kraft A. Relationship between energy and GNP ［J］. The Journal of Energy and Development, 1978, 3 (2)：401~403.

［14］Yu E S H, Choi J Y. Causal relationship between energy and GNP：an international comparision ［J］. The Journal of Energy and Development, 1985, 10 (2)：249~272.

［15］David I Stern. Energy and economic growth in the USA：a multivariate approach ［J］. Energy Economics, 1993, 15 (2)：137~150.

［16］Yang Haoyen. A note of the causal relationship between energy and GDP in Taiwan ［J］. Energy Economics, 2000, 22 (3)：309~317.

[17] Mohsen Mehrara. Energy consumption and economic growth：the case of oil exporting countries [J]. Energy Policy, 2007, 35（5）：2939~2945.

[18] Akinlo A E. Energy consumption and economic growth：Evidence from 11 Sub-Sahara African countries [J]. Energy Economics, 2008, 30（5）：2391~2400.

[19] Jude C Eggoh, Chrysost Bangake, Christophe Rault. Energy consumption and economic growth revisited in African countries [J]. Energy Policy, 2011, 39（11）：7408~7421.

[20] Ozge Kandemir Kocaaslan. The causal link between energy and output growth：Evidence from Markov switching Granger causality [J]. Energy Policy, 2013, 63：1196~1206.

[21] Muhammad Shahbaz, Saleheen Khan, Mohammad Iqbal Tahir. The dynamic links between energy consumption, economic growth, financial development and trade in China：Fresh evidence from multivariate framework analysis [J]. Energy Economics, 2013,（40）：8~21.

[22] 黄敏，赫英. 中国能源消费与经济增长关系的模型与实证 [J]. 统计与决策, 2006, 22：69~71.

[23] 汪旭晖，刘勇. 中国能源消费与经济增长：基于协整分析和 Granger 因果检验 [J]. 资源科学, 2007, 05：57~62.

[24] 王火根，沈利生. 中国经济增长与能源消费关系研究——基于中国30省市面板数据的实证检验 [J]. 统计与决策, 2008, 03：125~128.

[25] 杨宜勇，池振合. 中国能源消费与经济增长关系研究——基于误差修正模型 [J]. 经济与管理研究, 2009, 09：39~45.

[26] 张欣欣，刘广斌，蔡璐. 基于 Granger 检验的中国能源消费和经济增长关系研究 [J]. 山西财经大学学报, 2011, S1：26~27.

[27] 马颖. 基于 MS-VAR 模型的经济增长与能源消费关系研究 [J]. 统计与决策, 2012, 18：120~123.

[28] 马宏伟，刘思峰，袁潮清，等. 基于生产函数的中国能源消费与经济增长的多变量协整关系的分析 [J]. 资源科学, 2012, 12：2374~2381.

[29] 吕钦. 中国能源消费及结构与经济增长的关系研究 [J]. 科技管理研究, 2013, 09：179~182.

[30] 段树国，龚新蜀. 地区能源消费与经济增长的协整分析——以新疆为例 [J]. 生态经济, 2013, 04：58~61.

[31] 宋宇辰，安冬冬. 内蒙古能源消费的灰色关联分析 [J]. 内蒙古煤炭经济, 2015,（05）：1~2.

[32] 宋宇辰，陈田澍. 西部六省经济发展方式差异研究 [J]. 国土资源科技管理, 2015, 32（05）：137~143.

[33] 温蕊，宋宇辰. 魏家峁露天煤矿地质环境影响评价 [J]. 内蒙古煤炭经济, 2015,（09）：105, 107.

[34] 南祥永. 辽宁省的资源环境政策：问题与对策 [D]. 东北财经大学, 2007.

[35] 张友国. 内蒙古能源工业发展与环境问题 [J]. 中国能源, 2007, 02：43~47.

[36] 杨嵘，王祎. 陕西石油开发中的资源环境问题与对策 [J]. 生态经济, 2009, 01：67~

69，73.

[37] 沈萍，朱国伟. 江苏省第三产业发展中的资源环境问题 [J]. 中国人口. 资源与环境，2011，S1：125~128.

[38] 邢丽霞，李亚民. 我国国土开发格局的演变与相关资源环境问题 [J]. 中国人口·资源与环境，2012，S2：186~189.

[39] 王亚男. 能源型城市的环境问题分析 [J]. 科技信息，2013，07：404，454.

[40] 宋宇辰，闫昱洁，陈田澍. 呼和浩特 3E 系统协调发展评价 [J]. 内蒙古煤炭经济，2015，（07）：27~29.

[41] 贾晓燕. 河北省人口数量对能源需求的影响和预测 [D]. 河北经贸大学，2013.

[42] 张雷，蔡国田. 中国人口发展与能源供应保障探讨 [J]. 中国软科学，2005，11：11~17.

[43] 王桂新，刘旖芸. 上海市人口增长与能源消费的相关性研究 [J]. 中国人口科学，2005，S1：200~205.

[44] 夏泽义，张炜. 中国能源消费与人口、经济增长关系的实证研究 [J]. 人口与经济，2009，05：7~11、28.

[45] 邢小军，孙利娟，周德群. 中国人口结构与能源强度的协整分析 [J]. 统计与决策，2011，09：86~88.

[46] 张文玺. 中日韩 GDP、人口、产业结构对能源消费的影响研究 [J]. 中国人口·资源与环境，2013，05：125~134.

[47] Hiroyuki IMAI. The effect of urbanization on energy consumption [J]. The Journal of Population Problems. 1997, 53（2）：43~49.

[48] Franco M, Blanco D, Blequett W, Guglia M, Alvarado E. Cointegration methodology and error correction model used to forecast the electricity demand of the Venezuelan electric system-Period 2004~2024 [C] // Transmission & Distribution Conference and Exposition：Latin America，2006：1~8.

[49] Yetis Sazi Murat, Halim Ceylan. Use of artificial neural networks for transport energy demand modeling [J]. Energy Policy, 2006, 34（17）：3165~3172.

[50] Azadeh A, Ghaderi S F，Tarverdian S, Saberi M. Integration of artificial neural networks and genetic algorithm to predict electrical energy consumption [J]. Applied Mathematics and Computation, 2007, 186（2）：1731~1741.

[51] Ghanbarian M, Kavehnia F, Askari M R, Mohammadi A, Keivani H. Applying time-series regression to load forecasting using neuro-fuzzy techniques [C] // Power Engineering, Energy and Electrical Drives, 2007. POWERENG 2007. International Conference on. IEEE, 2007：769~773.

[52] Hossein Iranmanesh, Majid Abdollahzade, Arash Miranian. Mid-term energy demand forecasting by hybrid neuro-fuzzy models [J]. Energies, 2012, 5（1）：1~21.

[53] 徐博，刘芳. 产业结构变动对能源消费的影响 [J]. 辽宁工程技术大学学报（社会科学版），2004，05：499~501.

［54］郭菊娥，柴建，吕振东. 我国能源消费需求影响因素及其影响机理分析［J］. 管理学报，2008，05：651~654.

［55］揣小伟，黄贤金，王倩倩，钟太洋. 基于信息熵的中国能源消费动态及其影响因素分析［J］. 资源科学，2009，08：1280~1285.

［56］屈小娥，袁晓玲. 中国地区能源强度差异及影响因素分析［J］. 经济学家，2009，09：68~74.

［57］陈海妹. 河北省能源消费影响因素实证分析［J］. 煤炭经济研究，2009，04：21~23.

［58］张粒子，何勇健，葛炬. 中国能源需求与影响因素的协整分析［J］. 中国电力，2012，02：74~77.

［59］孟令俊. 影响我国能源需求的因素分析［J］. 商场现代化，2013，06：148~149.

［60］吕应中. 从我国能源需求预测看能源战略上的几个问题［J］. 中国科技论坛，1985，01：32~36.

［61］贺祖琪，王谦，吴加明. 能源需求组合预测方法及其应用［J］. 中国管理科学，1993，03：48~55.

［62］林伯强. 中国能源需求的经济计量分析［J］. 统计研究，2001，10：34~39.

［63］许荣胜. 基于灰色系统理论的我国石油消费需求预测研究［J］. 国际石油经济，2005，04：36~38.

［64］魏一鸣，廖华，范英. "十一五"期间我国能源需求及节能潜力预测［J］. 中国科学院院刊，2007，01：20~25.

［65］杨肃昌，韩君. 基于VAR模型的中国能源需求动态计量分析［J］. 社会科学辑刊，2012，04：147~151.

［66］张玉春，郭宁，任剑翔. 基于组合模型的甘肃省能源需求预测研究［J］. 生产力研究，2012，11：31~33，64.

［67］毕清华，范英，蔡圣华，夏炎. 基于CDECGE模型的中国能源需求情景分析［J］. 中国人口・资源与环境，2013，01：41~48.

［68］陈卫东，朱红杰. 基于粒子群优化算法的中国能源需求预测［J］. 中国人口・资源与环境，2013，03：39~43.

［69］Mohamed Gabbasa, Kamaruzzaman Sopian, Zahira Yaakob, M. Reza Faraji Zonooz, Ahmad Fudholi, Nilofar Asim. Review of the energy supply status for sustainable development in the Organization of Islamic Conference［J］. Renewable and Sustainable Energy Reviews, 2013, 28：18~28.

［70］Wang Jianliang, Feng Lianyong, Gail E Tverberg. An analysis of China's coal supply and its impact on China's future economic growth［J］. Energy Policy, 2013, 57：542~551.

［71］Adam R Brandt. Testing Hubbert［J］. Energy Policy, 2007, 35 (5)：3074~3088.

［72］Werner Zittel. Analysis of the UK oil production［J］. Ottobonn, 22nd February 2001.

［73］Alexandre Szklo, Giovani Machado, Roberto Schaeffer. Future oil production in Brazil-Estimates based on a Hubbert model［J］. Energy Policy, 2007, 35 (4)：2360~2367.

［74］Moujahed Al-Husseini. The debate over Hubbert's Peak：a review［J］. GeoArabia, 2006, 11

（2）：181～210.

[75] Brenda Shaffer. Natural gas supply stability and foreign policy [J]. Energy Policy, 2013, 56：114～125.

[76] Dominik Most, Wolf Fichtner. Renewable energy sources in European energy supply and interactions with emission trading [J]. Energy Policy, 2010, 38 (6)：2898～2910.

[77] 毛蕴诗，丁汉鹏. 中国煤炭市场供给导向模式研究 [J]. 中国工业经济，1997，02：44～48.

[78] 仲维清，纪成君，张岩. 未来十五年中国煤炭需求预测与总供给战略 [J]. 阜新矿业学院学报（自然科学版），1997，02：223～226.

[79] 俞珠峰，王立杰. 浅析我国煤炭资源的有效供给能力 [J]. 中国煤炭，2005，06：24～26.

[80] 李营，胡菊莲. 煤炭企业的生产和供给模型 [J]. 经济师，2009，04：241～242.

[81] 石吉金. 基于产业渠道的煤炭供给政策参与宏观调控传导机制研究 [J]. 中国煤炭，2011，08：26～29，33.

[82] 张鹏飞，宋宇辰. 煤矸石综合利用分析 [J]. 内蒙古煤炭经济，2013，03：44～46.

[83] 张言方，聂锐，王迪. 我国煤炭供给缺口度量及与经济波动的相关性研究 [J]. 中国矿业，2013，08：44～48.

[84] 张青，李大东. 21 世纪我国私用汽车发展——石油供给分析 [J]. 汽车工艺与材料，2000，10：6～8.

[85] 杨晓龙，刘希宋. 应用灰色系统理论对我国石油供给预测分析 [J]. 大庆石油学院学报，2003，04：93～95，124.

[86] 闫广宇，国蕾. 中国石油供给安全问题研究 [J]. 价格月刊，2009，02：41～42.

[87] 庄韶辉. 石油安全的经济学解释：基于供给中断和需求拉动模型 [J]. 中国物价，2012，11：61～63，71.

[88] 王绍媛，张晓磊，郭强. 采购联盟视角下民营石油企业原油供给安全研究 [J]. 宏观经济研究，2013，08：47～54，65.

[89] Al-Fattah S M, Startzman R A, 贺向阳，周国英. 世界天然气供给预测 [J]. 天然气勘探与开发，2000，04：17，60～68.

[90] 杨冰，张兴平. 美国天然气：需求、供给和储量 [J]. 国外油田工程，2010，05：51～54.

[91] 王婷，孙传旺，李雪慧. 中国天然气供给预测及价格改革 [J]. 金融研究，2012，03：43～56.

[92] 夏祖璋. 太阳能制氢——洁净的能源供给系统 [J]. 太阳能，1994，03：31.

[93] 吴丰林，方创琳. 中国风能资源价值评估与开发阶段划分研究 [J]. 自然资源学报，2009，08：1412～1421.

[94] 十方. 日本《能源白皮书》：能源供给应以太阳能、核电为主 [J]. 中外能源，2009，06：108.

[95] 张焰. 核电和水电是可持续发展的中坚力量 [J]. 国外核新闻，2013，01：9～10.

[96] Ezra S Krendel. Social indicators and urban systems dynamics [J]. Socio-Economic Planning Sciences, 1971, 5 (4)：387～393.

[97] Antuela A Tako, Stewart Robinson. The application of discrete event simulation and system dynamics in the logistics and supply chain context [J]. Decision Support Systems, 2012, 52 (4): 802~815.

[98] 王其潘. 系统动力学教程（修订版）[M]. 北京: 清华大学出版社, 1994.

[99] 胡玉奎. 系统动力学与社会经济系统实验 [J]. 社会科学研究, 1984, 04: 35~38, 61.

[100] 佟贺丰, 崔源声, 屈慰双, 刘娅. 基于系统动力学的我国水泥行业 CO_2 排放情景分析 [J]. 中国软科学, 2010, 03: 40~50.

[101] 赵道致, 孙德奎, 李昊. 基于系统动力学的农产品加工业对地区经济推动效应研究 [J]. 软科学, 2011, 07: 72~75, 91.

[102] 宋宇辰, 王贺, 李肖冰. 能源系统动力学应用研究综述 [J]. 科技和产业, 2015, 05, 67~72.

[103] 孔锐, 储志君. 我国石油需求预测及经济危机下的应对建议 [J]. 中国人口·资源与环境, 2010, 03: 19~23.

[104] 李柏洲, 罗小芳, 李博. 基于 GM（1, 1）三次曲线模型的发明专利对大型企业利润影响研究 [J]. 软科学, 2012, 06: 6~9, 69.

[105] 郭丽. 内蒙古制造业能源消费研究 [D]. 内蒙古科技大学, 2012.

[106] 熊国强, 刘海磊. 我国能源消费的组合预测模型 [J]. 统计与决策, 2007, 03: 21~22.

[107] 宋宇辰, 甄莎. BP 神经网络和时间序列模型在包头市空气质量预测中的应用 [J]. 干旱区资源与环境, 2013, 07: 65~70.

[108] 陈黎明, 傅珊. 基于组合预测模型的 GDP 统计数据质量评估研究 [J]. 统计与决策, 2013, 08: 8~11.

[109] 王惠文, 张志慧, Tenenhaus M. 成分数据的多元回归建模方法研究 [J]. 管理科学学报, 2006, 9 (4): 27~32.

[110] 宋克辉. 用支出法计算国内生产总值的尝试 [J]. 统计, 1987, 05: 43.

[111] 黄季焜, 杨军. 中国经济崛起与中国食物和能源安全及世界经济发展 [J]. 管理世界, 2006, 01: 67~74, 82.

[112] 李京文, 等. 21 世纪经济发展大趋势 [M]. 沈阳: 辽宁人民出版社, 1998.

[113] 陈锡康, 丁静之. 绿色战略——2030 年中国经济发展战略目标探讨 [A]. 牛文元. 绿色战略 [C]. 青岛: 青岛出版社, 1997.

[114] 高坤. 新疆制造业能源消费研究 [D]. 内蒙古科技大学, 2013.

[115] 宋宇辰, 孟海东, 张璞. 可持续发展能源需求系统建模研究 [M]. 北京: 冶金工业出版社, 2013.

[116] 宋宇辰, 郭丽, 孟海东. 内蒙古制造业能源消费的组合预测模型 [J]. 水电能源科学, 2012, (04): 205~209.

[117] 赵国忻, 王明涛. 一种变权重组合预测方法研究 [J]. 西北纺织工学院学报. 2000, 14 (3): 228~232.

[118] 唐振华, 苏亚欣, 毛玉如. 关于开发新能源替代化石能源的思考 [J]. 能源与环境, 2005, (2): 10~13.

中　篇

11　国内外能源经济发展研究现状

11.1　研究背景与意义

能源是人类社会赖以生存和发展的物质基础。纵观人类社会发展的历史,人类社会文明的每一次重大进步都伴随着能源的改进和更替。能源的开发和利用极大地推进了世界经济和人类社会的发展。

11.1.1　研究背景

改革开放以来,中国能源工业发展迅速,为保障国民经济持续快速增长做出了重要贡献。随着中国经济的快速发展和工业化、城镇化进程的加快,能源需求不断增长。2011 年,中国 GDP 为 47.2 万亿元,比上年增长 9.6%,为近 10 年的较低值,人均 GDP 为 5414 美元(世界排名第 89 位)。2011 年,中国能源消费总量为 34.8 亿吨标煤,而能源生产总量只有不到 31.8 亿吨标煤,能源供需存在较大缺口。2009 年,中国能源消费强度为 4.9 吨标煤/万元(以 1978 年为基期价格),是美国的 3 倍,日本的 5 倍。能源利用效率偏低,制约了供应能力的提高;经济增长方式粗放、能源结构不合理、能源技术装备水平低和管理水平相对落后,导致单位产值能耗高于主要能源消费国家的平均水平,进一步加剧了能源供需矛盾。2011 年煤炭在全国能源消费中的比重高达 68.4%,能源消费以煤为主,优质能源相对不足,环境压力加大。煤炭消费是温室气体排放的主要来源,也是造成煤烟型大气污染的主要原因。2011 年,中国的碳排放量总量最多,至 85 亿吨左右,占全球的四分之一以上。人口方面,2011 年总量达到 13.47 亿,占世界总人口的 19.2%。以上状况持续下去，将给中国经济发展和生态环境带来更大的压力。因此，构建稳定的能源经济系统体系面临着重大挑战。

党的十七大明确提出了全面建设小康社会奋斗目标的新要求，即到 2020 年实现全面建成小康社会的奋斗目标。未来 20 年，中国将进入城镇化、工业化的发展时期，也是实现国家富强、人民安康的关键阶段。能源需求不断增长，能源、经济等领域将面临着多方面的挑战，它们的结构也将随之改变。到 2030 年，中国能源的供应能否得到保证，经济能否走出一条与资源环境共同可持续发展的道路，在一定程度上，取决于对能源经济系统的科学预测以及制定和实施中长期能源经济发展的战略。

进入 21 世纪，中国能源经济的发展已经显现出诸多问题，如：资源问题——能源的供应已经渐渐不能满足中国经济持续快速的增长；环境问题——煤炭等矿物燃料的燃烧是环境污染的主要来源，由于能源发展结构演变的长期性，未来 20 年中国不会改变以煤为主的能源生产和消费结构，因此环境压力仍然很大；人口问题——尽管目前中国的人口出生率保持在较低水平，但由于基数大，未来 20 年人口总量仍将持续增加，造成资源紧缺的矛盾日益突出，一些重要的矿产资源特别是石油严重短缺。从长远来看，经济发展与人口、资源、环境的矛盾将会越来越突出，可持续发展的压力也会越来越大。能源经济的可持续发展是本书所关注的重点。

综上所述，为了实现"十三五"规划目标以及未来经济发展的目标，建设资源节约型和环境友好型社会，相对准确地预测未来中国能源经济的状况，合理评价能源经济可持续发展的情况，对制定能源经济发展的政策具有现实意义。

11.1.2　研究意义

近年来，中国经济的快速增长，取得了令人瞩目的成绩。但是，经济发展正处于转轨时期，发展方式亟待转变。经济增长的资源环境约束强化，投资和消费关系失衡，产业结构不合理，科技创新能力不强，农业基础仍然薄弱，城乡区域发展不协调，物价上涨压力加大，社会矛盾明显增多，制约科学发展的体制机制障碍依然较多。

在能源方面，中国是世界上主要的能源生产和消费大国。未来 20 年，中国能源供需缺口将持续扩大，其主要原因有：资源的分布不均导致开发难度加大；能源效率的偏低造成严重的资源浪费；能源消费结构的不合理导致环境污染的加重，等等。到目前为止，过分注重经济增长指标和能源的持续生产能力，忽视经济增长方式和环境污染问题的现象依然比较严重，能源经济的可持续发展模式值得我们进一步研究。

本书结合国家能源经济发展的现状，在分析能源经济理论和可持续发展理论的基础上，将能源经济系统分为能源、经济、环境、人口四个子系统，运用系统工程的思想，对该系统进行了中长期预测和两种方案的模拟比较，并构建了中国能源经济可持续发展的综合评价指标体系。本书的研究结论可以为能源经济发展战略的制定提供参考依据，对建设资源节约型和环境友好型社会以及"十二五"规划目标的实现具有现实意义。同时，本书所采用的研究方法对以后学者的研究具有借鉴意义。

11.2 国内外研究概况

能源是社会大生产和人类生存的物质基础，对经济持续健康发展和人民生活水平的提高发挥着重要作用[119]。能源经济的研究对人类社会的发展具有重要意义。

11.2.1 能源与经济增长关系研究现状

如果用国内生产总值（GDP）衡量一个经济体发展的好坏，那么，经济增长理论则研究决定国内生产总值的因素。早期的经济学家如图 11.1 所示，他们充分肯定了资本、技术进步、劳动、制度等因素对经济增长的作用。西方主流经济学家并没有注意到自然资源、环境要素对经济增长的影响，因此，各经济体都遭到了不同程度的经济增长困境。直到 20 世纪 70 年代石油危机后，由于能源资源的紧缺，其在经济增长中的重要作用才被经济学家们充分关注。特别是 90 年代以来，伴随着"可持续发展"概念的提出，在对经济长期持续增长的分析中，将资源与环境纳入分析框架已成为建立经济可持续发展理论的必然要求[120]。

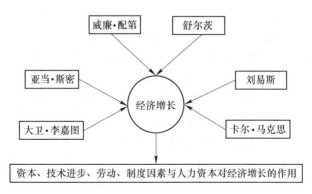

图 11.1 早期经济学家对经济增长的研究（资料来源：作者整理）

能源经济问题的理论研究可以追溯到 20 世纪 70 年代罗马俱乐部的大量研究，在《增长的极限》中，他们强调经济增长和社会发展离不开能源的支持，引起了学者的广泛关注。之后，能源与经济增长关系的研究主要是根据经济增长理论建立模型，考察能源约束下经济的可持续增长。Rashe 和 Tatom（1977）首次将能源引入道格拉斯生产函数，力图找到能源消费与经济增长之间的基本规律，引起了人们广泛的关注[121]。后来，经济学家采用计量方法来研究它们的关系，Hwang 和 Gum（1992）发现了在我国台湾地区能源与经济增长之间存在着双向格兰杰因果关系[122]。Stern（1993）采用 4 变量（GDP、能源消费、劳动力、资本）的向量自回归（VAR）模型，运用格兰杰多变量因果关系检验发现美国 1947~1990 年存在能源消费到 GDP 的单向格兰杰因果关系[123]。A. E. Akinlo（2008）考察了撒哈拉以南非洲 11 个国家和地区能源消费与经济增长之间的因果关系，发现能源消费对经济增长有显著的影响（其国家有加纳、肯尼亚、塞内加尔和苏丹），存在经济增长到能源消费的双向格兰杰因果关系（其国家有冈比亚、加纳和塞内加尔），结果表明：在特定的条件下，每个国家都应制定适当的节能政策[124]。Willem P. Nel 等人（2010）利用历史演绎的方法提出了一个明确的能源经济增长模型，得出目前社会经济模式是不可持续和能源安全至关重要的结论[125]。Jude C. Eggoh 等人（2011）研究发现减少能源消费会降低经济的增长，反之亦然[126]。

近年来，国外学者通过协整技术来研究能源与经济增长的关系。协整技术是通过描述单个序列非平稳而这些序列的线性组合不随时间变化的性质，来研究变量之间的长期均衡关系，并通过误差修正模型来反映变量之间的关系偏离长期均衡状态时将其调整到均衡状态的调整速度，能更有效地分析变量之间的关系[127,128]。Yang（2000）采用 1954~1997 年中国台湾地区的样本数据，运用协整技术分别分析了 GDP 和能源消费总量及各种能源（煤炭、石油、天然气、电力）消费之间的因果关系，发现 GDP 与它们之间不存在协整关系，但是分别与能源消费总量、煤炭、电力存在双向格兰杰因果关系，存在 GDP 到石油、天然气到 GDP 的单向格兰杰因果关系[129]。Mehrara（2007）利用面板单位根和协整技术检验了 11 个石油输出国的人均能源消费和人均国内生产总值之间的关系，结果表明存在着经济增长到能源消费的单向格兰杰因果关系[130]。

国内研究方面，很多学者采用不同的方法研究能源与经济增长的关系。赵丽霞、魏巍贤（1998）将能源变量引入 C-D 生产函数，研究经济增长与能源消费的关系，结果表明中国经济的发展离不开能源[131]。汪旭晖等人（2007）实证研究的结果表明：在短期内，中国能源消费与 GDP 之间存在波动关系，但长期来看，能源消费与经济增长之间存在着稳定的均衡关系，并且存在从能源消费到经济增长的单向因果关系[132]。李晓嘉等人（2009）通过对中国能源消费与经济增长的协整分析表明，它们之间存在着长期均衡关系，过去的经济增长主要依靠能源消费[133]。余亚东等人（2010）对 1982~2006 年间中国经济的研究表明，经济增长的生态指数处在"国家标准值"和"警戒值"之间，而且"十五"期间的经济增长方式的健康程度比较差[134]。张欣欣等人（2011）通过格兰杰因果关系检验、协整检验以及误差修正模型的研究表明，经济增长对能源消费存在显著的单向格兰杰因果关系，且两者存在长期的均衡关系[135]。杨俊等人（2011）选取 1978~2009 年的时间序列数据，通过单位根检验和格兰杰因果检验，研究了中国经济增长与能源消费的动态关系，研究结果表明，电力消费与 GDP，GDP 与煤炭消费等之间存在单向格兰杰因果关系，等等[136]。张志新等人（2011）选取 1980~2008 年山东省的统计数据，利用协整理论和 Granger 因果检验分析了能源与经济增长之间的关系，结果显示能源消费与经济增长具有长期相关关系，且存在双向因果关系[137]。宋宇辰、安冬冬（2015）采用了灰色关联理论探索了内蒙古自治区能源消费过程中的经济关联因素，结果表明内蒙古自治区的能源消费受经济增长因素影响较大[138]。

综上所述，本书得出能源促进了经济增长的结论，能源与经济增长存在密切的联系。

11.2.2 系统动力学研究现状

系统动力学（System Dynamics，SD）出现于 1956 年，创始人为美国麻省理工学院（MIT）的福瑞斯特（J. W. Forrester）教授。起初，系统动力学是为了分析生产管理及库存管理等企业问题而提出的系统仿真方法，也称工业动力学。它既是一门分析研究信息反馈系统的学科，也是一门认识系统问题和解决系统问题的交叉综合学科。从系统方法论来说：系统动力学是结构、功能和历史方法的统一。其发展先后经历了三个阶段。

（1）创立阶段。20 世纪 50 年代中期，福瑞斯特发表了一系列关于系统动力学理论与方法的经典著作。1958 年，他通过发表著名论文"工业动力学——决策的一个重要突破口"介绍了工业动力学的概念和方法。1968 年，通过《系统原理》（Principles of Systems）讨论了系统的分析、预测和决策具有普遍性并可以应用于诸多领域。于 70 年代，工业动力学原理得到了普遍应用，主要用以解决资源减少加剧、城市衰退、经营管理规划等问题。同时，随着计算机技术的快速发展，产生了 DYNAMO，使复杂系统的分析、预测具有可行性。

（2）发展成熟阶段。该阶段以世界模型的建立与研究为标志性的成果。1970 年罗马俱乐部的成员在瑞士提出建立世界模型的任务，其目的是解决人口过度增长与资源枯竭的问题。为此，Forrester、Dennis Meadows 先后建立了 WORLD Ⅱ 模型、WORLD Ⅲ 模型。世界模型是研究世界范围内的农业、工业、人口、自然资源以及食物供应、环境污染等多种因素的相互关联和相互制约，以及可能产生的后果。Ezra S. Krendel（1971）采用系统动力学的思想建立了一个快速反应城市生活质量的指标系统[139]。Harvey Simmons（1973）指出了 Forrester 和 Meadows 教授在系统动力学方面的异同点[140]。

（3）广泛传播与应用阶段。在此阶段里，系统动力学被广泛应用于社会、科学等各领域中，包括能源、经济、环境、社会等宏观领域及物流与供应链、项目管理、学习型组织等多种领域。Y. Sekine 等人（1994）做了系统动力学在电力学中的实时模拟，对未来问题的解决有很好的指导作用[141]。G. Kahen 等人（2001）描述系统动力学模型开发中从反馈、演化、软件技术调查到软件演化过程中的最新的一系列研究[142]。Krystyna A. Stave（2003）建立了水资源管理的系统动力学模型，为管理决策提供了依据[143]。Antuela A. Tako 等人（2012）将离散事件模拟和系统动力学模型应用于物流与供应链管理中的决策支持系统，结果表明，两个模型工具的应用存在文学表述上的不同[144]。

20 世纪 80 年代，系统动力学引入我国。上海复旦大学王其藩教授多年从事"复杂大系统综合动态分析与模型体系"的理论、方法及其应用的研究，他认为经济社会系统都是具有自组织耗散结构性质的开放系统；一切经济系统、社会系统、生物系统、生态系统都是复杂系统；系统可能发生新旧结构的更迭，旧的结构与系统瓦解消失，而新的结构与系统诞生，这是一个由量变到质变，由低级系统向高级系统发展、进化的不可逆的过程[145]。胡玉奎（1984）论述了系统动力学及其对经济社会系统实验的贡献[146]。王其藩等人（1986）论述了系统动力学理论的基本点，并简略地论及其在国内外的应用情况[147]。胡玉奎等人（1997）讨论了系统动力学模型的进化问题，即建立模型的染色体，模型的有性繁殖，以及通过选择获得适应力强的个体，最终达到适应变化着的环境的目的[148]。

近年来，一些学者从不同的行业和地区研究系统动力学，建立了系统动力学模型，为系统动力学在我国的应用做出了贡献。佟贺丰等人（2010）[149]采用系统动力学模型研究了未来 20 年中国能源消耗、水泥行业的产量和 CO_2 排放。陈书忠等人（2010）[150]通过调整经济增长率、科技投入、环保投入等系统变量，对武汉市未来主要资源的消耗量（能源、水）和环境污染物（SO_2、COD）的排放量等进行了几种情景的动态模拟。赵道致等人（2011）[151]通过对农产品加工业的分析，建立了基于农产品加工业的系统动力学模型，并利用该模型研究山东省莱阳市经济系统的动态过程。

11.2.3　能源经济系统模型研究现状

随着能源对经济增长作用的凸显，能源经济系统的研究受到学者们的广泛关注。很多权威机构和学者的大量研究，产生了一些针对能源经济系统的模型。能源经济系统模型的发展阶段如下：

（1）20 世纪 70 年代以前，通过建立单目标函数模型进行能源需求的预测。

应用运筹学、统计学、计量经济学等理论和方法，创建了供应系统模型、能源投资模型、投入产出模型等，并将它们优化处理形成能源经济系统模型。由于现实中能源经济系统的过于复杂，偶然性和随机性事件的广泛存在，以及当时技术的缺陷，研究者往往在建模时建立了大量假设，消除事件的随机性和偶然性，并在此前提下进行模拟预测。

（2）20世纪70~80年代，由于"石油危机"的发生，能源系统的研究达到了新的高度。其建立的模型具有如下特点：由独立的能源预测模型发展为能源经济系统模型。此阶段使用的能源经济系统模型主要有日本的国家能源经济系统模型、苏联的能源系统预测，等等。

（3）20世纪80年代中后期，在上述两阶段模型的基础上，采用动态人机对话技术，方便了与模型使用者进行信息互动，并充分考虑了他们的要求和希望。

11.2.3.1　国外研究现状

随着能源经济系统模型在理论、实践应用和测算工具等方面的不断发展，尤其在爆发"能源危机"之后，使人们认识到能源经济系统问题的重要性。专业性的能源经济系统模型被建立并为能源经济政策的制定进行模拟分析，其开发的主要模型如图11.2所示。

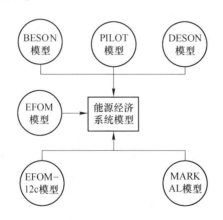

图 11.2　能源经济系统模型（资料来源：作者整理）

在图11.2中，美国的一些大学和能源科研机构创建的 PILOT 模型、DESON 模型和 BESON 模型等大型能源经济系统模型最具代表性[152]。20世纪70年代后期，能源经济系统模型的研究重点转移到了西欧，如法国人 D. Finon 于 1976 年建立了 EFOM 模型，该模型引入了模块分解技术，从而提高了能源经济系统的建模水平。与此同时，EFOM-12c 最优化模型被比利时的系统分析公司研究出来，该模型被广泛用于欧共体国家的能源系统分析和规划[153]。之后，德国的玉里希核能研究所建立了 MARKAL 模型[154]。

近年来，越来越多的学者从不同角度，采用不同的方法和模型来研究能源经济系统模型。M. Miranda-da-Cruz（2007）提出发展中国家的能源发展应围绕实现减小能源强度和合理控制化石燃料的使用这两个目标建立更全面的能源系统模型，并且该模型可用来分析未来情景和相应政策要求[155]。Mort Webster 等人（2008）通过观察能源消费总量、能源价格、工业收入增长的数据，采用碳排放预测模型和政策分析模型（EPPA），结果表明，短期预测效果均比较好；不同的是长期预测效果和未来生产率增长的不确定性[156]。F. Gerard Adams 等人（2008）建立了一个基于能量平衡的中国能源经济的计量模型，并利用该模型来预测 2020 年中国能源消费及进口量[157]。Hassan Qudrat–Ullah 等人（2010）采用系统动力学模型进行了能源政策的模拟仿真，对其做了六种不同的测试[158]。Jayson Beckman 等人（2011）采用一种新的方法验证了广泛使用的全球 CGE 模型——GTAP-E，通过比较石油价格分布方差、历史的需求和供给及 5 年移动平均价格分布，得出在 GTAP-E 模型里的能源需求远远超过中期价格弹性计算出的需求的结论[159]。

作为对能源经济系统活动规律进行分析和预测的有效手段，上述模型忽略或未有效考虑经济、社会等方面的影响。同时，受特定时期对环境压力问题认识不足和能源技术水平的制约，上述模型往往忽略了可持续发展这一重要前提。因此，面对世界能源的日趋紧张，可持续发展的能源经济系统建模和规划是一个具有重大影响的研究领域，对其进行广泛深入的研究具有理论和现实意义。

11.2.3.2　国内研究现状

相对国外来说，国内对能源经济系统模型的研究较晚，开始于 20 世纪 80 年代。在理论方法和实际应用的基础上开发了一些国家级和地区级的能源经济系统模型，主要有：华中工学院的 HNEM 模型和 HREM 模型、甘肃省能源经济模型系统、北京能源系统规划模型、能源需求系统供应模型，等等。

随着人类可持续发展概念的提出，我们在发展经济的同时，必须考虑到资源、环境以及社会效益的平衡。在未来 20 年的经济发展中，如何充分利用水电、核电和天然气等清洁能源，加快可再生能源与新能源的开发、利用，逐步降低煤炭消费的比重，实现能源经济系统的可持续发展将是国民经济发展面临的重要选择。陈文颖、吴宗鑫（2001）采用 MARKAL 模型对 1995~2050 年中国能源消费及其构成、二氧化碳排放量、电力构成等方面进行了研究[160]。刘凤朝等人（2007）运用基于 VAR 模型的广义预测误差方差分解和广义脉冲响应分析方法，得出能源消费增长与经济增长之间有正的影响作用[161]。刘爱芹（2010）采用组合模型对能源消费的预测结果表明，随着经济社会的发展，中国能源需求不断增长[162]。孙涵等人（2011）[163]引入工业化和城市化等因素，建立基于支持向量回归机能源需求预测模型。杨子晖（2011）[164]首次采用最新发展的"有向无环图"技术方法,对中国能源消费、经济增长和二氧化碳排放的关系展开研究,考察了三者关系随时间变化的演变轨迹。

近年来,随着能源经济系统预测方法研究的广泛增加,部分学者开始运用系统动力学模型研究能源经济问题。其主要研究有:李玮等人(2010)[165]运用系统工程的思想,对山西省能源消费系统及其相关子系统进行分析,构建系统动力学模型,实现对2010~2020年GDP增长率、SO_2排放总量和单位GDP能耗的中长期预测。王海宁等人(2010)[166]运用系统工程的理论研究了能源消费的诸多影响因素,建立了能源消费需求的系统动力学模型。陶冶等人(2010)[167]通过系统动力学方法建立了一个定量分析决策的系统模型,并使用该模型对未来10年中国能源结构进行了动态研究。李连德(2009)结合经济学原理和系统动力学理论,对中国能源的供需问题进行了模拟研究[168]。

总之,早期中国能源经济系统的研究模型主要是对能源、经济等单个系统的预测,较少考虑资源与环境。而能源经济系统包括能源、经济、社会等众多因素,是一个非常复杂的系统,对它的研究还应该综合考虑环境、人口等因素。

11.2.4　能源经济可持续发展研究现状

可持续发展是一个涉及经济、社会、人口和生态环境的概念,它的核心是经济增长,标志为社会进步,前提是资源和环境的保护,目的则是谋求当代人和后代人之间的共同繁荣。目前,可持续发展的定义在学术界普遍采用1987年《我们共同的未来》[169]报告中的提法,即可持续发展是指发展既要满足当代人的需求,又不对后代人满足其自身需求的能力构成危害。

能源是社会大生产和人类生存的物质基础,与国民经济的发展息息相关。可持续发展强调资源、经济、环境与人口的综合协调发展。于是,能源经济的可持续发展是指能源的发展既满足经济发展的需要,又不对人类的生存环境与生态健康和生命造成不能容忍的破坏,既满足当代人的能源需求,又不对后代人满足其需要的能力造成不良影响甚至构成危害。因此,可持续发展的能源经济系统是一个将经济因素、生态因素和社会因素等作为其主要组成部分的复杂系统。

目前,国内外有关能源经济系统可持续发展的研究渐渐增加,很多学者采用不同方法分析能源经济系统的可持续发展问题。国外研究方面,Salvador等人(2008)采用微分动力学模型模拟了经济增长、人口等与二氧化碳排放量的关系[170]。Sherry等人(2008)从理论分析的角度研究了经济增长与环境污染呈"倒U"形关系[171]。Palanichamy等人(2008)采用线性规划模型分析研究了发电企业的生产与碳排放的问题[172]。Dyson等人(2005)利用系统动力学模型对固体废物的排放量进行了仿真预测并对多种方案进行模拟比较[173]。国内研究方面,梁伟等人(2011)采用熵权法和模糊综合评价法计算了中国31个省市的生态环境指数，并分析了长江地区不同地点的生态环境现状[174]。李斌等人（2010）采用曼奎斯特指数方法测算了1996~2008年我国东、中、西三个地区的全要素生产率的增长率，进一步将其分解，并实证分析了它们对中国经济可持续发展的影响[175]。李萌（2010）在对可再生能源持续性发展的影响因素进行深入剖析的基础上，提出了促进中国低碳经济中可再生能源持续性发展的对策方略[176]。Chunhua Chen等人（2009）构建了可再生资源的经济可持续发展分析模型[177]。后勇等人（2008）运用最优控制理论，在期望替代路径给定的条件下，求解再生替代能源产业理论上的最优发展策略[178]。李勇进等人（2006）采用系统动力学方法仿真预测甘肃省"资源-经济-环境"系统的不同运行情景，为经济的可持续发展提供政策建议[179]。

国内外也有不少专家学者或研究机构从系统评价的角度研究可持续发展的问题，并建立能源经济系统可持续发展评价的指标体系。如联合国可持续发展委员会提出的可持续发展指标体系，该指标体系充分体现了环境在可持续发展进程中的重要作用[180]。Richard Bond等人（2001）通过三个案例研究可持续发展，研究如何在经济、环境和社会方面实践中进行可持续发展评价[181]。Justin M. Mog（2004）以过程和结果为准则构建了一个框架评价农村可持续发展，并证明了其应用[182]。国内研究方面，杨沫等人（2011）基于能源经济的可持续发展理论，构建了以能源利用、环境保护、经济和社会四个子系统为基础的能源经济系统可持续发展评价指标体系，对2003~2009年河北省能源经济可持续发展进行了纵向评估[183]。宋宇辰、王贺、闫昱洁等人（2015）在可持续发展理论的基础上，构建了资源节约、环境友好、经济发展、社会进步四个子系统的可持续发展指标体系，并且以2002~2012年包头市的经济社会统计数据为基础，对整体可持续发展纵向评估[184]；同时构建了呼包鄂银榆能源-经济-环境3E系统，对呼和浩特市2005~2012年的3E系统进行纵向可持续性评价[185]。柯丽娜等人（2011）以可持续发展的基本理论为指导，结合海岛特征，从生存指标、环境状况、社会发展、智力评价四个层面，建立海岛可持续发展评价系统[186]。薛俭（2011）通过城市可持续发展指标体系建立了城市可持续发展管理信息系统，旨在对城市可持续发展程度进行量化评估[187]。刘玉等人（2003）提出的可持续发展评价指标体系包括基础系统、协调系统与潜力系统等[188]。周德群等人（2001）探讨了能源工业可持续发展的内涵，提出了建立可持续发展评价指标体系的几个基本原则[189]。李正发（2000）从经济系统、人口系统、资源系统、社会系统、环境系统五个方面选择相关指标构建可持续发展评价的指标体系[190]。

目前，关于可持续发展的研究主要包括能源经济系统预测和系统可持续发展评价两个方面，而系统可持续发展评价又可以从系统的发展和协调出发构造评价指标来分析能源经济系统的可持续发展状况。本书把能源经济系统分为能源、经

济、环境、人口四个子系统，研究了它们之间的相互协调和系统的可持续发展
能力。

11.2.5　综述小结

通过以上对前人研究成果的学习和归纳，可以得出以下几点：

（1）能源与经济增长的关系，已经有很多学者用很多方法得以证实。

（2）能源和经济的预测方法很多，包括时间序列分析、灰色预测模型、神
经网络预测等。早期中国能源和经济的预测模型停留在对能源和经济的研究，对
资源和环境的考虑还很少，而能源经济系统包括能源、经济、社会等众多因素，
是一个非常复杂的系统，对它的研究还应该综合考虑环境、人口等因素。

（3）能源经济的可持续发展一直是学者们研究的热点和难点，很多学者建
立了经济可持续发展模型，也有专家学者从评价的角度研究可持续发展问题，并
建立能源经济的可持续发展评价指标体系。但有些学者所选的指标不够全面，对
指标权重的选取也不够科学。

11.3　中篇主要研究内容

能源问题是关系中国国民经济增长和可持续发展的关键问题。随着中国经济
的快速发展和工业化、城镇化进程的加快，能源需求不断增长。但是，中国能源
利用效率偏低、经济增长方式粗放、能源结构不合理等一系列问题进一步加剧了
能源供需矛盾。能源消费以煤为主，优质能源相对不足；煤炭消费是造成煤烟型
大气污染的主要原因，也是温室气体排放的主要来源。以上状况持续下去，将给
经济发展和生态环境带来更大的压力。因此，构建稳定的能源经济系统体系面临
着重大挑战。

中篇研究结合国家能源经济发展的现状，在分析能源经济理论和可持续发展
理论的基础上，将能源经济系统分为能源、经济、环境、人口四个子系统，运用
系统工程的思想，对系统进行了中长期预测和两种方案的模拟比较，并构建了能
源经济可持续发展的综合评价指标体系。

首先，本书分析了中国能源经济系统模型的结构，对模型指标进行预测及设
定，并绘制了系统动力学流图，得到四个子系统的预测结果，结果表明，未来
20年，中国能源消费总量的增长趋缓，煤炭仍为主要消费来源；电力产量不断
增加，其主要来源为煤电；水电、核电占总能耗的比重增长缓慢，天然气消费的
增长较快，但其比重仍然很低；单位产值能耗明显降低，但始终处于较高水平；
人均产值显著增加，但目前仍处于世界较低水平；环境压力较大，二氧化碳排放
量不断增加；能源消费增长速度快于人口增长速度，人均能耗不断增加，国家仍

处于工业化发展阶段。

　　然后，本书研究了中国能源经济可持续发展综合评价指标体系的构成，并运用熵权法、Topsis 法以及两者结合的方法对中国能源经济系统构建综合评价模型，结果表明，2001~2010 年期间，可持续发展能力呈现增强的趋势，协调能力则先增强后减弱；能源发展水平和人口发展水平则呈现波动提升的趋势；经济发展水平从较差状态依次向很强状态过渡，其指标值逐年增大；而环境发展水平则呈现波动降低的趋势，且 2003 年显著提高，2008 年之后明显下降。

　　最后，根据以上研究结论提出如下建议：节能优先，提高能源利用效率；调整产业结构，合理配置能源资源，降低经济发展对煤炭的依赖程度；增加投资，加大石油、天然气的勘探力度；提高能源经济系统可持续发展能力的同时，要兼顾系统协调能力的提高；统筹规划能源、经济、人口与环境的协调发展，进而不断推进中国能源经济的可持续发展，等等。

12 中国能源经济发展现状

中国作为世界上最大的发展中国家，2011年能源消费总量为34.8亿吨标煤，同比增长7%，居世界第一位，一次能源生产总量连续6年位居世界第一。能源生产与供应不断增长，为经济的发展提供了重要保障。尤其进入21世纪以来，中国经济保持高速增长，2011年GDP为47.2万亿元，是2001年的4.37倍，2001~2011年的年均增长率约为10.4%。中国已成为世界上能源经济市场中的重要组成部分，对全球能源经济的安全发挥着越来越重要的积极作用。同时，中国的能源消费以煤炭为主，经济发展与环境之间的矛盾日益突出。长期以来，能源经济问题一直是中国经济发展中的热点和难点。

12.1 能源发展现状

12.1.1 能源供给现状

中国能源资源总量丰富，拥有丰富的可再生能源资源和化石能源资源。其中，煤炭居主导地位。2010年，中国煤炭探明可采储量为1145亿吨，占世界的13.3%，位居世界第三，仅次于美国和俄罗斯；石油资源丰富，2011年基础储量约为2158亿吨，产量仅为32亿吨，占基础储量的1.48%；2011年天然气基础储量为4万亿立方米，产量只有1025亿立方米，占基础储量的2.56%；中国的水资源十分丰富，其理论蕴藏量相当于6.19万亿千瓦·时的年发电量，占世界水力资源量的12%，居世界首位；2010年中国核电产量为738.8亿千瓦·时，占全球的2.7%，位居世界第九，2011年比2010增长16.9%，达到863.9亿千瓦·时。按目前估计，中国拥有世界第三位的煤炭探明可采储量，第一位的水力资源蕴藏量和第九位的核电产量。2003~2011年中国能源生产总量及其构成参见表12.1，同期能源生产总量、原煤产量及原油产量的变化趋势见图12.1。

除了丰富的常规能源资源外，中国还拥有丰富的可再生能源资源。根据统计，1971~2000年的近30年平均年单位面积上中国太阳能辐射总量为1050~2450千瓦·时/平方米，每年太阳能辐射总量相当于17000亿吨标煤，具有良好的发展潜力。风能资源理论储量为40亿千瓦·时，陆上理论技术可开发量为6亿~10亿千瓦·时。2010年在世界可再生能源发电（主要是风能发电、太阳能

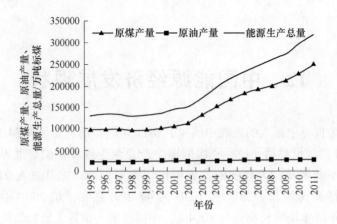

图 12.1　1995~2011 年能源生产总量、原煤及原油产量变化趋势图（资料来源：作者整理）

发电）中，中国为 535 亿千瓦·时，占 7.6%，位居第四。生物质能资源也十分
丰富，2007 年中国农作物秸秆产量约为 7.5 亿吨，按热值计算相当于 3.6 亿吨标
煤，其中薪材和焚烧占用了 58%（约 4.1 亿吨）。另外，中国地热资源丰富，可
采储量约相当于 4626 亿吨标煤，资源潜力占全球总量的 7.9%；潮汐能资源蕴藏
量为 1.1 亿千瓦，可开发利用量约 2100 万千瓦，每年可发电 580 亿千瓦·时。

　　从投资角度分析能源生产规模，2003~2011 年中国能源工业的投资总量及其
构成结构如表 12.1 所示。从表 12.1 和图 12.2 并通过计算可得，2003~2011 年
中国能源工业固定资产投资总量呈现逐年增加的趋势，从 5508.4 亿元增加到

表 12.1　2003~2011 年中国能源工业固定资产投资总量及其构成　　（亿元）

年份	投资总量	煤炭开采及 洗选业	石油及天然 气开采业	石油及炼焦 加工业	电力、热力及燃气的 生产和供应业
2003	5508.4	436.4	946.0	322.0	3803.9
2004	7504.8	690.4	1112.3	637.9	5064.2
2005	10205.6	1162.9	1463.6	801.3	6777.8
2006	11826.3	1459.0	1822.2	939.3	7605.8
2007	13698.6	1804.6	2225.5	1415.4	8253.2
2008	16345.5	2399.2	2675.1	1827.5	9443.7
2009	19477.9	3056.9	2791.5	1839.8	11789.7
2010	21627.1	3784.7	2928.0	2035.1	12879.4
2011	23045.6	4907.3	3022.0	2268.5	12847.9

资料来源：2004~2012 年中国统计年鉴。

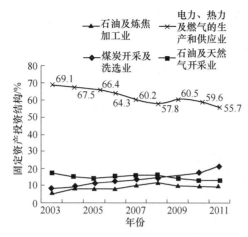

图 12.2　2003~2011 年中国能源工业固定资产投资结构变化趋势图（资料来源：作者整理）

23045.6 亿元，增长了约 3.2 倍，年均增长 21.6%。其中，对电力、热力及燃气的生产和供应业的投资占投资总量的一半以上，说明中国对该行业的重视，但其比重呈现下降趋势，从 69.1% 下降到 55.7%；2011 年，能源工业固定资产投资主要用于电力、热力及燃气的生产和供应与煤炭开采及洗选；煤炭开采及洗选业的投资由 436.4 亿元增加到 4907.3 亿元，呈现逐渐上升的趋势，且于 2009 年首次超过石油及天然气开采业，在整个能源工业投资中所占的比重也是不断增加的；石油及天然气开采业的投资从 946 亿元增加到 3022 亿元，其所占比重在 13%~18% 之间波动，并呈现下降趋势，2011 年比 2008 年下降 3.1 个百分点；中国对石油及炼焦加工业的投资始终最少，比重也最低。从能源工业投资的结构来看，2003 年以来中国仍然以投资煤炭为主，对煤炭开采及洗选业投资比重的增加将不利于中国能源生产结构的优化。

　　总之，中国资源总量丰富，但人均能源资源拥有量较低、资源分布不均衡、开发难度较大。据统计，人均拥有的煤炭和水力资源仅为世界平均水平的 1/2，石油和天然气为 1/15 左右；耕地资源低于世界人均水平的 30%，阻碍了生物质能源的开发和利用。中国能源资源的分布广泛而不均衡，水力和煤炭资源分别主要分布在西南地区和西北、华北地区；石油和天然气资源主要分布在东、中、西部地区及海域，但东南沿海地区为主要的能源消费区，能源消费地域与资源分布存在明显差别。因此，大规模、远距离的能源输送是中国能源生产和消费的显著特征。与世界其他国家相比，能源资源的开发难度较大，中国煤炭、石油和天然气资源的地质开采条件较差，埋藏深、地质条件复杂，因此开发的技术要求和成本很高；而尚未开发的水力资源分布在远离消费中心的西南山谷，开发成本和难度均较大；非传统能源资源的经济性较差，勘探程度低，缺乏竞争力。

12.1.2　能源消费现状

12.1.2.1　能源消费结构

中国既是能源生产大国，又是能源消费大国。改革开放以来，随着经济的快速增长，中国能源消费总量也大幅度增加。1995~2011 年，中国能源消费总量由 13.1 亿吨标煤增加到 34.8 亿吨标煤，年均增长 6.3%；以煤为主的能源供应结构决定了能源的消费结构，1995 年煤炭消费在能源消费总量中的比重高达 74.6%，以后虽然呈现逐渐下降的趋势，但始终在 68%~74% 之间；石油消费量的比重从 1997 年开始超过了 20%，以后有升有降，2011 年为 18.6%；水电、核电、风电和天然气的比重虽然在逐步提高，但所占比重仍然很低，尤其是天然气的比重，2011 年它们的比重分别为 5% 和 8%。1995~2011 年中国能源消费总量及构成如表 12.2 和图 12.3 所示。

表 12.2　1995~2011 年中国能源消费总量及其构成

年份	能源消费总量/万吨标煤	煤炭比重/%	石油比重/%	天然气比重/%	水电、核电、风电比重/%
1995	131176	74.6	17.5	1.8	6.1
1996	135192	73.5	18.7	1.8	6.0
1997	135909	71.4	20.4	1.8	6.4
1998	136184	70.9	20.8	1.8	6.5
1999	140569	70.6	21.5	2.0	5.9
2000	145531	69.2	22.2	2.2	6.4
2001	150406	68.3	21.8	2.4	7.5
2002	159431	68.0	22.3	2.4	7.3
2003	183792	69.8	21.2	2.5	6.5
2004	213456	69.5	21.3	2.5	6.7
2005	235997	70.8	19.8	2.6	6.8
2006	258676	71.1	19.3	2.9	6.7
2007	280508	71.1	18.8	3.3	6.8
2008	291448	70.3	18.3	3.7	7.7
2009	306647	70.4	17.9	3.9	7.8
2010	324939	68.0	19.0	4.4	8.6
2011	348002	68.4	18.6	5.0	8.0

资料来源：1996~2012 年中国统计年鉴。

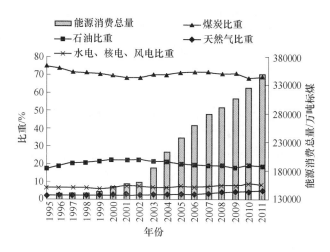

图 12.3 1995~2011 年中国能源消费总量及其构成变化趋势图（资料来源：作者整理）

12.1.2.2 三次产业的能源消费

随着经济的增长，中国产业结构得到了进一步调整和优化，表现为第一产业比重下降，第三产业比重上升，而第二产业比重在一定范围内波动，但其主导地位一直没有改变（在 12.2 节中详细介绍）。中国三次产业结构由原来的"二一三"模式转变为"二三一"模式，并逐步向"三二一"的模式转变。

随着三次产业结构的不断变化，用于不同产业的能源消费量也将随之发生相应改变。由表 12.3 并通过计算可知，1995～2010 年中国第一产业能源消费比重保持在 2%~4.5%之间，从 2003 年开始低于 4%，2010 年降为 2%；第二产业能源消费量从 1995 年的 9.7 亿吨标煤增加到 2010 年的 23.1 亿吨标煤，年均增长率约为 5.9%，其比重始终保持在 70%左右，可见，中国能源消费主要用于第二产业，要实现能源的可持续发展战略，应首先提高第二产业能源的利用效率，从而逐步降低能源消费量；而第三产业能源消费的比重呈逐渐上升的趋势，从 9.5%上升到 11.3%，其增长速度快于第二产业能源消费的增长速度，年均增长约为 7.4%。因此，三次产业能源消费结构的变化与三次产业经济结构的变化特点是一致的，降低能源消费量应首先降低第二产业能源消费量，提高能源利用效率，这样对于能源消费的可持续性将会起到一定的积极作用。

表 12.3 1995~2010 年中国各产业能源消费量及其比重

年份	各产业能源消费量/万吨标煤			各产业能耗比重/%		
	第一产业	第二产业	第三产业	第一产业	第二产业	第三产业
1995	5509.4	97463.8	12461.7	4.2	74.3	9.5
1996	5542.9	98960.5	13384.0	4.1	73.2	9.9

续表 12.3

年份	各产业能源消费量/万吨标煤			各产业能耗比重/%		
	第一产业	第二产业	第三产业	第一产业	第二产业	第三产业
1997	5844.1	99893.1	14406.4	4.3	73.5	10.6
1998	5992.1	98869.6	16478.3	4.4	72.6	12.1
1999	6185.0	96852.0	18414.5	4.4	68.9	13.1
2000	6403.4	102453.8	19937.7	4.4	70.4	13.7
2001	6617.9	98515.9	20455.2	4.4	65.5	13.6
2002	6855.5	109050.8	22001.5	4.3	68.4	13.8
2003	6984.1	130859.9	24995.7	3.8	71.2	13.6
2004	8111.3	153901.8	29243.5	3.8	72.1	13.7
2005	8495.9	170625.8	32567.6	3.6	72.3	13.8
2006	8395.1	178851.9	33635.3	3.2	69.1	13.0
2007	8244.6	194198.7	36349.9	2.9	69.2	13.0
2008	6013.1	213114.7	40422.2	2.1	73.1	13.9
2009	6251.2	223759.2	42793.9	2.0	73.0	14.0
2010	6477.3	231101.8	36581.3	2.0	71.1	11.3

资料来源：1996~2011 年中国统计年鉴。

12.1.2.3 能源消费特点

根据中国能源消费的现状，我们发现中国能源消费的特点如下：（1）随着经济的发展，能源消费总量呈现不断增加的趋势。（2）能源消费以煤炭为主，由于煤炭消费是大气污染的主要来源，而且随着可持续发展要求以及"资源节约型-环境友好型社会"构建的提出，煤炭在能源消费中的比重将会下降，这也是今后发展的趋势。（3）石油消费量稳步上升，但其比重并没有显著提高。（4）虽然天然气消费量的比重不断增加，但长期处于较低水平与中国天然气的探明储量状况不吻合；另外，随着中国石油供应短缺趋势的加重，以及天然气探明储量的进一步增加，加大天然气的投资已成为当务之急。（5）水电、核电、风电消费量一直保持稳定增加，但由于基数小，占能源消费总量的比重始终不高。由于它们是一种高效无污染的能源，为了落实能源经济的可持续发展战略，这些能源的消费在未来 20 年内将有加速上升的趋势。（6）在三次产业能源消费中，第二产业占比 70%左右，第一、三产业所占比重之和不足 20%。这说明中国正处于工业化时期，重工业、高能耗产业所占比重较大，环境污染的问题比较严重。

12.1.3 能源供需平衡分析

1995~2011 年，中国能源消费总量高于能源生产总量，尤其在进入 21 世纪后，能源供需缺口不断加大，这与经济的快速发展离不开能源消费直接相关。2011年，中国能源供需缺口为3亿吨标煤；煤炭的生产与消费基本持平，其中1995年、1998~2000年、2006~2009年煤炭消费高于煤炭生产，存在少量缺口，这与中国丰富的煤炭资源紧密相关；石油产量一直比较稳定，而消费量却呈现快速增长的趋势，因此中国石油供需缺口不断加大，从1995年的1536万吨标煤增加到2011年的3.58亿吨标煤，长期需要进口石油，对外依存度较大，这也是总能源供需缺口加大的主要原因；1995~2011年中国天然气与水电、核电、风电的生产量与它们各自的消费量基本相同。1995~2011年中国能源的生产与消费对比如图12.4~图12.6所示。

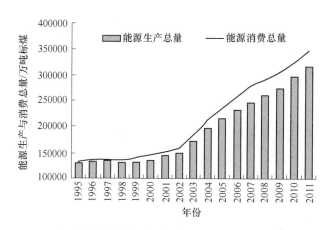

图12.4　1995~2011年中国能源生产总量与消费总量对比图（资料来源：作者整理）

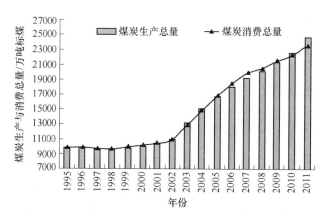

图12.5　1995~2011年中国煤炭生产总量与消费总量对比图（资料来源：作者整理）

总体来看，2002年以后，中国能源供需缺口不断加大，并且这一趋势仍有扩大趋势，尽管能源消费增长趋缓，但仍高于能源生产的增长率，尤其是2002~2007年。以上情况表明，随着经济的快速增长，中国能源需求不断增加，但能

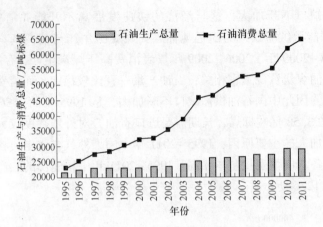

图 12.6　1995~2011 年中国石油生产总量与消费总量对比图（资料来源：作者整理）

源生产的后劲不足，制约了经济社会的发展，能源供需的缺口主要因为石油，并依靠进口来平衡。1995 年，中国石油进口量只有 3673 万吨，2000 年为 9749 万吨，而 2011 年就猛增到 2.9 多亿吨的新水平。这不仅影响了国家的能源安全，也影响到了经济的可持续发展。因此，努力保持能源生产与消费的平衡，充分发挥不同能源资源的优势，逐步降低石油的对外依存度，从而确保国家的能源安全。

12.2　经济发展现状

在近 30 年的时间里，中国经济的飞速发展提高了其在国际上的地位，并已成为发展中国家的重要一员。经济实力的不断提高，综合国力的不断增强，已令世界瞩目。

12.2.1　经济及三次产业发展现状

改革开放的近 30 年以来，中国经济增长的年均速度达 9% 以上，使中国人民逐步从摆脱贫困到向全面小康生活迈进。

持续的经济增长增强了中国的综合国力，也改善了人民的生活水平。1995年中国 GDP 总量只有 60794 亿元，到 2011 年已达到 472882 亿元（如表 12.5 所示），仅次于美国，跃居世界第二，人均 GDP 已达 35181 元。中国的财政收入从1978 年的 1132 亿元剧增到 2011 年的 10.4 万亿元，年均增长约 281 亿元。中国的外汇储备则从 2000 年的 1656 亿美元增加到 2011 年的 31811 亿美元，同比增长11.7%，居世界第一。中国不断加强对外开放程度，扩大与世界经济的联系，进出口贸易总额保持高速增长，近 11 年的年均增速为 18.8%，从 2001 年的 4.2 万

亿元增加到 2011 年的 23.6 万亿元；2001～2011 年中国累计实际使用外资超过
8160 亿美元，到 2011 年，中国对外直接投资净额达到 746 亿美元。城乡居民收
入逐渐增加，城镇居民人均可支配收入由 1978 年的 343 元增长到 2010 年的 2.18
万元，增长了近 54 倍；农村居民人均纯收入则由 134 元增加到 6977 元，增长了
约 42 倍；城乡居民生活水平不断提高，农村居民恩格尔系数从 1978 年的 67.7%
下降为 2011 年的 40.4%，城镇居民则从 57.5%下降到 36.3%。科学技术全面发
展，劳动力素质显著提高，2011 年在校研究生达 164 万人，当年毕业的普通高校
在校生总数超过 650 万人。中国制造业发展迅速，已形成相当大的规模，位居世
界第四位[191]，等等。

在发展经济的过程中，三次产业结构的调整对提高经济发展的质量至关重
要。对中国三次产业发展状况和存在问题的研究，将有利于促进中国经济更好地
发展。自 1978 年以来，中国经济经历了由"二一三"模式发展为"二三一"模
式的过程，表现为第一产业比重缓慢下降，第二、三产业比重开始逐步上升，
"九五"、"十五"期间三次产业结构的变动趋势就具有这一特点；而"十一五"
期间三次产业结构的变动趋势则为：第一产业比重缓慢下降，第二产业比重呈小
幅下降的趋势，第三产业比重略有上升，但是第二产业比重仍然大于第三产业比
重。1995～2011 年中国国内生产总值及其产业比重如表 12.4 所示。

表 12.4 1995～2011 年中国国内生产总值及其产业比重

年份	国内生产总值/亿元	第一产业比重/%	第二产业比重/%	第三产业比重/%
1995	60794	20.0	47.2	32.9
1996	71177	19.7	47.5	32.8
1997	78973	18.3	47.5	34.2
1998	84402	17.6	46.2	36.2
1999	89677	16.5	45.8	37.7
2000	99215	15.1	45.9	39.0
2001	109655	14.4	45.1	40.5
2002	120333	13.7	44.8	41.5
2003	135823	12.8	46.0	41.2
2004	159878	13.4	46.2	40.4
2005	184937	12.1	47.4	40.5
2006	216314	11.1	48.0	40.9
2007	265810	10.8	47.3	41.9
2008	314045	10.7	47.5	41.8
2009	340903	10.3	46.3	43.4
2010	401513	10.1	46.8	43.1
2011	472882	10.0	46.6	43.4

资料来源：1996～2012 年中国统计年鉴。

　　随着产业结构的变动，劳动力就业结构也相应发生了变化。如图 12.7 所示，第一产业就业人数的比重下降明显，尤其 2002 年之后下降的速度比较快，由 50% 下降为 2011 年的 34.8%，并且下降幅度明显大于生产总值中第一产业比重下降的幅度；劳动力在第二产业中就业人数比重出现波动，但从 2002 年开始出现明显上升的势头，到 2011 年为 29.5%；第三产业就业人数的比重稳步上升，且 2011 年的比重首次超过第一产业比重，产业结构将会随着就业结构的变动而改变，但总体上滞后于就业结构的变动。

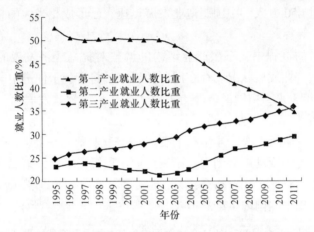

图 12.7　1995~2011 年中国三次产业就业人数比重变化趋势图（资料来源：作者整理）

　　中国产业发展中存在的主要问题有：（1）产业结构与就业人数分布不匹配，1995~2011 年，第一产业就业人数的年均比重约为 46%，而同期第一产业产值的年均比重仅为 14%。（2）第二产业仍然占 GDP 的最大比重，是耗能的主导产业，在工业企业的生产中粗放的经济增长方式基本上没有改变，能耗高、污染高的现象依然比较严重，资源、环境压力大。（3）第三产业在经济结构中的比重偏低，2011 年第三产业占 GDP 的比重仅为 43%，与发达国家的水平相差较远；从世界的范围来看，大多数发达国家第三产业产值的比重达到 60%~80%，基本上实现了经济的服务化。（4）第三产业就业人数的比重稳步上升，但 2001~2005 年中国第三产业产值的比重出现波动，服务业增加值比重在较低水平上趋于稳定，不符合工业化发展的规律，中国三次产业结构关系失衡的主要原因是服务业发展的落后。

12.2.2　经济发展特点

　　中国经济的发展具有如下主要特点：

　　（1）投资推动经济增长。在当代世界工业化经济发展的过程中，投资占 GDP 比重是不断上升的，中国经济的增长也不例外。近 30 年来，中国全社会固定资产投资的增长始终快于 GDP 的增速，导致投资占 GDP 的比重不断上升。近几年来，中国每年的固定资产投资占 GDP 的比重达 40%，尤其是 2006 年以来，投资率攀升至 50% 以上。1995～2011 年的年均投资率为 44.6%，2011 年达到 65.8%。高投资率拉动了中国经济的快速增长，可见在过去的 16 年中，中国经济的增长主要依赖于资本的快速积累。

（2）对外贸易和引进外资带动经济发展。经济的全球化使世界贸易比产出增长更快。2000 年以来，中国进出口总额的增长率高于 GDP 的增长率，对外贸易的迅猛发展，使中国对外贸易依存度逐年提高，也提高了在世界贸易中的地位。2011 年，中国进出口贸易总额比 1978 年的 206 亿美元增加了 175 倍，达到 36419 亿美元，在世界贸易中的排名从第 29 位上升到第 1 位。中国诸多产业领域都有外商的投资，到 2011 年年底全国批准设立外商投资企业 44.6 万户，投资总额接近 3 万亿美元，来华投资的国家和地区超过 190 个。中国在加入 WTO 之后，对外开放的不断扩大，不仅促进了对外贸易的快速增长，而且引进了国际管理经验和先进技术，成为中国经济的一个新的增长点。中国经济与世界经济关联度的提高，对外开放领域的不断扩大，将有利于充分发挥比较优势，优化资源配置并缓解能源资源对经济增长的约束，从而带动中国经济可持续增长。

（3）高科技促进经济结构调整和产业优化升级。随着新技术革命的不断深化，中国的高新技术迅猛发展，如生命科学技术、通信技术、电子技术、航空航天技术等。1993 年以来，中国组建了 50 多个国家级高新技术产业区和以北京、深圳、上海等地区为中心的高新技术产业带，进一步推动了高新技术产业的发展，基本形成了珠江三角洲、京津塘、长江三角洲等各具特色的高新技术产业带。全国高新技术产业的总产值从 1995 年的 4098 亿元增长到 2011 年的 88434 亿元，增长达 20 倍。2011 年，全国高新技术企业数为 21682 家，从业人员达到 1147 万人，其产值占 GDP 的 18.7%。中国的高新技术产业基本形成了计算机及办公设备、光机电一体化设备、电子元器件及配件、生物医药、计算机软件、新材料、航空航天器等高新技术产业共同发展的局面，并逐步呈现多元化格局的发展趋势。同时，高新技术产业对传统产业的提升作用不断增强，对经济结构的优化作用日益明显。

12.2.3　经济发展存在的主要问题

中国经济的发展令世界瞩目，在不同领域取得了长足的发展。由于目前复杂的国际形势和本国的国情，经济发展还将承受诸多考验，在探索中寻求发展。众观中国近 30 年的发展历程，我们发现经济的发展还存在很多问题，找出问题的根本原因，并解决好这些问题，对经济的可持续发展和规划新的发展蓝图意义重大。

（1）资源环境矛盾凸显。中国虽然地大物博，但因人口众多，能源和重要矿产资源都严重短缺，生态环境比较脆弱，如人均耕地资源和水资源占有量很低，耕地资源不足世界人均水平的 30%，水资源仅为世界人均水平的 25%，很多矿产资源低于世界人均水平的 50%。

目前，中国正处于工业化和城镇化快速发展的时期，粗放式的经济增长必然带来一系列问题。处于经济复苏阶段的中国，由于生产和消费方式落后，过度开发水资源、破坏自然植被和乱垦滥伐等的现象十分严重，很多矿产资源被大量开采，自然环境已遭到了极其严重的破坏。同时，中国部分地区的很多企业的技术水平落后，管理水平也跟不上，导致能源消费量巨大，利用效率却偏低，给经济和社会带来了大量损失。

因此，经济发展中能源资源紧缺对经济发展的制约日益明显，粗放式经济增长方式已然不能适应社会发展，缓解经济发展与环境、资源、人口的矛盾迫在眉睫。我们应该降低资源消耗，提高资源的利用效率，以较少的资源和尽量少的生态环境污染实现较快、较好的经济发展，只有这样才能解决它们之间的矛盾。

（2）社会矛盾凸显。无论是产业结构，还是社会格局，中国都在"十三五"时期发生明显变化，因此利益矛盾将会不断加深。如：就业形势严峻，失业人员的就业能力和技能水平亟待提高，一些地区或行业出现的高素质人才供不应求，严重影响了经济的发展；人口老龄化加快，65 岁以上的人口比重由 1995 年的 6.2% 提高到 2011 年的 9.1%，老年抚养比则提高了 3.1 个百分点，使社会保障压力加大。

地区发展不平衡，贫富差距日益扩大化。据统计，中国城乡居民收入绝对量之比由 1978 年的 2.57∶1 上升到 2011 年的 3.13∶1，而且中国农村居民人均收入增长幅度小于城镇居民人均收入的增长幅度；1995~2011 年，城镇居民人均收入年均增长率为 11.3%，高于同期农村居民人均收入年均增长率（10.6%），经济地区差异化程度有加快趋势。另外，中国不同地区人群收入差距也比较明显。近几十年来，东南沿海地区依赖国家的政策优惠，经济发展较快，人均收入明显高于内地城市。东部与中西部地区、城市与农村人民的贫富差距问题已成为摆在人们面前的事实。因此，由贫富差距问题所引起的社会分配不公平现象，将会增加社会中不稳定的因素。

（3）国际竞争压力加大。随着经济全球化的深化和中国经济总量的持续扩大，各种摩擦明显增多，使中国成为众矢之的；对资源、技术、市场等方面的争夺愈演愈烈，国际保护主义开始抬头，某些国家或地区对中国发起的反倾销调查等案件的数量不断增加；能源资源、知识产权等方面的国际压力加大，未来这些方面的摩擦将会不断出现[192]。

12.3 本章小结

本章主要介绍了中国能源经济发展的现状。

首先对中国能源的供给和消费现状进行了分析，可以得出如下结论：2002年以后，中国能源供需缺口不断加大，尽管近几年能源消费的增长趋缓，但仍高于能源生产的增长率；煤炭的生产与消费基本持平，这与中国丰富的煤炭资源紧密相关；石油产量一直比较稳定，而消费量却呈现快速增长的趋势，因此中国石油供需缺口不断加大，长期需要进口石油，对外依存度较大，这也是总能源供需缺口加大的主要原因；天然气与水电、核电、风电的生产量与它们各自的消费量基本相同。

然后对中国经济的发展现状进行了分析，发现经济发展的特点及其存在的主要问题有：投资拉动经济快速增长，对外贸易和引进外资带动经济发展，高科技促进产业结构调整和优化升级；资源环境矛盾凸显、社会矛盾凸显和国际竞争压力加大。

13　中国能源经济系统动力学模型

　　能源经济系统预测是制定能源经济发展战略的前提和基础。目前学者们已经开发了很多能源经济系统预测模型，能源经济系统包括能源、经济、环境、人口中的众多因素，从而形成了一个非常复杂的系统。而我们无论是采用计量经济学模型，还是时间序列模型[193]、组合预测模型[194]、投入产出模型等，都只能在某些范围内适用，往往是各具特点。系统动力学采用定性与定量相结合的方法逐步解决问题，其重点是研究系统未来的发展趋势，是一个结构化的仿真模型，更适合于研究复杂多变的能源经济系统。因此，能源经济系统需要采用系统动力学模型，本书在分析能源经济系统结构的基础上，构建了一个关于能源、经济、环境、人口的系统动力学模型，得到未来 20 年中国能源、经济等方面的预测结果。

13.1　系统动力学简介

　　系统动力学（System Dynamics，SD）是由福瑞斯特（Jay W. Forrester）教授于 1956 年创立的。系统动力学是人的思维能力和计算机高速处理数据能力的结合，更适合于研究复杂多变的社会经济系统。系统动力学模型常用于政策研究，可以用来模拟不同政策的影响后果及系统响应行为。模型具有多回路、非线性和高阶数的特点，能源经济系统就是一个十分复杂的系统，而系统动力学可以表达复杂的组合关系，形象地再现系统的结构、作用方式及行为。

13.1.1　模型变量

　　建立系统动力学模型应遵循一些基本原则，包括结构决定功能原则、信息反馈原则、参变量敏感性原则、系统因果关系原则，等等。在满足以上原则的基础上，才能通过系统变量之间的联系构建系统动力学模型。如图 13.1 所示，利用软件绘制的储蓄与利率关系的系统动力学流图，其变量的类型包括以下四类：（1）状态变量。状态变量方程又称存量方程或水平方程，用方框"□"来表示。如图 13.1 中的"Savings"就是一个状态变量。（2）速率变量。速率变量的作用是实现系统内部物流的控制，状态变量的增减由速率变量的输出控制。速率变量是参变量和状态变量的函数，用"⌼"来表示。如图 13.1 中的"interest"就是速率变量。（3）辅助变量与常量。在对实际系统的研究中，影响速率变量的因素可能很多，于是需要采用其他变量来刻画它；当它们是常数时，就为常量；而当它们用方程表示时，则称为辅助变量。如图 13.1 中的"interest rate"就是随着时间的变动而变动，则它是一个辅助变量。（4）隐藏式变量。在建模过程中，有些变量明显是时间的函数，在模块中必须使用"Time"当作变量。如图 13.1 中的"<Time>"就是一个"Time"变量，Time 用"<>"符号包起来，表示它是一个隐藏式变量。

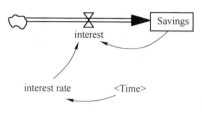

图 13.1　系统建模中变量示例

13.1.2　研究步骤

系统动力学解决问题分为系统分析、结构分析、模型评估、修改模型、政策设计与应用五个主要步骤，如图 13.2 所示。

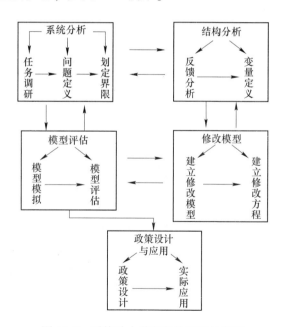

图 13.2　系统动力学研究的过程与步骤

（1）系统分析。主要包括任务调研、问题定义、划定界限，目的是运用系统动力学的理论、原理及方法对研究对象进行系统的分析。

（2）结构分析。主要包括变量定义和反馈分析，目的是通过划分系统层次和子块来确定总体与局部的反馈机制。

（3）模型评估。主要目的是建立规范、合理的模型。

（4）修改模型。主要目的是通过系统剖析，发现新的问题或更多的信息，然后反过来修改模型。

（5）政策设计与应用。主要目的是以系统动力学理论为指导借助模型进行仿真模拟与政策分析。

总之，系统动力学模型是一个具有复杂的反馈结构并不断变化的系统，通过系统分析和软件绘制出系统流图，然后通过变量之间的联系进行定量化，以便进行计算机仿真模拟，从而达到预测系统未来的目的。

13.2　能源经济系统动力学模型

本书建立能源经济系统模型的目的是探讨能源消费、经济增长、人口社会之间的关系，支持环境污染因素排放量的预测，并讨论能源经济的结构及发展政策应如何随着环境因素的变化而变化。

13.2.1　模型结构

能源经济系统动力学模型包括能源、经济、环境以及人口子系统，其中能源子系统包括煤炭、石油、天然气等方面，为系统的主要部分；经济子系统选择国内生产总值（GDP）及其三次产业作为研究对象；环境子系统选择二氧化碳作为研究对象；人口子系统主要研究未来人口的变化趋势，它主要受经济增长的影响。

13.2.1.1　能源子系统

能源子系统属于核心子系统。在设计能源子系统时，本书将能源终端消费分为化石燃料消费和电力消费两部分，而在综合能源平衡表中将能源终端消费按消费部门分为农业、工业、交通运输业、居民消费等。为了研究中国能源的结构，本书研究了能源需求的具体来源，即将化石燃料分解为煤、石油、天然气，将电力分解为核电、水电和火电。电力需求量为水电、火电、核电生产量之和，其中，火电生产量为煤、石油与天然气的投入量乘以各自的发电效率之和。最后，将研究对象分解为煤、石油、天然气、水电、核电，能源需求模型框图如图13.3所示。

在图13.3中，能源终端消费为化石燃料消费与电力消费之和，化石燃料消费就是煤、石油、天然气的消费量之和。其中，煤的需求量就是化石燃料消费中煤的消费与火电生产中煤的消费量之和，石油、天然气的消费也是如此。电力需求的来源包括水电、核电、火电、太阳能发电和风能发电等，由于太阳能和风能的发电量很小，因此计算时可以忽略不计。在综合能源平衡表中，有一项是能源损失，实际上能源消费的同时必须付出这部分损失，但由于所占的比例很小（2010 年为 2.9%），计算时也可忽略不计。

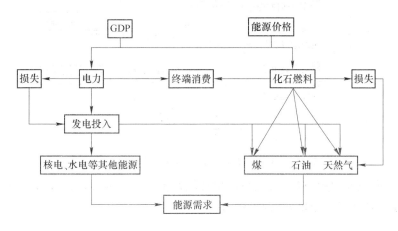

图 13.3　能源需求模型框图

另外，电力作为一种方便、清洁的能源，其需求量很大，中国电力供给决定了其需求。电力部门生产的电能大部分用于消费，只有少量的电力出口和损失。2010 年，中国电力出口为 190.6 亿千瓦·时，约占电力生产总量的 0.45%，因此在下面的计算中忽略不计。而石油用于发电的量也很少，2010 年只占石油消费总量的 1.1%，在模型中也可忽略不计。于是，电力产量实际上就是煤电、核电、水电与气电的生产量之和。

13.2.1.2　经济子系统

经济子系统属于动力子系统。在系统中，未来的经济增长由经济增长率和基期的经济总量决定，并通过三次产业影响能源消费量，通过人均 GDP 影响人口总量，同时经济的过度增长又会对环境产生不良影响。经济子系统的流程如图 13.4 所示。

在图 13.4 中，生产总值是核心变量，通过生产总值变化率的预测，计算得到未来的生产总值。同时，对三次产业的比重进行预测，由变量之间的关系可以得到三次产业产值。最后，通过三次产业不同能耗的强度或增长速度，计算得到对应的能耗量。

13.2.1.3　环境子系统

环境子系统属于约束子系统，也是其他子系统的评价子系统。本书选择二氧化碳作为研究对象，通过固体、液体、气体能源消费的排放系数计算二氧化碳的

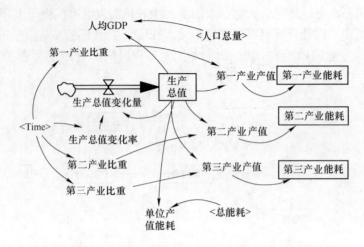

图 13.4　经济子系统流程图（资料来源：作者整理）

排放量，同时通过单位产值排放量、单位能耗排放量以及人均排放量评价其他三个子系统。环境子系统的流程如图 13.5 所示。

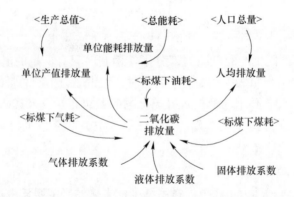

图 13.5　环境子系统流程图

在图 13.5 中，二氧化碳排放量为核心变量，本书选取的排放系数为 1997 年国际能源机构公布的保守项目值，并通过生产总值、总能耗、人口总量计算得到单位排放强度。

13.2.1.4　人口子系统

人口子系统属于发展子系统。在系统中，人口总量决定了人均 GDP、人均能耗、人均二氧化碳排放，从而影响其他三个子系统的可持续发展状态。因此，人口数量直接影响着经济发展、能源消费以及生态环境的改善。为了简化研究，本书仅考虑生活质量影响因子对人口总量的影响，人口子系统的流程如图 13.6 所示。

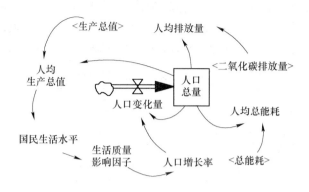

图 13.6　人口子系统流程图

在图 13.6 中，人口总量为核心变量，增长率受生活质量影响因子的影响，而生活质量影响因子在计算公式上等于国民生活水平倒数的 1000 倍，又有国民生活水平为人均国内生产总值与居民消费价格指数商的百分之一，从而把人口增长率与生产总值联系起来。

13.2.2　模型指标目标的设定

13.2.2.1　经济增长速度目标的设定

根据全面建设小康社会的目标，未来 10 年中国人均 GDP 将达到 3000 美元，国内生产总值将比 2000 年翻两番。工业化国家发展的经验表明，人均国内生产总值在 1000~3000 美元之间，说明该国家正处于重工业化的发展时期，能源的需求快速增长。较合理的经济增长速度的设定应该既考虑理论预测又兼顾实际国情，本书中经济增长速度将结合相关学者的研究和中国近 10 年的实际情况进行设定。

国内很多专家学者对中国未来经济的增长率进行了预测，如李京文等人[195]的经济预测模型，2011~2030 年如果国际环境和国内社会政治保持稳定，通过产业结构调整、先进生产技术及管理经验的应用，中国 GDP 增长将达到年均 6.1%，其中 2011~2020 年为 6.4%，2021~2030 年为 5.4%；陈锡康，丁静之[196]预测中国 GDP 增长速度 2011~2020 年为 7.5%，2021~2030 年为 6.8%；贺菊煌等人[197]根据影响经济增长速度的因素建立了经济预测模型，得到中国经济增长速度 2011~2020 年为 5.2%，2021~2030 年为 3.8%。以上学者预测结果的相似之处就是未来中国经济增长速度呈递减趋势，所不同的是采取的模型和假设条件，因此预测结果有所不同。而 2001~2010 年，中国经济保持了快速增长，通过表 13.1 的数据计算可知：2001~2005 年年均增长 9.8%，2006~2010 年为 11.4%。

因此，本书结合相关学者的研究和实际情况给出 2011~2030 年中国经济每 5 年的年均增长率，高方案比低方案多 1 个百分点，其结果如表 13.2 所示。而 2010 年中国 GDP 为 7.48 万亿元（以 1978 年为基期），其增长率为 10.4%。

表 13.1　2001~2010 年中国经济增长速度　　　　　　　（%）

年份	2001	2002	2003	2004	2005	2006	2007	2008	2009	2010
GDP 增长率	8.3	9.1	10.0	10.1	11.3	12.7	14.2	9.6	9.2	10.4

资料来源：2002~2011 年中国统计年鉴。

表 13.2　2010~2030 年中国经济增长速度　　　　　　　（%）

年份	2010	2011~2015	2016~2020	2021~2025	2026~2030
低方案	10.4	8	7	6	5
高方案	10.4	9	8	7	6

13.2.2.2　产业结构目标的设定

由于三次产业具有不同的发展速度，因此经济的增长不仅表现为总值的增加，而且经济结构也将发生显著变化。根据 2001~2010 年中国三次产业比重的相关数据（如表 13.3 所示），本书预测 2011~2030 年三次产业的比重。

表 13.3　2001~2010 年中国三次产业比重的相关数据

年份	第一产业比重 (X_1)	第二产业比重 (X_2)	第三产业比重 (X_3)	$Y_1 = \ln(X_1/X_3)$	$Y_2 = \ln(X_2/X_3)$
2001	0.144	0.451	0.405	−1.034	0.108
2002	0.137	0.448	0.415	−1.108	0.077
2003	0.128	0.460	0.412	−1.169	0.110
2004	0.134	0.462	0.404	−1.104	0.134
2005	0.121	0.474	0.405	−1.208	0.157
2006	0.111	0.479	0.410	−1.307	0.156
2007	0.108	0.473	0.419	−1.356	0.121
2008	0.107	0.474	0.419	−1.365	0.123
2009	0.103	0.463	0.434	−1.438	0.065
2010	0.102	0.469	0.429	−1.436	0.089

资料来源：2002~2011 年中国统计年鉴和作者整理。

由表 13.3 可知，2001~2010 年中国产业结构变化的总体趋势为：第一产业的比重呈缓慢下降趋势，从 14.4% 下降为 10.2%，年均下降 0.42%；第二产业的比重始终在 44%~48% 之间波动，这与国家经济的增长依赖工业产值增长直接相

关；第三产业则呈现缓慢增长的趋势，从 40.5% 增长到 42.9%，年均增长仅为
0.24%。而 2011 年，三次产业的比重分别为 10.0%，46.6%，43.4%。未来随着
三次产业增长速度的不同，三次产业的比重将出现根本性的变化。

产业结构的预测主要是通过时间序列分析，建立合适的经济模型预测其变化
趋势。但是三次产业结构比重之和等于 1，通过对单一指标的时间序列分析，其
结果会出现它们的比重之和不一定等于 1。在统计学上，把一组受约束变量的各
个份额数据的组合称为成分数据（一般所有变量的份额之和等于 1）。根据成分
数据的预测方法[198,199]，本书利用 Aitchison 提出的 logratio 变换，进行成分数据
预测建模，该方法主要考虑在各成分之和等于 1 的约束条件下，建立时间序列模
型，预测和分析各个成分变量的变化趋势。

首先，对成分数据进行自然对数变换（数据如表 13.3 所示），即得到：$Y_1 =$
$\ln (X_1/X_3)$，$Y_2 = \ln (X_2/X_3)$。Aitchison 选用自然对数分析变量的理由是：（1）
成分数据从原来的 3 维空间降低为 2 维空间，即由 3 个线性相关变量转化成 2 个
独立变量，因此消除了原来成分数据中的冗余维度。（2）由于 Y 在（$-\infty$，$+\infty$）
内取值，有利于模型函数的选择。（3）由于进行了对数变换，因而有可能把非
线性问题线性化。

然后，对时间序列 Y_1 和 Y_2 进行回归分析，采用曲线拟合得到如下结果：Y_1
序列满足线性模型，R 方为 0.941（表明模型解释了序列 94.1% 的信息，下同），
说明拟合效果很好，其拟合方程为 $Y_1 = -0.994 - 0.047t$；Y_2 序列满足二次曲线
模型，R 方为 0.749，说明拟合效果较好，其拟合方程为 $Y_2 = 0.056 + 0.031t -$
$0.003t^2$。接着，采用拟合好的模型预测 2011~2030 年的 Y_1 值和 Y_2 值。

最后，用 Y_1 和 Y_2 的值以及公式（13.1）~式（13.3）（其中，X_1^t、X_2^t、X_3^t 分
别为各期三次产业比重；Y_1^t、Y_2^t 为各期 Y_1 和 Y_2 的值）计算 2011~2030 年的三次
产业比重，本书每 5 年取一个平均值得到表 13.4 所示的结果。

$$X_1^t = e^{Y_1^t}/(1 + e^{Y_1^t} + e^{Y_2^t}) \tag{13.1}$$

$$X_2^t = e^{Y_2^t}/(1 + e^{Y_1^t} + e^{Y_2^t}) \tag{13.2}$$

$$X_3^t = 1/(1 + e^{Y_1^t} + e^{Y_2^t}) \tag{13.3}$$

表 13.4 2011~2030 年中国三次产业比重变化预测值 （%）

年份	第一产业比重（X_1）	第二产业比重（X_2）	第三产业比重（X_3）
2011	9.8	45.9	44.3
2016	9.2	43.1	47.7
2021	8.4	35.8	55.8
2026	7.9	26.1	66.0
2030	7.4	18.0	74.6

　　由表 13.4 可知，2011~2030 年中国产业结构变化的总体趋势为：第一产业在 GDP 中的比重将不断下降，第二产业比重快速下降（尤其 2020 年之后），第三产业的比重显著上升，将超过第二产业。而已实现工业化发达国家的三次产业发展历程表明，产业结构的升级基本上是沿着"农业 - 轻纺工业 - 基础工业 - 重化工业 - 高新技术产业和服务业"的过程来实现的。通过 2001~2010 年中国三次产业结构变化的总体趋势和目前所处的阶段（工业化发展阶段）以及表 13.4 的预测结果，由于存在系统误差，第二产业比重（与此相关序列 Y_2 的拟合度 R 方只有 0.749）的预测结果在一定程度上与实际不符。

　　综上所述，中国第二产业将一直保持其在国民经济中的较大份额，直到 2020 年之后，第三产业产值的比重将明显超过第二产业，使其成为中国经济的第一大产业。2010~2030 年中国产业结构变化趋势设定如表 13.5 所示。

表 13.5　2010~2030 年中国产业结构变化趋势　　　　　　　（%）

年份		2010	2011~2015	2016~2020	2021~2025	2026~2030
基本方案	第一产业	10.2	9.8	9.2	8.4	7.9
	第二产业	46.9	45.9	45.1	41.8	36.1
	第三产业	42.9	44.3	45.7	49.8	56.0
高方案	第一产业	10.2	8.8	8.2	7.4	6.9
	第二产业	46.9	44.9	44.1	40.8	35.1
	第三产业	42.9	46.3	47.7	51.8	58.0

13.2.2.3　能源消费指标目标的设定

　　能源消费强度（或能耗强度）反映能源利用效率，是能源消费量与产值的比。但相对发达国家而言，虽然中国的能源利用效率提高很快，但能耗强度的下降空间仍然很大。为了方便对比，各产业能耗强度是以 1978 年为不变价计算的。

　　A　煤耗指标目标的设定

　　工业（指终端消费）、发电、供热、炼焦是中国煤炭消费最集中的四个方面，2009 年这四个方面占煤炭消费总量的 91.6%，其中发电占 48.7%，炼焦占14.8%，工业占 22.9%，供热占 5.2%。煤炭一直在中国能源消费中占主导地位，而电力又是煤炭消费的主力。近年来，随着中国经济的快速增长，能源需求和煤炭消费量也在不断增加。未来 20 年，为了保持经济的可持续增长，煤炭行业仍将具有一定成长性。但 2020 年之后，随着国家产业结构的不断调整，这些行业的发展将会趋于饱和，工业和发电用煤的比例将会逐渐下降，城市居民生活用煤也将逐渐减少。本书选取 1995~2009 年中国煤耗的相关数据或通过计算处理，得到第二产业（不包括发电煤耗）、发电和生活煤耗量与第一、三产业煤耗强度的变化趋势，分别如图 13.7 和图 13.8 所示。

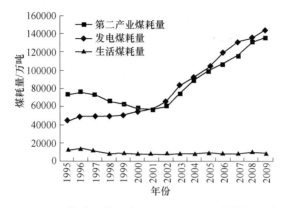

图 13.7　1995～2009 年中国第二产业、发电和生活的煤耗量变化趋势图

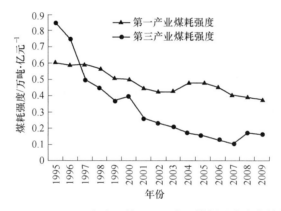

图 13.8　1995～2009 年中国第一、三产业煤耗强度变化趋势图

从图 13.7 和图 13.8 并通过数据计算可知，第二产业和发电煤耗量呈现不断增长的趋势，尤其进入 21 世纪之后，第二产业煤耗量由 2001 年的 5.65 亿吨增加到 2009 年的 13.66 亿吨，增长了约 1.42 倍，15 年的年均增长率为 4.2%；发电煤耗量则由 5.77 亿吨增加到 14.40 亿吨，增长了约 1.5 倍，15 年的年均增长率为 8.2%；生活煤耗则呈现减少的趋势，从 1995 年的 1.35 亿吨下降到 2009 年的 0.91 亿吨；第一、三产业煤耗强度均呈现递减趋势，其中第一产业煤耗强度从 1995 年的 0.61 万吨/亿元下降到 2009 年的 0.38 万吨/亿元，第三产业煤耗强度则从 0.85 万吨/亿元下降到 0.16 万吨/亿元，但 2008 年的值有所回升。

根据煤耗的相关数据进行趋势模拟，其结果如表 13.6 所示。在表 13.6 中，模型等号左边为相应煤耗，右边 t 为时间变量；拟合度 R 方均较大（而且均通过显著性检验），说明拟合效果较好；对于满足两种模型的曲线，取其加权平均值作为预测结果。运用表 13.6 中的模型进行预测，并综合 1995～2009 年的数据，得到 2010～

2030 年中国煤耗强度及增长速度指标值（低方案），并在此基础上调低相应指标值（高方案），其每五年平均值的结果如表 13.7 所示。而且本书设定 2010 年第二产业煤耗量为 13.7 亿吨，发电煤耗量为 15.7 亿吨，生活煤耗量为 9228 万吨。

表 13.6　煤耗曲线的拟合结果

煤耗曲线	满足的模型	R^2
第二产业煤耗量曲线	$ecmh = 90166 - 11048 \times t + 1029 \times t^2$	0.921
发电煤耗量曲线	$dmh = 51278 - 4057 \times t + 793 \times t^2$	0.992
	$dmh = e^{(10.479 + 0.093 \times t)}$	0.924
生活煤耗量曲线	$shmh = 13166 - 2624 \times \ln(t)$	0.740
	$shmh = 7561 + 7573/t$	0.695
第一产业煤耗强度曲线	$ycmhqd = 0.608 - 0.016 \times t$	0.760
	$ycmhqd = 0.639 - 0.082 \times \ln(t)$	0.793
第三产业煤耗强度曲线	$scmhqd = e^{(0.938 - 0.169 \times t)}$	0.984

表 13.7　2010～2030 年中国煤耗指标目标的设定

	年份	2010	2011~2015	2016~2020	2021~2025	2026~2030
低方案	第一产业/万吨·亿元$^{-1}$	0.382	0.351	0.301	0.253	0.207
	第二产业/%	3.43	2.23	1.62	1.25	1.00
	第三产业/万吨·亿元$^{-1}$	0.171	0.122	0.052	0.023	0.010
	发电/%	6.37	3.59	2.73	2.18	1.82
高方案	第一产业/万吨·亿元$^{-1}$	0.382	0.251	0.201	0.153	0.107
	第二产业/%	3.43	1.53	1.12	0.95	0.80
	第三产业/万吨·亿元$^{-1}$	0.171	0.112	0.044	0.017	0.010
	发电/%	6.37	2.59	1.93	1.58	1.42
生活煤耗/万吨		9228	7932	6529	5209	3942

　　B　油耗指标目标的设定

石油主要用于工业和交通运输、仓储和邮政业以及生活消耗，2009 年三者占石油消耗总量的比例分别为 40.9%、35.3% 和 8.3%。未来 20 年，随着石油供需缺口的加大，工业石油消费量的增长速度将会显著下降，用于生活消费（主要为液化石油气）的比例将会提升，但主要增长点是交通运输、仓储和邮政业。而用于发电的量很少，在计算时忽略不计。本书选取 1995～2009 年中国油耗的相关数据或通过计算处理，得到三次产业的油耗强度和生活油耗量及其增长率的变化趋势，分别如图 13.9 和图 13.10 所示。

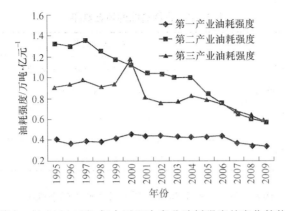

图 13.9 1995~2009 年中国三次产业油耗强度的变化趋势图

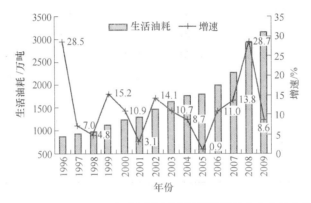

图 13.10 1996~2009 年中国生活油耗量及增长率变化趋势图

从图 13.9 和图 13.10 并通过数据计算可知，三次产业的油耗强度均呈现波动下降的趋势，尤其是第二、三产业的油耗强度下降明显，其中第一产业油耗强度在 0.3 万~0.5 万吨/亿元之间波动、第二产业油耗强度从 1.327 万吨/亿元下降到 0.581 万吨/亿元、第三产业油耗强度从 0.911 万吨/亿元下降到 0.572 万吨/亿元，未来 20 年随着经济增长效率的提高，它们均将呈现下降趋势；生活油耗量不断增加，从 1995 年的 682 万吨增加到 2009 年的 3167 万吨，增长了约 3.64 倍，年均增长 10.78%，但其增长率波动比较大，最大的为 2008 年的 28.7%，最小的只有 0.9%。

根据油耗的相关数据进行趋势模拟，其结果如表 13.8 所示。在表 13.8 中，模型等号左边为相应油耗，右边 t 为时间变量；拟合度 R 方均较大（而且均通过显著性检验），说明拟合效果较好；对于满足两种模型的曲线，取其加权平均值作为预测结果。运用表 13.8 中的模型进行预测，并综合 1995~2009 年的数据，得到 2010~2030 年中国油耗强度及增长速度指标值（低方案），并在此基础上调低相应指标值（高方案），其每 5 年平均值的结果如表 13.9 所示。而且本书设定 2010 年生活油耗量为 3412 万吨。

表 13.8　油耗曲线的拟合结果

油耗曲线	满足的模型	R^2
第一产业油耗强度曲线	$ycyhqd = 0.339 + 0.026t - 0.002t^2$	0.725
第二产业油耗强度曲线	$ecyhqd = 1.59e^{(-0.062t)}$	0.928
第三产业油耗强度曲线	$scyhqd = 1.064e^{(-0.034t)}$	0.692
生活油耗量曲线	$shyh = 462.308 + 231.25t - 26.098t^2 + 1.519t^3$	0.987
	$shyh = 670.445 \times (1.103)^t$	0.981

表 13.9　2010～2030 年中国油耗指标目标的设定

	年　份	2010	2011～2015	2016～2020	2021～2025	2026～2030
低方案	第一产业/万吨·亿元$^{-1}$	0.383	0.363	0.339	0.311	0.279
	第二产业/万吨·亿元$^{-1}$	0.590	0.491	0.360	0.264	0.194
	第三产业/万吨·亿元$^{-1}$	0.620	0.561	0.474	0.400	0.338
	生活油耗/%	7.7	7.2	6.7	4.1	3.3
高方案	第一产业/万吨·亿元$^{-1}$	0.383	0.263	0.239	0.211	0.179
	第二产业/万吨·亿元$^{-1}$	0.590	0.391	0.260	0.164	0.094
	第三产业/万吨·亿元$^{-1}$	0.620	0.461	0.374	0.300	0.238
	生活油耗/%	7.7	6.2	5.7	3.1	2.3

C　气耗指标目标的设定

工业能源、生活消费和交通运输、仓储和邮政业构成了中国天然气消费（气耗）的主体。中国天然气的消费量不断增加，从 1995 年的 177 亿立方米增加到 2009 年的 895 亿立方米，增长超过 4 倍。未来 20 年，中国天然气的消费量仍将呈上升趋势，但随着产业结构的调整和人民生活水平的提高，三者在天然气消费中的比重将有所调整，特别是城乡居民生活和交通运输、仓储和邮政业的消费量将大幅提升，逐渐占主导地位。未来用于发电的气耗量在工业能源中的比重也将不断增大，为了方便研究，本书取电力、热力的生产和供应业的气耗量为发电气耗量，并且第二产业气耗强度的计算去掉此消费量。第一产业对天然气的需求很少，因此不予考虑。本书选取 1995～2009 年中国气耗的相关数据或通过计算处理，得到第三产业、发电和生活气耗量与第二产业气耗量及其强度的变化趋势，分别如图 13.11 和图 13.12 所示。

从图 13.11 和图 13.12 并通过数据计算可知，第三产业、发电和生活气耗量均呈现不断增长的趋势，而且均在 2003 年之后增幅放大；第三产业气耗量从 1995 年的 3.3 亿立方米增加到 2009 年的 138.7 亿立方米，增长了 41 倍，年均增

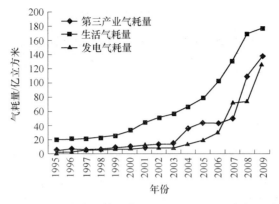

图 13.11 1995~2009 年中国第三产业、发电和生活的气耗量变化趋势图

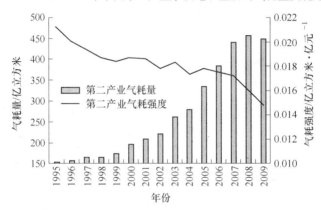

图 13.12 1995~2009 年中国第二产业气耗量及其强度的变化趋势图

长 28%；生活气耗量从 19.4 亿立方米增加到 177.7 亿立方米，增长超过 8 倍，年均增长 16%；发电气耗量增长最快，则从 1.1 亿立方米增加到 127.9 亿立方米，增长近 111 倍，年均增长达 37%，其比重也是不断增加的，2009 年达到 14%。第二产业气耗量也呈现不断增长的趋势，但所占比重不断下降，而且其强度呈现稳定下降的趋势，从 1995 年的 0.0212 下降到 2009 年的 0.0148 亿立方米/亿元，2001 年之后小于 0.018 亿立方米/亿元。

　　根据气耗的相关数据进行趋势模拟，其结果如表 13.10 所示。在表 13.10 中，模型等号左边为相应气耗，右边 t 为时间变量；拟合度 R 方均大于 0.8（而且均通过显著性检验），说明拟合效果很好；对于满足两种模型的曲线，取其加权平均值作为预测结果。运用表 13.10 中的模型进行预测，并综合 1995~2009 年的数据，得到 2010~2030 年中国气耗强度及增长速度指标值（低方案），并在此基础上调低相应指标值（高方案），其每五年平均值的结果如表 13.11 和表 13.12（发电气耗量）所示。而且本书设定 2010 年第三产业气耗量为 167 亿立方米，生活气耗量为 209 亿立方米。

表 13.10　气耗曲线的拟合结果

气耗曲线	满足的模型	R^2
第二产业气耗强度曲线	$ecqhqd = 0.021 - 3.157 \times 10^{-4}t$	0.850
	$ecqhqd = e^{(-3.873 - 0.081t)}$	0.839
第三产业气耗量曲线	$scqh = 2.446 \times (1.282)^t$	0.948
生活气耗量曲线	$shqh = 30.538 - 7.035t + 1.138t^2$	0.985
发电气耗量曲线	$dqh = 25.697 - 11.796t + 1.138t^2$	0.897

表 13.11　2010~2030 年中国气耗指标目标的设定

	年　份	2010	2011~2015	2016~2020	2021~2025	2026~2030
低方案	第二产业/亿立方米·亿元$^{-1}$	0.0158	0.0143	0.0129	0.0116	0.0103
	第三产业/%	20.36	13.23	8.63	5.09	2.28
	生活气耗/%	17.79	12.95	9.91	7.99	6.68
高方案	第二产业/亿立方米·亿元$^{-1}$	0.0158	0.0093	0.0079	0.0066	0.0053
	第三产业/%	20.36	12.23	7.63	4.09	1.28
	生活气耗/%	17.79	10.95	7.91	5.99	4.68

表 13.12　2010~2030 年中国天然气发电指标目标的设定

	年　份	2010	2011~2015	2016~2020	2021~2025	2026~2030
低方案	效率/%	35	40	45	50	55
	发电气耗量/亿立方米	128	154	317	537	814
	发电量/亿千瓦·时	443	609	1409	2653	4423
高方案	效率/%	35	45	50	55	60
	发电气耗量/亿立方米	128	137	285	488	746
	发电量/亿千瓦·时	443	609	1409	2653	4423

　　天然气燃气轮机发电是最洁净的火电形式，过去由于天然气供应量的限制，发电气耗量微乎其微。随着天然气消费量的持续较快增长，未来 20 年中国天然气发电将会有长足发展。由表 13.10 中发电气耗量满足的模型，本书预测得到 2011~2030 年中国发电气耗量；然后，根据天然气发电设备的能量转换效率的设定，以及发电效率为 50% 时每立方米天然气可以发电 4.94 千瓦·时[200]的相关数据，得到 2011~2030 年中国天然气发电量指标值（低方案）；最后，提高发电效率 5 个百分点，在发电量不变的情况下，计算发电气耗量指标值（高方案），以上结果如表 13.12 所示。

13.2.2.4　核电、水电增长速度的设定

作为公认的清洁、高效及可持续的电力来源，水电、核电对环境的破坏相对于综合效益而言是微乎其微的。中国水电和核电的开发潜力巨大，中国"十二五"规划中明确指出将大力发展水电、核电，其目标为：全国发电装机容量达到14.63 亿千瓦，其中水电 3.01 亿千瓦，抽水蓄能 4100 万千瓦，核电 4300 万千瓦；两者之和将占全国发电装机容量的 23.5%。2020 年的规划目标为：全国发电装机容量达到 19.35 亿千瓦左右，其中水电 3.6 亿千瓦，抽水蓄能 6000 万千瓦，核电 8000 万千瓦；两者之和将占全国发电装机容量的 22.7%。本书选取1995~2009 年中国水电、核电产量的数据，得到水电、核电产量及其增长率的变化趋势，分别如图 13.13 和图 13.14 所示。

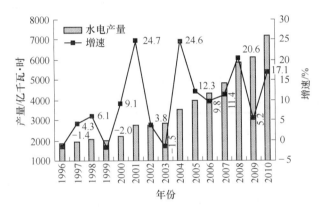

图 13.13　1996~2010 年中国水电产量及其增速的变化趋势图

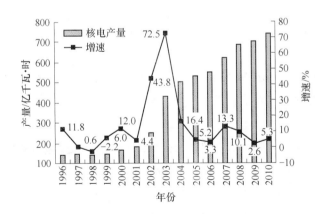

图 13.14　1996~2010 年中国核电产量及其增速的变化趋势图

从图 13.13 和图 13.14 并通过数据计算可知，1995~2010 年中国水电、核电产量均呈现不断增长的趋势，分别从 1906 亿千瓦·时、128 亿千瓦·时增加到7210 亿千瓦·时、739 亿千瓦·时，年均增长 8.67%、11.56%。但它们的增速

则呈现剧烈波动状态，水电产量的增速最高为 2001 年的 24.7%，最低为 1999 年的 −2.0%；核电产量的增速最高为 2003 年的 72.5%，最低为 1998 年的 −2.2%，增速的波动情况表明它们的产量与国家当期的相关政策紧密相关。

根据水电、核电产量的相关数据进行趋势模拟（水电模型：$shdc = 2090.861 − 140.074t + 28.148t^2$，$R$ 方：0.993；核电模型：$hdcl = 92.06 × (1.152)^t$，R 方：0.921），拟合度 R 方均大于 0.9（均通过显著性检验），说明拟合效果非常好。通过模型预测得到 2010~2030 年它们的增长速度指标值（低方案），并在此基础上调高相应指标值 1 个百分点（高方案），其结果如表 13.13 所示。而且 2010 年中国水电产量为 7210 亿千瓦·时，核电产量为 739 亿千瓦·时。

表 13.13　　2010~2030 年中国水电与核电增长速度的设定　　　　（%）

年份		2010	2011~2015	2016~2020	2021~2025	2026~2030
低方案	水电	17.1	6.7	4.1	2.8	2.0
	核电	5.3	9.9	7.3	5.8	4.8
高方案	水电	17.1	7.7	5.1	3.8	3.0
	核电	5.3	10.9	8.3	6.8	5.8

13.2.2.5　人口总量及相关变量的确定

人口自然增长率受到国民生活水平的影响，即居民的生活质量对人口自然增长率有一定的影响，本模型采用生活质量影响因子指标来计算人口自然增长率下降的趋势。国民生活水平在 2010 年的值为人均国内生产总值与居民消费价格指数商的百分之一，即 55.94。2010 年年底，中国人口总量为 13.4 亿，该值作为人口数量的初始值进行计算。生活质量影响因子反映了人口自然增长率与国民生活水平成反向增长的关系，其计算公式为：生活质量影响因子 = 1000/国民生活水平。

本书选取 1995~2010 年人均国内生产总值与居民消费价格指数的数据，计算相应的生活质量影响因子，其人口自然增长率和生活质量影响因子的部分数据如表 13.14 所示。

表 13.14　　1995~2010 年中国人口自然增长率与生活质量影响因子部分数据

年份	1995	1996	…	2000	2001	…	2005	2006	…	2009	2010
人口自然增长率/‰	10.55	10.42	…	7.58	6.95	…	5.89	5.28	…	4.87	4.79
生活质量影响因子	78.66	73.54	…	55.23	50.69	…	32.71	28.55	…	20.27	17.87

然后，根据人口自然增长率与生活质量影响因子的数据，本书建立它们之间的大致比例关系，R 方为 0.951，说明拟合效果很好，其拟合方程如式（13.4）所示。

$$rkzzl = 0.0025241 + 0.0000995 \times yzshzl \qquad (13.4)$$

式中，rkzzl 为人口自然增长率；yzshzl 为生活质量影响因子。其拟合直线如图 13.15 所示。

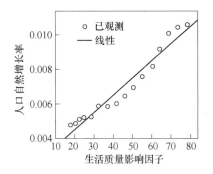

图 13.15　人口自然增长率和生活质量影响因子的拟合关系图

13.2.2.6　二氧化碳排放量的确定

根据国际能源机构公布的数据，1995~2005 年中国二氧化碳排放量从 8.1 亿吨（以碳计，下同）增加到 13.8 亿吨，年均增长 5.63%，高于世界同期年均增长率 2.22%，占世界排放量的比重从 13% 增加到 18%。1995~2005 年中国和世界二氧化碳排放量的变化趋势如图 13.16 所示。

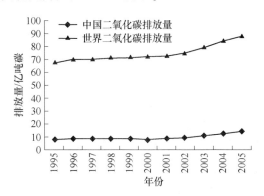

图 13.16　1995~2005 年中国和世界二氧化碳排放量的变化趋势图

2007 年，据荷兰环境评估机构（NEAA）的报告可知，由于发电对于煤的巨大需求和水泥行业的发展，使得中国在 2006 年二氧化碳排放量已经超过美国，达到 17 亿吨，居世界第一。2010 年，中国二氧化碳排放量高达 20 亿吨，占世界的 1/4 以上，虽然人均排放量较低，但排放总量增长最快。研究表明，能源消费产生了中国二氧化碳排放的 90%。在未经处理的情况下，二氧化碳作为能源消耗的副产品对环境的破坏日益严重，排放量可以通过排放系数加以计算求得。煤炭、石油、天然气在燃烧过程中产生二氧化碳，其中煤炭的排放量最大，石油次之，天然气最小，各种燃料排放系数如表 13.15 所示。

表 13.15　二氧化碳排放系数　　　　　　（万吨碳）

数据来源	固体燃料	液体燃料	气体燃料
IEA	0.7560	0.5859	0.4478
GEF 项目	0.7485	0.5832	0.4400
ADB 项目	0.7266	0.5829	0.4091
北京项目	0.6568	0.5917	0.4525
保守项目	0.6600	0.5800	0.4100

资料来源：IEA1997，国家气候变化协调组 1996。

本书的排放系数取保守项目值，又由于液体燃料的固碳率为 14.7%，气体为 1.7%，固体为 0.02%。于是，二氧化碳的排放量通过公式（13.5）计算。

$$DCO_2 = 0.998 \times a \times EC + 0.853 \times b \times EO + 0.983 \times c \times EG \quad (13.5)$$

式中，DCO_2 表示二氧化碳排放量；EC、EO、EG 分别表示固体、液体、气体燃料的消费量；a、b、c 分别表示保守项目中固体、液体、气体燃料的 CO_2 排放系数。

13.3　能源经济系统动力学方程及流程图

13.3.1　系统动力学方程

中国能源经济系统动力学的方程是以低方案为基础编写的，两种方案的预测结果将在 3.4 节中给出。本书在系统动力学流图中根据变量之间的关系设定系统动力学方程，其中，方程（01）为 CO_2 排放量的计算式；方程（02）为电产量的计算式；方程（23）为国内生产总值的计算式；方程（31）和方程（59）分别为核电产量、水电产量的计算式；方程（37）、方程（43）、方程（80）、方程（83）分别为煤耗、气耗、油耗、总能耗的计算式；方程（46）为人口总量的计算式。

（01）co2pf = 0.998 * mbm * gpfxs + 0.983 * qbm * qpfxs + 0.853 * ybm * ypfxs（单位：万吨（以碳计））

（02）dc = hdcl + md + qd + shdc（单位：亿千瓦·时）

（03）dmbxs = WITH LOOKUP (Time，（[(2010, 0) - (2030, 1)]，(2010, 0.33)，(2020, 0.32)，(2030, 0.31)))（单位：千克／千瓦·时）

（04）dmh = INTEG (dmhbh, 157472)（单位：万吨）

（05）dmhbh = dmh * dmhbhl（单位：万吨）

（06）dmhbhl = WITH LOOKUP (Time，（[(2010, 0) - (2030, 1)]，(2010, 0.0637)，(2011, 0.0359)，(2016, 0.0273)，(2021, 0.0218)，

（2030, 0.0182）））（单位： Dmnl）

（07）dmhbz = dmh/mh（单位： Dmnl）

（08）dqh = WITH LOOKUP（Time, （[（2010, 0） - （2030, 1）], （2010, 128）, （2011, 154）, （2016, 317）, （2021, 537）, （2030, 814）））（单位： 亿立方米）

（09）dqhl = dqh（单位：亿立方米）

（10）dwgdppf = co2pf/gdp（单位：吨／万元（以碳计））

（11）dwnhpf = co2pf/znh（单位：万吨／万吨标煤（以碳计））

（12）dwrkpf = co2pf/rkzl/10000（单位： 吨／人（以碳计））

（13）ecbzh = WITH LOOKUP（Time, （[（2010, 0） - （2030, 1）], （2010, 0.469）, （2011, 0.459）, （2016, 0.451）, （2021, 0.4188）, （2030, 0.361）））（单位： Dmnl）

（14）eccz = gdp * ecbzh（单位：亿元）

（15）ecmh = INTEG（ecmhbh, 137234）（单位：万吨）

（16）ecmhbh = ecmh * ecmhbhl（单位：万吨）

（17）ecmhbhl = WITH LOOKUP（Time, （[（2010, 0） - （2030, 1）], （2010, 0.0343）,（2011, 0.0223）,（2016,0.0162）,（2021,0.0125）, （2030,0.01）））（单位： Dmnl）

（18）ecqh = eccz * ecqhqd（单位：亿立方米）

（19）ecqhqd = WITH LOOKUP（Time, （[（2010, 0） - （2030, 1）], （2010, 0.0158）, （2011, 0.0143）, （2016, 0.0129）, （2021, 0.0116）, （2030, 0.0103）））（单位：亿立方米／亿元）

（20）ecyh = eccz * ecyhqd（单位：万吨）

（21）ecyhqd = WITH LOOKUP（Time, （[（2010, 0） - （2030, 1）], （2010, 0.59）, （2011, 0.491）, （2016, 0.36）, （2021, 0.264）, （2030, 0.194）））（单位：万吨／亿元）

（22）FINAL TIME = 2030（单位： Year）The final time for the simulation.

（23）gdp = INTEG（gdpbh, 74837.2）（单位： 亿元）

（24）gdpbh = gdp * gdpbhl（单位： 亿元）

（25）gdpbhl = WITH LOOKUP（Time, （[（2010, 0） - （2030, 1）], （2010, 0.104）,（2011, 0.08）,（2016,0.07）,（2021,0.06）,（2030,0.05）））（单位： Dmnl）

（26）gdprj = gdp/rkzl（单位： 元／人）

（27）gpfxs = 0.66（单位： Dmnl）

（28）hbm = hdcl * dmbxs * 10（单位：万吨标煤）

（29）hdcbh = hdcbhl * hdcl（单位：亿千瓦·时）

（30）hdcbhl = WITH LOOKUP（Time，（[（2010，0）- （2030，1）]，(2010，0.053)，(2011，0.099)，(2016，0.073)，(2021，0.058)，(2030，0.048)）)）（单位：Dmnl）

（31）hdcl = INTEG（hdcbh，738.8）（单位：亿千瓦·时）

（32）INITIAL TIME = 2010（单位：Year）The initial time for the simulation.

（33）kzsbz =（hbm + shbm）/znh（单位：Dmnl）

（34）mbm = mbmxs * mh（单位：万吨标煤）

（35）mbmxs = 0.7143（单位：万吨标煤/万吨）

（36）md = dmh * mbmxs/dmbxs/10（单位：亿千瓦·时）

（37）mh = ecmh+scmh+shmhl+ycmh+dmh（单位：万吨）

（38）nhdwcz = znhrj/gdprj * 10（单位：吨标煤/万元）

（39）qbm = qbmxs * qh（单位：万吨标煤）

（40）qbmxs = 13.3（单位：万吨标煤/亿立方米）

（41）qd = qdl（单位：亿千瓦·时）

（42）qdl = WITH LOOKUP（Time，（[（2010，0）- （2030，1）]，(2010，443)，(2011，609)，(2016，1409)，(2021，2653)，(2030，4423)）)）（单位：亿千瓦·时）

（43）qh = dqhl + ecqh + scqh + shqh（单位：亿立方米）

（44）qpfxs = 0.41（单位：Dmnl）

（45）rkbhl = rkzl * rkzzl（单位：亿人）

（46）rkzl = INTEG（rkbhl，13.4091）（单位：亿人）

（47）rkzzl = 9.95e-005 * yzshzl+0.0025241（单位：Dmnl）

（48）SAVEPER = TIME STEP　Units：Year［0,?］　The frequency with which output is stored.

（49）scbzh = WITH LOOKUP（Time，（[（2010，0）- （2030，1）]，(2010，0.429)，(2011，0.443)，(2016，0.457)，(2021，0.498)，(2030，0.56)）)（单位：Dmnl）

（50）sccz = gdp * scbzh（单位：亿元）

（51）scmh = sccz * scmhqd（单位：万吨）

（52）scmhqd = WITH LOOKUP（Time，（[（2010，0）- （2030，1）]，(2010，0.171)，(2011，0.122)，(2016，0.052)，(2021，0.023)，(2030，0.01)）)）（单位：万吨/亿元）

（53）scqh = INTEG（scqhbh，166.9）（单位：亿立方米）

（54）scqhbh = scqh * scqhbhl（单位：亿立方米）

（55）scqhbhl = WITH LOOKUP（Time，（[（2010，0）- （2030，1）]，（2010，0.2036），（2011，0.1323），（2016，0.0863），（2021，0.0509），（2030，0.0228）））（单位：Dmnl）

（56）scyh = sccz * scyhqd（单位：万吨）

（57）scyhqd = WITH LOOKUP（Time，（[（2010，0）- （2030，1）]，（2010，0.62），（2011，0.561），（2016，0.474），（2021，0.4），（2030，0.338）））（单位：万吨/亿元）

（58）shbm = shdc * dmbxs * 10（单位：万吨标煤）

（59）shdc = INTEG（shdcbh，7210.2）（单位：亿千瓦·时）

（60）shdcbh = shdc * shdcbhl（单位：亿千瓦·时）

（61）shdcbhl = WITH LOOKUP（Time，（[（2010，0）- （2030，1）]，（2010，0.171），（2011，0.067），（2016，0.041），（2021，0.028），（2030，0.02）））（单位：Dmnl）

（62）shmh = WITH LOOKUP（Time，（[（2010，0）- （2030，1）]，（2010，9228），（2011，7932），（2016，6529），（2021，5209），（2030，3942）））（单位：万吨）

（63）shmhl = shmh（单位：万吨）

（64）shqh = INTEG（shqhbh，209.3）（单位：亿立方米）

（65）shqhbh = shqh * shqhbhl（单位：亿立方米）

（66）shqhbhl = WITH LOOKUP（Time，（[（2010，0）- （2030，1）]，（2010，0.1779），（2011，0.1295），（2016，0.0991），（2021，0.0799），（2030，0.0668）））（单位：Dmnl）

（67）shyh = INTEG（shyhbh，3412）（单位：万吨）

（68）shyhbh = shyh * shyhbhl（单位：万吨）

（69）shyhbhl = WITH LOOKUP（Time，（[（2010，0）- （2030，1）]，（2010，0.077），（2011，0.072），（2016，0.067），（2021，0.041），（2030，0.033）））（单位：Dmnl）

（70）spsh = gdprj/100（单位：Dmnl）

（71）TIME STEP = 1（单位：Year）The time step for the simulation.

（72）ybm = ybmxs * yh（单位：万吨标煤）

（73）ybmxs = 1.4286（单位：万吨标煤/万吨）

（74）ycbzh = WITH LOOKUP（Time，（[（2010，0）- （2030，1）]，（2010，0.102），（2011，0.098），（2016，0.092），（2021，0.084），（2030，0.079）））（单位：Dmnl）

（75）yccz = gdp * ycbzh（单位：亿元）

（76）ycmh=yccz * ycmhqd（单位：万吨）

（77）ycmhqd = WITH LOOKUP(Time, （[（2010, 0）- （2030, 1）],（2010, 0.382）, （2011, 0.351）, （2016, 0.301）, （2021, 0.253）, （2030, 0.207）)）（单位：万吨/亿元）

（78）ycyh=yccz * ycyhqd（单位：万吨）

（79）ycyhqd = WITH LOOKUP (Time, （[（2010, 0）- （2030, 1）],（2010, 0.383）, （2011, 0.363）, （2016, 0.339）, （2021, 0.311）, （2030, 0.279）)）（单位：万吨/亿元）

（80）yh=ecyh+scyh+shyh+ycyh（单位：万吨）

（81）ypfxs=0.58（单位：Dmnl）

（82）yzshzl=1000/spsh（单位：Dmnl）

（83）znh=hbm+mbm+qbm+shbm+ybm（单位：万吨标煤）

（84）znhrj=znh/（rkzl * 10000）（单位：吨标煤/人）

方程（01）~方程（84）中变量的代号及名称如表13.16所示。

表 13.16　模型变量代号及名称

变量代号	变量名称	变量代号	变量名称	变量代号	变量名称
co2pf	二氧化碳排放量	hdcbh	核电产量变化量	shbm	标煤下水电产量
dc	电产量	hdcbhl	核电产量变化率	shdc	水电产量
dmbxs	发电煤耗系数	hdcl	核电产量	shdcbh	水电产量变化量
dmh	发电煤耗	kzsbz	可再生能源比重	shdcbhl	水电产量变化率
dmhbh	发电煤耗变化量	mbm	标煤下煤炭消费量	shmh	生活煤耗函数
dmhbhl	发电煤耗变化率	mbmxs	标煤与原煤换算系数	shmhl	生活煤耗量
dmhbz	发电煤耗比重	md	煤电产量	shqh	生活气耗量
dqh	发电气耗函数	mh	煤炭消费量	shqhbh	生活气耗变化量
dqhl	发电气耗量	nhdwcz	单位产值能耗	shqhbhl	生活气耗变化率
dwgdppf	单位生产总值排放	qbm	标煤下气耗量	shyh	生活油耗量
dwnhpf	单位能耗排放	qbmxs	标煤与天然气换算系数	shyhbh	生活油耗变化量
dwrkpf	人均排放	qd	天然气发电量函数	shyhbhl	生活油耗变化率
ecbzh	第二产业比重	qdl	天然气发电量	spsh	国民生活水平
eccz	第二产业产值	qh	天然气消耗量	ybm	标煤下油耗量
ecmh	第二产业煤耗量	qpfxs	气体燃料排放系数	ybmxs	标煤与石油换算系数
ecmhbh	第二产业煤耗变化量	rkbhl	人口变化量	ycbzh	第一产业比重
ecmhbhl	第二产业煤耗变化率	rkzl	人口总量	yccz	第一产业产值

变量代号	变量名称	变量代号	变量名称	变量代号	变量名称
ecqh	第二产业气耗量	rkzzl	人口自然增长率	ycmh	第一产业煤耗量
ecqhqd	第二产业气耗强度	scbzh	第三产业比重	ycmhqd	第一产业煤耗强度
ecyh	第二产业油耗量	sccz	第三产业产值	ycyh	第一产业油耗量
ecyhqd	第二产业油耗强度	scmh	第三产业煤耗	ycyhqd	第一产业油耗强度
gdp	国内生产总值	scmhqd	第三产业煤耗强度	yh	石油消耗量
gdpbh	生产总值变化量	scqh	第三产业气耗量	ypfxs	液体燃料排放系数
gdpbhl	生产总值变化率	scqhbh	第三产业气耗变化量	yzshzl	生活质量影响因子
gdprj	人均生产总值	scqhbhl	第三产业气耗变化率	znh	总能耗
gpfxs	固体燃料排放系数	scyh	第三产业油耗	znhrj	人均能耗
hbm	标煤下核电产量	scyhqd	第三产业油耗强度		

13.3.2 系统动力学流程图

根据能源经济系统动力学模型结构的研究，本书选定煤炭、石油、天然气、水电、核电作为系统动力学模型的能源子系统，通过对不同产业中不同能源的消费强度及增长速度的设定，得到未来各种能源的消费量，从而建立能源子系统的预测模型；通过对国内生产总值变化率及三次产业比重的设定，得到未来国内生产总值和三次产业的产值，从而建立经济子系统的预测模型；通过二氧化碳排放量的计算公式和各种能源的消费量，预测未来二氧化碳的排放量，从而建立环境子系统的预测模型；通过生活质量影响因子确定人口自然增长率，预测未来人口总量，从而建立人口子系统的预测模型[201]。根据以上子系统和影响能源经济发展指标目标的设定，本书绘制了中国能源经济的系统动力学流程图[202~204]，如图 13.17 所示。

图 13.17 包括如下四部分：（1）能源子系统包括总能耗、煤耗、油耗、气耗、水电产量、核电产量及其对应能耗强度或增长率等变量，其代号及其名称如表 13.16 所示。关于煤耗，通过对第一、三产业煤耗强度、第二产业煤耗量和发电煤耗量的变化率以及生活煤耗量的预测，模拟运行软件得到煤耗量；关于油耗，通过对三次产业油耗强度和生活油耗增长率的预测，模拟运行软件得到油耗量；关于气耗，通过对第二产业气耗强度、发电气耗量，以及第三产业气耗量和生活气耗量变化率的预测，模拟运行软件得到气耗量；关于水电、核电的产量，通过对其变化率的预测，模拟运行软件得到它们的产量。最后，由以上各种能耗可以得到总能耗。（2）经济子系统包括三次产业产值及其比重和生产总值等变量，其代号及其名称如表 13.16 所示。根据生产总值的增长率和三次产业比重的

设定，模拟运行软件得到未来 20 年中国的生产总值及三次产业产值。（3）环境子系统包括二氧化碳排放量及其相关排放系数等变量，其代号及其名称如表 13.16 所示。根据式（13.5）和不同能源消费量的预测值，模拟运行软件得到未来 20 年中国二氧化碳排放量。（4）人口子系统包括生活质量影响因子、人口自然增长率和人口总量等变量，其代号及其名称如表 13.16 所示。根据生活质量影响因子与人口自然增长率的关系（即式（13.4））及人均国内生产总值，模拟运行软件得到未来 20 年中国的人口自然增长率及人口总量。

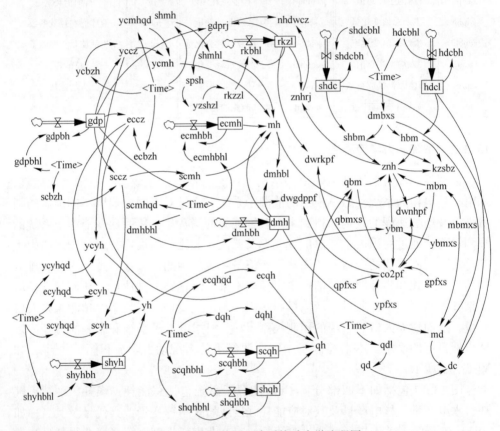

图 13.17　中国能源经济系统动力学流程图

除了以上结果外，还可以得到电产量、单位产值能耗、人均能耗、可再生能源比重（本书指水电和核电的比重）、发电煤耗比重等结果。可以通过调高或调低指标目标的设定，然后与低方案进行仿真比较。

13.4　系统动力学预测结果

根据能源经济系统动力学流程图及模型指标目标的设定，本书进行了两种方

案的模拟比较，得到能源、经济、环境、人口子系统的预测结果。高发展方案的
预测结果分析为结论部分进行对比时使用。

13.4.1　能源子系统预测结果

能源子系统是本书研究的主要子系统，其预测结果包括煤炭、石油、天然气
等能源的消费状况，电力的生产及其构成，等等，其结果如图 13.18 和图 13.19
所示，主要年份的预测结果如表 13.17 和表 13.18 所示。

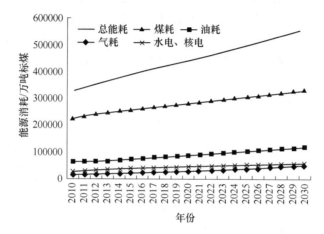

图 13.18　2010~2030 年中国能源消耗变化趋势图

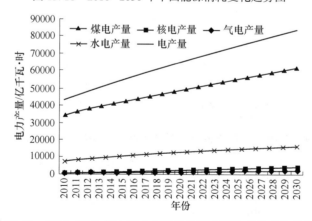

图 13.19　2010~2030 年中国电力产量及其主要构成的变化趋势图

从图 13.18 和表 13.17 以及通过对预测结果的计算可知，中国能源消费总量
的增长趋缓，从 2010 年的 33 亿吨标煤增加到 2030 年的 56 亿吨标煤，年均增长
1.78%；煤炭消费量则从 31 亿吨增加到 46 亿吨，年均增长 1.32%，其比重始终
在 50% 以上，其中 2020 年和 2030 年所占比重分别为 63.2% 和 59%；石油消费的
增长快于煤炭和能源消费总量，从 4.7 亿吨增加到 8.5 亿吨，年均增长 1.98%，

但其比重始终围绕 20% 波动，最高为 2030 年的 21.5%；天然气消费增长率较高，仅次于核电产量，从 1059 亿立方米增加到 3755 亿立方米，年均增长 4.31%，但在能源消费总量中的比重仍然很低，2030 年仅为 8.9%；中国水电、核电产量呈现不断增长的趋势，从 7949 亿千瓦·时增加到 1.9 万亿千瓦·时，年均增长 2.97%，而且在能源消费总量中的比重不断提高，从 7.9% 提高到 10.3%。以上结果表明，未来 20 年中国总能耗将处于高水平，经济增长对能源的依赖程度仍然很大；煤炭消费量的比重仍然居高不下，但其增长趋缓，这对于改善中国能源消费结构起到了一定的积极作用；石油消费量虽然增长较快，但其比重变化不大，说明未来应进一步加大石油勘探、开采等方面的投资，进而优化能源消费结构；天然气、水电、核电等消费量的增速居前，比重虽小但稳步上升，说明国家将对此类环保型能源的重视。

表 13.17   2010~2030 年中国能源需求的预测结果

年份		总能耗/万吨标煤	煤耗/万吨	油耗/万吨	气耗/亿立方米	水电/亿千瓦·时	核电/亿千瓦·时
低方案	2010	330489	312339.9	46949.0	1058.8	7210.2	738.8
	2015	391155	358255.5	52627.7	1650.3	10626.5	1102.9
	2020	446018	394857.4	60652.9	2346.4	12861.2	1550.0
	2025	502601	429100.0	72042.7	3032.9	14726.1	2047.6
	2030	560385	462655.7	84521.4	3755.3	16472.4	2630.0
高方案	2010	330489	312339.9	46949.0	1058.8	7210.2	738.8
	2015	366097	346197.8	43007.1	1337.7	11033.5	1143.9
	2020	408514	369965.4	48410.0	1870.0	14009.0	1684.1
	2025	453898	393121.0	57028.0	2349.0	16836.3	2332.0
	2030	500446	416360.2	66332.4	2800.7	19771.8	3140.5

表 13.18   2010~2030 年中国电力产量及其构成的预测结果

年份		电力产量/亿千瓦·时	煤电比重/%	水电比重/%	核电比重/%	气电比重/%
低方案	2010	42478	80.24	16.97	1.74	1.04
	2015	54950	76.38	19.34	2.01	2.27
	2020	65356	74.27	19.68	2.37	3.68
	2025	75069	73.07	19.62	2.73	4.58
	2030	84887	72.29	19.41	3.10	5.21
高方案	2010	42478	80.24	16.97	1.74	1.04
	2015	53892	75.09	20.47	2.12	2.32
	2020	63189	71.36	22.17	2.67	3.80
	2025	72133	68.66	23.34	3.23	4.77
	2030	81477	66.45	24.27	3.85	5.43

从图 13.19 和表 13.18 以及通过对预测结果的计算可知，2010~2030 年中国电力产量和其他各种电力产量均呈现不断增长的趋势，电力产量和煤电产量的年均增长率较低，电力产量从 4.25 万亿千瓦·时增加到 8.49 万亿千瓦·时，年均增长 2.33%；煤电产量增长最慢，年均增长仅为 1.98%，但在电力总产量中一直占据主导地位，比重始终保持在 70% 以上；水电、核电及气电产量的年均增长率相对较高，分别为 2.79%、4.32%、7.97%，而且其比重均呈现增长趋势，水电比重较大，核电比重最低，气电比重增长最快，这与气电产量增长最快是一致的。以上结果表明，未来 20 年中国很难改变以煤电为电力主要来源的局面，进一步加大了能源消费或经济增长对煤炭的依赖；清洁的或可再生的水电、核电、气电等能源产量的比重严重偏低，不利于优化中国能源消费的结构，将导致能源的不可持续发展。

另外，发电煤耗占总煤耗的比重不断上升，从 2010 年的 50.4% 增加到 2030 年的 57.6%，导致煤耗占总能耗的比重居高不下，因此，未来 20 年煤炭主要用于发电的现状不会从根本上改变；而可再生能源（本书中指水电和核电）的比重则从 7.9% 增加到 10.6%，虽然有所增加，但增长缓慢，年均增长仅 0.09 个百分点。以上结果表明，未来要改变能源消费结构，实现能源经济的可持续发展，首先应减少用于发电的煤炭消费量，大力发展可再生能源，增加水电、核电在总能耗中的比重。

13.4.2 经济子系统预测结果

经济子系统与能源子系统的联系十分紧密，经济的发展需要能源的持续供应，而经济结构又进一步影响能源消费总量及其构成。国内生产总值（GDP）用于衡量经济总量的增长，人均产值是衡量经济发展状况的指标，而单位产值能耗则反映单位 GDP 的能源消费量，是由经济总量和能源消费总量决定的。2010~2030 年中国人均产值和单位产值能耗的变化趋势如图 13.20 所示。

从图 13.20 和通过对预测结果的计算可知，2010~2030 年中国 GDP 呈现比较稳定的增长趋势，从 7.48 万亿元增加到 26.68 万亿元，年均增长 4.3%，增加了近 2.6 倍；人均产值呈现强劲增长趋势，从 5581 元增加到 18544 元，年均增长超过 4%，增加了近 2.3 倍，符合中国全面建设小康社会的目标，但目前世界排名仍然十分靠后（2011 年排名第 93 位）；而单位产值能耗则不断降低，从 4.4 吨标煤/万元降为 2.1 吨标煤/万元，虽然下降了 52%，但其年平均值为 3.0 吨标煤/万元，为世界平均水平的 2.2 倍。以上结果表明，未来 20 年中国经济将保持相对较低的增长速度，人均产值将显著增加，人民生活水平得到提高，但仍处于世界较低水平，而且单位产值对能源的消耗仍处于较高水平。

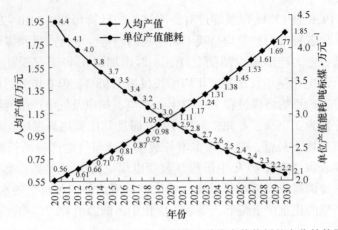

图 13.20　2010~2030 年中国人均产值和单位产值能耗的变化趋势图

13.4.3　环境子系统预测结果

　　环境子系统作为评价子系统，本书以二氧化碳为研究对象，分别用单位产值排放量评价经济子系统、单位能耗排放量评价能源子系统、人均排放量评价人口子系统。2010~2030 年中国二氧化碳排放量以及单位排放强度的变化趋势如图 13.21 所示。

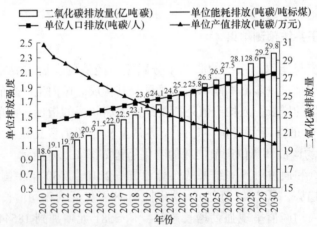

图 13.21　2010~2030 年中国二氧化碳排放量及单位排放强度变化趋势图

　　从图 13.21 和通过对预测结果的计算可知，二氧化碳排放量和单位人口排放均呈现不断增长的趋势，分别从 2010 年的 18.6 亿吨、1.368 吨/人增加到 2030 年的 29.8 亿吨、2.068 吨/人，年均增长 1.58%、1.34%，说明随着人口的缓慢增长，中国二氧化碳排放量呈现增长的趋势，且高于单位人口排放增长速度。单位产值排放下降明显，从 2010 年的 2.483 吨/万元下降为 2020 年的 1.562 吨/万元，下降了 37%，显然符合温家宝总理在哥本哈根世界气候大会上的承诺，即

"到 2020 年中国单位国内生产总值二氧化碳排放比 2005 年下降 40% ~ 45%"（2005 年为 3.462 吨/万元，下降了 54.8%），说明随着科学技术的发展和经济的快速增长，经济环境效益得到显著提高，单位产值对环境的破坏程度将越来越小。而单位能耗排放下降不明显，从 0.562 吨碳/吨标煤下降为 0.531 吨碳/吨标煤，表明能源在被利用的过程中对环境的破坏程度几乎没有变化，说明在经济发展的过程中，我们不仅要提高能源利用效率，而且应兼顾能源消耗对环境的影响，充分考虑环境成本。以上结果表明，未来 20 年，中国的环境压力仍然较大，经济发展中忽视环境的问题依然严重，"十二五"规划已明确提出减少单位产值二氧化碳的排放量，倡导低碳经济，面对排放量的逐年增加，节能减排的任务仍然较重。

13.4.4　人口子系统预测结果

在人口子系统中，人口总量决定了人均产值、人均能耗、人均二氧化碳排放量，属于发展子系统。人均产值和人均排放的预测结果已分别在经济子系统和环境子系统中给出，而人均能耗量是单位人口能源消耗的多少，是一个国家经济发展水平和人民生活水平的综合体现。中国是能源消费大国，能源消费总量居世界第一，但由于人口众多，人均能耗一直处于较低水平。2011 年，中国人均能耗为 2.59 吨标准煤，仅仅达到世界平均水平，远低于美国（为中国 4.2 倍）、加拿大（为中国的 5.3 倍）等众多国家。发达国家的发展历程表明，随着国家工业化和社会的发展人均能耗应该保持较快的增长，当经济发展到一定程度时，其值应趋于稳定甚至下降，呈现"倒 U"形走势。2010~2030 年中国人口总量及人均能耗的变化趋势如图 13.22 所示。

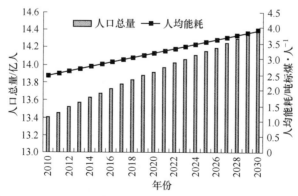

图 13.22　2010~2030 年中国人口总量和人均能耗的变化趋势图

从图 13.22 和通过对预测结果的计算可知，人口总量和人均能耗均呈现缓慢增长的趋势，人口总量从 2010 年的 13.4 亿增加到 2030 年的 14.4 亿，年均增长 0.24%；人均能耗则从 2.465 吨标煤/人增加到 3.895 吨标煤/人，年均增长

1.5%。以上结果表明，未来 20 年，中国能源消费的增长速度快于人口增长速度，人均能耗不断提高，但增速缓慢，仍低于发达国家水平，国家处于工业化发展阶段。

13.5　本章小结

本章运用系统工程的思想，对中国能源经济系统进行了中长期预测和两种方案的模拟比较。首先，对中国能源经济系统动力学模型的结构进行了分析，得到系统模型包括能源、经济、环境、人口子系统，并对模型中的指标目标进行设定。其次，运用软件绘制系统动力学流图，并模拟运行比较不同的方案，得到各子系统的预测结果。预测结果表明，未来 20 年，中国能源消费总量的增长趋缓，煤炭仍为主要消费来源；电力产量不断增加，其主要来源为煤电；水电、核电占总能耗的比重增长缓慢，年均增长仅 0.09 个百分点；天然气消费的增长较快，但其比重仍然很低；单位产值能耗明显降低，但始终处于较高水平；人均产值显著增加，但目前处于世界较低水平；环境压力大，二氧化碳排放量不断增加；能源消费增长速度快于人口增长速度，人均能耗不断提高，国家仍处于工业化发展阶段。

针对上述结论，提出如下建议：节能优先，提高能源利用效率；调整产业结构，合理配置能源资源，降低经济发展对煤炭的依赖程度；加大水电、核电投资力度，重视开发利用水能、核能等可再生能源；增加投资，加大石油、天然气的勘探力度。

14　中国能源经济可持续发展综合评价

可持续发展是既满足当代人的需求，又不危害后代人满足自身需求能力的发展。它强调经济、资源、人口、环境与社会之间的协调发展。究其本质，就是处理好经济建设、人口增长与资源开发利用和环境保护的关系，也就是从人与自然和谐发展的角度出发推动社会走上经济发展、生态良好、人民安居乐业的文明发展道路[205]。

当前，中国经济面临继续提高能源利用效率、生产效率和减少生态环境的污染等一系列重大问题的挑战。在中国政府的高度重视下，中国经济逐渐从原来只强调 GDP 快速增长转变为重视能源、经济、环境与人口之间相互协调的可持续发展。尤其在"十五"规划后期，中国政府从战略的高度把经济可持续发展定为经济发展的一个基本政策。建设资源节约环境友好型社会的目的在于追求以较少的资源消耗和较低的环境污染获得较大的经济、社会效益，从而实现可持续发展。

因此，很多学者开始关注可持续发展的问题，一些学者采用定性的方法研究可持续发展问题，而极少涉及采用数学模型进行定量分析。当然，也有一些专家从定量的角度来研究可持续发展，但评价指标一般是针对能源、经济、环境等单一子系统而设计的，具有一定的参考价值。本书在研究可持续发展理论成果的基础上，构建了中国能源经济可持续发展综合评价指标体系，并运用熵权法、Topsis 法以及二者结合的方法对中国能源经济系统进行了综合评价。

14.1　综合评价指标体系构建

可持续发展概念从正式确立到目前被世界广泛关注已经 20 多年了，但至今为止仍未解决好可持续发展的衡量与评价问题。根据指标的结构体系、框架模型和应用领域上侧重点的差异，不同的组织、学术团体和专家学者们从不同的角度建立了一些可持续发展评价指标体系，如联合国可持续发展委员会（UNCSD）提出的"驱动力-状态-响应"（DSK）指标体系、国际科学联合会环境问题科学委员会（SCOPE）提出的可持续发展指标体系、联合国统计局（UNSTAT）提出的可持续发展指标体系（FISD）以及联合国开发计划署（UNDP）提出的人文发展指标（HDI），等等。以上指标体系的特点是指标繁多、部分指标很难量化等，因此研究仅限于定性分析，缺少定量的实证分析。

14.1.1　能源经济可持续发展的内涵

　　能源经济的可持续发展是指能源的发展既满足经济发展的需要，又不对人类的生存环境与生态健康和生命造成不能容忍的破坏，既满足当代人的能源需求，又不对后代人满足其需要的能力造成不良影响甚至构成危害。因此，可持续发展的能源经济系统是一个将经济因素、生态因素和社会因素等作为其主要组成部分的复杂系统。本书中能源经济可持续发展的具体含义包括能源可持续、经济可持续、环境可持续以及人口可持续四个方面。

　　(1) 能源可持续。能源的可持续发展是可持续发展的基础。经济的持续发展需要能源资源的持续供应，能源的可持续发展与否决定了可持续发展战略是否能够成功实施。它要求当代人谨慎地对待能源资源，以使人类能够持续利用；在开发、加工、转换以及使用的过程中，尽量减少浪费，提高能源效率；合理加大可再生能源的开发与利用，同时减少在能源利用过程中对其他资源（如水源、土地等）的连带破坏和浪费。

　　(2) 经济可持续。经济可持续发展是可持续发展的核心，也是实现能源、经济、环境、人口协调发展的根本保障。因为无论是人民生活水平的提高、综合国力的增强，还是资源的开发利用、生态环境的保护，都离不开经济的持续发展。另外，经济发展的前提和基础是经济增长，经济发展的保证是经济效益的提高，而经济效益水平和增长速度的关键因素则是经济结构。

　　(3) 环境可持续。环境的可持续发展是可持续发展的前提。经济发展和人类生存的前提条件是良好的生态环境，人类所有的经济活动决不能超越环境的承载能力。通过对环境污染的治理和保护来谋求环境的可持续发展，从而实现经济与环境在协调发展中维持平衡。

　　(4) 人口可持续。人口的可持续发展是可持续发展的目的。切实改善人民群众的物质和精神文化生活水平是人类社会发展的根本出发点。它主要考虑能源、环境的承载能力和未来发展的要求，能源经济的发展往往与城市或区域的发展联系在一起，其可持续发展与否势必影响到人口的可持续发展。因此，指标体系的建立应基于目前人口规模的前提条件下，切实反映人口结构和人口素质等状况。

14.1.2　指标体系构建原则

　　构建指标体系评价可持续发展现状的实质在于寻求一组能全面反映可持续发展各方面要求并具有典型代表意义的特征指标，该指标体系要能够方便人们对可持续发展目标进行定量判断。也就是将众多反映不同方面的信息，经过数学处理，使之成为具有评价功能的数值，其大小是对研究对象的量化评价。能源经济系统是一个非常复杂的非线性系统，很难只用单个指标对它进行测度反映其特征，需要采用多指标进行综合评价，即采用多个具有内在联系的指标按一定的层次结构组合在一起构成指标体系。能源经济可持续发展评价指标的选取应遵循科学性、全面性、系统性、可操作性等原则。

（1）科学性原则。可持续发展评价指标体系的构建应满足统计理论、经济系统理论、可持续发展理论，同时指标的定义、数据的收集、计算的方法以及权重的选取等都必须有科学的根据，才能保证评价结果的真实、有效。

（2）全面性原则。能源经济系统所包含的方面广泛而复杂，这就决定了指标的选取应该综合考虑各个不同的方面，如系统的结构与比例、质量与效益、总量与速度等方面。本书中的指标体系考虑了指标发展的规模、结构、效益及发展能力等方面的因素。

（3）系统性原则。该原则包括层次性、环境适应性、动态性、相关性等方面。能源经济系统的复杂性、不确定性和多层次性决定了该系统的可持续发展指标体系必须和区域的总体发展目标相一致，以使评价指标及目标组成一个层次分明的整体，指标之间不仅具有内在联系而且没有信息上的相关或重叠；同时，由于能源经济系统总是处于动态变化之中，这就要求用于评价可持续发展程度的指标体系，不仅能够客观地描述其现状，而且指标体系本身必须具有一定的弹性和可调节性。

（4）可操作性原则。可操作性原则是指数据的可获得性。很多描述系统状态的可持续发展指标体系，往往是较难操作的定性指标，而可操作性强的定量指标却较少，这样就使评价指标体系的可操作性不强。因此，在构建能源经济系统评价指标体系时，应挑选一些易于计算、数据容易取得且能够很好地反映系统实际情况的指标，使所构建的指标体系具有较强的可操作性，从而使我们能够在信息不完备的情况下对可持续发展水平和能力做出最真实客观的衡量与评价。

14.1.3　指标体系设计方法

目前，关于指标体系的设计方法主要有目标法、系统法、范围法、归纳法以及系统法与目标法相结合的方法。

（1）目标法又称分层法，它包括目标层、准则层、指标层。首先，确定可持续发展目标，即目标层；其次，在目标层下建立具体的分目标，称为准则；最后，准则层则由具体的指标组成。

（2）系统法则是先把研究对象按系统学方向分类，进而逐步列出指标。在运用此法时，研究者一般把研究区域作为"能源-经济-环境"复合系统，然后把它分为能源、经济、社会与环境等若干子系统，由子系统的协调发展实现系统的可持续发展。

(3) 范围法就是把与可持续发展目标有关的因素进行分类，然后从不同的类别中找出相关指标。

(4) 归纳法就是将指标进行归类，然后从不同类别中抽取主要指标构建指标体系。

(5) 系统法与目标法相结合的方法则先按系统法将研究对象分为数个子系统，然后按目标法建立评价指标体系。但此种方法仅停留在理论研究上，实践应用很少。

本书在设计能源经济可持续发展综合评价指标体系时考虑了指标体系的科学合理性及内部逻辑统一性，主要采用"系统法"和"范围法"的分析方法。首先确定评价总目标，即系统可持续发展能力和协调能力；其次将它分解为四个层次（即子系统），即能源发展水平、经济发展水平、环境发展水平以及人口发展水平；最后运用范围法，即按照能源、经济、环境以及人口四个子系统依次提取可持续发展指标。根据指标体系的构建原则，能源经济可持续发展综合评价指标体系主要包括反映能源、经济、环境以及人口的可持续发展水平等若干衡量指标。因此，该指标体系自上而下由"目标层-系统层-指标层"组成。

14.1.4　指标体系结构及其构成

目前，关于能源经济可持续发展评价的研究主要从系统的发展度和协调度出发，通过构造不同子系统的评价指标来分析能源经济系统可持续发展的状况。本书认为能源经济可持续发展评价应该包括整个系统的可持续发展和子系统之间的相互协调，并设计了能源经济可持续发展指标体系（A）。其中，系统可持续发展能力（B1）和系统协调能力（B2）为该体系的目标层，系统层则由能源发展水平（C）、经济发展水平（D）、环境发展水平（E）和人口发展水平（F）四个指标构成，各个系统层则由其对应的基层指标构成。然后，根据可持续发展指标体系的构建原则并综合考虑了指标发展的结构、规模、发展能力及效益等方面的因素并结合相关学者研究[206~208]，得到中国能源经济可持续发展综合评价指标体系，如表 14.1 所示。

在表 14.1 中，各个基层指标及其单位、代号和指标极性（即正向指标越大越好，逆向指标越小越好，适中指标偏向均值最好）如第四列所示。

能源发展水平包括能源消费总量、能源生产总量等 12 个指标，其中规模指标为 C1~C3，城镇能源工业投资反映了国家对能源发展投资的总体规模；结构指标为 C4 和 C5，反映了能源消费结构对能源可持续发展的影响；效益指标为 C6~C10，反映了能源在开发利用过程中的效率对能源可持续发展的影响；发展能力指标为 C11 和 C12，能源平衡度是能源平衡差额与能源消费总量之比的绝对值，反映了能源消费得到满足的程度，而石油进口依存度是指进口量占消费总量的比重，并且作为战略性物资，对外依存度过高表明能源供应的安全性较差，过低则表明能源供应紧张，因此一般取适度值20%。

表14.1　中国能源经济可持续发展综合评价指标体系

能源经济可持续发展评价指标A	系统可持续发展能力B1与系统协调能力B2	能源发展水平（C）	能源消费总量（万吨标煤）C1，正；能源生产总量（万吨标煤）C2，正
			城镇能源工业投资（亿元）C3，正； 煤炭消费占能源消费总量比重（%）C4，逆
			水电、核电、风电占能源消费总量比重（%）C5，正
			能源消费弹性系数C6，逆；能源生产弹性系数C7，正
			能源加工转换效率（%）C8，正；能源消费强度（吨标煤/万元）C9，逆
			能源消费强度下降率（%）C10，正；能源平衡度（%）C11，逆； 石油进口依存度（%）C12，中
		经济发展水平（D）	国内生产总值（亿元）D1，正；人均粮食产量（公斤/人）D2，正
			国内生产总值增长率（%）D3，正；人均国内生产总值（元/人）D4，正
			第一产业占GDP比重（%）D5，正；第三产业占GDP比重（%）D6，逆
			总资本贡献率（%）D7，正；财政收入占GDP比重（%）D8，正
			货物进出口总额（亿元）D9，正；实际使用外资额（亿美元）D10，正
			居民消费水平（元）D11，正；公路里程（万公里）D12，正
		环境发展水平（E）	工业废水排放总量（亿吨）E1，逆；化学需氧量排放量（万吨）E2，逆
			工业废水排放强度（吨/万元）E3，逆
			工业废气排放总量（亿标立方米）E4，逆
			工业废气排放强度（标立方米/元）E5，逆
			工业固体废弃物产生量（亿吨）E6，逆
			工业固体废弃物排放强度（吨/万元）E7，逆； 环境保护投资总额（亿元）E8，正 环境污染治理投资总额（亿元）E9，正
		人口发展水平（F）	人口总量（亿人）F1，正；人口自然增长率（‰）F2，正
			就业人口占总人口比重（亿人）F3，正； 老龄人口（65以上）比重（%）F4，逆
			城镇人口占总人口比重（%）F5，正； 文盲人口占15岁及以上人口比重（%）F6，逆

经济发展水平包括生产总值、人均粮食产量等12个指标，其中规模指标为D1~D4，人均粮食产量反映中国粮食自给率，进而影响经济的可持续发展；结构指标为D5和D6，反映了经济结构对经济可持续发展的影响；效益指标为D7和D8，总资本贡献率反映了资本形成总额对经济增长的贡献，进而影响经济的可持续发展，而财政收入是国家实现其职能的财力保障，其在GDP中的比重反映

了国家实现其职能的效率，对经济的可持续发展具有一定的影响；发展能力指标为 D9~D12，分别反映了对外贸易、国外投资、居民消费投入以及交通运输对经济可持续发展的影响。

环境发展水平包括工业废水排放总量、化学需氧量排放量等 9 个指标，其中水污染指标为 E1~E3，反映了水环境对环境可持续发展的影响，化学需氧量（COD）的值越高表明水中有机污染物污染越重；气体污染和固体废弃物污染指标为 E4~E7，反映了它们对环境可持续发展的影响；环境保护与治理投资指标为 E8 和 E9，反映了污染后国家治理污染投资对环境可持续的影响。

人口发展水平包括人口总量、人口自然增长率等 6 个指标，其中规模指标为 F1 和 F2，反映了人口数量对人口可持续发展的影响；结构指标为 F3~F5，分别反映了劳动人口、老龄化人口、城镇人口对人口可持续发展的影响；人口素质指标为 F6，反映了文盲人口对人口发展的影响。

14.2　基于熵权法的综合评价模型

目前，国内外关于可持续发展指标体系评价的方法[209]比较多，如主成分分析法、灰色关联分析法、Rough 集的属性约简法等，建立的模型包括模糊综合评价模型、多维灰色评价模型、回归分析共同集成模型等。通过评价指标权重的确定方法可分为客观赋值和主观赋值两种。其中，主观赋值法主要有 AHP、Delphi 等方法，这些方法多为定性分析，受人为因素的影响较大，因此评价结果很可能失真；客观赋值法主要有因子分析法、主成分分析法、熵值法等方法，这类方法是通过指标数据之间的差异程度和相互关系来确定权重，因而避免了主观因素带来的误差。本书通过信息熵来确定能源经济可持续评价指标的权重。

14.2.1　熵权法原理

熵原本是一个热力学概念，它最先由香农（Shannon）引入信息论，现在已经广泛应用到工程技术、社会经济等领域，而熵权法是一种基于熵原理的客观评价方法，它能有效避免人为因素带来的偏差。

信息熵通过样本数据变化的速率描述指标数值变化的相对幅度，并由此得到指标的权重。指标值相对于理想值的变化越快，其信息熵就越小，相反效用就越大，于是权重就越大。因此，采用熵值法确定的权重表示了指标变化的相对速率，而指标的相对水平则由样本数据标准化后的接近程度表示，最后评价值是它们的乘积，很好地体现了指标的发展速度与相对速度的结合[210]。综上所述，熵值法避免了人为因素对指标权重的影响，使权重的选取更具科学性，其主要步骤如（1）和（2）所示。

（1）数据标准化。设定评价指标体系里有 m 个评价指标和 n 个评价样本，则所有样本指标集为：$S = \{s_1, s_2, \cdots, s_n\}$，每个子样本可描述为：$s_i = \{C_{i1},$ $C_{i2}, \cdots, C_{im}\}$。指标初始数据矩阵 $\boldsymbol{C}$ 为：$\boldsymbol{C} = \{c_{ij}\}_{n \times m}$，$i = 1, 2, \cdots, n$；$j = 1,$ $2, \cdots, m$，其中 c_{ij} 为第 i 年第 j 个评价指标值。

由于评价指标之间的数值量纲可能不同，相互之间不能进行比较，因此本书先对初始数据矩阵 $\boldsymbol{C}$ 进行标准化。指标有极性逆向、极性正向和极性适中之分。如果指标 C_j 的理想值为 C_{ij}^*，极性逆向指标的 C_{ij}^* 越小越好，极性正向指标则越大越好，而极性适中指标偏向均值最好。假设 $M_j = \max\{c_{ij}\}$ 和 $m_j = \min\{c_{ij}\}$，则逆向指标的理想值为 $C_{ij}^* = m_j/c_{ij}$，正向指标的理想值为 $C_{ij}^* = c_{ij}/M_j$。记 C_{ij}^* 标准化后的值为 y_{ij}，如式（14.1）所示。

$$y_{ij} = C_{ij}^* \Big/ \sum_{i=1}^{n} C_{ij}^*, \quad y_{ij} \in (0, 1) \tag{14.1}$$

从而指标的初始数据矩阵 $\boldsymbol{C}$ 经过标准化后可以表示为式（14.2）。

$$\boldsymbol{Y} = \{y_{ij}\}_{n \times m} \tag{14.2}$$

（2）评价指标信息熵的计算。第 j 个评价指标 C_j 的信息熵 e_j 由式（14.3）来计算。

$$e_j = - K \sum_{i=1}^{n} y_{ij} \ln(y_{ij}) \tag{14.3}$$

在式（14.3）中，常数 K 与样本数据量 n 有关。另外，当所有的 c_{ij} 相等时，指标之间没有差异出现的概率也相同，从而指标在每个样本之间的信息量就没有不确定性，此时信息熵记为 $e_j = 1$，则有 $y_{ij} = l/n$，进一步得到式（14.4）。

$$K = e_j \Big/ \sum_{i=1}^{n} \frac{1}{n} \ln(n) = 1/\ln(n) \tag{14.4}$$

于是，信息熵的计算如式（14.5）所示。

$$e_j = - [1/\ln(n)] \sum_{i=1}^{n} y_{ij} \ln(y_{ij}) \tag{14.5}$$

信息熵描述了信息的确定性程度，当信息出现的概率都相等时，信息不存在不确定性，因此确定性程度最高；当信息出现的概率不都相等时，则信息存在不确定性，信息的确定性程度就相应降低。由此可以确定指标的权重。从信息角度来讲，确定性程度越高的信息就越得不到重视，那么该指标的重要程度就越低，指标权重也相应越低。指标重要性程度 θ_j 的计算如式（14.6）所示。

$$\theta_j = 1 - e_j = 1 + [1/\ln(n)] \sum_{i=1}^{n} y_{ij} \ln(y_{ij}) \tag{14.6}$$

于是，评价指标权重 ω_j 的计算如式（14.7）所示。

$$\omega_j = \theta_j \Big/ \sum_j \theta_j \tag{14.7}$$

指标 C_j 的权重 ω_j 可以根据所计算出来的数据矩阵 Y 利用信息熵来确定。

14.2.2　模型构建

能源经济可持续发展综合评价指标（A）包括系统协调能力和系统可持续发展能力两个一级指标。目标层的系统可持续发展能力（B1）和系统协调能力（B2）由能源发展水平（C）、经济发展水平（D）、环境发展水平（E）以及人口发展水平（F）四个子系统构成，而系统层又由各自的三级评价指标构成。对于第 i 个样本，得到式（14.8）。

$$DL_{ki} = \sum_j \omega_j X_{ij}, \ k = 1, \ 2, \ 3, \ 4 \tag{14.8}$$

式中，DL_{ki} 表示第 i 个样本对应的以上能源、经济、环境和人口的发展水平；X_{ij} 为第 i 个样本第 j 个指标的接近程度；ω_j 为第 j 个指标的权重。

可持续发展能力指标体系综合考虑了能源、经济、环境与人口系统发展的功能和结构，能够反映系统在样本期内的发展水平和协调能力。本书采用线性加权的方法确定该指标数值，于是，第 i 个样本的可持续发展能力的计算如式（14.9）所示。

$$B_{li} = \sum_k \lambda_k \, DL_{ki}, \ k = 1, \ 2, \ 3, \ 4 \tag{14.9}$$

式中，B_{li} 表示第 i 个样本的可持续发展能力；λ_k 为第 k 个子系统的权重。由于对初始数据进行了标准化，可持续发展能力的评价数值在 0~1 之间。计算的指标评价数值越接近 1，那么样本的系统可持续发展能力受该指标的影响就越大；反之亦然。本书根据统计学中相关程度等级的分类标准对可持续发展能力进行等级划分，具体如表 14.2 所示。

表 14.2　B1 在区间 [0, 1] 上的程度分级

B1	系统可持续发展能力状态
B1 ∈ [0, 0.3)	很差
B1 ∈ [0.3, 0.5)	较差
B1 ∈ [0.5, 0.7)	适度
B1 ∈ [0.7, 0.9)	较强
B1 ∈ [0.9, 1)	很强

系统协调能力指标主要用来考察能源、经济、环境以及人口这四个子系统之间的协调状态。它们的协调关系表现为各自发展水平的数值应该是平衡的，即它们之间的关系越协调，则各自发展水平的数值就越接近；否则，发展水平数值的偏差就越大。根据统计学原理，本书用指标评价数值之间的标准差和平均值的比衡量偏差程度，则系统协调能力的计算可表示为式（14.10）。

$$B2 = 1 - \sigma / \bar{F} \qquad (14.10)$$

式中，σ 表示指标评价数值 DL_i 的标准差；$\bar{F}$ 表示指标评价数值 DL_i 的平均值。该系统协调能力的评价数值也是在 0~1 之间。当能源、经济、环境以及人口的发展水平的评价数值越接近时，它们之间的发展就越协调，系统协调能力的评价数值就越大；反之亦然。同理，本书也对系统协调能力指标在区间 [0，1] 进行等级分类，具体如表 14.3 所示。

表 14.3 B2 在区间 [0，1] 上的程度分级

B2	系统协调能力状态
B2 ∈ [0，0.3)	很差
B2 ∈ [0.3，0.5)	较差
B2 ∈ [0.5，0.7)	适度
B2 ∈ [0.7，0.9)	较强
B2 ∈ [0.9，1)	很强

如果把系统协调能力指标作为 Y 轴，系统可持续发展能力指标作为 X 轴建立直角坐标系，并根据两个指标的强度在该坐标系内进行划分，则可以得到 25 个评价空间，于是能源经济可持续发展综合评价指标就能体现在评价空间的具体位置。通过在图中的位置，能够简明地确定能源经济可持续发展状态，并由此得出系统的评价结论。能源经济可持续发展综合评价状态如图 14.1 所示。

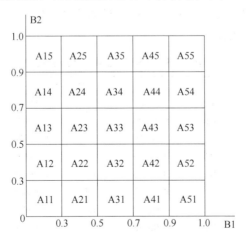

图 14.1 能源经济可持续发展综合评价状态图

从图 14.1 可知，能源经济系统的评价位置越靠右上越好，即从左至右系统的可持续发展能力越高、从下至上系统的协调能力越高。A11 代表最差发展状态，而 A55 则为最好发展状态。

14.2.3 实证分析

根据能源经济可持续发展综合评价指标体系（见表 14.1），本书选取 2001~2010 年中国能源经济的相关数据来分析中国能源经济系统的可持续发展状况，其部分指标的原始数据如表 14.4 所示。

表 14.4 2001~2010 年中国能源经济可持续发展综合评价指标数据

年份	C1	…	C12	D1	…	D12	E1	…	E9	F1	…	F6
2001	150406	…	8.66	108068	…	170	202.63	…	0.161	12.763	…	9.08
2002	159431	…	9.20	119096	…	177	207.19	…	0.158	12.845	…	11.63
2003	183792	…	10.25	135174	…	181	212.25	…	0.164	12.923	…	10.95
2004	213456	…	11.57	159587	…	187	197.84	…	0.193	12.999	…	10.32
2005	235997	…	10.39	183619	…	193	215.98	…	0.250	13.076	…	11.04
2006	258676	…	10.74	215884	…	346	208.04	…	0.224	13.145	…	9.31
2007	280508	…	10.77	266411	…	358	246.65	…	0.207	13.213	…	8.40
2008	291448	…	11.28	315275	…	373	241.65	…	0.172	13.280	…	7.77
2009	306647	…	11.95	341401	…	386	234.39	…	0.130	13.345	…	7.10
2010	324939	…	10.52	403260	…	401	237.47	…	0.098	13.409	…	6.90

资料来源：2002~2011 年中国统计年鉴及作者整理。

根据熵权法原理对能源、经济、环境与人口子系统的指标数据进行标准化，从而得到归一化的数据矩阵，进一步由信息熵的计算公式得到各子系统评价指标的权重，如表 14.5 所示。

表 14.5 各子系统评价指标权重

能源子系统		经济子系统		环境子系统		人口子系统	
指标	权重	指标	权重	指标	权重	指标	权重
C1	0.05066	D1	0.19041	E1	0.00821	F1	0.00420
C2	0.04343	D2	0.00360	E2	0.00274	F2	0.24263
C3	0.21421	D3	0.02616	E3	0.19653	F3	0.00007
C4	0.00023	D4	0.01506	E4	0.30423	F4	0.07423
C5	0.00606	D5	0.00062	E5	0.03471	F5	0.13218
C6	0.13663	D6	0.01562	E6	0.14859	F6	0.54665
C7	0.13065	D7	0.06528	E7	0.01786		
C8	0.00020	D8	0.17358	E8	0.20211		
C9	0.03180	D9	0.20956	E9	0.08504		
C10	0.29387	D10	0.06626				
C11	0.08541	D11	0.10513				
C12	0.00685	D12	0.12876				

假设能源、经济、环境与人口四个子系统对可持续发展能力的贡献相同，即评价权重相等，本书利用综合评价模型可计算得到能源经济系统的可持续发展能力 B1 和协调发展能力 B2，其结果如表 14.6 所示。

表 14.6　基于熵权法的中国能源经济可持续发展综合评价结果

年份	能源发展 水平 C	经济发展 水平 D	环境发展 水平 E	人口发展 水平 F	可持续发展 能力 B1	协调能力 B2
2001	0.55420	0.34651	0.61039	0.83600	0.58677	0.65709
2002	0.40553	0.37538	0.59141	0.72923	0.52539	0.68383
2003	0.32828	0.42830	0.70574	0.73592	0.54956	0.63186
2004	0.41445	0.48340	0.58859	0.75442	0.56021	0.73591
2005	0.47066	0.52773	0.64667	0.73366	0.59468	0.80131
2006	0.53991	0.64777	0.62178	0.77771	0.64679	0.84749
2007	0.70916	0.74523	0.61808	0.82024	0.72318	0.88390
2008	0.80141	0.82357	0.62374	0.85487	0.77590	0.86625
2009	0.57027	0.85680	0.57914	0.89544	0.72541	0.75907
2010	0.80471	0.96635	0.55566	0.90974	0.80912	0.77537

根据综合评价状态图，按表 14.6 中的计算结果绘制出可持续发展能力（B1）与协调能力（B2）所处的状态位置以及能源发展水平（C）、经济发展水平（D）、环境发展水平（E）、人口系统（F）四者之间相互关系的走势图，有关结果如图 14.2~图 14.5 所示。

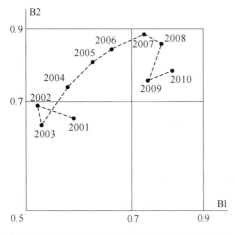

图 14.2　可持续发展能力与协调能力的走势图

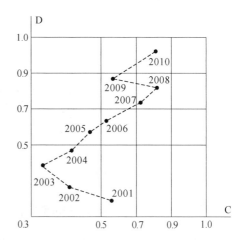

图 14.3　能源发展水平与经济发展水平的走势图

从图 14.2 可知，在 2001~2010 年之间，中国能源经济可持续发展综合评价从可持续发展能力和协调能力均适度逐渐转向可持续发展能力适度、协调能力较

强并过渡到可持续发展能力和协调能力均较强的状态。其中，在 2001~2003 年
之间，可持续发展能力和协调能力处于 A33 区域，而且评价数值基本保持不变；
在 2004~2006 年之间，可持续发展能力和协调能力处于 A34 区域，同时可持续
发展能力和协调能力均逐渐增强；在 2007~2010 年之间，可持续发展能力和协
调能力处于 A44 区域，同时可持续发展能力呈现逐渐增强的趋势而协调能力则呈
现减弱的趋势。可见，这段时间的前期可持续发展能力和协调能力均呈现良好发
展态势，而末期尤其是 2009 年可持续发展能力和协调能力都大幅减弱。研究发
现，2009 年能源子系统评价值较上年下降 28.8%，经济子系统增加 4.0%，环境
子系统下降 7.2%，人口子系统增加 4.7%，而系统可持续发展能力下降了 6.5%，
协调能力下降 12.4%，其首要影响因素为能源消费强度下降率（C10）。

　　从图 14.3 可知，在 2001~2010 年之间，经济发展水平不断提高，从"较
差"状态依次过渡到"很强"状态，而能源发展水平则呈现反复的状态。其中，
在 2001~2004 年之间，能源子系统和经济子系统的评价值由 A32 区域过渡到 A22
区域，能源发展水平由适度状态向较差状态发展，而经济发展水平虽然一直处于
较差状态但仍然逐渐增强；在 2005~2010 年之间，其评价值由 "A23—A33—
A44—A34—A45" 区域依次逐渐过渡，由适度状态逐渐向很强状态发展的经济发
展水平持续提升了能源发展水平也相应地逐渐由较差状态向较强状态发展。可
见，这段时间前期经济发展水平的提升主要依靠能源发展水平的降低，而后期能
源和经济的发展水平均不断得到提高。

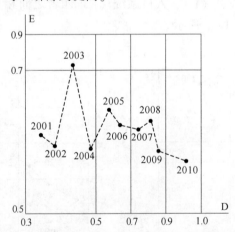

图 14.4　经济发展水平与环境发展水平的走势图

　　从图 14.4 可知，在 2001~2010 年之间，经济子系统和环境子系统的评价值
由 "A23—A24—A23—A33—A43—A53" 区域依次逐渐过渡，显然经济发展水平
从较差状态依次向很强状态过渡，而环境发展水平则呈现波动变化状态，且 2003

年显著提高、2008 年之后却下降明显。可见，经济发展水平并没有持续提升环境发展水平，环境发展水平出现反复的状态提醒我们应该在保持经济发展的同时兼顾环境的保护。

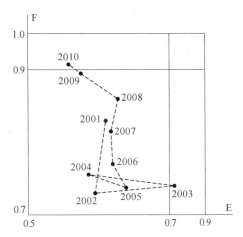

图 14.5　环境发展水平与人口发展水平的走势图

从图 14.5 可知，在 2001~2010 年之间，环境子系统和人口子系统的评价值基本上处于 A34 区域，其中只有 2003 年和 2010 年分别处于 A44 区域、A35 区域。2001~2005 年，环境子系统和人口子系统的评价值均呈现较强的波动变化且无规律；2006~2010 年，人口子系统的评价值持续增加，2010 年达到很强的发展状态，而环境子系统的评价值则呈现不断下降的趋势。可见，环境子系统评价值的降低并没有减小人口子系统的评价值，即环境发展水平并没有阻碍人口发展水平，其本质原因为 2006 年之后人口子系统中的 F6（15 岁以上文盲人口比重）指标对人口发展水平贡献很大，由此表明提高人口素质的意义显著。

14.3　基于 Topsis 法的综合评价模型

Topsis 法通常应用在物料选择、医疗卫生、土地规划、项目投资等领域。目前关于能源经济可持续发展的测度方法和评价体系仍处于探讨之中，至今很少有人把 Topsis 法直接应用于测度能源经济可持续发展评价的研究，本书采用 Topsis 法对中国能源经济系统进行综合评价。

14.3.1　Topsis 法原理

Topsis 法（Technique for Order Preference by Similarity to Ideal Solution, Topsis）是一种逼近理想解的排序方法，由 Yoon 和 Hwang[211] 提出的以正负理想

解为参照基准建立偏好关系并处理多目标决策问题的排序和选择的方法之一。其基本思想为：设定一个虚拟的最优解（也称正理想解，即每个指标的最优值）和最劣解（也称负理想解，即每个指标的最差值），在目标空间中求解方案的相对接近程度，以度量某个方案靠近正理想解和远离负理想解的程度，用相对接近程度的值（0~1）决定方案的排序，相对接近程度越大，则方案越优，反之，越差。Topsis 法的研究步骤如图 14.6 所示。

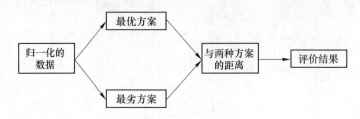

图 14.6　Topsis 法研究的步骤

从图 14.6 可知，Topsis 方法研究的步骤：首先，消除计量单位不同的影响，需要对各项指标进行归一化处理；其次，通过归一化处理后的原始数据矩阵找出多个备选方案的最优方案和最劣方案构成一个空间；然后，把每个方案视为该空间上的一个点，计算该点与最优方案和最劣方案之间的距离；最后，得出该方案与最优方案的相对接近程度，据此可进行方案优劣的评价，为决策者提供参考意见。

Topsis 法是一种多属性决策方案的距离综合评价方法，其优点是通过对原始数据进行归一化处理，消除不同量纲的影响，利用了原始数据信息进行排序结果，定量反映了不同评价方案的优劣程度；而且对样本量、数据分布、指标多少无严格要求，可以把不同指标组合起来进行综合评价，具有计算量小、几何意义直观、应用范围广以及信息失真小等特点。中国能源经济可持续发展综合评价指标体系是一个具有 39 个指标的复杂体系，Topsis 法能直观、清晰、准确地反映中国能源经济可持续发展的状态。

14.3.2　模型构建

同样，本书假设评价体系里有 m 个评价指标和 n 个评价样本，则初始数据矩阵 C 可表示为：$C = \{c_{ij}\}_{n \times m}$，$i = 1, 2, \cdots, n$；$j = 1, 2, \cdots, m$；其中 c_{ij} 为第 i 年第 j 个评价指标值。对数据矩阵 C 中的正逆向指标分别采用式（14.11）和式（14.12）进行归一化处理得到矩阵 $Y = \{y_{ij}\}_{n \times m}$，其中 y_{ij}^+ 和 y_{ij}^- 分别为正逆向指标的归一化值。

$$y_{ij}^+ = c_{ij} \left/ \sqrt{\sum_{i=1}^{n} c_{ij}^2} \right. \tag{14.11}$$

$$y_{ij}^- = \frac{1}{c_{ij}} \Big/ \sqrt{\sum_{i=1}^{n} \left(\frac{1}{c_{ij}^2}\right)} \qquad (14.12)$$

归一化得到数据矩阵 Y，其各列最大、最小值构成的最优、最劣向量分别记为 $Y^+ = (y_{max1}, y_{max2}, \cdots, y_{maxm})$，$Y^- = (y_{min1}, y_{min2}, \cdots, y_{minm})$，第 i 个评价样本与最优、最劣方案的距离分别为式（14.13）和式（14.14）。

$$D_i^+ = \sqrt{\sum_{j=1}^{m} (y_{maxj} - y_{ij})^2} \qquad (14.13)$$

$$D_i^- = \sqrt{\sum_{j=1}^{m} (y_{minj} - y_{ij})^2} \qquad (14.14)$$

第 i 个评价样本与最优方案的接近程度 $N_i = D_i^- / (D_i^- + D_i^+)$，若是正理想解，则相应的 $N_i = 1$；若是负理想解，则相应的 $N_i = 0$。一般解的相对接近度都处于 $0 \sim 1$ 之间，愈靠近正理想解，N_i 愈接近 1；反之，愈接近负理想解，N_i 愈接近 0。通过对 N_i 进行排名，可以得到中国能源经济可持续发展在不同年份的好坏。

14.3.3　实证分析

根据 2001~2010 年中国能源经济可持续发展综合评价指标的原始数据，采用式（14.11）和式（4.12）对数据矩阵进行归一化处理，得到最优向量 Y^+ 和最劣向量 Y^-，其结果分别为

$Y^+ = ($ 0.41494, 0.41787, 0.52846, 0.32413, 0.37422, 0.47604, 0.52028, 0.32252, 0.43005, 0.54157, 0.53046, 0.35717, 0.52084, 0.34424, 0.42256, 0.36591, 0.33059, 0.37128, 0.52205, 0.51258, 0.48130, 0.45660, 0.46865, 0.43177, 0.34927, 0.34395, 0.50416, 0.56918, 0.45218, 0.45323, 0.36092, 0.43571, 0.43641, 0.32366, 0.38716, 0.31702, 0.34897, 0.35962, 0.40418$)$

$Y^- = ($ 0.19207, 0.20248, 0.11036, 0.31000, 0.28284, 0.12023, 0.16736, 0.30832, 0.24898, $-$0.06000, 0.19444, 0.25894, 0.13958, 0.28159, 0.24699, 0.25687, 0.30741, 0.25504, 0.22300, 0.14735, 0.10065, 0.20842, 0.18275, 0.18291, 0.28015, 0.29815, 0.15834, 0.13693, 0.27251, 0.16711, 0.26227, 0.13766, 0.17217, 0.30805, 0.26683, 0.31494, 0.27934, 0.27113, 0.23980$)$

在 Y^+ 和 Y^- 中，第 1~12 个数据组成的向量为能源子系统指标数据的最优和最劣向量的数据，第 13~24 个数据组成的向量为经济子系统指标数据的最优或最劣向量的数据，第 25~33 个数据组成的向量为环境子系统指标数据的最优或最劣向量的数据，第 34~39 个数据组成的向量为人口子系统指标数据的最优或最劣向量的数据。

　　然后，根据式（14.13）和式（14.14）计算每年归一化后的数据与最优和最劣方案的距离及与最优方案的接近程度，其结果如表 14.7 所示。在表 14.7 中，均值 MV 为能源发展水平 C、经济发展水平 D、环境发展水平 E 和人口发展水平 F 的平均值，标准差 STD 则为它们之间的标准差，进一步由式（14.10）计算协调能力 B2。根据表 14.7 中的数据对各子系统发展水平及可持续发展能力和协调能力进行排名，其结果如图 14.7 和图 14.8 所示。

表 14.7　基于 Topsis 法的中国能源经济可持续发展综合评价结果

年份	能源发展水平 C	经济发展水平 D	环境发展水平 E	人口发展水平 F	可持续发展能力 B1	均值 MV	标准差 STD	协调能力 B2
2001	0.47219	0.07002	0.44823	0.53878	0.38308	0.38230	0.21168	0.44630
2002	0.31524	0.08470	0.42372	0.37467	0.30212	0.29958	0.14996	0.49942
2003	0.30780	0.19243	0.54837	0.33833	0.35781	0.34673	0.14838	0.57205
2004	0.34933	0.23616	0.39955	0.35291	0.33257	0.33449	0.06943	0.79244
2005	0.34676	0.29370	0.47696	0.33046	0.36883	0.36197	0.07981	0.77951
2006	0.41868	0.44375	0.44136	0.37185	0.43150	0.41891	0.03334	0.92040
2007	0.55592	0.56464	0.43516	0.46368	0.52690	0.50485	0.06515	0.87095
2008	0.63115	0.64603	0.44421	0.52534	0.58517	0.56168	0.09498	0.83090
2009	0.47219	0.74587	0.40238	0.56925	0.52922	0.54742	0.14894	0.72792
2010	0.66838	0.77224	0.39937	0.57399	0.61160	0.60349	0.15835	0.73762

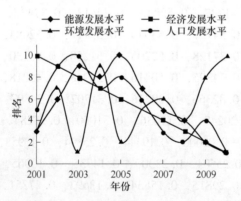

图 14.7　2001～2010 年中国能源经济系统发展水平排名

　　从图 14.7 可知，2001～2010 年中国能源发展水平的排名呈现波动提升的趋势，说明能源发展水平越来越高，2010 年排名第一；经济发展水平的排名则是直线升高，说明经济发展水平逐年提高；而环境发展水平的排名呈现波动降低的趋势，说明环境趋于恶化，尤其在 2005 年之后排名多数居后，2010 年排名最后；

2001~2005 年人口发展水平的排名呈现波动下降的趋势，而后 5 年的排名不断升高，说明后 5 年人口发展水平好于前 5 年。

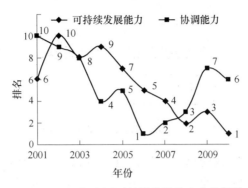

图 14.8 2001~2010 年中国可持续发展能力和协调能力排名

从图 14.8 可知，2001~2010 年中国能源经济系统可持续发展能力的排名基本上呈现不断提升的趋势，说明可持续发展能力不断提高；但中国能源经济系统协调能力的排名则先升高、后下降，其中 2006 年排名第一，说明前 5 年能源、经济、环境和人口子系统之间的发展越来越协调，后 5 年则反之。

综上所述，本书得出如下结论：2001~2010 年，能源、经济、人口的发展水平不断提高，但环境子系统的发展水平呈现波动降低的趋势，可见我们在利用能源、发展经济的同时，环境也付出了惨重代价；中国能源经济系统在提高可持续发展能力的同时，要兼顾系统协调能力的提高，也就是能源、经济、人口子系统要与环境子系统协调发展。

14.4 基于熵权 Topsis 法的综合评价模型

在对中国能源经济可持续发展综合评价模型的研究中，Topsis 法在多目标决策分析上有着独特的优势。然而，Topsis 法在研究中也不可避免地存在着一些弊端，如：（1）指标的权重是事先确定的，其值为主观值，即每个指标的权重相等，在计算时直接将指标权重作用于原始数据，因此改变了数据间的关系结构，最终影响评价结果；（2）当方案 N_i、N_j 关于 Y^+ 和 Y^- 的连线对称时，由于 $D_i^+ = D_j^+$ 和 $D_i^- = D_j^-$，从而无法比较 N_i 和 N_j 的优劣。本书提出了基于改进 Topsis 法的中国能源经济可持续发展综合评价方法，既保留了 Topsis 法的优点，又克服了以上两个缺点。

14.4.1 模型思路

本书针对 Topsis 法现有研究中的弊端，对 Topsis 法进行改进，主要分为（1）

和（2）两个步骤，其研究步骤如图 14.9 所示。

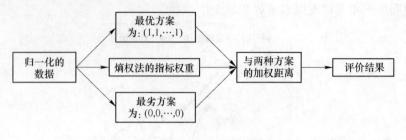

图 14.9　熵权 Topsis 法研究的步骤

（1）利用信息熵赋权的思想对指标进行赋权。信息熵确定权重能客观地反映出评价指标之间的信息，因此，用此法确定权重较为合理。其原理见 14.2.1 节。

（2）将指标归一化矩阵和指标权重代入 Topsis 模型中求解，即建立了基于熵权 Topsis 法的综合评价模型。

设定虚拟最优解（正理想解）的值为 1 和虚拟最劣解（负理想解）的值为 0，然后根据模型计算评价方案到正理想解和负理想解的加权距离，最后再计算出评价方案到理想解的贴近程度，从而得出可持续发展的优劣排序。

14.4.2　模型构建

在信息论中，熵是用来度量不确定性的。信息量越小，不确定性越大，熵也越大；信息量越大，不确定性就越小，熵也就越小。根据熵的特性，可以通过计算熵值来判断事件的随机程度及无序性，也可以通过熵值来判断指标的离散程度。指标的离散程度越大，该指标对评价结果的影响就越大，反之亦然。本书采用熵值法确定权重，其原理见 14.2.1 节，所得到的权重结果如表 14.5 所示。

依据 Topsis 法原理，本书同样采用式（14.11）和式（14.12）对原始数据矩阵进行归一化处理，然后分别令最优向量 $Y^+ = (y_{\max1}, y_{\max2}, \cdots, y_{\max m})$ 和最劣向量 $Y^- = (y_{\min1}, y_{\min2}, \cdots, y_{\min m})$ 中 $y_{\max j} = 1$、$y_{\min j} = 0$，其中 $j = 1, 2, \cdots, m$。于是，第 j 个评价样本到正理想解和负理想解的加权距离分别为式（14.15）和式（14.16），其中 ω_j 为由熵权法计算得到的指标权重、y_{ij} 为归一化后的数据值。

$$D_i^+ = \sqrt{\sum_{j=1}^{m} \omega_j^2 \left(y_{\max j} - y_{ij}\right)^2} \tag{14.15}$$

$$D_i^- = \sqrt{\sum_{j=1}^{m} \omega_j^2 \left(y_{\min j} - y_{ij}\right)^2} \tag{14.16}$$

因此，第 i 个评价样本与理想解的接近程度 $N_i = D_i^- / (D_i^- + D_i^+)$，若评价对象最靠近最优解同时又最远离最劣解，则为最好，否则为最差，即 N_i 越大越好。通过对 N_i 进行排名，可以得到 2001～2010 年中国能源经济系统的发展水平及可持续发展能力和协调能力排名。

14.4.3　实证分析

根据表 14.5 中的权重值，并按基于熵权 Topsis 法的评价模型原理，计算得到中国能源经济可持续发展的评价结果，如表 14.8 所示。在表 14.8 中，可持续发展能力 B1 取能源发展水平 C、经济发展水平 D、环境发展水平 E 和人口发展水平 F 的平均值，标准差 STD 则为它们之间的标准差，进一步由式（14.10）计算协调能力 B2。

从表 14.8 可知，可持续发展能力 B1 和协调能力 B2 的排名顺序分别为：

2010 > 2008 > 2007 > 2009 > 2006 > 2001 > 2003 > 2005 > 2004 > 2002，2006 > 2005 > 2007 > 2004 > 2008 > 2009 > 2010 > 2002 > 2001 > 2003。

能源发展水平 C、经济发展水平 D、环境发展水平 E 和人口发展水平 F 的排名顺序分别为：

2008 > 2010 > 2007 > 2009 > 2006 > 2001 > 2005 > 2004 > 2002 > 2003，2010 > 2009 > 2008 > 2007 > 2006 > 2005 > 2004 > 2003 > 2002 > 2001，2003 > 2001 > 2002 > 2005 > 2008 > 2006 > 2004 > 2007 > 2009 > 2010，2010 > 2009 > 2008 > 2007 > 2001 > 2006 > 2004 > 2003 > 2005 > 2002。

根据以上结果，得出如下结论：2001～2010 年中国能源经济可持续发展能力呈现增强的趋势，协调能力先增强后减弱，2008～2010 年排名居中；能源发展水平得到明显提高，经济发展水平逐年提高，人口发展水平慢慢得到改善，但环境发展水平则呈现降低趋势。因此，我们在注意能源利用、保证经济和人口发展的同时，却忽略了对环境的保护，这也是近几年协调能力减弱的主要原因。

表 14.8　基于熵权 Topsis 法的中国能源经济可持续发展综合评价结果

年份	能源发展水平 C	经济发展水平 D	环境发展水平 E	人口发展水平 F	可持续发展能力 B1	标准差 STD	协调能力 B2
2001	0.27263	0.14939	0.33616	0.31926	0.26936	0.08437	0.68677
2002	0.18504	0.16297	0.31820	0.26402	0.23256	0.07171	0.69166
2003	0.17704	0.18942	0.40117	0.27093	0.25964	0.10314	0.60276
2004	0.19631	0.22175	0.28328	0.28172	0.24576	0.04368	0.82228
2005	0.21625	0.25120	0.29723	0.26892	0.25840	0.03390	0.86883
2006	0.27434	0.30921	0.28350	0.29985	0.29172	0.01572	0.94611
2007	0.41555	0.36245	0.28319	0.32495	0.34654	0.05626	0.83766
2008	0.45079	0.40706	0.28908	0.34589	0.37320	0.07068	0.81060
2009	0.27770	0.41244	0.27312	0.37160	0.33371	0.06939	0.79208
2010	0.43399	0.48412	0.27196	0.38041	0.39262	0.09091	0.76847

14.5　三种评价方法比较

根据表 14.6~表 14.8 中的数据结果，比较三种评价方法的优劣，如图 14.10~图 14.15 所示。在下文中，我们称熵权法为法 1、Topsis 法为法 2、熵权 Topsis 法为法 3。

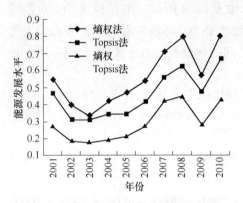

图 14.10　2001~2010 年中国能源发展
水平结果比较

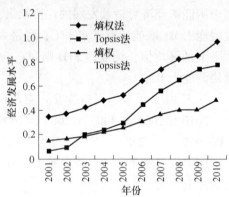

图 14.11　2001~2010 年中国经济发展
水平结果比较

从图 14.10 可知，2001~2010 年中国能源发展水平三种评价方法的结果变化趋势基本一致，所不同的只是数值大小，其原因是数据处理方法的不同。为了进一步研究它们的区别，本书对三种评价结果采用配对 T 检验，以考察它们的评价结果是否有显著差异，结果显示：法 1 与法 2 和法 3 的相关系数均为 0.984，法 2 与法 3 的相关系数为 0.974，结果均显著。由于相关系数在 [0，1] 之间，其值越大表明两种方法结果越一致。因此，三种方法对中国能源发展水平的评价结果基本是一致的，本书由此给出中国能源发展的结论及建议。

从图 14.11 可知，2001~2010 年中国经济发展水平的法 1 和法 3 评价结果变化趋势基本一致，法 2 与它们略有不同。同理，对三种评价结果采用配对 T 检验，以考察它们的评价结果是否有显著差异，结果显示：法 1 与法 2 的相关系数0.995，法 1 与法 3 的相关系数 0.999，法 2 与法 3 的相关系数为 0.991，结果均显著。因此，本书综合考虑法 1 和法 3 给出中国经济发展的结论及建议。

从图 14.12 可知，2001~2010 年中国环境发展水平的三种评价方法在 2006年之前变化趋势基本一致，之后它们存在一些差别。同理，对三种评价结果采用配对 T 检验，以考察它们的评价结果是否有显著差异，结果显示：法 1 与法 2 的相关系数 0.969，法 1 与法 3 的相关系数 0.765，法 2 与法 3 的相关系数为0.849，结果均显著。因此，本书综合考虑法 1 和法 2 给出中国环境发展的结论及建议。

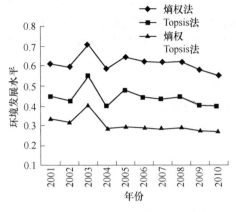

图 14.12 2001~2010 年中国环境发展
水平结果比较

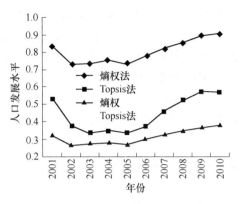

图 14.13 2001~2010 年中国人口发展
水平结果比较

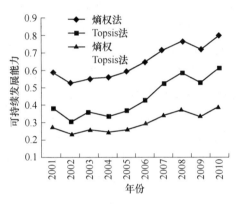

图 14.14 2001~2010 年中国可持续发展
能力结果比较

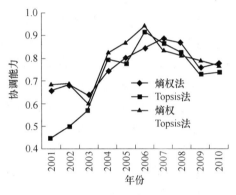

图 14.15 2001~2010 年中国协调
能力结果比较

从图 14.13 可知,2001~2010 年中国人口发展水平法 1 和法 3 的评价结果变化趋势基本一致,法 2 与它们略有不同。同理,对三种评价结果采用配对 T 检验,以考察它们的评价结果是否有显著差异,结果显示:法 1 与法 2 的相关系数为 0.965,法 1 与法 3 的相关系数为 0.994,法 2 与法 3 的相关系数为 0.936,结果均显著。因此,本书综合考虑法 1 和法 3 给出中国人口发展的结论及建议。

从图 14.14 可知,2001~2010 年中国可持续发展能力三种评价方法的结果变化趋势基本一致。同理,对三种评价结果采用配对 T 检验,以考察它们的评价结果是否有显著差异,结果显示:法 1 与法 2 的相关系数为 0.995,法 1 与法 3 的相关系数为 0.990,法 2 与法 3 的相关系数为 0.996,结果均显著。因此,本书综合考虑法 2 和法 3 给出中国能源经济系统可持续发展能力的结论及建议。

从图 14.15 可知,2001~2010 年中国协调能力法 1、法 3 与法 2 在 2001~

2002 年明显不同，2003 年之后三种评价方法的结果变化趋势基本一致。本书对三种评价结果采用配对 T 检验，以考察它们的评价结果是否有显著差异，结果显示：法 1 与法 2 的相关系数为 0.895，法 1 与法 3 的相关系数为 0.840，法 2 与法 3 的相关系数为 0.870，结果均显著。因此，本书综合考虑排名等因素采用法 1 给出中国能源经济系统协调发展的结论及建议。

综上所述，法 1 和法 3 具有很好的适应性，能够较好评价 2001~2010 年中国能源经济可持续发展状况。

14.6　本章小结

本章主要研究了中国能源经济可持续发展状态。本书分析了能源经济可持续发展综合评价指标体系的构成，并运用熵权法、Topsis 法以及二者结合的方法对中国能源经济系统构建综合评价模型。评价结果表明：（1）在 2001~2010 年之间，可持续发展能力呈现增强的趋势，协调能力则先增强后减弱，具体从可持续发展能力和协调能力均适度逐渐转向可持续发展能力适度、协调能力较强并过渡到可持续发展能力和协调能力均较强的状态。其中，在 2001~2003 年之间，可持续发展能力和协调能力处于 A33 区域，而且评价数值基本保持不变；在 2004~2006 年之间，可持续发展能力和协调能力处于 A34 区域，同时可持续发展能力和协调能力均逐渐增强；在 2007~2010 年之间，可持续发展能力和协调能力处于 A44 区域，同时可持续发展能力呈现逐渐增强的趋势而协调能力则呈现减弱的趋势。（2）能源发展水平则呈现波动提升的趋势，其中，在 2001~2004 年之间，它由适度状态向较差状态发展；在 2005~2010 年之间，由适度状态逐渐向很强状态发展的经济发展水平持续提升了能源发展水平也相应地逐渐由较差状态向较强状态发展。（3）经济发展水平从较差状态依次向很强状态过渡，其指标值逐年增大。（4）环境发展水平则呈现波动降低的趋势，且 2003 年显著提高、2008 年之后却明显下降，表明能源和经济发展水平的提高并没有改善环境，相反使环境趋于恶化。（5）人口发展水平也是呈现波动提升的趋势，其中，在 2001~2005 年之间，人口子系统的评价值呈现较强的波动变化，2006~2010 年之间则持续增加，2010 年达到很强的发展状态。

针对上述结论，提出如下建议：努力提高能源经济系统可持续发展能力的同时，要兼顾系统协调能力的提高；统筹规划能源、经济、人口与环境的协调发展，进而不断推进中国能源经济的可持续发展，等等。

中篇研究结论

（1）结论

能源问题是关系中国国民经济增长和可持续发展的关键问题。随着中国经济的快速发展和工业化、城镇化进程的加快，能源需求不断增长。但是，中国能源利用效率偏低、经济增长方式粗放、能源结构不合理等一系列问题进一步加剧了能源供需矛盾。能源消费以煤为主，优质能源相对不足。煤炭消费是温室气体排放的主要来源，也是造成大气污染的主要原因。

结合国家能源经济发展的现状，在分析能源经济理论和可持续发展理论的基础上，将能源经济系统分为能源、经济、环境、人口四个子系统，运用系统工程的思想，对系统进行了中长期预测和两种方案的模拟比较，并构建了能源经济可持续发展的综合评价指标体系。现将中篇主要研究成果总结如下：

1）对中国能源经济系统进行了系统动力学建模。本书分析了能源经济系统模型的结构，对模型的指标进行预测及设定，并绘制了系统动力学流图，得到四个子系统的预测结果。结果表明，未来20年，中国能源消费总量的增长趋缓，煤炭仍为主要消费来源；电力产量不断增加，其主要来源为煤电；水电、核电占总能耗的比重增长缓慢，天然气消费的增长较快，但其比重仍然很低；单位产值能耗明显降低，但始终处于较高水平；人均产值显著增加，但目前仍处于世界较低水平；环境压力较大，二氧化碳排放量不断增加；能源消费增长速度快于人口增长速度，人均能耗不断提高，国家仍处于工业化发展阶段。

2）对中国能源经济系统构建了可持续发展综合评价指标体系。从能源经济可持续发展的内涵出发，应用指标体系的构建原则和设计方法建立了一个具有2个目标层、4个系统层和39个基层指标的指标体系，该体系考虑了指标发展的规模、结构、效益及发展能力等方面的因素。

3）应用不同方法对指标体系进行评价。在建立指标体系的基础上，运用熵权法、Topsis法以及二者结合的方法对中国能源经济系统构建综合评价模型。结果表明，在2001~2010年之间，可持续发展能力呈现增强的趋势，协调能力则先增强后减弱；能源发展水平和人口发展水平则呈现波动提升的趋势；经济发展水平从较差状态依次向很强状态过渡，其指标值逐年增大；而环境发展水平则呈现波动降低的趋势，且2003年显著提高、2008年之后却明显下降。

（2）建议

根据本书的研究内容和中国能源经济发展的现状，给出如下政策建议：

1）节能优先，提高能源利用效率。《"十二五"规划》明确提出节能减排的目标，大力倡导节能和提高能源利用效率。经过本书的预测仿真，能源节约对中国实现能源经济的可持续发展目标，将起到至关重要的作用。节能前（低方案），每万元 GDP 能耗，2020 年为 2.9 吨标煤，2030 年为 2.1 吨标煤；节能后（高方案），每万元 GDP 能耗，2020 年为 2.4 吨标煤，2030 年为 1.6 吨标煤，可见单位产值能耗大大降低。而且节能后的总能耗平均比节能前降低了 9%，煤耗为 7%，油耗为 20%，气耗为 22%；未来 20 年，中国以煤为主的能源结构不可能从根本上改变，而煤炭消费主要用于第二产业和发电，合理减少工业煤炭的使用，有利于减少煤耗，进而达到节能的目的；石油消费主要集中在第二、三产业，降低油耗强度 0.1 个单位，就可以减少油耗 20% 左右，可见提高单位产值能耗的节能技术显得尤为重要；天然气尚处于较低发展阶段，主要用于工业和城乡居民生活，降低第二产业气耗强度 0.005 个单位和生活气耗增长率 2 个百分点，可以减少气耗 22% 左右。因此，无论是单位 GDP 能耗还是各品种能耗，节能都可以大幅度降低能源消耗，大力节能、提高能源利用效率，是解决中国能源问题的突破口。

2）调整产业结构，合理配置能源资源，降低经济增长对煤炭的依赖程度。产业结构转化一直是国家经济发展的重点和难点，《"十二五"节能减排综合性工作方案》继续提出并强调一些政策措施，如抑制高耗能、高排放行业过快增长等。经过本书的预测仿真，无论是低方案还是高方案，煤炭在总能耗中的比重始终保持在 59% 以上。由预测结果（低方案）可知，2010 年发电煤耗占总煤耗的比重为 50.4%，2020 年为 55.0%，2030 年为 57.6%，呈现缓慢增长的趋势；由模型仿真对比可知，第二产业的比重减少 1%，则第二产业煤耗将年均减少 7161 万吨，总煤耗将年均减少 2.39 亿吨标煤。可见，由于煤炭主要用于以发电为主的工业上，调整能源结构应首先调整经济产业结构，减少第二产业和发电用煤，增加能源用于服务业（尤其创新产业）的数量，其最终目标是通过煤炭消费结构的调整，提高能源利用的经济效益，增强能源自给能力，使能源与经济保持协调、可持续发展。

3）加大水电、核电投资力度，重视开发利用水能、核能等可再生能源。水能、核能是一种安全、可靠、经济、清洁的能源，目前中国水电、核电的发展仍处于较低水平。根据中电联的初步测算，到"十二五"末，清洁能源发电量占总发电量的比重将超过 30%，而水电、核电和风电将成为清洁能源的主力军。

经过本书的预测仿真，提高水电增长速度 1 个百分点后，将提高水电产量的比重达 4.9 个百分点，在总能耗中的比重也提高了 3.1 个百分点。而中国水电分布不均，存在长距离输电等问题，因此，加大水电投资有利于保证其发展。同样，如果把核电在电产量中的比重提高到 20%，即核电在总能耗中的比重提高到 10% 左右，煤炭消费的比重将会下降 6 个百分点。因此，加大核电投资，促进核电发展，可以大大改善能源消费结构，有利于减少环境污染，促进能源与环境的可持续发展。

4）增加投资，加大石油、天然气的勘探力度。2010 年中国石油的进口量占可供量的 66.6%，并有逐年上升的趋势。2011 年，石油消费仅占总能耗的 18.6%，天然气为 5.0%，而石油和天然气开采业的投资额为 3022 亿元，占能源工业投资总额的 13.1%，低于 2003 年的 17.2%，并且呈现逐年下降的趋势。石油资源关系到国家的能源安全，中国石油资源的严重短缺，已经成为国民经济发展的瓶颈，后备资源与勘探开发投资的不足是影响石油供给的主要原因。中国天然气资源丰富，但资源探明率低，2011 年天然气产量仅占基础储量的 2.56%，具有很大的开发潜力。本书预测 2030 年油耗占总能耗比重的高、低方案分别为 18.9%、21.5%，气耗为 7.4%、8.9%。因此，在节能和提高能源利用效率的同时，为保持石油尤其是天然气在总能耗中的比重适度上升，我们应加大石油和天然气的勘探力度、增加投资，将有利于优化能源消费结构。

5）增加能源工业投资，尤其是对能源消费强度下降技术的研发。根据对评价指标体系的研究，能源消费强度下降率（C10）和城镇能源工业投资（C3）对能源发展水平的贡献较大，其权重分别为 0.29387、0.21421。2001～2004 年，中国能源发展水平较低主要因为城镇能源工业投资对其贡献较小，2009 年则因为能源消费强度下降率的反常造成能源发展水平同比下降 28.8%。可见，增加能源工业投资，并加强能源消费强度下降技术的研发对能源的可持续发展具有显著意义。

6）继续加强对外合作交流，扩大进出口贸易，从而推动经济稳步增长。根据对评价指标体系的研究，货物进出口总额（D9）和国内生产总值（D1）对经济发展水平的贡献较大，其权重分别为 0.20956、0.19041；而国内生产总值增长率（D3）对经济发展水平的贡献较小，权重仅为 0.02616。2001～2010 年，中国经济发展水平不断提高，尤其 2010 年达到 0.96635。净出口作为经济增长的四架马车之一，是近 10 年来中国经济增长的一个显著特点。可见，只注重经济增长速度，而忽视对外贸易的稳步增长将不利于中国经济的可持续发展。

7）加大环境污染治理投资力度的同时，落实减少工业废气排放的措施。根据对评价指标体系的研究，工业废气排放总量（E4）和环境污染治理投资总额（E8）对环境发展水平的贡献率达到 50% 以上，其权重分别为 0.30423、0.20211。2001～2010 年，中国环境发展水平呈现波动降低的趋势，尤其 2008 年以来下降明显（其主要原因是 E4 的显著增加和 E8 的减少），而 2003 年最高达 0.70574。可见，要实现环境的可持续发展，我们不仅要增加环境污染治理投资额度，而且要把控制工业废气排放摆在重中之重的位置。

8）维持人口数量稳定，加大教育力度、提高人口素质。根据对评价指标体系的研究，文盲人口占 15 岁及以上人口比重（F6）和人口自然增长率（F2）对人口发展水平的贡献达 70% 之多，其权重分别为 0.54665、0.24263。2001～2005 年，中国人口发展水平呈现波动下降的趋势，其主要原因是人口自然增长率的下降；而 2006～2010 年不断提高，其原因与 F6 的降低联系紧密。1982 年以来，中国把计划生育作为一项长期的基本国策，人口增长率得到显著下降（从 1.568% 降为目前的 0.479%），而人口自然增长率对人口发展至关重要，因此我们不能盲目地持续控制人口增长速度。可见，保持人口数量稳定、提高人口素质对提高人口发展水平意义显著。

9）提高能源经济系统可持续发展能力的同时，要兼顾系统协调能力的提高。根据对评价指标体系的研究，在 2001～2010 年之间，中国能源经济可持续发展能力呈现增强的趋势，协调能力则先增强后减弱，具体从可持续发展能力和协调能力均适度逐渐转向可持续发展能力适度、协调能力较强并过渡到可持续发展能力和协调能力均较强的状态。其中，在 2001～2003 年之间，可持续发展能力和协调能力处于 A33 区域，而且评价数值基本保持不变；在 2004～2006 年之间，可持续发展能力和协调能力处于 A34 区域，同时可持续发展能力和协调能力均逐渐增强；在 2007～2010 年之间，可持续发展能力和协调能力处于 A44 区域，同时可持续发展能力呈现逐渐增强的趋势而协调能力则呈现减弱的趋势。

10）统筹规划能源、经济、人口与环境的协调发展，进而不断推进中国能源经济的可持续发展。根据对评价指标体系的研究，在 2001～2010 年之间，能源发展水平呈现波动提升的趋势。其中，2001～2004 年，它由适度状态向较差状态发展；在 2005～2010 年之间，由适度状态逐渐向很强状态发展的经济发展水平持续提升了能源发展水平也相应地逐渐由较差状态向较强状态发展。经济发展水平从较差状态依次向很强状态过渡，其指标值逐年增大。而环境发展水平则呈现波动降低的趋势，且 2003 年显著提高、2008 年之后却明显下降，表明能源和经济发展水平的提高并没有改善环境，相反使环境趋于恶化。人口发展水平也是呈现波动提升的趋势，其中，在 2001～2005 年之间，人口子系统的评价值呈现较强的波动变化，在 2006～2010 年之间则持续增加，2010 年达到很强的发展状态。

中篇参考文献

［119］Song Yu Chen, Liu Jin Ke, Meng Hai Dong. Study on Economic Development of Inner Mongolia Based on Energy ［J］. Advanced Materials Research, 2012, 524 ~ 527（10）: 2926~2930.

［120］张丽峰. 我国能源供求预测模型及发展对策研究 ［D］. 北京：首都经济贸易大学经济院, 2006.

［121］Rashe R, Tatom J. Enegry resoues and potential GNP ［J］. Federal Resevre Bank of StLouis Review, 1977, 59（6）: 68~76.

［122］Hwang D B K, Gum B. The causal relationship between energy and GNP: The case of Taiwan ［J］. Journal of Energy and Development, 2000, 16: 219~226.

［123］Stern D I. Energy use and economic growth in the USA: a multivariate approach ［J］. Energy Eeonomies, 1993, 15（2）: 137~150.

［124］Akinlo A E. Energy consumption and economic growth: Evidence from 11 Sub-Sahara African countries ［J］. Energy Economics, 2008,（30）: 2391~2400.

［125］Willem P Nel, Gerhardus van Zyl. Defining limits: Energy constrained economic growth ［J］. Applied Energy, 2010,（87）: 168~177.

［126］Jude C Eggoh, Chrysost Bangake, Christophe Rault. Energy consumption and economic growth revisited in African countries ［J］. Energy Policy, 2011,（39）: 7408~7421.

［127］Muhammad Shahbaz, Chor Foon Tang, Muhammad Shahbaz Shabbir. Electricity consumption and economic growth nexus in Portugal using cointegration and causality approaches ［J］. Energy Policy, 2011,（39）: 3529~3536.

［128］Yemane Wolde-Rufael. Bounds test approach to cointegration and causality between nuclear energy consumption and economic growth in India ［J］. En ergy Policy, 2010（38）: 52~58.

［129］Yang H Y. A note of the causal relationship between energy and GDP inTaiwan ［J］. Energy economies, 2000, 22（3）: 309~317.

［130］Mohsen Mehrara. Energy consumption and economic growth: The case of oil exporting countries ［J］. Energy Policy, 2007, 35（5）: 2939~2945.

［131］赵丽霞, 魏巍贤. 能源与经济增长模型研究 ［J］. 预测, 1998, 6: 32~35.

［132］汪旭晖, 刘勇. 中国能源消费与经济增长：基于协整分析和 Granger 因果检验 ［J］. 资源科学, 2007, 29（5）: 57~62.

［133］李晓嘉, 刘鹏. 中国经济增长与能源消费关系的实证研究——基于协整分析和状态空间模型的估计 ［J］. 软科学, 2009, 23（8）: 61~64.

［134］余亚东, 胡山鹰, 等. 中国 1982~2006 年间的经济增长生态指数 ［J］. 清华大学学报（自然科学版）, 2010, 50（6）: 881~886.

［135］张欣欣, 刘广斌, 蔡璐. 基于 Granger 检验的中国能源消费和经济增长关系研究 ［J］. 山西财经大学学报, 2011, 33（1）: 26~27.

[136] 杨俊，王庆存．能源消费与经济增长动态关系分析 [J]．经济问题探索，2011，9：1~7.

[137] 张志新，任欣．能源消费与经济增长的关联关系分析 [J]．经济问题，2011，(10)：16~19.

[138] 宋宇辰，安冬冬．内蒙古能源消费的灰色关联分析 [J]．内蒙古煤炭经济，2015，(5)：1~2.

[139] Ezra S Krendel. Social indicators and urban systems dynamics [J]. Socio-Economic Planning Sciences, 1971, 5 (4): 387~393.

[140] Harvey Simmons. System dynamics and technocracy [J]. Futures, 1973, 5 (2): 212~228.

[141] Sekine Y, Takahashi K, Sakaguchi T. Real-time simulation of power system dynamics [J]. International Journal of Electrical Power & Energy Systems, 1994, 16 (3): 145~156.

[142] Kahen G, Lehman M M, Ramil J F, Wernick P. System dynamics modelling of software evolution processes for policy investigation: Approach and example [J]. Journal of Systems and Software, 2001, 59 (3): 271~281.

[143] Krystyna A Stave. A system dynamics model to facilitate public understanding of water management options in Las Vegas, Nevada [J]. Journal of Environmental Management, 2003, 67 (4): 303~313.

[144] Antuela A Tako, Stewart Robinson. The application of discrete event simulation and system dynamics in the logistics and supply chain context [J]. Decision Support Systems, 2012, 52 (4): 802~815.

[145] 王其藩．系统动力学教程（修订版）[M]．北京：清华大学出版社，1994.

[146] 胡玉奎．系统动力学与社会经济系统实验 [J]．社会科学研究，1984：35~39.

[147] 王其藩，车宏安，怅晓波．系统动力学的理论和应用 [J]．控制与决策，1986，3：51~55.

[148] 胡玉奎，韩于羹，等．系统动力学模型的进化 [J]．系统工程理论与实践，1997，(10)：132~136.

[149] 佟贺丰，等．基于系统动力学的我国水泥行业 CO_2 排放情景分析 [J]．中国软科学，2010，(3)：40~50.

[150] 陈书忠，等．城市环境影响模拟的系统动力学研究 [J]．生态环境学报，2010，19 (8)：1822~1827.

[151] 赵道致，孙德奎，李昊．基于系统动力学的农产品加工业对地区经济推动效应研究 [J]．软科学，2011，25 (7)：72~75.

[152] 清华大学核能技术研究所能源系统研究室．能源规划与系统模型 [M]．北京：清华大学出版社，1986.

[153] 刘豹．能源模型与系统分析 [M]．北京：能源出版社，1984.

[154] 袁明一．MARKAL 能源供应模型的应用 [M]．北京：清华大学出版社，1989.

[155] Sérgio M Miranda-da-Cruz. A model approach for analysing trends in energy supply and demand at country level: Case study of industrial development in China [J]. Energy Economics,

2007,（29）：913~933.

[156] Mort Webster, Sergey Paltsev, John Reilly. Autonomous efficiency improvement or income elasticity of energy demand: Does it matter? [J]. Energy Economics, 2008,（30）：2785~2798.

[157] Gerard Adams F, Yochanan Shachmurove. Modeling and forecasting energy consumption in China: Implications for Chinese energy demand and imports in 2020 [J]. Energy Economics, 2008,（30）：1263~1278.

[158] Hassan Qudrat-Ullah, Baek Seo Seong. How to do structural validity of a system dynamics type simulation model: The case of an energy policy model [J]. Energy Policy, 2010,（38）：2216~2224.

[159] Jayson Beckman, Thomas Hertel , Wallace Tyner. Validating energy-oriented CGE models [J]. Energy Economics, 2011,（33）：799~806.

[160] 陈文颖，吴宗鑫. 用 MARKAL 模型研究我国未来可持续能源发展战略 [J]. 清华大学学报（自然科学版），2001，41（12）.

[161] 刘凤朝，刘源远，潘雄锋. 中国经济增长和能源消费的动态特征 [J]. 资源科学，2007，29（5）：63~68.

[162] 刘爱芹. 基于组合模型的能源消费预测研究 [J]. 中国人口资源与环境，2010，20（11）：25~29.

[163] 孙涵，成金华. 中国工业化、城市化进程中的能源需求预测与分析 [J]. 中国人口·资源与环境，2011，21（7）：7~12.

[164] 杨子晖. 经济增长、能源消费与二氧化碳排放的动态关系研究 [J]. 世界经济，2011，（6）：100~125.

[165] 李玮，杨钢. 基于系统动力学的山西省能源消费可持续发展研究 [J]. 资源科学，2010，32（10）：1871~1877.

[166] 王海宁，薛惠锋. 能源消费需求的系统动力学建模与仿真——以陕西省为例 [J]. 系统仿真技术，2010，6（2）：158~163.

[167] 陶冶，薛惠锋，等. 中国能源结构发展决策模型研究 [J]. 计算机工程与应用，2010，46（10）：193~197.

[168] 李连德. 我国能源供需的系统动力学研究 [D]. 沈阳：东北大学，2009.

[169] 世界环境与发展委员会. 我们共同的未来 [M]. 长春：吉林人民出版社，1997：52~56.

[170] Salvador Enrique Puliafito, Jose Luis Puliafito, Mariana Conte Grand. Modeling population dynamics and economic growth as competing species: An application to CO_2 global emissions [J]. Ecological Economics, 2008,（65）：602~615.

[171] Sherry Bartz, David L Kelly. Economic growth and the environment: Theory and Facts [J]. Resource and Energy Economics, 2008, 30（2）：115~149.

[172] Palanichamy C, Sundar Babu N. Analytical solution for combined economic and emissions dispatch [J]. Electric Power Systems Research, 2008,（78）：1129~1137.

[173] Brian Dyson, Ni-Bin Chang. Forecasting municipal solid waste generation in a fast-growing urban

region with system dynamics modeling [J]. Waste Management, 2005, (25): 669~679.

[174] 梁伟, 朱孔来. 生态环境可持续发展能力研究——以长江流域为例 [J]. 经济问题探索, 2011, (8): 159~165.

[175] 李斌, 赵新华. 科技进步与中国经济可持续发展的实证分析 [J]. 软科学, 2010, 24 (9): 1~7.

[176] 李萌. 中国低碳经济中可再生能源持续发展问题研究 [J]. 华中科技大学学报, 2010, 24 (4): 91~94.

[177] Chen Chunhua, Lu Zhengnan. Analysis of the economical growth model with limited renewable resource [J]. International Joumal of Noulinear Science, 2009, (1): 90~94.

[178] 后勇, 徐福缘, 程纬. 基于可再生能源替代的经济持续发展模型 [J]. 系统工程理论与实践, 2008, (9): 67~72.

[179] 李勇进, 陈兴鹏, 拓学森. 甘肃省 "资源-环境-经济系统" 动态仿真研究 [J]. 中国人口·资源与环境, 2006, 16 (4): 94~98.

[180] 水常青, 肖云富. 国内外评价可持续发展能力的指标体系研究述评 [J]. 问题研究, 2004, (12): 19~20.

[181] Richard Bond, Johanna Curran, Colin Kirkpatrick, Norman Lee, Paul Francis. Integrated impact assessment for sustainable development: a case study approach [J]. World Development, 2001, 29 (6): 1011~1024.

[182] Justin M Mog. Struggling with sustainability—a comparative framework for evaluating sustainable development programs [J]. World Development, 2004, 32 (12): 2139~2160.

[183] 杨沫, 陈凯. 河北省能源经济可持续发展评价及对策研究 [J]. 技术经济, 2011, 30 (4): 64~68.

[184] 宋宇辰, 王贺, 闫昱洁, 薛建春. 基于熵值-TOPSIS 法的包头市可持续发展评价研究 [J]. 国土资源科技管理, 2015, 32 (04): 133~140.

[185] 宋宇辰, 闫昱洁, 王贺. 呼包鄂能源-经济-环境系统协调发展评价 [J]. 国土资源科技管理, 2015, 32 (06): 103~109.

[186] 柯丽娜, 王权明, 宫国伟. 海岛可持续发展理论及其评价研究 [J]. 资源科学, 2011, 33 (7): 1304~1309.

[187] 薛俭. 我国城市可持续发展综合评价系统设计 [J]. 生态经济, 2011, (10): 37~41.

[188] 刘玉, 刘毅. 中国区域可持续发展评价指标体系及态势分析 [J]. 中国软科学, 2003, (7): 113~118.

[189] 周德群, 汤建影. 能源工业可持续发展的概念、指标体系与测度 [J]. 煤炭学报, 2001, 26 (5): 449~454.

[190] 李正发. 区域可持续发展评价指标体系 [J]. 数量经济技术经济研究, 2000, (4): 48~51.

[191] 李海燕. 试论中国经济发展现状及走势 [J]. 长沙铁道学院学报 (社会科学版), 2006, 7 (4): 68~70.

[192] 吴树青. 中国经济发展现状和趋势 [J]. 中国流通经济, 2006, (1): 4~8.

[193] 宋宇辰, 张志启. 基于 ARIMA 模型对我国 "十二五" 能源需求的预测 [J]. 煤炭工

程，2012，（1）：76~79.

［194］宋宇辰，郭丽，孟海东.内蒙古制造业能源消费的组合预测模型［J］.水电能源科学，2012，30（4）：205~209.

［195］李京文，等.21世纪经济发展大趋势［M］.沈阳：辽宁人民出版社，1998.

［196］陈锡康，丁静之.绿色战略——2030年中国经济发展战略目标探讨［A］.牛文元.绿色战略［C］.青岛：青岛出版社，1997.

［197］贺菊煌.中国未来的经济增长和能源需求［J］.数量经济技术经济研究，1997，（5）：42~44.

［198］李敦祥，李志献.基于成分数据分析的广西三次产业结构分析与预测［J］.安徽农业科学，2011，39（9）：5669~5670.

［199］王惠文，张志慧，Tenenhaus M.成分数据的多元回归建模方法研究［J］.管理科学学报，2006，9（4）：27~32.

［200］李君臣，董秀成，高建.我国天然气消费的系统动力学预测与分析［J］.经济管理与安全环保，2010，30（4）：127~130.

［201］宋宇辰，孟海东，张璞.可持续发展能源需求系统建模研究［M］.北京：冶金工业出版社，2013：10.

［202］宋宇辰，吴熙，张璞."呼包鄂"区域产业结构转换及效益研究［D］.包头：内蒙古科技大学经济管理学院，2008.

［203］钟永光，李旭，等.系统动力学［M］.北京：科学出版社，2009.

［204］郭齐胜，杨秀月，等.系统建模［M］.北京：国防工业出版社，2006.

［205］温家宝.提高认识统一思想［J］.决策探索，2004，（4）：4~6.

［206］刘定一.大连能源-环境-经济可持续发展研究［D］.大连：大连理工大学，2009.

［207］范中启，曹明.能源-经济-环境系统可持续发展协调状态的测度与评价［J］.预测，2006，25（4）：66~70.

［208］赵涛，李垣煌.能源-经济-环境（3E）系统协调度评价模型研究［J］.北京理工大学学报（社会科学版），2008，10（2）：11~15.

［209］华红莲，潘玉君.可持续发展评价方法评述［J］.云南师范大学学报，2005，25（3）：65~70.

［210］陈春华.江苏省经济、能源与环境系统（3E）协调与可持续发展研究［D］.镇江：江苏大学，2009.

［211］Yoon K，Hwang C L. Multiple attribute decision making methods and applications［M］. Berlin：SpringerVerlag，1980.

下　篇

15　内蒙古自治区能源-环境-经济-人口研究现状

能源是人类社会赖以生存的重要基础物资，是经济发展和社会进步的命脉，是工业的粮食。所谓能源，是指能够直接或间接转换而获取某种能量的物质。在《现代汉语词典》中，能源是指能生产能量的物质，通常指自然资源，如煤、石油、天然气、太阳能、水能、风能、地热能、核能等。此外，其他关于能源的书籍中还有一些描述，但是无论何种描述，其内涵是基本相同的，即能源就是能量的来源。

15.1　内蒙古自治区能源环境经济人口研究的背景与意义

能源资源作为资源中最重要的部分决定和影响经济增长的速度、环境污染的程度和人口总数增加的快慢，因为能源作为经济增长的重要资源，在推动经济增长的同时，也导致了二氧化碳、二氧化硫等排放的增加，而经济增长导致人口总数的增加。社会经济的发展必须依靠一定的资源基础和环境容量来支撑，以往的经济增长都是以一定的资源消耗和环境污染为代价来实现的，人口的增加也会导致能源资源消耗加快，进而加大环境污染，所以资源、环境、经济和人口之间的协调发展成为可持续发展的重要问题。正是基于这种现实重要性，能源、环境、经济、人口系统间的协调发展以及与之相配合的能源、环境、经济、人口政策问题，成为国内外关注的重要课题。

15.1.1　内蒙古自治区能源环境经济人口研究背景

内蒙古自治区地域辽阔，资源富集，其中以煤炭为主的能矿资源和以风能、太阳能为主的可再生能源资源储量巨大，且煤炭资源赋存条件优良；能源产业基础扎实、发展迅速；距东部大市场较近，运距较短；与所接壤的俄罗斯、蒙古睦邻友好、交往频繁，且有丰富的能源资源投资合作。

改革开放以来，内蒙古自治区能源工业发展迅速，为保障国民经济持续快速增长做出了重要贡献。随着内蒙古自治区经济的快速发展和工业化、城镇化进程的加快，能源需求不断增长。从 2002 年开始，内蒙古自治区生产总值增速连续 10 年排名全国第一，经济总量连年递增，能源对拉动内蒙古自治区经济腾飞起着关键性作用。2012 年，内蒙古自治区生产总值为 15880.58 亿元，比上年增长 10.59%，为近 10 年的最低值，人均地区产值为 63886 元；能源消费总量为 22103.30 万吨标煤，比上年增长 4.5%，人均能耗为 887.72 吨。2012 年煤炭在我国能源消费中的比重高达 89%，能源消费以煤为主，优质能源相对不足，环境压力加大。煤炭消费是温室气体和 SO_2 排放的主要来源，也是造成煤烟型大气污染的主要原因。人口方面，2012 年总量达到 2489.9 万人，比上年增长 0.33%。以上状况持续下去，将给内蒙古自治区经济发展和生态环境带来更大的压力。因此，构建稳定的能源发展战略面临着重大挑战。

近年来，内蒙古自治区能源和环境等方面已经显现出较多问题，如：资源问题——能源的供应以煤炭等不可再生资源为主，随着大规模的开采和利用，必然会走向枯竭；环境问题——煤炭等矿物燃料的燃烧是环境污染的主要来源，由于能源发展结构演变的长期性，未来内蒙古自治区不会改变以煤为主的能源生产和消费结构，因此环境压力很大；人口问题——尽管目前内蒙古自治区的人口出生率保持在较低水平，但由于基数大，到 2030 年人口总量仍将持续增加，造成资源紧缺的矛盾日益突出，一些重要的矿产资源特别是石油严重短缺。从长远来看，经济发展与资源、环境、人口的矛盾将会越来越突出，可持续发展的压力也会越来越大。

综上所述，为了实现经济持续健康发展，建设资源节约型和环境友好型社会，相对准确地预测未来内蒙古自治区能源环境的状况，合理评价能源环境可持续发展的情况，对制定能源环境发展的政策具有现实意义。

15.1.2　内蒙古自治区能源环境经济人口研究意义

内蒙古自治区作为煤炭资源储量丰富地区，曾经并将继续为国家的经济建设做出巨大贡献；随着西部大开发战略的深入实施，内蒙古自治区依托自身资源优势，在经济建设中也取得了显著成就。但是伴随资源的开发而出现的各种问题也是突出的，严重的资源无序开采、资源开发利用过程中存在的浪费现象以及对生态环境的破坏和污染；能源产业生产方式粗放，能源转化率低，能源产品附加值低；能源结构过于单一；新能源（替代能源）开发利用严重滞后等，概括起来就是能源结构问题，能源效率问题，能源消耗产业结构问题，能源持续供给问题，能源、环境、经济、人口协调持续发展问题。按照内蒙古自治区目前的能源利用效率、能源消费结构，这必然会使内蒙古自治区未来经济增长面临一系列问题，成为制约内蒙古自治区经济可持续增长的瓶颈。合理开发和利用内蒙古自治区丰富的优质能源，对于保障国家能源安全，促进经济的可持续性增长具有深远的意义。

本书结合内蒙古自治区能源、环境等方面现状，在可持续发展理论的基础上，将能源环境系统分为能源、环境、经济、人口四个子系统，运用系统工程的思想，对该系统进行了中长期预测。本书的研究结论可以为内蒙古自治区中长期能源、环境发展战略的制定提供参考，同时此次研究可对其他地区能源、环境可持续发展的研究有一定的借鉴意义。

15.2 国内外能源环境经济人口研究现状

能源是人类生存、经济发展、社会进步和现代文明不可缺少的重要物质资源，是关系国家经济命脉和国防安全的重要战略物资，在现代化建设中具有举足轻重的地位。能源环境的研究对人类社会的发展具有重要意义。

15.2.1 国外能源环境经济人口发展研究

在人类生存、经济发展中能源是必不可少的物质资源，在国防安全中能源是重要战略物资，能源在现代化建设中占据着主导地位。

自 1972 年起，《人类环境宣言》《人类环境行动计划》以及联合国大会都在呼吁大家关注全球性的环境问题，人们开始探讨能源的发展方式。Leontief 和 Ford（1972）首次采用投入产出模型计算美国能源消费和污染排放并提供能源控制政策[212]。Xing、Kolstad（1996）提出污染天堂假说，主要指污染密集型产业的企业倾向于建立在环境标准相对较低的国家或地区，从而使这些国家或地区成为污染天堂。污染天堂假说基于三种理论。一是环境政策会增加污染产业的生产成本；二是严厉的环境政策会减少对污染产业的投资；三是一些政策限定了生产投入要素和产出的范围，厂商不得不将生产转到其他地区[213]。

Sawatsky（1998）等人指出煤炭是世界最紧张的化石燃料，随着技术的进步，如何实现煤炭燃烧后的零排放和全球可持续发展的目标有待讨论。实现这一目标的关键是进一步利用现有的技术和新的先进的清洁煤技术。采用先进技术包括液化床燃烧技术、超能源和极端能源种植技术和综合气化联合循环技术。事实上，目前减少二氧化碳排放的燃煤发电厂已建成，自始至今生产效率逐渐提高[214]。H. Chen（2008）认为城市化能提高公共交通等的使用效率，从而减少能源消费进而减少碳的排放量[215]。而 Liu（2009）认为城市化对碳排放量有正效应，但是这种正效应有减弱趋势，分析原因是由于工业技术等的进步[216]。Huang（2011）等人开发了中国台湾 LEAP 模型预测未来的能源供需以及温室气体排放情况[217]。Jim（2012）等人运用自回归分布滞后误差修正模型和边限检验对能源消费总量、能源消费结构与不同环境污染物之间的长期和短期关系进行了实证研究[218]。

Sam H. Sehurr（1972）认为国民经济总产出的增长与扩张、产品与服务的生产效果以及由于能源大量消耗导致的环境危机，这些不同因素之间存在着紧密的关系，并且经济增长问题成为能源-环境关系争论的焦点[219]。Gottinger（1998）采用一个能源-经济-环境 CGE 模型来模拟欧盟主要成员国单边和多边政策工具对温室气体减排的影响。研究结果表明，排放标准和可贸易排放许可证都能达到减排目标，前者对 GDP 和福利指数的影响不大，并且不会对要素回报产生较大的再分配效应，而后者能够显著提高福利指数，但在再分配效应上，土地所有者和劳动者的回报高于资本所有者[220]。梅多斯（2001）等人指出，如果一味地以追求经济快速增长的模式发展，世界将面临一场灾难性的资源和环境大崩溃[221]。

Shyamal Paul 等人（2004）从经济角度分析能源消费与环境污染问题，用经济学模型研究能源与环境之间的相互影响，利用能源结构、能源效率等指标来反映能源、环境与经济之间的关系[222]。Stern（2005）认为，与气候变化影响带来的经济损失相比较，减排成本更加经济[223]。Lin（2007）利用灰关联分析方法研究了中国台湾工业 37 部门的 GDP、能源消费量以及 CO_2 排放量之间的相关性，按照它们之间的相关程度把工业 37 部门分成 5 个不同的状态并提出了相关的一些政策建议[224]。Mahmood 和 Marpaung（2014）采用 CGE 模型分析了碳税和能源效率提高对巴基斯坦经济的影响[225]。

15.2.2　国内能源环境经济人口发展研究

15.2.2.1　能源发展研究

能源是人类社会发展不可缺少的物质基础，世界上任何一个国家和地区的社会经济发展都离不开能源的支持。宋宇辰、张志启（2012）运用 ARIMA 模型对我国"十二五"期间能源消费的总量进行预测，认为我国应该调整能源的结构，加快非化石能源资源的发展，并且加快能源科技的创新，加强节约能源[226]。纪宏、张丽峰（2006）认为我国能源需求和供给存在的缺口很大，其原因是石油的产量消费存在缺口造成的，但是煤炭还有剩余，煤炭资源仍然是我国的优势[227]。李金柱（2001）提出我国应该开发新能源和可再生能源，同时大力发展洁净煤技术[228]。

史丹（2006）对我国能源效率的地区差异与节能潜力进行分析，指出我国能源效率较高的省市主要集中在东南沿海地区，能源效率最低的地区主要是煤炭资源比较丰富、以煤炭消费为主的内陆省区[229]。李梦蕴（2014）等人采用中国1995~2011年的省区面板数据，对中国区域能源效率差异及其影响因素进行了研究[230]。

王少平、杨继生（2006）通过综列单位根和综列协整检验以及完全修正的OLS估计，研究我国工业各主要行业的能源消费与行业增长的综列协整关系，并基于综列误差校正模型考察短期动态调整效应[231]。梁进社、郑蔚（2007）等人利用投入产出表将1990~1995年、1997~2002年中国能源消费增长分解为中间需求效应、技术效应和最终需求效应。研究结果表明，技术效应是减少能源消费的关键因素[232]。

刘耀彬（2007）运用格兰杰因果分析和协整分析来实证城市化与能源消费之间的动态相关性，并利用因素分解模型定量测算出城市化对中国能源消费变动的贡献份额[233]。王蕾（2014）等人认为，在全国层面，中国城镇化、工业化对能源消费的净效应为正，并且城镇化的影响作用更加明显。分区域情况来看，东部、中部、西部地区城镇化对能源消费的净效应为正。其中，中部地区影响程度最大，这意味着中部地区城镇化转型面临的能源消费压力最大[234]。

史丹（2013）对全球能源格局变化及对中国能源安全的挑战进行了研究[235]。管清友、何帆（2007）提出了中国能源安全的四重含义，分别是可获得性、价格波动、运输安全和环境安全，并指出拓展能源合作的空间和领域是保障中国能源安全的必要途径[236]。胡志丁（2014）等人通过引入政治地理学的尺度政治、国际关系学的安全理论和能源安全理论，考虑到能源争夺中的尺度转换、地缘环境中的地缘关系和地缘结构以及安全的三个属性等因素，重新构建了地缘能源安全评价模型，并基于此模型对1995~2010年俄罗斯太平洋石油管道建设中的中国地缘石油能源安全进行了定量评价[237]。

薛静静（2014）等人从能源供给安全的概念出发，构建中国能源供给安全综合评价指标体系，基于集对分析方法构建能源供给安全评估模型，借鉴指标评价标准模型建立指标评价标准值，运用熵值法确定各评价指标的权重，对近年来中国能源供给安全的等级、演变特征及主要影响因素进行了深入分析[238]。

15.2.2.2　能源环境发展研究

随着工业文明的持续发展，全球能源需求不断增长，特别是近几十年来，大量化石能源的开发利用，使得不可再生资源加速枯竭、区域性大气污染、温室气体排放引起的全球气候变化等问题日益突出。赵息（2013）等人在论述离散二阶差分方程预测模型（DDEPM）推导过程的基础上，应用DDEPM方法，借助Matlab软件，基于1980~2009年的碳排放数据，计算中国2020年碳排放的碳排放量[239]。穆海林（2013）等人研究了我国未来能源的需求和二氧化碳排放的前景，以及实现节能减排目标的可行性[240]。

杜强（2013）等人在"碳排放量与能源消费成正比"假设的基础上，对中国 30 个省区 2011~2020 年碳排放进行了预测[241]。董军（2010）等人在对我国工业部门能源消费进行分析的基础上，综合考虑能源排放强度、能源结构、能源强度和产出规模四个要素，运用指标分解分析法中的对数平均权重分解法，建立了工业部门能耗碳排放分解模型，并对 1995~2007 年的工业部门能耗碳排放进行了实证分析[242]。张艳（2012）等人针对我国 287 个地级以上城市，在测算了近 9 年居民直接能耗导致的 CO_2 排放量的基础上，进行聚类、对比，并分析城市居民直接能耗的碳排放影响因素[243]。

逯曙光（2010）等人应用 LEAP 软件建立河南省居民生活能源与环境模型，并利用该模型模拟 3 个不同情景下河南省居民生活在 2005~2030 年间能源需求和环境影响。模拟结果表明，政策执行力度及技术推广程度对能源需求量及用能结构有较大影响，3 个不同情景下的能源需求量的最大差异量达到 9.8Mtce，而且终端直接消费能源所产生的 CO_2 排放量在 3 个情景下呈不同的下降趋势[244]。

陈方圆（2011）等人提出一种基于 Linux 的能源与环境监测网络地理信息系统（WebGIS）[245]。刘刚、沈镭（2006）通过对能源环境研究的理论、方法及其主要进展进行深入研究，提出未来能源环境研究的主要趋势[246]。魏巍贤（2009）认为征收化石能源从价资源税是节能减排的一个有效途径[247]。吴巧生、王华（2005）认为寻找一种能源-环境政策与技术政策相混合的最优政策是十分必要的[248]。张彬（2007）将能源和环境引入生产函数，建立一个在能源和环境双重约束下的国内经济增长模型，并利用此模型研究经济可持续发展和能源可持续利用的条件、环保投资在环境保护和经济增长中的作用，并分析国内环保投资和能源开发中存在的问题[249]。

15.2.2.3　能源环境经济发展研究

能源是重要的生产要素，人类的生产活动中由于增加了能源要素的投入而极大地提高了劳动生产率，推动了经济与社会发展。但是，过度依赖于不可再生能源以及能源资源的过度消耗又成为影响经济可持续发展和生态环境恶化的重要原因。孙涛（2014）等人在我国能源消耗碳排放量现状的基础上，对我国经济增长中能源消耗产生的碳排放量进行测度[250]。谭玲玲（2011）在分析了低碳经济系统复杂结构特征及动态反馈关系的基础上，建立低碳经济系统动力学模型并进行仿真模拟[251]。林伯强（2014）等人认为政府的可再生能源规划对二氧化碳减排具有重要的正面影响，但二氧化碳排放约束改变能源结构导致的能源成本增加，对宏观经济具有一定的负面影响[252]。

张雷、杨志梁对我国能源、经济、环境系统的协调发展机制做了较为系统的研究[253]。胡绍雨（2013）经过研究表明，能源与环境之间处于极度不协调状态，能源与经济之间处于基本协调状态，经济与环境以及能源之间均处于不协调状态[254]。赵芳（2009）认为目前能源、经济和环境三者处于弱协调状态，经济增长与环境保护之间以及能源发展与经济增长之间存在矛盾问题[255]。

薛静静（2014）等人运用 DEA 方法测度了 2000~2010 年能源输出和输入大省的能源消费经济绩效、环境绩效及节能潜力，并利用 Malmquist 生产率指数方法对 2000~2010 年能源输出和输入大省的能源消费经济绩效、环境绩效变化趋势进行了深入研究，探讨提高能源输出和输入大省能源消费绩效的对策措施[256]。

提高能源效率是解决能源、环境、经济矛盾的重要出路。中国把提高能源效率作为当前及未来经济发展的重要目标之一。张华（2013）等人借鉴罗默内生增长模型的主要思想，把能源、环境质量引入生产函数，并将技术因子与劳动力、能源、环境质量相融合，得到更贴近现实的反映经济增长的产出方程式从而可测定技术因子对"能源-环境-经济"系统的直接与间接效用[257]。

15.2.2.4　能源环境经济人口发展研究

自工业革命以来，随着科学技术的进步和社会生产力水平的极大提高，人类对自然资源和自然环境利用和改造的规模和速度空前加大，并创造了前所未有的物质财富和精神财富。然而，伴随着经济和社会的快速发展，人类盲目开发和无偿使用资源、不顾后果地随意排放污染物，导致了世界范围内资源的枯竭和退化、环境的严重污染和生态的剧烈失衡等一系列问题，严重威胁和阻碍着人类的生存和发展。原艳梅等人（2009）经过研究表明，即使我国人口增长控制得当、经济增长放慢，我国未来的能源供应与需求之间仍然是不平衡的[258]。

朱勤、彭希哲（2009）等人基于扩展的 Kaya 恒等式建立因素分解模型，应用 LMDI 分解方法对能源消费碳排放进行因素分解。研究结果表明，经济产出效应对我国该阶段能源消费碳排放的贡献率最大，达到 152.73%，其他各影响因素按贡献率绝对值大小依次是：能源强度效应为 -79.93%，人口规模效应为 20.20%，产业结构效应为 7.78%，能源结构效应为 -0.77%。产业结构整体变化对该阶段碳排放增长未能表现出负效应[259]。

周德群、孙立成对区域食物-能源-经济-环境-人口（FEEEP）系统的协调发展进行研究，结果表明：改革开放 30 年以来中国 FEEEP 系统各子系统内部协调度在总体变化趋势上差异较大，而系统之间的协调度则均处于协调状态，其中人口系统是制约系统间协调程度的关键子系统，制约中国 FEEEP 系统协调发展程度的关键路径是环境-人口系统、食物-经济-人口系统及食物-经济-环境-人口系统[260]。

秦钟、章家恩（2008）等人在研究我国现阶段能源消费和人口、经济发展现状的基础上，运用系统动力学模型预测了我国能源需求和 CO_2 排放量，提出能源

发展和削减 CO_2 排放量的设想和对策[261]。臧旭升、刘雪飞对成都市 2000~2008 年经济人口、资源环境的承载力现状进行了实证分析[262]。

15.2.3　内蒙古自治区能源环境经济人口发展研究

内蒙古自治区能源富集、优势突出，拥有煤炭、电力、石油和天然气等重要能源，能源矿产品种齐全，资源储量丰富。内蒙古自治区经过多年的开发和建设，目前已初步形成了以煤炭、电力为主体的能源产业体系。能源产业作为自治区经济发展的支柱产业，其主导地位日益突出。近十年来，能源产业为内蒙古自治区经济的快速发展起到了支撑和推动作用，并已向国家重要的能源基地迈出了关键性的步伐，但是同时出现许多环境问题，如煤炭的开采和直接燃烧已经引起严重的环境污染，70%~80% 以上的 SO_2、NO_x、Hg、CO_2 等都是由于煤炭直接燃烧引起的。因此有许多学者对内蒙古自治区的能源、环境和经济进行研究。

15.2.3.1　能源发展研究

随着西部大开发战略的深入实施，国内对内蒙古自治区的能源研究日益增多。李慧源（2005）对内蒙古自治区能源工业的可持续发展进行研究，提出必须坚持能源有序开发和节约并重的理念，并且建立能源统计监测机制，推进节约能源资源[263]。杨刚强（2006）通过对内蒙古自治区能源发展战略与政策进行研究，提出内蒙古自治区应该实施能源开发集群化战略，以市场化为向导，实现能源发展多元化，共享国际能源化，并且加大政府在能源开发、利用中的管理职能[264]。郭晓川、李洁（2009）基于可持续发展的内蒙古自治区能源结构的优化战略进行研究，提出了能源结构优化调整的指导原则、战略目标、战略重点和相应的政策措施[265]。赵海东、孙芳（2010）从内蒙古自治区的能源总量、能源消费的品种结构、能源消费的部门结构以及能源利用效率四个方面来研究内蒙古自治区能源消费的特征[266]。贾正源、张文忠、石志忠（2007）对内蒙古自治区能源资源开发利用现状进行了评析[267]。

张玉立（2012）通过对内蒙古自治区能源发展现状和产业结构调整的对策进行研究，指出内蒙古自治区能源发展中存在的问题与产业结构调整的必要性[268]。王林江（2012）等人给出了内蒙古自治区煤炭生产模型，包括因果关系图、信号流程图和计算机仿真程序，并做了仿真运算，预测出到 2000 年时内蒙古自治区的供煤量，分析了煤炭投资和铁路建设投资的效果，提出了改善途径[269]。孙鹏芳、吴静（2007）对内蒙古自治区能源发展与产业结构调整进行分析，强调内蒙古自治区必须优化调整产业结构，发展能源战略，这将是决定自治区 20 年内经济赶超东部地区的关键所在[270]。宋宇辰、郭丽（2012）采用时间序列模型和灰色预测模型组合成的组合预测模型，预测出在"十二五"末，内蒙古自治区制造业能源消费量将突破 2 亿吨标准煤，并且提出要优化调整制造业行业内部结构，加快淘汰落后产能，合理开发风能、太阳能等清洁能源，大力发展循环经济等建议[271]。刘纪鹏（2011）通过对内蒙古自治区能源发展失衡看能源统筹规划重要性，指出面对内蒙古自治区"煤堵在路上，电窝在家里，风机空转，夜夜弃风"这样的产业发展的失衡，我们应该积极开拓思路，从高处着手"一盘棋"统筹规划，并大胆创新，就地发展能源产业，构建"煤-电-用"一体化产业群。与此同时积极开展大用户直供电能源富集地区与匮乏地区两者直接对话等[272]。李民（2012）等人对促进内蒙古自治区能源产业向清洁生产、循环利用等方向发展提出了一些可供参考的政策建议[273]。

15.2.3.2 能源环境发展研究

由于内蒙古自治区低效高耗的能源利用方式和突出的生态环境问题，越来越多的学者对内蒙古自治区能源与环境进行研究。李悦、朱敏（2012）构建了企业能源与环境信息系统平台，可以通过平台对企业能源使用情况和管理情况进行监控，并通过 GIS 软件加强能源设备和管道监控，及时排查能源问题，为能源管理保驾护航[274]。钱贵霞、张一品等（2010）等人通过对内蒙古自治区能源消费碳排放变化的分析发现，内蒙古自治区节能减排的重点在于提高能源效率，调整产业结构，优化能源结构以及实施绿色 GDP 核算[275]。

王锋正、于宏洋（2012）采用 Malmquist 指数分解法，对各行业能源效率的变化情况进行了研究，得出引起能源效率变化的主要动因，并且运用 Tobit 模型分析，对能源效率的主要影响因素进行了回归分析，获得了相关因素对能源效率的影响方向和作用程度，剖析了产生影响的原因[276]。马军（2012）认为 CO_2、工业固体废物、工业废气、工业废水等污染物的排放及能源的消耗成为影响内蒙古自治区地区生态效率的主要因素[277]。董德明、李元实（2006）通过对内蒙古自治区火电发展区域环境影响进行研究，结果表明，项目环境影响评价较有效地控制了火电厂项目的污染物排放，促进了资源的综合利用，但在解决区域环境影响问题方面仍显不足[278]。

曹霞、温宏君（2013）对西部大开发以来呼和浩特市发展中的环境污染问题进行研究，得出 2001~2010 年 10 年间，呼和浩特市城市发展评价指数呈波动上升趋势，环境问题评价指数呈持续稳定上升趋势，环境问题评价指数一直高于城市发展评价指数[279]。刘建国、于乐海（2012）对内蒙古自治区大力发展清洁能源，打破"能源诅咒"，走可持续发展道路，提供相应的对策建议[280]。程国平运用系统动力学对内蒙古自治区煤炭资源开采进行分析，把煤炭开采水平对于环境、资源承载力在宏观上的影响考虑在内，列出了"环境、资源承载力"，"环境影响系数"等一系列影响因素，构建煤炭资源开采的系统动力学模型[281]

15.2.3.3 能源环境经济发展研究

内蒙古自治区经济的快速增长，导致对能源资源的需求不断增加，从而破坏生态环境，由此关于内蒙古自治区能源环境经济的研究越来越多。郭守前、付慧（2011）通过对内蒙古自治区低碳经济发展的研究，认为除经济发展因素外，能源效率的提高是抑制内蒙古自治区二氧化碳排放的主要因素，而内蒙古自治区近年来的技术进步是提高能源效率的主导因素，产业结构变动对能源效率的影响甚微[282]。哈斯图亚、乌敦、包玉海（2010）通过对呼和浩特市经济增长与环境污染的关系分析，呼和浩特市的环境 EKC 曲线不符合典型的 EKC 特征，而呈现出二次曲线的特点，表明呼和浩特市在经济增长过程中尚未经过污染排放量最大点，存在持续上升的态势，呈现出边增长、边污染的发展模式。因此，为了经济长远发展，必须控制污染[283]。李海霞等人（2012）对内蒙古自治区能源消费、碳排放与经济增长关系进行研究，认为在"十二五"时期及以后的发展中，内蒙古自治区只有加快转变经济发展方式，大力调整产业结构，努力改善和优化能源消费结构，大幅度提高能源利用效率，开发和利用绿色清洁能源，加大节能减排政策实施的力度，才能有效遏止碳排放快速增长的势头，促使经济、能源和环境三者协调可持续发展[284]。姚凤桐、格日乐（2005）对呼和浩特市经济发展的资源约束和环境承载力问题进行研究[285]。

黄健英、刘艳艳（2011）通过对内蒙古自治区低碳经济发展进行研究，表明要在环境保护和经济发展之间找到平衡点，并非易事[286]。赵涛、杨立宏（2007）通过研究系统协调的概念与内涵，以解决社会复杂系统的协调发展问题为主要目标，从系统发展速度的角度重新给出了系统协调度的数量表达式，并在此基础上建立了 3E 系统协调度评价模型，并运用该模型研究了内蒙古自治区 3E 系统发展状况和其中存在的主要问题[287]。马可、谢绥萍运用可持续发展经济学理论，结合内蒙古自治区的能源发展现状，深入研究分析，寻求一种既可以保持经济增长，又可减少环境破坏的可持续发展模式[288]。

通过对前人研究成果的学习和归纳可以得出，部分专家学者已从不同角度运用不同的统计学模型对内蒙古自治区能源和环境问题进行了研究，并且证实能源消耗与二氧化碳排放的关系，为本书研究提供一定的借鉴。对内蒙古自治区能源、环境的预测方法有很多，包括回归分析、时间序列、神经网络预测和灰色预测模型等，为本书研究的指标选取以及初步分析提供了方法支撑。

15.2.4　系统动力学发展现状及应用

系统动力学简称 SD（System Dynamics），由美国麻省理工学院福瑞斯特教授于 1956 年创始的。系统动力学是一门基于系统论，吸取反馈理论与信息论等，并借助计算机模拟技术的交叉学科[289]。事实上，系统动力学特别用于强调每一种反馈系统。尽管"系统"一词被用于各种情形之中，但是这里的"反馈"需要做出说明。反馈是指信息的传输和回授。顾名思义，反馈的重点在于"反"

字上[290]。反馈的概念是普遍存在的,如:空调设备,为了维持室内的温度,需要热敏器件组成的温度继电器和冷却系统共同运行。温度继电器的职责是检测室内温度,并与给定的期望温度相比较,然后把信息馈送到控制器,使冷却器的作用在最大与关停之间进行调节,而实现控制室内温度的目的。系统动力学在系统分析方面具有如下优点[291]:

(1)它能对系统内部、系统外部因素的相互关系予以明确的认识和体现。

(2)它能对系统内所隐含的反馈回路予以明确的认识和体现。

(3)它能对系统进行动态发展及其趋势考察。

(4)它能对系统设定各种控制因素,以观测当输入的控制因素变化时系统的行为和发展。这点对决策者来说尤为重要,因为决策者不再仅凭直接和估计来审视控制因素发展而引起的系统变化。

(5)它能对系统进行动态仿真实验,以考察系统以不同的组织状态、不同的技术经济参数或者不同的政策因素输入时所表现的行为和趋势。因此,系统动力学被誉为"管理系统实验室"或"社会经济系统实验室"。

15.2.4.1 系统动力学发展

系统动力学起初称为工业动态学,随着工业动态学的应用范围日益扩大,几乎涉及各个领域,最后形成了比较成熟的系统动力学。其发展先后经历了三个阶段[292]。

A 创立阶段

20世纪50~60年代,福瑞斯特发表一系列关于系统动力学理论与方法的经典著作。1958年,福瑞斯特发表了奠基之作——《工业动力学》,主要介绍工业动力学的概述和方法,并于1961年出版。1968年,通过《系统原理》对系统的分析、预测和决策进行讨论,并且可以把这些方法应用到许多领域。福瑞斯特从宏观层次上研究城市的问题并于1969年出版《城市动力学》。70年代,工业动力学原理的应用范围日益扩大,主要用于解决城市衰退、资源加快减少、经营管理规划等问题。在这期间,由于计算机技术的快速发展,可用计算机模拟的编译系统SIMPLE产生,后来发展成为DYNAMO("动态"和"模型"的混合缩写),使复杂系统的预测具有可行性。

B 发展成熟阶段

系统动力学发展成熟是在20世纪70~80年代。这阶段主要的标准性成果是系统动力学世界模型与美国国家模型的研究成功。这两个模型的研究成功地解决了困扰经济学界的长期问题,因此吸引了世界范围内学者的关注,促进它在世界范围内的传播与发展,确立了在社会经济问题研究中的学科地位。

C 广泛传播与应用阶段

系统动力学广泛运用与传播是在20世纪90年代至今,在这一期间内,SD

在世界范围内得到广泛的传播，其应用范围更广泛，并且获得新的发展。系统动力学正加强与控制理论、系统科学、突变理论、耗散结构与分叉、结构稳定性分析、灵敏度分析、统计分析、参数估计、最优化技术应用、类属结构研究、专家系统等方面的联系。许多学者纷纷采用系统动力学方法来研究各自领域的社会经济问题，涉及经济、环境、生态、生物、医学、工业、城市等广泛的领域。

15.2.4.2　系统动力应用

1970 年，罗马俱乐部的成员在瑞士提出建立世界模型的任务，其目的是解决人口过度增长与资源枯竭的问题。为此，他们又把研究的对象延伸到了世界范围，出版《世界动力学》一书，提出了研究全球发展问题的"世界模型"。世界模型研究世界范围内的农业、工业、人口、自然资源以及食物供应、环境污染等多种因素的相互关联和相互制约，以及可能产生的后果。Janssen 等人（2000）运用系统动力学把草地资源作为限制因子，分析了不同的政策和制度对放牧者和草地生态系统的影响，在此基础上给出了澳大利亚放牧草场的优化管理模式[293]。王明刚等人（2013）研究了系统的基本动力学行为，利用数值模拟的方法给出了系统的动力演化行为；给出了模型中参数估计的方式，对模型所反映的现实意义进行了解释，给出了数值模拟结果，并且验证了理论分析的正确性[294]。宋辉、魏小平（2013）构建我国可再生能源替代的动力学模型[295]。李凯、李明玉（2008）应用系统动力学方法对中国能源消费量、煤炭消费量和石油消费量进行短期预测[296]。王青、李连德（2009）应用系统动力学的理论和方法对中国能源供需相关问题进行分析，结果表明中国石油在 2018 年左右到达产量的高峰，在此之后产量将迅速下降，煤炭产量能够满足国内的需求[297]。

李玮、杨钢（2010）运用系统工程的思想，对山西省能源消费系统及其相关子系统进行分析，构建系统动力学模型，采用 5 种不同发展模式分别对模型中节能技术、洗煤率、SO_2 排放系数等关键因子进行调控，实现对 2010~2020 年间 GDP 增长率、单位 GDP 能耗和 SO_2 排放总量的中长期预测[298]。李志鹏（2012）基于 2000~2010 年的基础数据，利用系统动力学的方法，对天津市公交车、出租车、私家车的数量及能源消耗、碳排放做了定量分析，并对在"十二五"期间城市交通能源消耗、碳排放进行了预测[299]。邓群钊、刘琼（2008）对江西省宏观经济建立系统动力学仿真模型并且进行研究[300]。徐玖平，李丽采（2007）用系统动力学与多目标整合模型（SD-MOP）对区域循环经济系统进行了仿真研究[301]。王海宁、薛惠锋（2010）对未来一段时期内陕西省能源消费、经济发展、大气污染物的排放量等进行预测[302]。周婧（2011）等人利用系统动力学的理论和方法，建立了苏州市经济能源环境系统的 SD 模型，并把能源结构和环保投资作为调控参数，设计了四种发展模式仿真运行。研究结果表明，通过能源结构的调整，只需要增加区外能源的购进，便可促使环境质量明显改善，进而实现社会经济发展的良性循环[303]。

杨永青（2010）对鄂尔多斯工业经济协调发展系统动力学进行研究，通过模拟仿真结果显示只有兼顾经济与资源、环境的协调发展模式才能实现鄂尔多斯市的可持续发展[304]。汪波、江卫（2012）运用系统动力学对煤炭企业循环经济系统进行研究，提出应该在发展的前提下，采取适合我国煤炭企业循环经济系统发展的模式[305]。柯文岚、沙景华、闫晶晶（2013）利用系统动力学对鄂尔多斯市的生态经济系统的均衡发展进行研究，发现该市生态经济系统存在贫富差距明显，产业结构不合理，资源永续开采压力和环境问题突出等问题[306]。杨养锋（2007）等人以锦界工业园环境系统为对象，在系统结构分析基础上，构建其系统动力学模型[307]。

近年来，一些学者从不同的行业和地区研究系统动力学，建立系统动力学模型，为系统动力学在我国的应用做出了贡献，但是将系统动力学运用到内蒙古自治区能源与环境方面的研究较少。

15.2.5 综述小结

通过对文献的收集、整理并且学习，可以归纳出以下几点：

（1）部分专家学者已对国内外能源环境系统进行研究，证实了能源消耗与环境污染的关系。

（2）预测能源、环境的方法有很多，常用的预测软件有 SAS 软件、SPSS 软件等，常用的预测模型有 BP 神经网络、灰色系统、回归分析、时间序列等模型。但是，使用系统动力学对能源环境系统进行预测的文献较少。

（3）较多的专家学者运用统计学模型对内蒙古自治区能源环境方面进行了研究，但是将系统动力学运用到内蒙古自治区能源环境方面的研究偏少。

15.3 下篇主要研究内容

内蒙古自治区矿产资源富集、高耗能的产业结构、初级能源为主的品种构成，导致内蒙古自治区的经济发展以消耗大量的能源为代价。内蒙古自治区能源消费以煤炭为主，优质能源相对不足，环境压力加大。煤炭消费是造成煤烟型大气污染的主要原因，也是温室气体排放的主要来源。以上状况持续下去，将给经济发展和生态环境带来更大的压力，因此，构建稳定的能源环境系统体系面临着重大挑战。

下篇研究结合内蒙古自治区能源、环境、经济、人口发展的现状，在分析能源经济和可持续发展理论的基础上，将能源环境系统分为能源、环境、经济、人口四个子系统，运用系统动力学理论和方法，对内蒙古自治区能源消费等指标进行中长期预测。

　　本书分析了内蒙古自治区能源环境系统模型的结构，对模型指标进行预测及设定，并绘制了系统动力学流图，得到四个子系统的预测结果。结果表明，"十二五"期初至"十五五"期末，内蒙古自治区能源消费总量呈现线性增长趋势，其增长速度逐年下降；能源消费构成仍然以煤炭为主，煤炭消费量占能源消费总量的比重仍为最高；石油消费占能源消费比重呈缓慢下降趋势；天然气消费量呈现先快后慢增长趋势，其消费占能源消费比重呈波动下降趋势；核电及其他能发电增长快于煤炭、石油、天然气的消费增长，且占能源消费总量比重呈现缓慢上升趋势；单位生产总值能源消费量不断降低，其平均值低于我国平均值水平；人均生产总值呈现强劲增长趋势，人民生活得到显著改善；环境压力大，二氧化碳排放量和二氧化硫排放量不断增加；人均能源消费量不断增加，内蒙古自治区仍然处于发展阶段。

　　根据以上研究结论提出如下建议：节能优先，提高能源利用效率；调整产业结构，降低经济发展对煤炭的依赖程度；加大风电、核电以及其他能源发电的投资力度，重视开发利用风能、核能等可再生能源；增加投资，加大石油、天然气的勘探力度；统筹规划能源、经济、人口子系统与环境的协调发展，进而不断推进内蒙古自治区能源、环境、经济、人口的可持续发展。

16　内蒙古自治区能源环境经济人口现状分析

改革开放以来，内蒙古自治区能源工业发展迅速，为保障国民经济持续快速增长做出了重要贡献。但不断增长的能源消费在为人类社会创造财富的同时，也在不断加剧自然环境的恶化。

16.1　内蒙古自治区能源现状分析

能源问题是关系内蒙古自治区环境、经济、人口可持续发展的关键问题。本书主要从能源总量、能源消费的品种结构、能源消费的部门结构以及能源利用效率四个方面来研究内蒙古自治区能源消费的特征，进一步分析内蒙古自治区能源消费中存在的问题与不足，为内蒙古自治区能源问题的解决和能源政策的取向提供参考。

16.1.1　内蒙古自治区能源的总量特征

（1）能源供给充沛，满足区外能源需求。内蒙古自治区一直以来都是中国主要的能源生产和能源消费地区，无论是总量还是增长速度都是比较大的。如图16.1 所示，内蒙古自治区能源生产总量从 1995 年的 4642.02 万吨标煤增加到2012 年的 64027.06 万吨标煤，年均增长 17.57%，增长了近 14 倍，2012 年内蒙古自治区能源生产总量占全国的 19.29%；同时，内蒙古自治区能源消费总量从1995 年的 3268.44 万吨标煤增加到 2012 年的 22103.30 万吨标煤，年均增长率为12.33%，增长了 6.76 倍，2012 年内蒙古自治区能源消费总量占全国的 6.11%；内蒙古自治区能源产量大于能源消费总量，且能源供求差额逐年增大。总体来说，从 1995~2012 年内蒙古自治区能源供给充沛，不仅保证了内蒙古自治区自身经济发展的能源需求，而且也大量外输能源。

内蒙古自治区作为能源生产基地，除自身消费一定数量能源外，还肩负着"西煤东运""西气东输""西电东送"的重要使命，2012 年，内蒙古自治区共向区外输送能源 41923.76 万吨标煤，比 1995 年增长了 30 多倍。由于内蒙古自治区周边基本处于能源短缺状态，在煤炭供应上，除黑龙江、山西、陕西三省外，与内蒙古自治区接壤的所有省区基本处于缺口状态。长期以来，内蒙古自治区担负着为华北供应能源的任务。

近年来，随着全国性的能源紧缺，内蒙古自治区作为重要的国家能源基地，

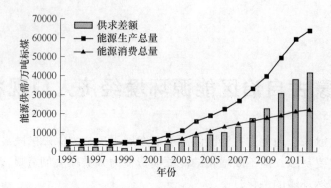

图 16.1　1995~2012 年内蒙古自治区能源供需变化趋势图（资料来源：作者整理）

在输出能源的同时，生态环境受到严重的破坏，环境污染严重，不利于内蒙古自治区经济的长期可持续发展。

（2）经济快速增长，能源消费总量攀升。随着经济的不断增长，能源消费的需求也会呈现不断增长的趋势。据对中国终端能源消费的预测，到 2030 年，终端能源消费将以每年 1.78% 的速度递增，到 2030 年将达到 560385 万吨标煤，其中煤、油、气、水电核电的年均增速分别为 1.32%、1.985%、4.312%、2.973%，到 2030 年分别达到 462655.7 万吨标煤、84521.4 万吨标煤、3755.3 万吨标煤、19102.4 万吨标煤。

内蒙古自治区经济在保持快速增长态势的同时，其能源消费总量不断攀升。如图 16.2 所示，1995~2012 年间，内蒙古自治区的能源消费总量一直伴随着经济的增长而呈现快速增长的趋势，主要表现为两个阶段：第一阶段，1995~2001 年能源消费总量持续平稳增长，年均增长速度为 4.18%；第二阶段，2002~2012 年能源消费总量呈现快速增长的特征，年均增长速度为 18.9%。1985~2008 年，内蒙古自治区能源消费以年均 15.73% 的增长支持了地区经济年均 21.69% 的增长。

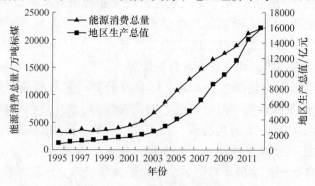

图 16.2　1995~2012 年内蒙古自治区能源消费总量与地区生产总值
变化趋势图（资料来源：作者整理）

16.1.2 内蒙古自治区能源消费的品种结构特征

内蒙古自治区能源消费主要是以煤炭、石油、天然气、水电、核电为主。如图 16.3 所示，2005~2012 年，内蒙古自治区能源消费构成主要以煤炭为主，煤炭所占能源消费比重最高为 90.44%，最低为 86.60%；而石油所占能源消费总量的比重不足 10%；天然气略微呈现上升趋势，2012 年天然气占能源消费总量的比重为 2.30%。内蒙古自治区能源消费的品种结构呈现过度依赖以煤炭为主的化石燃料的特征。

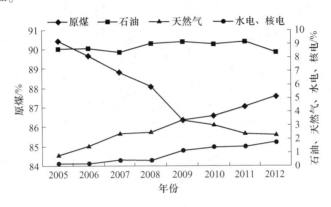

图 16.3 2005~2012 年内蒙古自治区能源消费结构变化趋势图（资料来源：作者整理）

（1）煤炭消费占绝对比重，能源结构矛盾突出。内蒙古自治区煤炭资源丰富、煤种齐全、煤质优良，是全国最大的煤炭基地之一。据统计，2012 年内蒙古自治区煤炭保有储量为 401.66 亿吨，占全国的 17.47%，居全国第二位。如图 16.4 所示，从 2005 年到 2012 年，内蒙古自治区煤炭生产量连年递增，其生产量增幅超过消费量增幅，煤炭外销量不断增加。仅 2012 年，内蒙古自治区煤炭产量已达到 59188.18 万吨标煤，同比增长 7.11%，全年增量占全国总增量的 60% 以上，同年煤炭外销量已达到 39827.16 万吨标煤，同比增长 8.1%，超过自身煤炭消费量。可见，自从 20 世纪 90 年代以来，内蒙古自治区的煤炭生产不断地满足其他省区的居民生活、电力、化肥和冶金等重点行业的煤炭需求。

内蒙古自治区煤炭的结构性矛盾突出，如图 16.4 所示，2005~2012 年期间，煤炭生产所占能源生产总量比重一直保持在 90% 以上，而煤炭消费所占能源消费总量比重也保持在 86% 以上，比全国平均水平高出十多个百分点，过于依赖煤炭的能源结构给内蒙古自治区能源的可持续供应和经济的可持续发展带来了极大的压力。主要表现在：一方面，以煤炭为主的能源结构会导致环境污染，对生态环境造成严重破坏，增加环境治理成本，带来极大的经济损失。据测算，烟尘和二氧化碳排放量的 70%、二氧化硫的 90%、氮氧化物的 67% 都来自于煤炭。另一

方面，以煤炭作为动力燃料和化工原料会造成能源的极大浪费。以合成氨行业为
例，生产一吨合成氨，如果以煤为原料需要 1.2 吨标煤，耗电约 1000 千瓦·时，
而以天然气为原料则只需要消耗天然气 1000 立方米，耗电 40 千瓦·时，两种原
料的能耗相差 60% 以上，而污染物排放却可以减少 50% 以上。

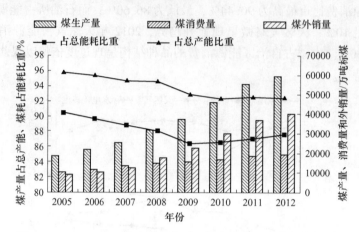

图 16.4　2005~2012 年内蒙古自治区煤炭生产、消费及外销变化
趋势图（资料来源：作者整理）

（2）石油消费增长迅速，调入量不断增加。内蒙古自治区石油资源十分丰
富，蕴藏量为 20 亿~30 亿吨。但是，随着内蒙古自治区经济的高速发展，石油
产量增长缓慢，石油消费量却增长迅速。如图 16.5 所示，石油消费量由 2005 年
的 928.01 万吨标煤增加到 2012 年的 1848.01 万吨标煤，年均增长率为 10.63%，
增长了近 2 倍；而生产量由 2005 年的 209.91 万吨标煤增加到 2012 年

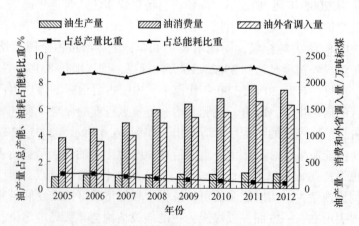

图 16.5　2005~2012 年石油生产、消费及外省调入量变化
趋势图（资料来源：作者整理）

的 282.63 万吨标煤；石油供给与需求量的缺口日益扩大，已经不能满足内蒙古自治区经济发展的长期需要，将近 4/5 的石油依靠外省调入，2011 年和 2012 年石油调入量分别为 1642.373 万吨标煤和 1565.378 万吨标煤。然而，内蒙古自治区石油的结构性矛盾也比较突出，如图 16.5 所示，2005～2012 年期间，石油占能源消费的比重变化始终保持在 8% 左右，随着煤炭等其他能源的份额不断增加，石油所占比重呈下降趋势，这也从另外一个角度反映了内蒙古自治区能源消费结构矛盾日益突出。

（3）天然气比重稳步上升，应用前景广阔。天然气是高效、洁净能源，也是 21 世纪经济发展的首选能源。天然气资源主要分布在内蒙古自治区中部的鄂尔多斯盆地，根据目前勘探结果，鄂尔多斯盆地天然气总资源量为 10.7 万亿立方米，鄂尔多斯市境内天然气总资源量为 4.1 万亿立方米，苏里格、乌审、大牛地三个气田目前探明储量达 7202 亿立方米，这三大气田是"西气东输"的主力气田，其中，苏里格天然气田是我国最大的整装气田，进入了世界知名气田之列。

从图 16.6 可以看出，内蒙古自治区天然气生产和消费呈现快速增长趋势，其中生产量由 2005 年的 513.31 万吨标煤增加到 2012 年的 3446.93 万吨标煤，年均增长率为 32%，增长了 6.7 倍；消费量由 2005 年的 84.46 万吨标准煤增长到 2012 年的 507.40 万吨标煤，年均增长率为 36.73%，增长了近 6 倍；天然气生产和消费的比重一直处于非常低的水平，尤其是天然气消费量占能源消费总量的比重，从 2007 年开始一直保持在 2% 以上。

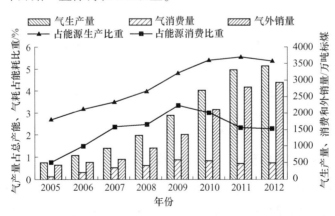

图 16.6　2005～2012 年内蒙古天然气生产量、消费量及外销量（资料来源：作者整理）

（4）电力消费需求旺盛，结构急需调整。内蒙古自治区担负着"西电东送"的重要使命，尤其是华北地区的电力供应，2012 年，内蒙古自治区向省外输送电力达 1100.14 亿千瓦·时。电力消费量是地区经济发展的先导性指标，如图

16.7 所示，随着内蒙古自治区经济的快速发展，2005 年以来内蒙古自治区的电力生产量和电力消费量迅速增加，电力生产量由 2005 年的 1056.59 亿千瓦·时增长到 2012 年的 3116.9 亿千瓦·时，年均增长率为 17.35%，增长了近 3 倍；电力消费量由 2005 年的 667.72 亿千瓦·时增加到 2012 年的 2016.76 亿千瓦·时，年均增长率为 17.60%，增长了 3.02 倍。其中，2008 年由于受到了美国金融危机的影响，内蒙古自治区经济增长速度有所下降，电力生产量与消费量的增长率分别为 2.7% 和 5.5%，小于年均增长率。

内蒙古自治区电力发展存在很多问题，其电源结构不合理，优质电力能源发展比较滞后。如图 16.7 所示，2005~2012 年，内蒙古自治区火力发电占电力生产的比重平均高达 90% 以上，2010~2012 年比重有所下降，分别为 89.44%、88.77% 和 89.61%。另外，电力作为二次能源，其强劲的需求加剧了一次能源供给的紧张程度，发电用煤迅速增加，使电力的能源结构出现劣质化倾向，这样不仅造成了供电煤耗偏高，而且也加剧了环境污染。由此可见，调整电力结构，鼓励和支持风电、水电等优质电力能源的发展是当务之急。

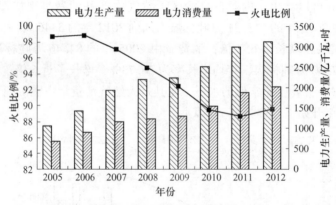

图 16.7　2005~2012 年电力生产量、消费量以及
水电、火电比重（资料来源：作者整理）

16.1.3　内蒙古自治区能源消费的部门结构特征

（1）工业部门的能源消费占主导。工业是经济增长的主要支撑，工业部门的能源消费主要包括制造业、采掘业、电力、煤气及水的生产和供应部门等。目前，随着内蒙古自治区经济高速增长，工业在地区经济中的比重日益加大，重工业的快速发展决定了工业部门的能源消费比较大。如图 16.8 所示，2012 年内蒙古自治区能源消费的部门结构中，工业部门的能源消费所占比重已经高达 68.68%，生活消费部门约为 10.25%，交通运输业部门为 8.05%，商业部门为 5.90%，其他部门为 2.70%，农业部门为 2.62%（主要包括农、林、牧、渔业的

能源消费），建筑部门为 1.80%。可见，降低工业部门能源消费比重或者提高工业能源效率是节约能源的主要途径。

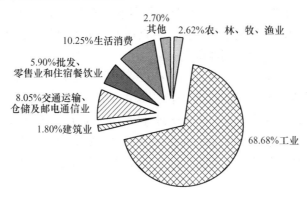

图 16.8 2012 年内蒙古自治区能源消费的部门结构（资料来源：作者整理）

（2）工业部门中能源消耗行业高度集中。内蒙古自治区高能耗行业主要集中在工业部门中的煤炭、石油、炼焦以及核燃料加工、化工、非金属、黑色金属、有色金属、电力、热力等行业，2012 年以上行业的能源消耗占全部工业能源消耗比重的 91.73%，其中占全部工业能源消耗比重超过 10% 的行业有 5 个，分别是：化工占全部工业能源消耗的 24.68%，黑色金属占 17.26%，煤炭占 15.07%，电力、热力占 12.48%，有色金属占 10.02%（如表 16.1 所示）。这些行业的资源结构大都具有低加工、浅加工、高能耗、污染重的特征。从能源可持续利用的角度，工业内部结构的调整是内蒙古自治区产业结构调整和实现能源节约的重点。

表 16.1　2012 年内蒙古自治区高能耗行业能源消费情况

行业	煤炭	石油、炼焦、核燃料加工	化工	非金属	黑色金属	有色金属	电力、热力
能源消费总量/万吨标煤	2047.52	874.30	3353.79	786.40	2345.67	1361.07	1696.34
占工业消费比重/%	15.07	6.43	24.68	5.79	17.26	10.02	12.48
占总能源消费比重/%	10.35	4.42	16.95	3.97	11.86	6.88	8.57

资料来源：2013 年内蒙古自治区统计年鉴。

（3）生活用能呈增长趋势，能源消费结构有待调整。目前，居民生活的能源消费是内蒙古自治区第二大能源消费部门，它包括除交通运输以外的所有家庭能源消费。随着居民住宅条件的改善，家庭供热、供电、家用电器的使用等都对能源形成了较为强劲的需求。内蒙古自治区居民生活用能增幅较大，2012年已经高达2028.45万吨标煤，比2005年增加了两倍多，居民生活用能占能源消费总量的10.25%。根据发达国家的经验，随着收入提高和消费升级，居民生活用能在较长一段时期内将呈现增长趋势。可以预见，未来内蒙古自治区居民生活用能必将发展成为一个重要的用能部门。

内蒙古自治区生活用能的消费结构存在着一些问题。生活用能主要集中在以高污染为特征的煤炭消费，2012年生活用煤占生活用能消费总量的85.53%，而生活用油和生活用电所占比重只有1.80%和5.01%（如表16.2所示）。随着当前人们生活方式现代化和环保观念的提倡，应该大力鼓励使用天然气、太阳能、风能等清洁能源，使生活用能更加多元化、清洁化，实现能源在生活消费中的可持续发展。

表16.2　2012年内蒙古自治区生活用能消费结构情况

用能结构	生活用煤	生活用油	生活用电	其他
消费量/万吨标煤	1734.95	36.61	101.53	155.36
比重/%	85.53	1.80	5.01	7.66

资料来源：2013年内蒙古自治区统计年鉴。

16.1.4　内蒙古自治区能源利用效率的特征分析

衡量能源消费与经济增长关系的指标主要有能源消费弹性系数和能源消费强度，前者是反映能源消费增长速度与国民经济增长速度之间比例关系的指标，后者是反映能源消费数量与经济增长数量之间比例关系的指标。能源消费弹性系数和能源消费强度是反映能源消费和经济增长关系的核心指标，也是反映能源利用效率较有说服力的指标。

（1）能源消费弹性波动剧烈。能源消费弹性系数是反映经济增长对能源的依赖程度，即经济每增长1个百分点，相应能源消费需要增长多少个百分点。如果能源消费弹性系数小于1，则本年单位不变价国内生产总值能耗比上年降低；如果能源消费弹性系数大于1，则本年单位不变价国内生产总值能耗比上年上升；如果能源消费弹性系数等于1，则本年单位不变价国内生产总值能耗与上年持平。由此可见，能源消费弹性系数越大，从某种意义上讲，意味着经济增长利用能源效率水平越低，反之则越高。随着科学技术的进步，能源利用效率的提高，经济结构的变化和耗能工业的迅速发展，能源消费弹性系数会普遍下降。

从图16.9可知，从2005年到2012年，内蒙古自治区能源消费弹性系数一直处于波动之中。可以分为以下两个阶段：第一阶段，从2005~2008年，能源消费弹性系数由0.89下降到0.36，平均为0.61；第二阶段，从2009~2012年，

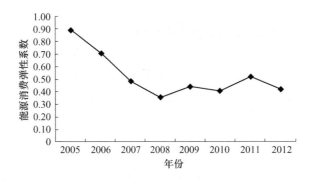

图 16.9　2005~2012 年内蒙古自治区能源消费弹性系数变化
趋势图（资料来源：作者整理）

能源消费弹性系数在 0.35~0.55 之间波动，平均为 0.45，经济每增长一个百分点，能源消费需要增长 0.45 个百分点能源，消费速度低于经济增长速度，经济增长对能源消费的依赖程度逐渐减缓，说明内蒙古自治区节能减排方面取得了一定的成绩。

（2）内蒙古自治区消费强度呈下降趋势。能源消费强度，也称单位产值能耗，是指一个国家或地区、部门或行业，一定时间内单位产值消耗的能源量，通常使用的指标有单位 GDP 能耗、单位工业产值能耗、单位工业增加值能耗、单位产品能耗等。能源消费强度反映经济对能源的依赖程度，以及能源利用的效率，它是一个宏观的能源经济效率指标，反映了由技术水平、发展阶段、经济结构、能源结构等多方面因素形成的能源消费水平和经济产出的比例关系。本书使用的衡量能源消费强度的指标为单位地区产值能耗。

由图 16.10 所示，从 2005~2012 年，随着减排工作的不断推进，内蒙古自治区能源消费强度逐年下降，由 2.76 万吨标煤/亿元下降到 1.39 万吨标煤/亿元，年均下降 9.27%，2012 年降到了历年最低水平 1.39 万吨标煤/亿元。

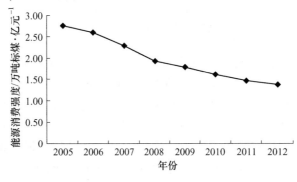

图 16.10　2005~2012 年内蒙古能源消费强度变化趋势图（资料来源：作者整理）

16.2　内蒙古自治区环境现状分析

改革开放以来，内蒙古自治区充分发挥地区的资源优势，经济建设取得了可喜的进步，工业化步伐也迈上了新的台阶。然而，在经济增长的背后，内蒙古自治区的环境形势却不容乐观。

16.2.1　内蒙古自治区二氧化碳现状分析

快速的经济增长不可避免地增加了能源消费，扩张的能源消费导致大量温室气体排放，给经济和社会发展带来严峻挑战。

纵向分析内蒙古自治区二氧化碳排放量的规模变化趋势和增长速度。根据图 16.11 所示，可以看出，二氧化碳排放量呈增长趋势，由 2006 年的 6920.16 万吨碳增长到 2012 年的 13871.49 万吨碳，增长了近 2 倍；从二氧化碳排放增长速度上看，2006~2012 年二氧化碳排放增长率为正，整体呈现先减后增再减的趋势，即 2006 年的增长率为 18.59%，减少到 2009 年的 5.28%，之后增长到 2011 年的 12.24%，2012 年降低到 4.40%。需要特别注意的是 2012 年的增长率创历年最低水平，这主要是受节能减排力度的影响。

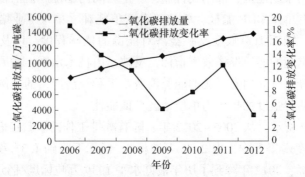

图 16.11　2006~2012 年二氧化碳排放量及增长率变化
趋势图（资料来源：作者整理）

从图 16.12 可以看出，作为衡量单位二氧化碳排放量指标的二氧化碳排放强度，总体处于下降趋势，从 2006 年的 1.66 吨/万元下降到 2012 年的 0.87 吨/万元，年均下降率为 9.55%。何建坤等（2004）研究认为碳排放强度的下降率大于 GDP 的增长率时，才能实现二氧化碳的绝对减排。由图 16.12 可知，2006~2012 年的二氧化碳排放强度下降率远小于地区生产总值的增长率，如内蒙古自治区 2012 年的二氧化碳排放强度下降率为 5.60%，而生产总值增长率高达 10.59%，远不能实现二氧化碳的绝对减排[308]。

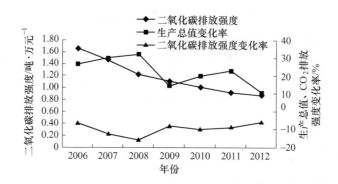

图 16.12 2006～2012 年二氧化碳排放强度及其变化率趋势图（资料来源：作者整理）

16.2.2 内蒙古自治区二氧化硫现状分析

随着经济的不断增长，能源消费的需求也呈现不断增长的趋势。不断增长的能源消费导致二氧化硫排放的增加，导致环境压力越来越大。

纵向分析内蒙古自治区二氧化硫排放量的规模变化趋势和增长速度。根据图 16.13 所示，可以看出，二氧化硫排放量呈波动递减趋势，由 2005 年的 145.6 万吨降低到 2012 年的 138.5 万吨，其中 2006 年为二氧化硫排放量最高值，为 155.7 万吨；从二氧化硫排放变化率上看，2005、2006、2011 年二氧化硫排放变化率为正，2007、2008、2009、2010、2012 年二氧化硫排放变化率为负，可见，经济发展的同时还兼顾能源消耗对环境的影响。但是二氧化硫排放量降低缓慢，而且下降空间极大。

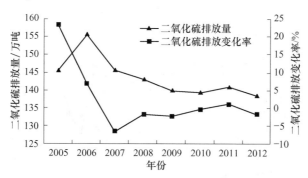

图 16.13 2005～2012 年二氧化硫排放量及变化率趋势图（资料来源：作者整理）

16.3 内蒙古自治区经济现状分析

经济总量是反映一个国家或地区经济实力和竞争力的重要指标，代表着一个国家或地区的经济发展水平。内蒙古自治区成立初期，内蒙古自治区的经济水平十分低下，工业基础非常薄弱，是以小农经济、畜牧业经济为主体的半自给经济，地区生产总值仅为 10 亿元左右，是一个传统的以农牧业为主的地区，新中国成立以来，经过恢复、改造、调整、建设，全区经济结构实现了由低到高的历史性转变，形成了较为发达、完整的产业体系和以工业为主体、农业畜牧业经济为中心的现代经济。

16.3.1　内蒙古自治区生产总值现状分析

改革开放 30 多年以来，内蒙古自治区经济实力显著增强，生产力水平不断提高。

由图 16.14 可知，内蒙古自治区生产总值在进入 21 世纪之前，呈现缓慢增长的状态，进入 21 世纪以后，内蒙古自治区生产总值强劲增长，创造了内蒙古自治区的奇迹。特别是 2004 年起，内蒙古自治区生产总值开始实现飞跃。2012 年生产总值已达到了 15880.58 亿元，相对于 1996 年的 857.06 亿元增长了近 18.53 倍，相对于 2004 年的 3041.07 亿元增长了近 5.2 倍，这种"内蒙古自治区速度"，6 年实现生产总值翻两番还有盈余。这个强劲的增长趋势从内蒙古自治区 GDP 的增长率中表现得更为明显。1996~2001 年，内蒙古自治区生产总值的增长率呈现先下降后波动变化趋势，1996 年生产总值变化率为 19.37%，1997~2001 年，生产总值保持在 10%左右。自 2002 年始，内蒙古自治区生产总值变化率一直保持较高的增长速度，最高为 2008 年的 32.27%。自 2002 年始，内蒙古自治区经济的增幅居全国首位，一直到 2009 年保持了连续 8 年增幅第一，2008 年内蒙古自治区政府开始将经济发展的重点放在调整经济结构，发展有质量的生产总值上，增速开始有所下降，但是仍处于前列。

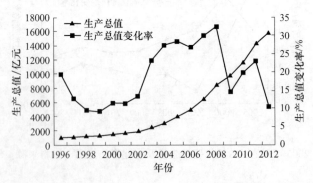

图 16.14　1996~2012 年地区生产总值及增长率变化趋势图（资料来源：作者整理）

从内蒙古自治区生产总值占全国生产总值比重的角度来看，如图 16.15 所示，21 世纪之前，内蒙古自治区生产总值占全国生产总值比重在 1.5%的水平徘徊，即 21 世纪之前，内蒙古自治区经济和全国经济平均增长速度基本持平。进入 21 世纪之后，内蒙古自治区经济以"内蒙古自治区速度"迅速超越全国经济平均增长速度。截止到 2012 年，内蒙古自治区生产总值占全国生产总值的比重已经由 1996 年的最低点 1.44%，增长到 3.06%，这是 17 年占有率翻番的速度。从内蒙古自治区人均产值的角度来看，21 世纪以前，内蒙古自治区人均产值在 5000 元左右徘徊。21 世纪以后，内蒙古自治区人均产值强劲增长，特别是 2003 年起，内蒙古自治区人均产值开始实现飞跃。截至 2012 年，内蒙古自治区人均产值已由 1996 年的最低点 4435 元，增长到 6.3780 元，年均增长率为 18.39%，增长了近 14.38 倍。

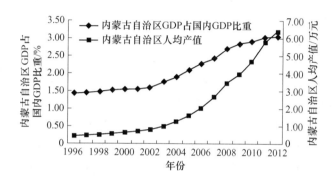

图 16.15　1996~2012 年内蒙古自治区 GDP 占国内 GDP 比重及
人均产值变化趋势图（资料来源：作者整理）

16.3.2　内蒙古自治区产业结构现状分析

在现实经济中，经济结构是一个复合体，它是各种社会、经济和自然资源要素按照一定制度规则，在产业、地区以及企业之间进行配置的比例关系以及产出和分配关系等。一个经济社会中的经济结构主要是指这个经济中的产业结构和所有制结构，其中，产业结构对一个地区的经济增长的贡献更为突出。产业结构是否合理，直接关系到生产力水平的发挥程度、国民经济的增长速度和质量等。在投入水平一定的情况下，不同的结构水平会有不同的产出；同样，一定的投入，通过结构的转变，可能会创造出更多的产出，这也正是现在各国的经济发展都要强调优化产业结构的原因。

在经济发展过程中，产业结构的调整和升级对提高经济增长的质量十分重要。研究内蒙古自治区产业发展的基本状况和存在的问题，有利于促进内蒙古自治区产业的发展。1991~2012 年内蒙古自治区三次产业产值变化情况如表 16.3 所示。

表 16.3　内蒙古自治区三次产业产值变化情况

年份	第一产业			第二产业			第三产业		
	产值	比重	增长率	产值	比重	增长率	产值	比重	增长率
1991	117.19	32.60	4.10	124.03	34.50	21.09	118.44	32.90	13.55
1992	126.86	30.10	8.25	152.56	36.20	23.00	142.26	33.70	20.11
1993	149.96	27.88	18.21	203.46	37.80	33.36	184.39	34.30	29.61
1994	208.53	30.00	39.06	254.52	36.60	25.10	232.01	33.40	25.83
1995	260.18	30.36	24.77	308.78	36.00	21.32	288.10	33.60	24.17
1996	312.82	30.58	20.23	364.77	35.70	18.13	345.50	33.70	19.92
1997	322.52	27.96	3.10	422.39	36.60	15.80	408.60	35.40	18.26
1998	341.62	27.06	5.92	458.86	36.30	8.63	462.06	36.60	13.08
1999	342.91	24.86	0.38	510.47	37.00	11.25	525.93	38.10	13.82
2000	350.80	22.79	2.30	582.57	37.90	14.13	605.74	39.30	15.17
2001	358.89	20.94	2.31	655.68	38.30	12.55	699.24	40.80	15.44
2002	374.69	19.30	4.40	754.78	38.90	15.11	811.47	41.80	16.05
2003	420.10	17.59	12.12	967.49	40.50	28.18	1000.79	41.90	23.33
2004	522.80	17.20	24.45	1248.00	41.00	29.02	1270.00	41.80	26.90
2005	589.56	15.10	12.77	1773.21	45.41	42.05	1542.26	39.49	21.44
2006	634.94	12.84	7.70	2374.96	48.50	33.94	1934.35	39.12	25.42
2007	762.10	11.86	20.03	3193.67	49.72	34.47	2467.41	38.41	27.56
2008	907.95	10.69	19.14	4376.19	51.51	37.03	3212.06	37.81	30.18
2009	929.60	9.54	2.38	5114.00	52.50	16.86	3696.65	37.95	15.09
2010	1095.28	9.40	17.82	6367.69	54.50	24.51	4209.02	36.10	13.86
2011	1306.30	9.10	19.27	8037.69	55.97	26.23	5015.89	34.93	19.17
2012	1448.58	9.10	10.89	8801.50	55.40	9.50	5630.50	35.50	12.25

资料来源：内蒙古自治区统计年鉴。

　　1991 年以来，内蒙古自治区经济增长迅速，各产业也取得了较大的发展，产业结构也发生了较大变化。1991~2012 年间内蒙古自治区三次产业产值、比重及其变动情况如表 16.3 所示。1991~2012 年内蒙古自治区生产总值的年均增长率为 19.67%。其中第一产业的增加值为 1331.39 亿元，年平均增长率为 12.71%；第二产业的增加值为 8677.47 亿元，年平均增长率为 22.78%；第三产业的增加值为 5512.06 亿元，年平均增长率为 20.1%。数据表明，第二产业的增长速度比第一产业和第三产业要快，这意味着三次产业结构发生了变化。

　　经过多年的努力，内蒙古自治区产值结构已由 1991 年的 32.60%，34.50%，32.90%调整为 2012 年的 9.10%，55.40%，35.50%。1991~2012 年，内蒙古自

治区第一产业产值的比重持续下降，2012 年与 1991 年相比下降了 23.50 个百分点；第二产业产值的比重持续上升，2012 年与 1991 年相比上升了 23.30 个百分点，特别是在西部大开发战略全面实施后内蒙古自治区第二产业的产值平均增速达到 34.12%，固定资产投资的快速增加使第二产业的产值比重大幅上升；第三产业增加值增长较快，但第三产业产值所占比重基本保持不变呈现迂回状态，在 2001 年，其比重超过 40%，2003 年达到最大值为 41.90%，但之后，随着第二产业比重的迅速上升第三产业的比重有所回落，2012 年第三产业比重仅为 35.5%，与我国平均水平相差较远；从世界范围来看，绝大多数发达国家第三产业占 GDP 的比重达到 60%~80%，实现了"经济服务化"。

内蒙古自治区的产值结构是比较明显的"二三一"的格局，第二产业的发展是推动内蒙古自治区经济增长的主要动力，2012 年第二产业的比重更是超过了第一产业和第三产业的比重之和。

16.4 内蒙古自治区人口现状分析

人口问题是关系到内蒙古自治区可持续发展的关键。自 20 世纪 70 年代初以来，内蒙古自治区开始在全区范围内全面开展控制人口工作。30 多年来，特别是十一届三中全会以来，内蒙古自治区控制人口工作取得了卓著的成就。广大人民群众婚育观念发生了较大的转变，内蒙古自治区妇女的生育水平持续下降，人口过快增长的势头已经得到有效的控制，内蒙古自治区人口再生产类型已逐步转变为低出生率、低死亡率、低自然增长率的现代类型。

16.4.1 内蒙古自治区人口总量现状分析

内蒙古自治区是一个以蒙古族为主体、以汉族居多数的民族自治区。至 2012 年，全区人口保持较低增长，全年出生人口 22.91 万人，死亡人口 13.69 万人。年末全区总人口达到 2489.9 万人，比上年增加 8.2 万人，其中城镇人口为 1437.6 万人，占全区总人口的比重为 57.74%；乡村人口 1052.3 万人，占全区总人口的比重为 42.26%。人口整体上呈现递增的趋势，但增加的幅度大小随时间的变化有所不同。根据内蒙古自治区历年的统计年鉴，将全区总人口的具体变动趋势绘成折线图，见图 16.16。

如今，内蒙古自治区人口过快增长的势头已得到控制，2012 年人口出生率已降至 9.2 个千分点，自然增长率也已达到较低的水平 3.7 个千分点，比上年上升 0.2 个千分点。通过对近 15 年的统计数据观察可知，见图 16.17。全区人口出生率呈波动下降趋势，1991~1994 年，人口出生率呈上升趋势，1994~2003 年，人口出生率呈快速下降趋势，2003 年以后人口出生率呈波动下降趋势；死亡率

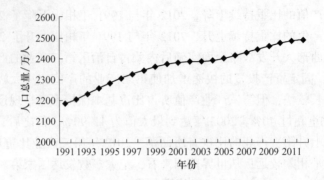

图 16.16　1991~2012 年内蒙古自治区人口总量（资料来源：作者整理）

基本保持稳定，因此人口的自然增长率与出生率同方向变动。最终的结果是，人口的自然增长率从 1993 年的最高点 11.7 个千分点，下降到 2012 年的 3.70 个千分点，比同期全国平均人口自然增长率还要低。值得注意的是，人口自然增长率自 1996 年起至今，一直维持在 10 个千分点以下。可见，该区的人口控制工作是有一定成效的，未来人口的增长只是在较大人口基数基础上的低惯性增长。

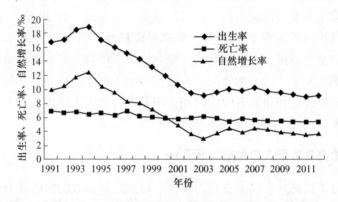

图 16.17　1991~2012 年内蒙古自治区人口动态变化（资料来源：作者整理）

16.4.2　内蒙古自治区就业结构现状分析

就业结构是指各次产业就业劳动力所占整个就业人数的比重，也是衡量产业结构的重要指标之一，经济的高速发展和产业结构的不断优化升级，不可避免地带来就业结构的变动。表 16.4 列出了 1991~2012 年间内蒙古自治区年末从业人数和各产业就业人数情况。

随着产业结构的变动，劳动力就业结构也相应发生了变化，即随着产值结构的优化升级，就业结构也随之于优化。参照表 16.4 可知，内蒙古自治区三次产业的就业结构已由 1991 年的 55.9% : 21.7% : 22.5% 调整为 2012 年的 44.7% :

18.1%：37.2%。1991～2012 年，内蒙古自治区第一产业劳动力比重下降了 11.2 个百分点；第二产业劳动力比重下降了 3.6 个百分点；第三产业劳动力就业比重增加了 14.7 个百分点。由此可见，劳动力在三次产业中的分布变化，第一产业劳动力比重有所降低，第二产业劳动力比重相对稳定略有下降，第三产业劳动力比重上升较快，这一趋势表明，内蒙古自治区三次产业就业结构得到优化。但内蒙古自治区产业结构与就业人数分布仍存在不匹配现象，2005～2012 年内蒙古自治区产业结构与就业结构如图 16.18 所示。

表 16.4　1991～2012 年内蒙古自治区三次产业就业人员变化情况

年份	第一产业就业人员比重/%	第二产业就业人员比重/%	第三产业就业人员比重/%	年份	第一产业就业人员比重/%	第二产业就业人员比重/%	第三产业就业人员比重/%
1991	55.9	21.7	22.5	2002	50.9	16.0	33.1
1992	54.5	22.2	23.3	2003	54.6	15.2	30.2
1993	53.1	21.9	25.0	2004	54.5	14.9	30.6
1994	51.9	21.8	26.3	2005	53.8	15.6	30.5
1995	52.2	21.9	26.0	2006	53.8	16.0	30.2
1996	52.6	21.5	25.9	2007	52.6	17.0	30.4
1997	51.9	20.3	27.9	2008	50.4	16.9	32.7
1998	51.7	19.7	28.6	2009	48.8	16.9	34.3
1999	52.6	17.6	29.9	2010	48.2	17.4	34.4
2000	52.2	17.1	30.7	2011	45.9	17.7	36.4
2001	51.6	16.8	31.6	2012	44.7	18.1	37.2

资料来源：内蒙古自治区统计年鉴。

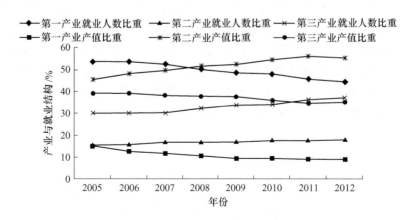

图 16.18　2005～2012 年内蒙古自治区产业与就业结构（资料来源：作者整理）

如图 16.18 所示，2005~2012 年，内蒙古自治区第一产业就业人数的比重呈下降趋势，同期第一产业产值占生产总值比重呈现同程度下降趋势，但第一产业就业人数的平均比重为 49.78%，而同期第一产业产值占生产总值的平均比重仅为 10.59%；第二产业就业人数平均比重为 16.96%，同期第二产业产值占生产总值的平均比重高达 51.64%。以上可以看出内蒙古自治区产业结构与就业人数分布不匹配。

16.5　本章小结

本章主要介绍了内蒙古自治区能源、环境、经济、人口发展现状。

首先对内蒙古自治区能源总量、能源消费的品种结构、能源消费的部门结构以及能源利用效率四个方面来研究内蒙古自治区能源消费的特征，可以得出如下结论：能源消费的结构性矛盾突出、过度依赖煤炭能源消费、石油供需缺口日益增大、天然气等清洁能源的占比过低，电力结构不合理；工业部门中的能源消耗比较大，工业部门内部结构不合理，高能耗行业过于集中，不利于内蒙古自治区产业结构的调整；能源的利用效率不高，能源消耗严重，经济增长对能源消费的依赖程度过大，这些都给内蒙古自治区能源、环境、经济和人口的可持续发展带来了极大的压力。

其次对内蒙古自治区二氧化硫排放量和二氧化碳排放量现状进行了分析，可以得出如下结论：二氧化硫排放量呈波动缓慢下降趋势；二氧化硫排放变化率从 2007 年以来均为负值，说明经济发展的同时还兼顾能源消耗对环境的影响，但二氧化硫排放降低缓慢，而且下降空间较大。二氧化碳排放量呈增长趋势，从 2006 年到 2012 年增长了近 2 倍，同期二氧化碳排放变化率均为正值，整体呈现减—增—减的趋势，2012 年的增长率创历年最低水平，这主要是受节能减排力度的影响。

最后对内蒙古自治区经济、人口的发展现状进行了分析，改革开放以来，内蒙古自治区充分发挥地区的资源优势，经济建设取得了可喜的进步，同时人口总量呈现缓慢增长趋势，人均产值呈现快速增长趋势，持续的经济增长增强了内蒙古自治区的综合能力，改善了人民的生活水平。

17　内蒙古自治区能源环境系统动力学模型指标目标设定

　　能源环境模型建立的主要目的是探讨能源消费与环境恶化的关系，支持对能源消费过程中二氧化碳和二氧化硫排放的计算和预测，讨论在考虑环境影响的前提下，能源政策应如何变动，一次能源结构会出现怎样的变化。

17.1　模型指标的回归分析预测

　　回归分析是一种应用极为广泛的数据分析方法，用于分析事物之间的统计关系，侧重考察变量之间的数量变化规律，并通过回归方程的形式描述和反映这种关系，帮助人们准确把握变量受其他一个或多个变量影响的程度，进而为预测提供科学依据。

17.1.1　回归分析模型

　　回归分析是根据被预测变量与其他变量之间的因果关系预测未来。由于回归预测法以因果关系为基础，所以能提供中期预测所需的因果信息，对数据仅着眼于因变量与自变量观测值之间的对应关系，这些观测值属于什么性质的数据则无关紧要。因此，回归预测对数据的要求很宽泛，既可以是时间序列数据，也可以是横断面数据，甚至可以是存在数据缺失的时间序列（即相邻两个数据之间的时间间隔不相等的广义时间序列)[309]。

　　常用的回归分析包括线性回归和曲线回归。线性回归又分为一元线性回归和多元线性回归，下面对各种模型分别介绍。

17.1.1.1　一元线性回归模型

　　一元线性回归模型是指只有一个解释变量的线性回归模型，用于揭示被解释变量与另一个变量之间的线性关系，由英国统计学家高尔顿在研究父子身高的关系时首次提出的[310]。一元线性回归的数学模型为：

$$y = \beta_0 + \beta_1 x + \varepsilon \tag{17.1}$$

　　式（17.1）表明，被解释变量 y 的变化可由两个部分解释：一是由解释变量 x 的变化引起的 y 的线性变化，即 $y = \beta_0 + \beta_1 x$；二是由其他随机因素引起的 y 的变化部分，即 ε。β_0 和 β_1 都是模型中的未知参数，β_0 和 β_1 分别称为回归常数和回归系数。ε 称为随机方差，是一个随机变量，当随机方差的期望和方差分别为 0 和一个特定的值时，对式（17.1）两边求期望，则有

$$y = \beta_0 + \beta_1 x \tag{17.2}$$

式（17.2）称为一元线性回归方程，它表明 x 和 y 之间的统计关系是在平均意义下表述的，即当 x 的值给定后利用回归模型计算得到的 y 值是一个平均值。估计一元线性回归方程中的未知参数 β_0 和 β_1 是一元线性回归分析的核心任务之一。

17.1.1.2　多元线性回归模型

现实社会经济现象中，某一事物（被解释变量）总会受到多方面因素（多个解释变量）的影响。一元线性回归是分析一个解释变量是如何线性影响被解释变量的，因此是比较理想化的分析。多元线性回归是为了弥补一元线性回归无法完全解释因变量的变化信息这个缺点而引入的，研究因变量与多个自变量的线性回归关系，每个自变量说明因变量的一部分信息，多个自变量结合起来就能很好说明因变量的变化。多元线性回归要求自变量之间互不相关。多元线性回归方程为：

$$y = \beta_0 + \beta_1 x_1 + \beta_2 x_2 + \cdots + \beta_j x_j \tag{17.3}$$

式中，y 为根据所有自变量算出的估计值；β_0 为回归常数；β_1，β_2，$\cdots$，β_j 称为 y 对于与 x_1，x_2，$\cdots$，x_j 的偏回归系数估计。偏回归系数是假设在其他所有自变量不变时，某一个自变量变化引起因变量变化的比率[214]。

17.1.1.3　曲线回归

变量间相关关系的分析中，变量之间的关系并不总表现为线性关系，非线性关系也是极为常见的。对于非线性关系通常无法直接通过线性回归来分析，可尝试曲线回归。曲线回归可以用于拟合许多曲线，如复合曲线、增长曲线、S 曲线、幂曲线、对数曲线、二次曲线、三次曲线、指数曲线等。

另外，曲线估计可以以时间为解释变量，实现时间序列的回归分析和趋势外推分析。

17.1.2　回归方程的检验

通过样本数据建立的回归方程一般不能立即用于实际问题的分析和预测，通常要进行各种统计检验，主要包括回归方程的拟合优度检验、回归方程的显著性检验、回归系数的显著性检验、残差分析等。

（1）方程意义检验。主要检验自变量与因变量关系的合理性，主要包括回归方程参数正负、大小、关系是否合理，是否符合相关的理论等。如果符合就可通过检验，反之，则不能通过检验。

（2）方程拟合优度检验。回归方程的拟合优度检验是检验样本数据点聚集

在回归线周围的密集程度，从而评价回归方程对样本数据的代表程度。

一元回归方程拟合优度检验应用可决系数 R^2 进行检验，主要检验自变量对因变量的解释程度。当所有样本点都落在回归线上时，回归方程的拟合优度一定是最高的。此时可决系数 R^2 表示因变量方差中自变量能够解释的方差。可决系数取值在 0 到 1 之间，R^2 大于 0.7 即可认为拟合效果较好，否则认为拟合效果较差。多元回归方程拟合优度检验应用调整的可决系数，调整的可决系数同样在 0 到 1 之间，R^2 大于 0.7 即可认为拟合效果较好，否则认为拟合效果较差。

（3）回归方程的显著性检验，是要检验被解释变量与所有解释变量之间的关系是否显著，用回归模型描述它们之间的关系是否恰当。如果被解释变量与所有解释变量之间的关系显著则自变量确实能影响因变量，可以用自变量的取值来预测因变量的取值；相反，如果它们之间的关系不显著，则不能用自变量取值预测因变量取值。

（4）回归系数的显著性检验的主要目的，是研究回归方程中的每个解释变量与被解释变量之间的关系是否显著，也就是研究每个解释变量能否有效地解释被解释变量的变化，它们能否保留在回归方程中。

（5）残差分析。所谓残差是指由回归方程计算所得的预测值与实际样本值之间的差距。残差分析是回归方程检验中的重要组成部分，其出发点是：如果回归方程能够较好地反映被解释变量的特征和变化规律，那么残差序列中应不包含明显的规律性和趋势性。残差分析的内容主要包括：分析残差是否服从均值为零的正态分布、分析残差序列是否独立等。

17.2　经济指标目标的设定

改革开放以来，内蒙古自治区经济迈向高速发展阶段，经济结构也发生了重大变化。本节运用回归分析，预测未来 2013~2030 年内蒙古自治区经济增长速度和三次产业比重。

17.2.1　经济增长速度目标的设定

近年来，内蒙古自治区经济腾飞发展，连续九年生产总值增速居全国前列。2003 年，内蒙古自治区在规模以上工业产值、固定资产投资、国内生产总值 3 个方面，增速居于全国首位；2005 年，内蒙古自治区生产总值增速以 21.6% 位居全国首位；2006 年，内蒙古自治区生产总值以 18.2% 居于全国首位。根据1995~2012 年内蒙古自治区生产总值，运用回归分析模型预测未来 18 年生产总值变化率，1995~2012 年内蒙古自治区生产总值如表 17.1 所示。

表 17.1　1995~2012 年内蒙古自治区生产总值

年份	生产总值 /亿元	年份	生产总值 /亿元	年份	生产总值 /亿元
1995	857.06	2001	1713.81	2007	6423.18
1996	1023.09	2002	1940.94	2008	8496.20
1997	1153.51	2003	2388.38	2009	9740.25
1998	1262.54	2004	3041.07	2010	11672.00
1999	1379.31	2005	3905.03	2011	14359.88
2000	1539.12	2006	4944.25	2012	15880.58

资料来源：内蒙古自治区统计年鉴。

首先对生产总值进行回归分析，采取曲线拟合得到如下结果：生产总值满足线性模型，R 方为 0.996（表示模型解释了序列 99.6% 的信息），并且回归方程、回归系数的显著性检验与残差分析均通过，说明拟合效果很好，其拟合方程如式（17.4）所示。

$$gdp = 1852.079t - 17564.569 \qquad (17.4)$$

根据地区生产总值的相关数据进行趋势模拟，其结果如式（17.4）所示。在式（17.4）中，模型等号左边为生产总值，右边 t 为时间变量。利用线性模型对内蒙古自治区未来生产总值进行预测，根据预测结果，计算 2013~2030 年生产总值的增长速度如图 17.1 所示。

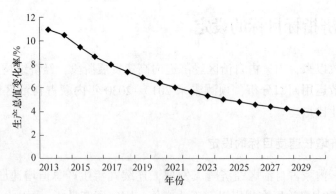

图 17.1　2013~2030 年内蒙古自治区生产总值变化率

从图 17.1 可以看出，内蒙古自治区生产总值变化率呈现下降趋势，由 2013 年的 10.98% 下降到 2030 年的 3.92%，最低为 2030 年的 3.92%。2012~2030 年内蒙古自治区生产总值变化率设定如表 17.2 所示。

表 17.2　2012~2030 年内蒙古自治区生产总值变化率设定

年份	2012	2013~2017	2018~2022	2023~2030
生产总值变化率/%	10.59	10.98	7.40	5.40

17.2.2　产业结构目标的设定

由于三次产业增长速度的不同，经济的增长不仅表现为生产总值的增加，而且经济结构也将发生重大变化。根据 2001~2012 年内蒙古自治区三次产业比重的相关数据（如表 17.3 所示），预测 2013~2030 年三次产业的比重。

表 17.3　2001~2012 年内蒙古自治区三次产业结构相关数据

年份	第一产业比重（X_1）	第二产业比重（X_2）	第三产业比重（X_3）	年份	第一产业比重（X_1）	第二产业比重（X_2）	第三产业比重（X_3）
2001	20.9	38.3	40.8	2007	11.9	49.7	38.4
2002	19.3	38.9	41.8	2008	10.7	51.5	37.8
2003	17.6	40.5	41.9	2009	9.5	52.5	38.0
2004	17.2	41.0	41.8	2010	9.4	54.5	36.1
2005	15.1	45.4	39.5	2011	9.1	56.0	34.9
2006	12.8	48.1	39.1	2012	9.1	55.4	35.5

资料来源：内蒙古自治区统计年鉴。

由表 17.3 可知，2001~2012 年内蒙古自治区产业结构变化的总体趋势为：第一产业的比重呈缓慢下降趋势，从 20.9% 下降为 9.1%，年均下降 7.16%；第二产业的比重呈增长趋势，从 38.3% 增长到 55.4%，年均增长 3.45%；第三产业比重始终在 35%~42% 之间波动。而 2012 年，三次产业的比重分别为 9.1%，55.4%，35.5%。未来随着三次产业增长速度的不同，三次产业的比重将出现根本性的变化。

产业结构的预测主要是通过时间序列分析，建立合适的经济模型预测其变化趋势。但是三次产业结构比重之和等于 1，通过对单一指标的时间序列分析，其结果会出现它们的比重之和不一定等于 1。在统计学上，把一组受约束变量的各个份额数据的组合称为成分数据（一般所有变量的份额之和等于 1）。根据成分数据的预测方法，本书利用 Aitchison 提出的 logratio 变换，进行成分数据预测建模，该方法主要考虑在各成分之和等于 1 的约束条件下，建立时间序列模型，预测和分析各个成分变量的变化趋势。

Aitchison 选用自然对数分析变量的理由是：（1）成分数据从原来的 3 维空间降低到了 2 维空间，由原来的 3 个线性相关的变量转换成 2 个独立变量，因此消除了原来成分数据中的冗余维度。（2）由于 Y 在 $(-\infty, +\infty)$ 内取值，有利于模型函数的选择。（3）由于进行了对数变换，因而有可能把非线性问题线性化。

首先，对表 17.3 中的成分数据进行 log-ratio 变换，得到的对数变换后的数值如表 17.4 所示。

表 17.4　2001~2012 年产业结构 log-ratio 变换

时间	$Y_1 = \ln(X_1/X_3)$	$Y_2 = \ln(X_2/X_3)$	时间	$Y_1 = \ln(X_1/X_3)$	$Y_2 = \ln(X_2/X_3)$
2001	-0.669	-0.063	2007	-1.172	0.258
2002	-0.773	-0.072	2008	-1.262	0.309
2003	-0.867	-0.034	2009	-1.386	0.323
2004	-0.888	-0.019	2010	-1.346	0.412
2005	-0.962	0.139	2011	-1.344	0.473
2006	-1.117	0.207	2012	-1.361	0.445

资料来源：作者整理。

其次，分别对经过 log-ratio 变换后的数据，建立回归模型。

（1）对 Y_1 进行回归分析，采用曲线拟合得到如下结果：Y_1 序列满足对数模型，R 方为 0.916（表明模型解释了序列 91.6% 的信息），并且回归方程、回归系数的显著性检验与残差分析均通过，说明拟合效果很好，其拟合方程如式（17.5）所示。

$$Y_1 = -0.559 - 0.322\ln(t) \tag{17.5}$$

（2）对 Y_2 进行回归分析，采用曲线拟合得到如下结果：Y_2 序列满足对数模型，R 方为 0.920（表明模型解释了序列 92.0% 的信息），并且回归方程、回归系数的显著性检验与残差分析均通过，说明拟合效果很好，其拟合方程如式（17.6）所示。

$$Y_2 = -0.216 + 0.249\ln(t) \tag{17.6}$$

根据 Y_1、Y_2 的相关数据进行趋势模拟，其结果如式（17.5）和式（17.6）所示。式中，模型右边 t 为时间变量。利用对数模型对 Y_1、Y_2 进行预测，结果如表 17.5 所示。

表 17.5　2013~2030 年 Y_1、Y_2 预测值

年份	Y_1	Y_2	年份	Y_1	Y_2
2013	-1.385	0.422	2022	-1.555	0.553
2014	-1.409	0.440	2023	-1.569	0.564
2015	-1.432	0.457	2024	-1.583	0.574
2016	-1.452	0.474	2025	-1.596	0.585
2017	-1.472	0.489	2026	-1.609	0.594
2018	-1.490	0.503	2027	-1.621	0.604
2019	-1.508	0.516	2028	-1.633	0.613
2020	-1.524	0.529	2029	-1.644	0.621
2021	-1.540	0.541	2030	-1.655	0.63

最后，用 Y_1 和 Y_2 的值以及式（17.7）~式（17.9）（其中，X_1^t、X_2^t、X_3^t 分别为各期三次产业比重；Y_1^t、Y_2^t 为各期 Y_1 和 Y_2 的值）计算 2013~2030 年的三次产业比重，结果如图 17.2 所示。

$$X_1^t = e^{Y_1^t}/(1 + e^{Y_1^t} + e^{Y_2^t}) \tag{17.7}$$

$$X_2^t = e^{Y_2^t}/(1 + e^{Y_1^t} + e^{Y_2^t}) \tag{17.8}$$

$$X_3^t = 1/(1 + e^{Y_1^t} + e^{Y_2^t}) \tag{17.9}$$

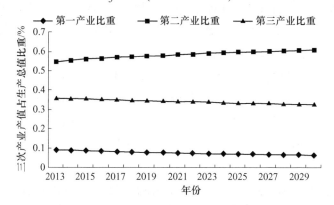

图 17.2　2013~2030 年内蒙古自治区三次产业结构变化趋势图

由图 17.2 可知，2013~2030 年内蒙古自治区产业结构变化的总体趋势为：第一产业在 GDP 中的比重将不断下降，第二产业比重不断增加，第三产业的比重缓慢下降。内蒙古自治区第二产业将一直保持其在国民经济中的较大份额。2012~2030 年内蒙古自治区产业结构变化趋势设定如表 17.6 所示。

表 17.6　2012~2030 年三次产业结构变化趋势

年份	2012	2013~2017	2018~2022	2023~2030
第一产业	9.1	9.0	7.8	7.0
第二产业	55.4	54.9	57.4	59.3
第三产业	35.5	36.0	34.7	33.7

17.3　能源消费指标目标的设定

为便于估算能源消费过程中 CO_2 的排放量，本书研究构建模型时，将其进一步划分成煤炭、石油、天然气 3 个子系统，通过各产业分别计算这 3 类能源的消耗总量，由此可得这 3 类能源总能耗在未来一段时间内的变化情况。

17.3.1 各产业煤炭消耗指标的设定

煤炭的用途十分广泛，可以根据其使用目的总结为两大主要用途：动力煤和炼焦煤。第二产业中电力、炼焦、工业（指终端消费）和供热四个行业是内蒙古自治区煤炭消费最集中的行业，2012 年这四个行业煤炭消费量占煤炭总消费量的 80%，其中电力行业占煤炭消费总量的 55.33%，炼焦行业占 10.46%，工业行业占 8.04%，供热行业占 6.15%，电力是煤炭消费的主力。生活煤耗量呈增长趋势，由 2004 年的 142.74 万吨增加到 2012 年的 1734.95 万吨，增长了近 12 倍。

17.3.1.1 第一产业煤耗强度

能源消耗强度即单位 GDP 能耗，是指一定时期内一个国家（地区）每生产一个单位的国内（地区）生产总值所消耗的能源。根据第一产业煤炭消费总量与第一产业生产总值之比，得到第一产业煤耗强度。内蒙古自治区 2004~2012 年第一产业煤炭消费总量、第一产业生产总值和第一产业煤耗强度数据见表 17.7。

表 17.7　2004~2012 年第一产业煤炭消费总量、生产总值与煤耗强度

年份	第一产业煤耗量/万吨	第一产业生产总值/亿元	第一产业耗煤煤强度/万吨·亿元$^{-1}$	年份	第一产业煤耗量/万吨	第一产业生产总值/亿元	第一产业耗煤煤强度/万吨·亿元$^{-1}$
2004	110.06	522.80	0.2105	2009	205.09	929.60	0.2206
2005	127.82	589.56	0.2168	2010	272.22	1095.28	0.2485
2006	120.58	634.94	0.1899	2011	302.17	1306.30	0.2313
2007	127.05	762.10	0.1667	2012	385.34	1448.58	0.2660
2008	166.23	907.95	0.1831				

资料来源：内蒙古自治区统计年鉴。

由表 17.7 可知，2004~2012 年内蒙古自治区第一产业煤炭消费总量、第一产业生产总值和第一产业煤耗强度变化的总体趋势为：第一产业煤炭消费量呈快速增长趋势，从 2004 年的 110.06 万吨增长到 2012 年的 385.34 万吨，年均增长 17.66%；第一产业生产总值呈上升趋势，从 2004 年的 522.80 亿元增加到 2012 年的 1448.58 亿元，年均增长 13.75%；第一产业煤耗强度呈现缓慢波动上升趋势，由 0.2105 万吨/亿元增加到 0.2660 万吨/亿元，年均增长率为 3.68%。对内蒙古自治区第一产业煤耗强度进行时间序列的简单回归分析和趋势外推分析，运行结果总结如下：

第一产业煤耗强度满足倒数模型，R 方为 0.902（表示模型解释了序列 90.2% 的信息），并且回归方程、回归系数的显著性检验与残差分析均通过，说明拟合效果很好，其拟合方程如式（17.10）所示。

$$ycmhqd = 0.335 - 0.698/t \qquad (17.10)$$

根据一产煤耗强度的相关数据进行趋势模拟，其结果如式（17.10）所示。在式（17.10）中，模型等号左边为一产煤耗强度，右边 t 为时间变量。利用倒数模型对内蒙古自治区 2013~2030 年一产煤耗强度进行预测，结果如图 17.3 所示。

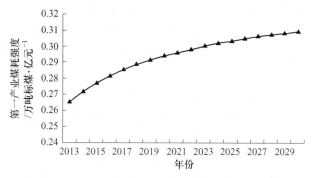

图 17.3　2013~2030 年第一产业煤耗强度变化趋势图

从图 17.3 可知，2013~2030 年内蒙古自治区第一产业煤耗强度呈现缓慢稳定的增长趋势，从 2013 年的 0.265 万吨/亿元增加到 2030 年的 0.309 万吨/亿元，年均增长 0.908%，表明未来 17 年内蒙古自治区第一产业煤炭利用率会继续降低。2012~2030 年内蒙古自治区第一产业煤耗强度变化趋势设定如表 17.8 所示。

表 17.8　2012~2030 年内蒙古自治区第一产业煤耗强度设定

年份	2012	2013~2017	2018~2022	2023~2030
第一产业煤耗强度/万吨·亿元$^{-1}$	0.266	0.277	0.288	0.300

17.3.1.2　第二产业煤耗强度

根据第二产业煤炭消费总量与第二产业生产总值之比，得到第二产业煤耗强度。内蒙古自治区 2004~2012 年第二产业煤炭消费总量、第二产业生产总值和第二产业煤耗强度数据见表 17.9。

表 17.9　2004~2012 年第二产业煤炭消费总量、生产总值与煤耗强度

年份	第二产业煤耗量/万吨	第二产业生产总值/亿元	第二产业煤耗强度/万吨·亿元$^{-1}$	年份	第二产业煤耗量/万吨	第二产业生产总值/亿元	第二产业煤耗强度/万吨·亿元$^{-1}$
2004	10469.86	1248.27	8.388	2009	21478.16	5114.00	4.200
2005	12436.43	1773.21	7.014	2010	23611.82	6367.69	3.708
2006	14866.24	2374.96	6.260	2011	31015.67	8037.69	3.859
2007	17047.17	3193.67	5.338	2012	32416.69	8801.50	3.683
2008	20239.88	4376.19	4.625				

资料来源：内蒙古自治区统计年鉴。

由表 17.9 可知，2004~2012 年内蒙古自治区第二产业煤炭消费总量、第二产业生产总值和第二产业煤耗强度变化的总体趋势为：第二产业煤炭消费量呈快速增长趋势，从 2004 年的 10469.86 万吨增长到 2012 年的 32416.69 万吨，年均增长 15.456%；第二产业生产总值呈快速上升趋势，从 2004 年的 1248.27 亿元增加到 2012 年的 8801.50 亿元，年均增长 28.074%；第二产业煤耗强度呈现下降趋势，由 2004 年的 8.388 万吨/亿元下降到 2012 年的 3.683 万吨/亿元，年均变化率为 9.575%，对第二产业煤耗强度进行时间序列的简单回归分析和趋势外推分析，结果总结如下：

第二产业煤耗强度满足对数模型，R 方为 0.984（表示模型解释了序列 98.4% 的信息），并且回归方程、回归系数的显著性检验与残差分析均通过，说明拟合效果很好，其拟合方程如式（17.11）所示。

$$ecmhqd = 8.502 - 2.3\ln(t) \tag{17.11}$$

根据第二产业煤耗强度的相关数据进行趋势模拟，其结果如式（17.11）所示。在式（17.11）中，模型等号左边为第二产业煤耗强度，右边 t 为时间变量。利用对数模型对内蒙古自治区 2013~2030 年第二产业煤耗强度进行预测，结果如图 17.4 所示。

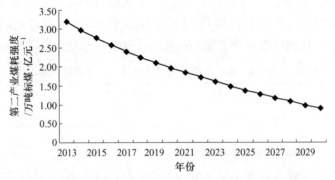

图 17.4　2013~2030 年第二产业煤耗强度变化趋势图

从图 17.4 可知，2013~2030 年内蒙古自治区第二产业煤耗强度呈现稳定的下降趋势，从 2013 年的 3.206 万吨/亿元下降到 2030 年的 0.921 万吨/亿元，年均降低 6.72%，2012~2030 年内蒙古自治区第二产业煤耗强度变化趋势设定如表 17.10 所示。

表 17.10　2012~2030 年内蒙古自治区第二产业煤耗强度设定

年份	2012	2013~2017	2018~2022	2023~2030
第二产业煤耗强度/万吨·亿元⁻¹	3.683	2.803	1.994	1.252

17.3.1.3　第三产业煤耗量

相对于第一产业和第二产业，第三产业是整个经济部门中最"绿色"、最接近于生态化的产业。在最一般的意义上，第三产业涉及产业结构中提供各种劳务的服务行业，它包括流通部门、生产和生活服务部门以及社会公共服务的部门。这些部门主要靠人力尤其是智力的运作，对物质材料的加工不直接或较少涉及，因此第三产业的运作并不直接或较少消耗物质资源，从而对生态环境的破坏也相对强度较弱。2004~2012 年第三产业煤炭消费量数据如表 17.11 所示。

表 17.11 2004~2012 年内蒙古自治区第三产业煤耗量

年份	第三产业煤耗量/万吨	年份	第三产业煤耗量/万吨	年份	第三产业煤耗量/万吨
2004	138.91	2007	397.18	2010	1293.25
2005	365.91	2008	462.11	2011	1279.04
2006	336.14	2009	1089.1	2012	1647.07

资料来源：内蒙古自治区统计年鉴。

由表 17.11 可知，2004~2012 年内蒙古自治区第三产业煤耗量呈现快速稳定的上升趋势，从 2004 年的 138.91 万吨增加到 2012 年的 1647.07 万吨，年均增长 46.49%，增长了近 17.61 倍。利用表 17.11 中的数据进行时间序列的简单回归分析和趋势外推分析，结果总结如下：

第三产业煤耗量满足倒数模型，R 方为 0.921（表示模型解释了序列 92.1% 的信息），并且回归方程、回归系数的显著性检验与残差分析均通过，说明拟合效果很好，其拟合方程如式（17.12）所示。

$$scmh = 2926.306 - 11883.776/t \qquad (17.12)$$

根据第三产业煤耗量的相关数据进行趋势模拟，其结果如式（17.12）所示。在式（17.12）中，模型等号左边为第三产业煤耗量，右边 t 为时间变量。利用倒数模型对内蒙古自治区 2013~2030 年第三产业煤耗量进行预测，根据预测结果，计算 2013~2030 年第三产业煤耗变化率，如图 17.5 所示。从图 17.5 可以看

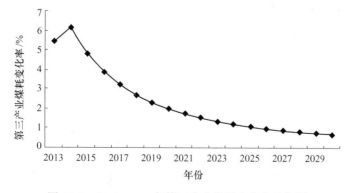

图 17.5 2013~2030 年第三产业煤耗变化率趋势图

出，第三产业煤耗变化率呈现下降趋势，从 2013 年的 5.516%下降到 2030 年的
0.686%，2012~2030 年内蒙古自治区第三产业煤耗变化率趋势设定如表 17.12 所示。

表 17.12　2012~2030 年内蒙古自治区第三产业煤耗变化率设定

年份	2012	2013~2017	2018~2022	2023~2030
第三产业煤耗变化率/%	3.683	2.803	1.994	1.252

17.3.1.4　生活煤耗量

内蒙古自治区生活煤耗量占内蒙古自治区煤炭消费总量的比重较大。2004~
2012 年生活煤炭消费量数据见表 17.13。

表 17.13　2004~2012 年内蒙古自治区生活煤耗量

年份	生活煤耗量/万吨	年份	生活煤耗量/万吨	年份	生活煤耗量/万吨
2004	142.74	2007	703.81	2010	1420.96
2005	811.25	2008	725.36	2011	1691.77
2006	647.74	2009	971.84	2012	1734.95

资料来源：内蒙古自治区统计年鉴。

由表 17.13 可知，内蒙古自治区生活煤炭消费量呈现快速上升趋势，由 2004
年的 142.74 万吨增加到 2012 年的 1734.95 万吨，年均增长率为 70.21%。对表
17.13 中的数据回归分析，结果总结如下：

生活煤耗量满足幂模型，R 方为 0.83（表示模型解释了序列 83.0%的信
息），并且回归方程、回归系数的显著性检验与残差分析均通过，说明拟合效果
很好，其拟合方程如式（17.13）所示。

$$shmh = 208.417 + t^{0.957} \tag{17.13}$$

根据生活煤耗量的相关数据进行趋势模拟，其结果如式（17.13）所示。在
式（17.13）中，模型等号左边为生活煤耗量，右边 t 为时间变量。利用幂模型
对内蒙古自治区 2013~2030 年生活煤耗量进行预测，根据预测结果，计算 2013~
2030 年生活煤耗变化率，如图 17.6 所示。

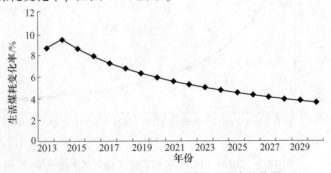

图 17.6　2013~2030 年生活煤耗变化率趋势图

从图 17.6 可以看出，生活煤耗变化率呈现先上升后下降趋势，2014 年达到最高为 9.55%，之后一路下滑到 2030 年的 3.68%，2012~2030 年内蒙古自治区生活煤耗变化率趋势设定如表 17.14 所示。

表 17.14　2012~2030 年内蒙古自治区生活煤耗变化率设定

年份	2012	2013~2017	2018~2022	2023~2030
生活煤耗变化率/%	2.55	8.47	6.02	4.29

17.3.2　各产业石油消耗指标的设定

随着石油供需缺口的加大，工业石油消费量的增长速度将会显著下降，用于生活消费（主要为液化石油气）的比例将会提升，但主要增长点是交通运输、仓储和邮政业。而用于发电的量很少，在计算时忽略不计。本书选取 2004~2012 年内蒙古自治区油耗的相关数据预测第一产业油耗变化率、第二产业油耗强度、第三产业油耗变化率和生活油耗变化率的变化趋势。

17.3.2.1　第一产业油耗变化率

相对于第二产业和第三产业，第一产业是整个经济部门中油耗量最少的产业。在最一般的意义上，第一产业包括农、林、牧、渔业，因此第一产业的运作并不直接或较少消耗石油资源。2004~2012 年第一产业油耗量数据见表 17.15。

表 17.15　2004~2012 年内蒙古自治区第一产业油耗量

年份	第一产业油耗量/万吨	年份	第一产业油耗量/万吨	年份	第一产业油耗量/万吨
2004	51.6	2007	77.83	2010	112.32
2005	66.42	2008	95.93	2011	111.64
2006	72.92	2009	97.57	2012	94.99

资料来源：内蒙古自治区统计年鉴。

由表 17.15 可知，2004~2012 年内蒙古自治区第一产业油耗量呈现波动增长趋势，从 2004 年的 51.6 万吨增加到 2012 年的 94.99 万吨，年均增长 8.73%，增长了近 1.84 倍。利用表 17.15 中的数据进行回归分析，结果总结如下：

第一产业油耗量满足对数模型，R 方为 0.867（表示模型解释了序列 86.7% 的信息），并且回归方程、回归系数的显著性检验与残差分析均通过，说明拟合效果很好，其拟合方程如式（17.14）所示。

$$ycyh = 48.494 + 26.931\ln(t) \tag{17.14}$$

根据第一产业油耗量的相关数据进行趋势模拟，其结果如式（17.14）所示。在式（17.14）中，模型等号左边为第一产业油耗量，右边 t 为时间变量。利用对数模型对内蒙古自治区 2013~2030 年第一产业油耗量进行预测，根据预测结果，计算 2013~2030 年第一产业油耗变化率，如图 17.7 所示。

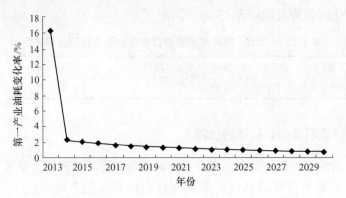

图 17.7　2013~2030 年第一产业油耗变化率趋势图

从图 17.7 可以看出，第一产业油耗变化率呈现下降趋势，从 2013 年的 16.33% 下降到 2030 年的 0.75%，2012~2030 年内蒙古自治区第一产业油耗变化率趋势设定如表 17.16 所示。

表 17.16　2012~2030 年内蒙古自治区第一产业油耗变化率趋势设定

年份	2012	2013~2017	2018~2022	2023~2030
第一产业油耗变化率/%	2.55	8.47	6.02	4.29

17.3.2.2　第二产业油耗强度

根据第二产业油耗量与第二产业生产总值之比，得到第二产业油耗强度。内蒙古自治区 2004~2012 年第二产业油耗总量、第二产业油耗强度数据见表 17.17。

表 17.17　2004~2012 年第二产业油耗总量与第二产业油耗强度

年份	第二产业油耗量/万吨	第二产业油耗强度/万吨·亿元⁻¹	年份	第二产业油耗量/万吨	第二产业油耗强度/万吨·亿元⁻¹
2004	124.74	0.10	2009	205.55	0.04
2005	108.06	0.06	2010	139.41	0.02
2006	118.5	0.05	2011	275.98	0.03
2007	119.11	0.04	2012	229.20	0.03
2008	186.26	0.04			

资料来源：内蒙古自治区统计年鉴。

由表 17.17 可知，2004~2012 年内蒙古自治区第二产业油耗总量与第二产业油耗强度变化的总体趋势为：第二产业油耗总量呈波动上升趋势，从 2004 年的 124.74 万吨增长到 2012 年的 229.20 万吨，年均增长 14.05%；第二产业油耗强度呈现缓慢波动下降趋势，从 2004 年的 0.10 万吨/亿元下降到 2012 年的 0.03 万吨/亿元，年均下降率为 10.84%。对第二产业油耗强度进行回归分析，结果总结如下：

第二产业油耗强度满足倒数模型，R 方为 0.949（表示模型解释了序列 94.9% 的信息），并且回归方程、回归系数的显著性检验与残差分析均通过，说明拟合效果很好，其拟合方程如式（17.15）所示。

$$ecyhqd = 0.021 + 0.08/t \tag{17.15}$$

根据第二产业油耗强度的相关数据进行趋势模拟，其结果如式（17.15）所示。在式（17.15）中，模型等号左边为二产油耗强度，右边 t 为时间变量。利用倒数模型对内蒙古自治区 2013~2030 年二产油耗强度进行预测，结果如图 17.8 所示。

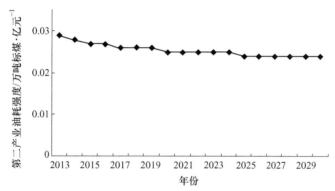

图 17.8　2013~2030 内蒙古自治区第二产业油耗强度变化趋势图

从图 17.8 可知，2013~2030 年内蒙古自治区第二产业油耗强度呈现缓慢稳定的下降趋势，从 2013 年的 0.229 万吨标煤/亿元降低到 2030 年的 0.024 万吨标煤/亿元，年均减少 1.12%，2012~2030 年内蒙古自治区第二产业油耗强度设定如表 17.18 所示。

表 17.18　2012~2030 年内蒙古自治区第二产业油耗强度设定

年份	2012	2013~2017	2018~2022	2023~2030
第二产业油耗强度/万吨标煤·亿元$^{-1}$	0.030	0.027	0.025	0.024

17.3.2.3　第三产业油耗变化率

第三产业主要靠人力尤其是智力的运作，对物质材料的加工不直接或较少涉及，因此第三产业的运作并不直接或较少消耗物质资源。2004~2012 年第三产业油耗量数据见表 17.19。

表 17.19　2004~2012 年第三产业油耗量

年份	第三产业油耗量/万吨	年份	第三产业油耗量/万吨	年份	第三产业油耗量/万吨
2004	76.24	2007	561.99	2010	826.81
2005	394.24	2008	663.03	2011	882.03
2006	490.81	2009	720.73	2012	877.31

资料来源：内蒙古自治区统计年鉴。

由表 17.19 可知，内蒙古自治区第三产业油耗量呈现快速增长趋势，从 2004 年的 76.24 万吨增长到 2012 年的 877.31 万吨，年均增长率为 62.96%。对第三产业油耗量进行回归分析，结果总结如下：

第三产业油耗量满足对数模型，R 方为 0.988（表示模型解释了序列 98.8% 的信息），并且回归方程、回归系数的显著性检验与残差分析均通过，说明拟合效果很好，其拟合方程如式（17.16）所示。

$$\text{scyh} = 92.394 + 364.139\ln(t) \qquad (17.16)$$

根据第三产业油耗量的相关数据进行趋势模拟，其结果如式（17.16）所示。在式（17.16）中，模型等号左边为第三产业油耗量，右边 t 为时间变量。利用对数模型对内蒙古自治区 2013~2030 年第三产业油耗量进行预测，根据预测结果，计算 2013~2030 年第三产业油耗变化率，如图 17.9 所示。

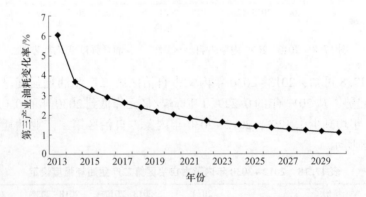

图 17.9　2013~2030 年内蒙古自治区第三产业油耗变化率趋势图

从图 17.9 可知，2013~2030 年内蒙古自治区第三产业油耗变化率呈现先快后慢的下降趋势，从 2013 年开始急剧下降到 2014 年的 3.728%，从 2014 年开始缓慢下降，从 3.728% 下降到 2030 年的 1.075%，2012~2030 年内蒙古自治区第三产业油耗变化率趋势设定如表 17.20 所示。

表 17.20　2012~2030 年内蒙古自治区第三产业油耗变化率趋势设定

年份	2012	2013~2017	2018~2022	2023~2030
第三产业油耗变化率/%	-0.54	3.73	2.03	1.31

17.3.2.4　生活油耗变化率

2003~2012 年生活油耗量数据如表 17.21 所示。

表 17.21　2003~2012 年内蒙古自治区生活油耗量

年份	生活油耗量/万吨	年份	生活油耗量/万吨
2003	16.24	2008	28.94
2004	18.14	2009	29.45
2005	29.26	2010	36.67
2006	31.95	2011	37.53
2007	32.38	2012	36.61

资料来源：2004~2013 年内蒙古自治区统计年鉴。

由表 17.21 可知，2003~2012 年内蒙古自治区生活油耗量呈现波动上升趋势，从 2003 年的 16.24 万吨增加到 2012 年的 36.61 万吨，年均增长 11%，增长了近 2.25 倍。对生活油耗量进行回归分析，结果总结如下：

生活油耗量满足对数模型，R 方为 0.841（表示模型解释了序列 84.1% 的信息），并且回归方程、回归系数的显著性检验与残差分析均通过，说明拟合效果很好，其拟合方程如式（17.17）所示。

$$shyh = 9.189\ln(t) + 15.837 \tag{17.17}$$

根据生活油耗量的相关数据进行趋势模拟，其结果如式（17.17）所示。在式（17.17）中，模型等号左边为生活油耗量，右边 t 为时间变量。利用对数模型对内蒙古自治区 2013~2030 年生活油耗量进行预测，根据预测结果，计算 2013~2030 年生活油耗变化率，如图 17.10 所示。从图 17.10 可知，2013~2030 年内蒙古自治区生活油耗变化率呈现先快后慢下降趋势，从 2013 年开始急剧下降到 2014 年的 2.111%，从 2014 年开始呈现缓慢下降趋势，到 2030 年为 0.725%，2012~2030 年内蒙古自治区生活油耗变化率趋势设定如表 17.22 所示。

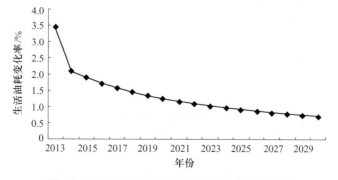

图 17.10　2013~2030 年生活油耗变化率趋势图

表 17. 22　2012~2030 年内蒙古自治区生活油耗变化率趋势设定

年份	2012	2013~2017	2018~2022	2023~2030
生活油耗变化率/%	-2.45	2.15	1.27	0.86

17.3.3　天然气消耗指标的设定

2005~2012 年天然气消费量数据如表 17. 23 所示。

表 17. 23　2005~2012 年内蒙古自治区天然气消耗量

年份	天然气消耗量/万吨	年份	天然气消耗量/万吨
2005	84.45	2009	589.06
2006	191.22	2010	570.26
2007	352.55	2011	494.88
2008	406.05	2012	507.40

资料来源：2006~2013 年内蒙古自治区统计年鉴。

由表 17. 23 可知，内蒙古自治区天然气消费量呈现波动增长趋势，从 2004 年的 84.45 万吨增加到 2012 年的 507.40 万吨，年均增长率为 36.74%。对表 17. 23 中的数据进行回归分析，结果总结如下：

天然气满足 S 模型，R 方为 0.957（表示模型解释了序列 95.7% 的信息），并且回归方程、回归系数的显著性检验与残差分析均通过，说明拟合效果很好，其拟合方程如式（17.18）所示。

$$qh = e^{(6.602-2.242/t)} \tag{17.18}$$

根据天然气消费量的相关数据进行趋势模拟，其结果如式（17.18）所示。在式（17.18）中，模型等号左边为天然气消费量，右边 t 为时间变量。利用 S 模型对内蒙古自治区 2013~2030 年天然气消费量进行预测，根据预测结果，计算 2013~2030 年天然气消费量变化率，如图 17.11 所示。

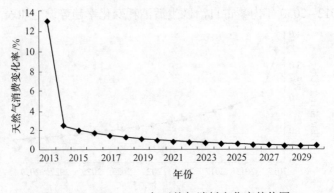

图 17. 11　2013~2030 年天然气消耗变化率趋势图

从图 17.11 可知，2013~2030 年内蒙古自治区天然气消耗变化率呈现先快后慢下降趋势，从 2013 年开始急剧下降到 2014 年的 2.522%，从 2014 年开始呈现缓慢下降趋势，到 2030 年为 0.345%，2012~2030 年内蒙古自治区天然气消费变化率趋势设定如表 17.24 所示。

表 17.24　2012~2030 年内蒙古自治区天然气消费变化率趋势设定

年份	2012	2013~2017	2018~2022	2023~2030
天然气消费变化率/%	2.53	4.17	0.96	0.48

17.3.4　水电、核电和其他能发电消耗指标的设定

水电、核电和其他能发电具有较好的经济性，它能够促进牧区经济和生态环境的协调发展以及社会的全面发展。2005~2012 年内蒙古自治区水电、核电和其他能发电数据见表 17.25。

表 17.25　2005~2012 年水电、核电和其他能发电

年份	水电、核电和其他能发电/万吨标煤	年份	水电、核电和其他能发电/万吨标煤
2005	18.509	2009	204.456
2006	25.109	2010	268.134
2007	67.746	2011	302.424
2008	72.290	2012	386.883

资料来源：2006~2013 年内蒙古自治区统计年鉴。

从表 17.25 可以看出，水电、核电和其他能发电呈现快速增长趋势，由 2005 年的 18.509 万吨标煤增长到 2012 年的 386.883 万吨标煤，年均增长 67%，增长了近 21 倍。对水电、核电和其他能发电进行回归分析，结果总结如下：

水电、核电以及其他能发电满足线性模型，R 方为 0.943（表示模型解释了序列 94.3% 的信息），并且回归方程、回归系数的显著性检验与残差分析均通过，说明拟合效果很好，其拟合方程如式（17.19）所示。

$$hd = 55.935 - 83.513t \tag{17.19}$$

根据水电、核电以及其他能发电的相关数据进行趋势模拟，其结果如式（17.19）所示。在式（17.19）中，模型等号左边为水电、核电及其他能发电，右边 t 为时间变量。利用线性模型对内蒙古自治区 2013~2030 年水电、核电以及其他能发电进行预测，根据预测结果，计算 2013~2030 年水电、核电及其他能发电变化率，如图 17.12 所示。

从图 17.12 可以看出，水电、核电和其他能发电变化率呈现先增长后下降趋

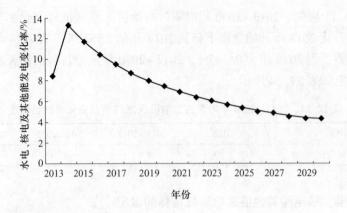

图 17.12　2013～2030 年水电、核电及其他能发电变化率趋势图

势，从 2013 年的 8.5%增长到 2015 年的 11.8%，2016 年开始下降，2030 年为
4.3%，2012～2030 年内蒙古自治区水电、核电及其他能发电变化率趋势设定如
表 17.26 所示。

表 17.26　2012～2030 年内蒙古自治区水电、核电及其他能发电变化率趋势设定

年份	2012	2013～2017	2018～2022	2023～2030
水电、核电及其他能发电变化率/%	27.93	10.72	7.48	5.06

17.4　环境指标目标的设定

17.4.1　二氧化碳排放量的确定

　　能源充足和环境清洁是保障国家能源安全、实现可持续发展的重要保证，能
源环境研究对于内蒙古自治区具有独特的现实意义。工业革命以后，能源已成为
经济与社会发展的基本动力，而矿物能源消费的迅速增长是造成环境恶化的主要
因素。大量的能源消耗，不仅大大加快了传统化石能源的耗竭速度，同时还排放
出大量的 CO_2，带来十分严重的生态和环境问题。据研究表明，内蒙古自治区
CO_2 的排放有 90%以上产生于能源消费。

　　煤炭和石油在燃烧过程中产生 CO_2，其中煤炭的排放量最大，石油次之，天
然气最小，通常能源设备不具备专门处理 CO_2 的功能。因此，通过排放量系数计
算 CO_2 的排放量[310]，见表 17.27。

　　本书的排放系数取保守项目值，又由于液体燃料的固碳率为 14.7%，气体为
1.7%，固体为 0.02%。于是，二氧化碳的排放量通过公式（17.20）计算。

$$DCO_2 = 0.998 \times a \times EC + 0.853 \times b \times EO + 0.983 \times c \times EG \quad (17.20)$$

式中，DCO_2 表示二氧化碳排放量；EC、EO、EG 分别表示固体、液体、气体燃料的消费量；a、b、c 分别表示保守项目中固体、液体、气体燃料的 CO_2 排放系数。

表 17.27　二氧化碳排放系数　　　　　　　（万吨碳）

数据来源	固体燃料	液体燃料	气体燃料
IEA	0.7560	0.5859	0.4478
GEF 项目	0.7485	0.5832	0.4400
ADB 项目	0.7266	0.5829	0.4091
北京项目	0.6568	0.5917	0.4525
保守项目	0.6600	0.5800	0.4100

资料来源：IEA1997，国家气候变化协调组 1996。

17.4.2　二氧化硫排放量的确定

2004~2012 年二氧化硫排放量的数据如表 17.28 所示。

表 17.28　2004~2012 年二氧化硫排放量　　　　（万吨）

年份	二氧化硫	年份	二氧化硫	年份	二氧化硫
2004	117.9	2007	145.6	2010	139.4
2005	145.6	2008	143.1	2011	140.9
2006	155.7	2009	139.9	2012	138.5

资料来源：2005~2013 年内蒙古自治区统计年鉴。

由表 17.28 可知，内蒙古自治区二氧化硫排放量呈现先增加后降低的趋势，由 2004 年的 117.9 万吨增加到 2006 年的 155.7 万吨，2006 年二氧化硫排放量开始下降，到 2012 年二氧化硫排放量为 138.5 万吨。对表 17.28 中的数据进行时间序列的简单回归分析和趋势外推分析，结果总结如下：

二氧化硫排放量满足对数模型，R 方为 0.817（表示模型解释了序列81.7%的信息），并且回归方程、回归系数的显著性检验与残差分析均通过，说明拟合效果很好，其拟合方程如式（17.21）所示。

$$SO_2pf = 167.143 - 13.783\ln(t) \quad (17.21)$$

根据二氧化硫排放量的相关数据进行趋势模拟，其结果如式（17.21）所示。在式（17.21）中，模型等号左边为二氧化硫排放量，右边 t 为时间变量。利用对数模型对内蒙古自治区 2013~2030 年二氧化硫排放量进行预测，根据预测结果，计算 2013~2030 年二氧化硫排放量变化率，如表 17.29 所示。

表 17.29　2013~2030 年二氧化硫排放量变化率预测值

年份	二氧化硫排放变化率/%	年份	二氧化硫排放变化率/%	年份	二氧化硫排放变化率/%
2013	-0.584	2019	-0.224	2025	-0.118
2014	-0.480	2020	-0.198	2026	-0.108
2015	-0.402	2021	-0.177	2027	-0.099
2016	-0.342	2022	-0.158	2028	-0.091
2017	-0.294	2023	-0.143	2029	-0.084
2018	-0.255	2024	-0.129	2030	-0.078

从表 17.29 可知,2013~2030 年内蒙古自治区二氧化硫排放量变化率呈现缓慢上升趋势,从 2013 年的-0.584%增加到 2030 年的-0.078%。2012~2030 年二氧化硫变化率趋势设定如表 17.30 所示。

表 17.30　2012~2030 年内蒙古自治区二氧化硫排放变化率趋势设定

年份	2012	2013~2017	2018~2022	2023~2030
二氧化硫排放变化率/%	-1.70	-0.42	-0.20	-0.11

17.5　人口指标目标的设定

人口自然增长率受到国民生活水平的影响,即居民的生活质量对人口自然增长率有一定的影响,本模型采用生活质量影响因子指标来计算人口自然增长率下降的趋势。生活质量影响因子反映了人口自然增长率与国民生活水平成反向增长的关系,其计算公式为:生活质量影响因子=1000/国民生活水平。

生活水平是指社会提供给广大居民用于生活消费的商品数量和质量的状况,主要反映居民在物质需求方面的满足程度,主要用人均收入等指标来衡量。国民生活水平的值为人均国内生产总值与居民消费价格指数商的百分之一。

本书选取 1995~2012 年人均生产总值与居民消费价格指数的数据,计算相应的生活质量影响因子。生活质量影响因子和人口自然增长率的部分数据如表 17.31 所示。

表 17.31　1995~2012 年内蒙古自治区生活质量影响因子与人口自然增长率部分数据

年份	1995	1996	…	2000	2001	…	2005	2006	…	2011	2012
生活质量影响因子	31.15	24.14	…	15.58	13.95	…	6.29	4.95	…	1.82	1.61
人口自然增长率/‰	10.50	9.70	…	6.10	5.00	…	4.60	4.00	…	3.50	3.70

由表 17.31 可以看出，内蒙古自治区生活质量影响因素呈现快速下降趋势，由 1995 年的 31.154 下降到 2012 年的 1.614，年均减少 15.83%。内蒙古自治区人口自然增长率呈现快速下降趋势，由 1995 年的 10.5‰ 下降到 2012 年 3.7‰，年均下降 5.07‰。本书根据人口自然增长率与生活质量影响因子的数据，建立它们之间的大致比例关系，R 方为 0.821，说明拟合效果很好，其拟合方程如公式 (17.22) 所示。

$$rkzrzzl = 0.0028 + 0.0001 * yzshzl \qquad (17.22)$$

式中，rkzrzzl 为相应增长率；yzshzl 为生活质量影响因子。

17.6　本章小结

回归分析是根据被预测变量与其他变量之间的因果关系预测未来，所以能提供中期预测所需要的因果信息，对数据仅着眼于因变量与自变量观测值之间的对应关系。本章主要运用曲线回归和时间序列的简单回归分析和趋势外推分析对内蒙古自治区能源环境系统动力学模型的指标进行预测及设定。结果表明：第一产业煤耗强度满足倒数模型，R 方为 0.902；第二产业煤耗强度满足对数模型，R 方为 0.984；第三产业煤耗量满足倒数模型，R 方为 0.921；生活煤耗量满足幂模型，R 方为 0.83；第一产业油耗量满足对数模型，R 方为 0.867；第二产业油耗强度满足倒数模型，R 方为 0.949；第三产业油耗量满足对数模型，R 方为 0.988；生活油耗量满足对数模型，R 方为 0.841；天然气满足 S 模型，R 方为 0.957；风电、核电以及其他能发电满足线性模型，R 方为 0.943；二氧化硫排放量满足对数模型，R 方为 0.817；生产总值满足线性模型，R 方为 0.996；人口自然增长率满足线性模型，R 方为 0.821 等。

18　内蒙古自治区能源环境系统动力学预测

　　对能源系统进行预测是制定内蒙古自治区能源发展战略的基础与前提。近年来，专家学者们研究了许多能源环境系统预测模型，能源系统包括能源、环境、经济、人口四个子系统中的众多因素，因此，能源系统是一个非常复杂的系统。系统动力学是把随时间变化的复杂反馈系统，通过系统分析绘制成系统流程图，然后以定量化的各变量建立系统的结构方程式，从而预测未来数据[286]。系统动力学重点是研究未来的发展趋势，而且适合研究复杂多变的系统。为此，本书构建了一个关于能源、环境、经济和人口的系统动力学模型，得到 2013～2030 年内蒙古自治区能源、环境等方面的预测结果。

18.1　系统动力学简介

　　系统动力学简称 SD（System Dynamics），由美国麻省理工学院福瑞斯特教授于 1956 年创始的，初期主要应用在工业企业管理，亦称"工业动态学"，之后，系统动力学被应用到各个领域中。系统动力学是系统科学理论与计算机仿真紧密结合、研究系统反馈结构与行为的一门交叉学科。系统动力学研究复杂系统的行为，在处理非线性、高阶次、多变量、多重反馈问题方面具有优势，可定性和定量地剖析历史、分析现在和研究未来，是实现决策科学化和经营管理现代化的有力手段[295]。

18.1.1　系统动力学理论和方法

　　系统动力学形成了自己的理论体系和独特的研究方法，主要包括以下几方面的内容：

　　（1）系统动力学是基于系统论，汲取控制论、控制理论和信息论的精髓。系统动力学提出了因果关系及流位流率系的反馈结构建模方法。系统动力学在对系统的认识方面特别强调系统的反馈结构。

　　（2）系统动力学分析解决问题的方法是定性与定量分析的统一，以定性分析为先导，定量分析为支持，两者相辅相成。尽可能采用"白化"技术，把不良结构尽可能相对地"良化"，其模型模拟是一种结构-功能模拟。

　　（3）计算机模拟技术是系统动力学的技术基础。借助计算机模拟技术，来分析研究系统内部结构与其动态行为的关系，并寻觅解决问题的对策。系统动力学具有专用的便于参数调试的系统动力学仿真语言。

（4）系统动力学模型被誉为实际系统的实验室。经模型模拟以剖析系统，获得更丰富、更深刻的信息，进而寻觅解决问题的途径。

系统动力学是结合数学模型和计算机高速处理数据的能力而发展起来的，它更适用于研究处理社会、经济、生态和生物等一类高度非线性、高阶次、多变量、多重反馈、复杂时变大系统问题的科学。它的系统分析建模的思想方法，开辟了一条社会、经济、生态系统定量、定性研究的道路；它对于决策研究分析十分有利，系统动力学模型可以用来模拟政策有效性；它重点在于研究系统的发展趋势，而不是系统的发展结果，系统动力学着重于描述系统的结构，是一个结构-功能仿真模型，强调系统发展过程中的行为和发展趋势，因此更适合于中长期系统发展研究；系统动力学解决问题的过程是一个认识-实践-再认识的循环过程，这种循环过程是其他常用的预测方法所不具备的；社会、经济、生态系统内各要素之间的关系呈现阶次高、多重反馈和非线性的特点，使其他计量方法遇到了算法问题从而失去实用价值，而系统动力学模型可以将复杂的关系表达出来，逼真地再现系统的结构和动态演化行为，只要结构合理，变量多少仅受计算机容量的限制。系统动力学方法一般只给出几种可供选择的方案，不提供最佳方案。

18.1.2　系统结构和变量

系统动力学是以系统为其研究的对象，对于系统的定义，Forrester 认为为了某一共同目的而一起运作的一群元素[290]。钱学森的定义：系统是由相互制约的各部分组成的具有一定功能的整体。二者的文字叙述虽有不同，但是内涵是一样的。所谓的"具有一定功能"和"共同目的"也就是系统的"目的"。这个目的可以是明确的，也可以是隐含的。

系统又分为：开放系统和封闭系统。开放系统是指系统过去的行为并不影响系统未来的行为，即系统并不知道本身的行为和效果。封闭系统是指过去的结果将影响到系统未来的行为，此类系统具有封闭式的反馈回路结构，以返回上一步行为的结果来控制系统未来的行为[292]。系统动力学所讨论的系统便是指这种具有反馈回路的封闭系统。

根据反馈环路产生的行为不同，可以分为负反馈环路和正反馈环路。负反馈环路具有追求稳定目标的特性，其控制决策总是会调整系统的状态朝向某一特定目标。正反馈环路则正好与其相反，其决策行为会使系统逐渐地扩大与现状之间的差距[292]。

组成反馈环路主要有存量和流量。存量表示真实世界中可随时间变化而积累的事或物，它代表了某一特定时刻的系统状态，是由流入的流量与流出的流量之间的差经过一段时间所积累形成的，是以其净流量对时间积分的数学形式存在。流量是表示某一种流的流动速度，即在单位时间内的流量，它是直接决定存量状态的控制点，也表示决策行为的起点，其透过信息的收集与处理形成对某一特定流中某一状态的控制政策，因此流量用以连接同一种流的不同的存量状态，或某一存量的流入或流出而与存量共同存在，并且是以其相连接存量的对时间微分的数学形式存在[292]。

　　建立系统动力学模型时，应该遵照某些原则：例如信息反馈原则、系统因果关系原则、参变量敏感性原则等。只有在满足上述原则之后，才可通过系统中变量之间的关系建立系统动力学模型。图 18.1 是通过软件绘制的有关于生产总值与生产总值变化率关系的系统动力学流图，流图中有四类变量，分别为状态变量、速率变量、辅助变量与常量和隐藏式变量。第一类变量为状态变量，状态变量方程也称为水平或存量方程，用"方框"表示，图 18.1 中的状态变量为"gdp"。第二类变量为速率变量，速率变量用于控制系统内部的物流，速率变量的输出可用于控制状态变量的增多或减少，速率变量为状态变量的函数，用"⧓➔"来表示，图 18.1 中的速率变量为"gdpbh"。第三类变量为辅助变量和常量，实际研究中，有很多因素会直接或间接影响速率变量，为此需要其他变量，当影响因素为常数

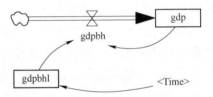

图 18.1　系统动力学模型中变量示例

时，则为常量，当这些影响因素用方程表示时，则为辅助变量，在图 18.1 中，"gdpbhl"随时间的变化而变化，因此，gdpbhl 是一个辅助变量。第四类变量为隐藏式变量，模型中有许多变量是时间的函数，必须使用"Time"当作变量，图 18.1 中的"<Time>"为"Time"的一个变量，把 Time 放在"<>"里，用来表示隐藏式变量。

18.1.3　系统动力学建模步骤

　　系统动力学解决问题大体可分为五步：第一步要用系统动力学的理论、原理和方法对研究对象进行系统分析；第二步进行系统的结构分析，划分系统层次与子块，确定总体的与局部的反馈机制；第三步建立数学的、规范的模型；第四步检验、评估模型，可进一步剖析系统得到更多的信息，发现新的问题然后反过来再修改模型；第五步以系统动力学理论为指导借助模型进行模拟与政策分析。具体过程如图 18.2 所示。

　　系统动力学方法把所研究的对象看作是具有复杂反馈结构，随时间变化的动态系统，通过系统分析绘制出表示系统结构和动态的系统流程图，然后把各变量之间关系定量化，建立系统的结构方程式，以便运用计算机进行仿真试验，从而

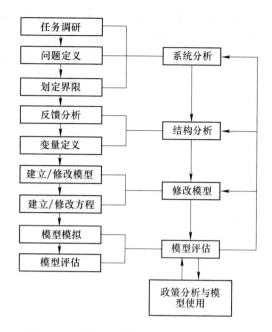

图 18.2　系统动力学解决问题的过程与步骤

预测系统未来。该方法应用效果的好坏与预测者的专业知识、实践经验、系统分析建模能力密切相关。通过分析及系统模型的建立，可以对系统进行白化，在经过计算机动态模拟，可以找出系统隐藏规律。该方法不仅能预测出远期预测对象，还能找出系统的影响因素及作用关系，有利于系统优化。不过系统分析过程复杂，工作量大，且对分析人员能力要求较高，所以不适用于短期预测，对长期预测，其优势十分明显的。

18.2　能源环境系统动力学模型

　　本书研究对象是一个由能源、环境、经济和人口系统构成的地域综合体。构建的能源消费系统动力学模型包括了能源消费子系统、经济子系统、人口子系统、环境子系统四部分，其结构关系如图 18.3 所示，其中能源子系统包括煤炭、石油、天然气等方面，为系统的主要部分；经济子系统选择

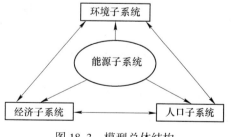

图 18.3　模型总体结构

生产总值（GDP）及其三次产业作为研究对象；环境子系统选择二氧化碳作为研

究对象；人口子系统主要研究未来人口的变化趋势，它主要受经济增长的影响。

在设计能源消费模型时，将能源终端消费按能源来源分为电力消费和化石燃料直接消费两部分，目的就是为了更清楚地反映燃料消费（包括电力消费）的过程，见图 18.4。

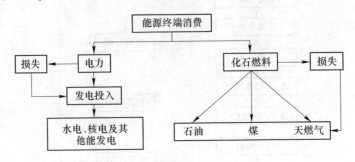

图 18.4　能源消费模型框图

能源平衡表中将能源终端消费按消费部门分类，分为工业、农业、交通运输、居民消费等。许多能源消费研究中心都沿袭了这种分类方法，也有一些研究直接消费的具体来源，包括煤、石油、天然气、焦炭、煤气、汽油、燃料油、热力、电力等一次能源和二次能源，而二次能源由一次能源转化过来的。电力将进一步由一次能源化石燃料、水力、核能转化而成。这里假设水力、核能全部转化为电力后再进入终端消费。能源平衡表终端消费中的一次能源主要为化石燃料，其他一次能源在内蒙古自治区能源终端消费中的比例非常小，忽略不计。除电力以外的二次能源可以由化石燃料转化而成，这样，全部能源终端消费中的能源都可以由化石燃料和电力转化而成。

另外，电力作为一种方便、清洁的能源，其需求量很大。内蒙古自治区担负着"西电东送"的重要使命，尤其是华北地区的电力供应，2012 年，内蒙古自治区向区外输送电力达 1100.14 亿千瓦·时，而石油、天然气用于发电的量很少，因此在下面的计算中忽略不计。所以，电力产量实际上就是煤电、水电之和减去内蒙古自治区向区外输送的电量。

18.3　能源环境系统动力学方程及流程图

内蒙古自治区能源环境经济系统动力学模型包括能源消费子系统、环境子系统、经济子系统和人口子系统。

18.3.1　系统动力学方程

本书在系统动力学流图中根据变量之间的关系设定系统动力学方程，其中，方程（01）为 CO_2 排放量的计算式；方程（17）为生产总值的计算式；方程（08）、（24）、（27）、（55）、（68）分别为电耗、煤耗、气耗、油耗、总能耗的计算式；方程（41）为 SO_2 排放量的计算式；方程（33）为人口总量的计算式。

（01） $CO_2pf = (1-ggtl) * mbm * gpfxs + (1-qgtl) * qbm * qpfxs + (1-ygtl) * ybm * ypfxs$ （单位:万吨(以碳计)）

（02） $dwgdpCO_2pf = CO_2pf/gdp$ （单位:吨/万元(以碳计)）

（03） $dwgdpSO_2pf = SO_2pf/gdp$ （单位:万吨）

（04） $dwgdpnh = znh/gdp$ （单位:万吨）

（05） $dwnhCO_2pf = CO_2pf/znh$ （单位:万吨(以碳计)）

（06） $dwnhSO_2pf = SO_2pf/znh$ （单位:万吨）

（07） $dwrkCO_2pf = CO_2pf/rkzl$ （单位:万吨(以碳计)）

（08） $dbm = INTEG(dbmbh, 386.883)$ （单位:万吨标煤）

（09） $dbmbh = dbm * dbmbhl$ （单位:万吨标煤）

（10） $dbmbhl = WITH\ LOOKUP\ (Time, ([(2012,0)-(2030,1)], (2012, 0.279), (2013,0.085), (2018,0.087), (2023,0.061), (2030,0.039)))$ （单位:Dmnl）

（11） $ecbzh = WITH\ LOOKUP\ (Time, ([(2012,0)-(2030,1)], (2012, 0.554), (2013,0.54), (2018,0.574), (2023,0.593), (2030,0.612)))$ （单位:Dmnl）

（12） $eccz = dqcz * ecbzh$ （单位:亿元）

（13） $ecmhqd = WITH\ LOOKUP\ (Time, ([(2012,0)-(2030,4)], (2012, 3.683), (2013,3.5), (2018,3.0), (2023,2.6), (2030,2.3)))$ （单位:万吨/亿元）

（14） $ecmh = eccz * ecmhqd$ （单位:万吨）

（15） $ecyh = eccz * ecyhqd$ （单位:万吨）

（16） $ecyhqd = WITH\ LOOKUP\ (Time, ([(2012,0)-(2030,1)], (2012, 0.03), (2013,0.029), (2018,0.26), (2023,0.025), (2030,0.024)))$ （单位:万吨/亿元）

（17） $gdp = INTEG(gdpbh, 15880.6)$ （单位:亿元）

（18） $gdpbh = gdp * gdpbhl$ （单位:亿元）

（19） $gdpbhl = WITH\ LOOKUP\ (Time, ([(2012,0)-(2030,1)], (2012, 0.1059), (2013,0.1098), (2018,0.074), (2023,0.054), (2030,0.0392)))$ （单位:Dmnl）

（20） $gdprj = gdp/rkzl$ （单位:万元/人）

（21） $ggtl = 0.02$ （单位:%）

（22）gpfxs＝0.66

（23）kqwrzs＝nywrxs * SO₂pf

（24）mbm＝mbmxs * mh　（单位:万吨标煤）

（25）mbmxs＝0.65

（26）mh＝ecmh+scmh+shmh+ycmh　（单位:万吨）

（27）mwrxs＝1

（28）nywrxs＝mwrxs * mbm+qwrxs * qbm+ywrxs * ybm

（29）qbm＝INTEG（qbmbh,507.4）　（单位:万吨标煤）

（30）qbmbh＝qbm * qbmbhl　（单位:万吨标煤）

（31）qbmbhl＝WITH LOOKUP（Time,（[（2012,0）-（2030,1）],（2012,0.0253）,（2013,0.13104）,（2018,0.01239）,（2023,0.0658）,（2030,0.0345）））（单位:Dmnl）

（32）qgtl＝1.7　（单位:%）

（33）qpfxs＝0.41

（34）qwrxs＝0.55

（35）rkzl＝INTEG（rkzrbh,2489.9）　（单位:万人）

（36）rkzrbh＝rkzl * rkzrbhl　（单位:万人）

（37）rkzrbhl＝0.0028+0.0001 * yzshzl

（38）scbzh＝WITH LOOKUP（Time,（[（2012,0）-（2030,1）],（2012,0.355）,（2013,0.36）,（2018,0.347）,（2023,0.337）,（2030,0.326）））　（单位:Dmnl）

（39）sccz＝dqcz * scbzh　（单位:亿元）

（40）scmh＝INTEG（scmhbh,1647.07）　（单位:万吨）

（41）scmhbh＝scmh * scmhbhl　（单位:万吨）

（42）scmhbhl＝WITH LOOKUP（Time,（[（2012,0）-（2030,1）],（2012,0.288）,（2013,0.05516）,（2018,0.02724）,（2023,0.01359）,（2030,0.00686）））（单位:Dmnl）

（43）SO₂pf＝INTEG（SO₂bh,138.493）　（单位:万吨）

（44）SO₂bh＝SO₂pf * SO₂bhl　（单位:万吨）

（45）SO₂bhl＝WITH LOOKUP（Time,（[（2012,0）-（2030,1）],（2012,-0.00724）,（2013,-0.00584）,（2018,-0.00255）,（2023,-0.00143）,（2030,-0.00063）））　（单位:Dmnl）

（46）scyh＝INTEG（scyhbh,877.31）　（单位:万吨）

（47）scyhbh＝scyh * scyhbhl　（单位:万吨）

（48）scyhbhl＝WITH LOOKUP（Time,（[（2012,0）-（2030,1）],（2012,

-0.00535)，(2013，0.06103)，(2018，0.02385)，(2023，0.01604)，(2030，0.01075)))　（单位：Dmnl）

（49）shmh＝INTEG（shmhbh，1734.95）　（单位：万吨）

（50）shmhbh＝shmh＊shmhbhl　（单位：万吨）

（51）shmhbhl＝WITH LOOKUP（Time，（［（2012，0)－(2030，1)］，(2012，0.0255)，(2013，0.08796)，(2018，0.06825)，(2023，0.050311)，(2030，0.036776)))　（单位：Dmnl）

（52）shyh＝INTEG（shyhbh，36.61）　（单位：万吨）

（53）shyhbh＝shyh＊shyhbhl　（单位：万吨）

（54）shyhbhl＝WITH LOOKUP（Time，（［（2012，0)－(2030，1)］，(2012，-0.0245)，(2013，0.03448)，(2018，0.01456)，(2023，0.01034)，(2030，0.00725)))（单位：Dmnl）

（55）shsp＝gdprj/100　（单位：Dmnl）

（56）yzshzl＝1000/spsh　（单位：Dmnl）

（57）yh＝ecyh+scyh+shyh+ycyh　（单位：万吨）

（58）ybm＝ybmxs＊yh　（单位：万吨标煤）

（59）ybmxs＝1.4286

（60）ycbzh＝WITH LOOKUP（Time，（［（2012，0)－(2030，1)］，(2012，0.091)，(2013，0.090)，(2018，0.078)，(2023，0.070)，(2030，0.062)))　（单位：Dmnl）

（61）yccz＝gdp＊ycbzh　（单位：亿元）

（62）ycmh＝yccz＊ycmhqd　（单位：万吨）

（63）ycmhqd＝WITH LOOKUP（Time，（［（2012，0)－(2030，1)］，(2012，0.266)，(2013，0.265)，(2018，0.288)，(2023，0.30)，(2030，0.309)))　（单位：万吨/亿元）

（64）ycyh＝INTEG（ycyhbh，94.99）　（单位：万吨）

（65）ycyhbh＝ycyh＊ycyhbhl　（单位：万吨）

（66）ycyhbhl＝WITH LOOKUP（Time，（［（2012，0)－(2030，1)］，(2012，-0.149)，(2013，0.1633)，(2018，0.0155)，(2023，0.0108)，(2030，0.0075)))（单位：Dmnl）

（67）ygtl＝14.7　（单位：%）

（68）ypfxs＝0.58

（69）ywrxs＝0.79

（70）znh＝hbm+mbm+qbm+ybm　（单位：万吨标煤）

（71）znhrj＝znh/rkzl　（单位：万吨标煤/万人）

方程（01）～方程（71）中变量的代号及名称如表 18.1 所示。

表 18.1　模型变量代号及名称表

变量代号	变量名称	变量代号	变量名称
CO_2pf	二氧化碳排放量	rkzrbhl	人口自然增长变化率
$dwgdpCO_2pf$	单位产值二氧化碳排放	scbzh	第三产业比重
$dwgdpSO_2pf$	单位产值二氧化硫排放	sccz	第三产业产值
dwgdpnh	单位生产总值能耗	scmh	第三产业煤耗量
$dwnhCO_2pf$	单位能耗二氧化碳排放	scmhbh	第三产业煤耗变化量
$dwnhSO_2pf$	单位能耗二氧化硫排放	scmhbhl	第三产业煤耗变化率
$dwrkCO_2pf$	人均二氧化碳排放量	SO_2pf	二氧化硫排放量
dbm	标煤下电耗	SO_2pfbh	二氧化硫排放变化量
dbmbh	标煤下电耗变化量	SO_2pfbhl	二氧化硫排放变化率
dbmbhl	标煤下电耗变化率	scyh	第三产业油耗量
ecbzh	第二产业比重	scyhbh	第三产业油耗变化量
eccz	第二产业产值	scyhbhl	第三产业油耗变化率
ecmh	第二产业煤耗量	shmh	生活煤耗量
ecmhqd	第二产业煤耗强度	shmhbh	生活煤耗变化量
ecyh	第二产业油耗量	shmhbhl	生活煤耗变化率
ecyhqd	第二产业油耗强度	shyh	生活油耗量
gdp	生产总值	shyhbh	生活油耗变化量
gdpbh	生产总值变化量	shyhbhl	生活油耗变化率
gdpbhl	生产总值变化率	shsp	生活水平
gdprj	人均生产总值	yzshzl	生活质量影响因子
ggtl	固体固碳率	yh	油耗量
gpfxs	固体燃料排放系数	ybm	标煤下油耗量
kqwrzs	空气污染指数	ybmxs	标煤与石油换算系数
mbm	标煤下煤耗量	ycbzh	第一产业比重
mbmxs	标煤与原煤换算系数	yccz	第一产业产值
mh	煤耗量	ycmh	第一产业煤耗
mwrxs	煤炭污染系数	ycmhqd	第一产业煤耗强度
nywrxs	能源污染系数	ycyh	第一产业油耗量
qbm	标煤下气耗量	ycyhbh	第一产业油耗变化量
qbmbh	标煤下气耗变化量	ycyhbhl	第一产业油耗变化率
qbmbhl	标煤下气耗变化率	ygtl	液体固碳率
qgtl	气体固碳率	ypfxs	液体燃料排放系数
qpfxs	气体燃料排放系数	ywrxs	石油污染系数
qwrxs	气体污染系数	znh	总能耗
rkzl	人口总量	znhrj	人均能耗
rkzrbh	人口自然变化量		

18.3.2 系统动力学流程图

根据能源环境系统动力学模型结构的研究，本书选定煤炭、石油、天然气、水电、核电作为系统动力学模型的能源消费子系统，通过对不同产业中不同能源的消费强度及增长速度的设定，得到未来各种能源的消费量，从而建立能源消费子系统的预测模型；通过对二氧化碳排放量的计算公式和各种能源的消费量，从而预测未来二氧化碳的排放量，通过对二氧化硫变化率的设定，得到未来二氧化硫排放量，并且通过二氧化硫排放量和各种能源污染系数得到空气污染指数，从而建立环境子系统的预测模型；通过对国内生产总值变化率及三次产业比重的设定，得到未来国内生产总值和三次产业的产值，从而建立经济子系统的预测模型；通过生活质量影响因子确定人口自然增长率，预测未来人口总量，从而建立人口子系统的预测模型。根据以上子系统和影响能源环境发展指标目标的设定，本书绘制了内蒙古自治区能源环境的系统动力学流图，如图 18.5 所示。

能源消费子系统属于核心子系统，其包括总能耗、煤耗、油耗、气耗、电耗（本书中的电耗包括水电、核电及其他能发电的电耗量）以及对应能耗强度或增长率等变量。关于煤耗，可通过对第一、二产业煤耗强度、第三产业煤耗变化率和生活煤耗变化率的预测，再模拟运行软件得到；关于油耗，可通过对一产油耗强度，第二、三产业油耗变化率和生活油耗变化率的预测，再模拟运行软件得到；关于气耗，可通过对天然气消耗变化率的预测，再模拟运行软件得到；关于电耗，首先对电耗变化率进行预测，其次模拟运行软件预测电耗量，总能耗实际上就是以上各种能耗之和。

环境子系统是能源消费子系统与经济子系统的评价子系统。环境子系统包括二氧化碳排放量、二氧化硫排放量及空气污染指数等变量，二氧化碳排放量及其相关排放系数等变量，其代号及其名称如表 18.1 所示。根据式（17.20）和不同能源消费量的预测值，模拟运行软件得到 2012~2030 年内蒙古自治区二氧化碳排放量；关于二氧化硫排放量，通过二氧化硫排放变化率的预测，模拟运行软件得到；关于空气污染指数，根据煤炭、石油及天然气污染系数和消费量的预测值，模拟运行软件得到未来 18 年内蒙古自治区空气污染指数。

经济子系统属于动力子系统，包括三次产业产值及其比重和生产总值及其变化率等变量，其中，生产总值是核心变量，通过对生产总值变化率的预测，计算得到未来的生产总值。同时，对三次产业的比重进行预测，由变量之间的关系得到三次产业产值。最后，通过三次产业不同能耗的强度或增长速度，计算得到对应的能耗量。

人口子系统包括生活质量影响因子、人口自然增长率和人口总量等变量，其代号及名称如表 18.1 所示。根据生活质量影响因子与人口自然增长率的关系（即

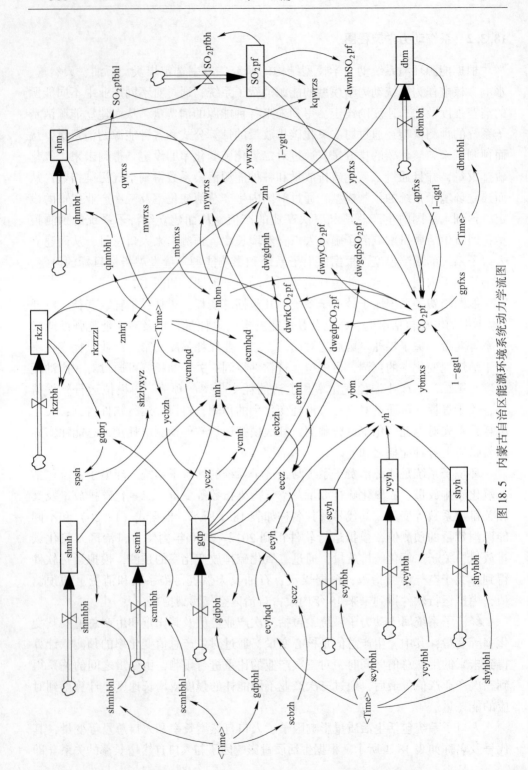

图 18.5 内蒙古自治区能源环境系统动力学流图

式（17.22））及人均国内生产总值，模拟运行软件得到 2012~2030 年内蒙古自治区人口自然增长率及人口总量。

18.4 系统动力学预测结果

根据能源环境系统动力学流图及系统动力学方程，运用 Vensim-PLE 软件进行模型的模拟运行，得出能源、环境、经济和人口四个子系统的预测结果。

18.4.1 能源子系统预测结果

内蒙古自治区能源子系统是本书研究的主要子系统之一，通过构建的内蒙古自治区能源子系统预测得出：内蒙古自治区能源、煤炭、石油、天然气和电力等消费状况。

18.4.1.1 内蒙古自治区能源消费总量及其变化率预测

根据能源环境系统动力学流图及系统动力学方程计算得出 2013~2030 年各年度内蒙古自治区能源消费总量及其变化率，如图 18.6 所示。

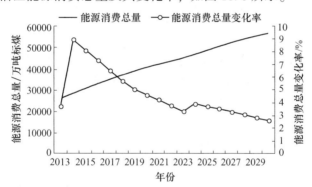

图 18.6　2013~2030 年内蒙古自治区能源消费总量及其变化率预测曲线

从图 18.6 可知，2013~2030 年内蒙古自治区能源消费总量呈现线性增长趋势，由 25864.91 万吨标煤增加到 56836.77 万吨标煤，增长将近 2.28 倍，年均增长率为 4.7%。"十二五"期间，能源消费总量由 21148.52 万吨标煤增加到 30466.33 万吨标煤，增长将近 1.44 倍，年均增长率为 7.60%。"十三五"期间，能源消费总量由 32701.64 万吨标煤增长到 40495.54 万吨标煤，增长将近 1.2 倍，年均增长率为 5.86%；"十三五"期末较"十二五"期末，能源消费总量将增加 10029.21 万吨标煤，能源消费增长率将下降 3.49%。"十四五"期间，能源消费总量由 42203.20 万吨标煤增加到 48817.44 万吨标煤，增长将近 1.16 倍，年均增长率为 3.8%；"十四五"期末较"十二五"期末，能源消费总量将增加 18351.11 万吨标煤，能源消费增长率将下降 4.39%。"十五五"期间，能源消费总量由 50540.18 万吨标煤增加到 56836.77 万吨标煤，增长将近 1.12 倍，年均增长率为 3.1%；"十五五"期末较"十二五"期末，能源消费总量将增长 26370.44 万吨标煤，能源消费增长率将下降 5.49%。

18.4.1.2　内蒙古自治区煤炭消费总量及其变化率预测

根据能源环境系统动力学流图及系统动力学方程计算得出 2013～2030 年各年度内蒙古自治区煤炭消费总量及其变化率，如图 18.7 所示。

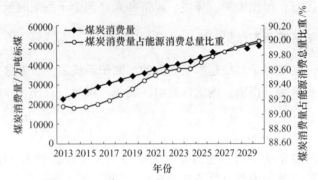

图 18.7　2013～2030 年内蒙古自治区煤炭消费量及其
占能源消费总量比重预测曲线

从图 18.7 可知，2013～2030 年内蒙古自治区煤炭消费量呈现线性增长趋势，由 23043.83 万吨标煤增加到 51161.54 万吨标煤，将增长近 2.30 倍，年均增长率为 4.76%；2013～2030 年内蒙古自治区煤炭消费占能源消费比重呈波动上升趋势，由 89.12%增加到 90.01%，未来内蒙古自治区能源消费构成仍然以煤炭为主，煤炭消费量占能源消费总量的比重仍为最高。"十二五"期间，煤炭消费量由 18416.13 万吨标煤增加到 27159.25 万吨标煤，增长将近 1.47 倍，年均增长 11.50%。"十三五"期间，煤炭消费量由 29168.30 万吨标煤增长到 36257.51 万吨标煤，增长将近 1.24 倍，年均增长率为 6.0%；"十三五"期末较"十二五"期末，煤炭消费量将增加 9098.26 万吨标煤，煤炭消费增长率将下降 3.44%。"十四五"期间，煤炭消费量由 37808.88 万吨标煤增加到 43831.91 万吨标煤，增长将近 1.16 倍，年均增长率为 3.87%；"十四五"期末较"十二五"期末，煤炭消费量将增加 16672.66 万吨标煤，煤炭消费增长率将下降 4.34%。"十五五"期间，煤炭消费量由 45411.79 万吨标煤增加到 51161.54 万吨标煤，增长将近 1.13 倍，年均增长率为 3.14%；"十五五"期末较"十二五"期末，煤炭消费量将增长 24002.29 万吨标煤，煤炭消费增长率将下降 5.50%。

18.4.1.3　内蒙古自治区石油消费总量及其变化率预测

根据能源环境系统动力学流图及系统动力学方程计算得出 2013～2030 年各年度内蒙古自治区石油消费总量及其变化率，如图 18.8 所示。

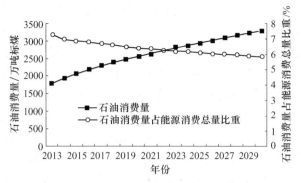

图 18.8　2013～2030 年内蒙古自治区石油消费量及其占能源消费总量比重预测曲线

从图 18.8 可知，2013～2030 年内蒙古自治区石油消费量呈现线性增长趋势，由 1806.03 万吨标煤增加到 3294.32 万吨标煤，增长将近 1.82 倍，年均增长率为 3.37%；2013～2030 年内蒙古自治区石油消费占能源消费比重呈缓慢下降趋势，由 6.98% 下降到 5.80%。"十二五"期间，石油消费量逐年增加，由 1935.09 万吨标煤增加到 2072.80 万吨标煤，增长将近 1.07 倍。"十三五"期间，石油消费量由 2194.60 万吨标煤增长到 2566.16 万吨标煤，增长将近 1.17 倍，年均增长率为 4.37%；"十三五"期末较"十二五"期末，石油消费量将增加 493.36 万吨标煤，石油消费增长率将下降 3.39%。"十四五"期间，石油消费量由 2647.19 万吨标煤增加到 2947.87 万吨标煤，增长将近 1.11 倍，年均增长率为 2.81%；"十四五"期末较"十二五"期末，石油消费量将增加 875.07 万吨标煤，石油消费增长率将下降 4.20%。"十五五"期间，石油消费量由 3019.70 万吨标煤增加到 3294.32 万吨标煤，增长将近 1.09 倍，年均增长率为 2.25%；"十五五"期末较"十二五"期末，石油消费量将增长 1221.52 万吨标煤，石油消费增长率将下降 4.67%。

18.4.1.4　内蒙古自治区天然气消费总量及其变化率预测

根据能源环境系统动力学流图及系统动力学方程计算得出 2013～2030 年各年度内蒙古自治区天然气消费总量及其变化率，如图 18.9 所示。

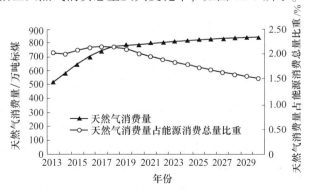

图 18.9　2013～2030 年内蒙古自治区天然气消费量及其占能源消费总量比重预测曲线

　　从图 18.9 可知，2013~2030 年内蒙古自治区天然气消费量呈现先快后慢增长趋势，由 520.24 万吨标煤增加到 845.46 万吨标煤，增长将近 1.63 倍，年均增长率为 2.97%；2013~2030 年内蒙古自治区天然气消费占能源消费比重呈波动下降趋势，由 2.01% 下降到 0.39%。"十二五"期间，天然气消费量快速增加，由 494.88 万吨标煤增加到 651.55 万吨标煤，增长将近 1.32 倍，年均增长率为 3.14%。"十三五"期间，天然气消费量由 706.01 万吨标煤增长到 793.71 万吨标煤，增长将近 1.12 倍，年均增长率为 4.06%；"十三五"期末较"十二五"期末，天然气消费量将增加 142.16 万吨标煤，天然气消费增长率将下降 9.61%。"十四五"期间，天然气消费量由 801.70 万吨标煤增加到 825.49 万吨标煤，增长将近 1.03 倍，年均增长率为 0.79%；"十四五"期末较"十二五"期末，天然气消费量将增加 173.94 万吨标煤，天然气消费增长率将下降 10.12%。"十五五"期间，天然气消费量由 830.1869 万吨标煤增加到 845.46 万吨标煤，增长将近 1.02 倍，年均增长率为 0.48%；"十五五"期末较"十二五"期末，天然气消费量将增长 193.91 万吨标煤，天然气消费增长率将下降 10.34%。

18.4.1.5　内蒙古自治区电力消费量及其变化率预测

　　根据能源环境系统动力学流图及系统动力学方程计算得出 2013~2030 年各年度内蒙古自治区电力消费量及其变化率，如图 18.10 所示。

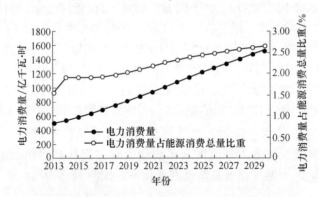

图 18.10　2013~2030 年内蒙古自治区电消费量及其占能源消费总量比重预测曲线

　　从图 18.10 可知，2013~2030 年内蒙古自治区电力消费量（本书中的电力消费量指核电以及其他能发电的电消费量）呈现快速增长趋势，由 494.82 万吨标煤增加到 1535.46 万吨标煤，增长将近 3.10 倍，年均增长率为 8.07%；2013~2030 年内蒙古自治区电力消费占能源消费比重呈波动上升趋势，由 1.91% 增加到 2.70%。"十二五"期间，电力消费量由 302.42 万吨标煤增加到 582.73 万吨标煤，增长将近 1.93 倍，年均增长率为 17.39%。"十三五"期间，电力消费量由 632.73 万吨标煤增长到 878.16 万吨标煤，增长将近 1.39 倍，年均增长率为

8.55%；"十三五"期末较"十二五"期末，电力消费量将增加 295.43 万吨标煤，天然气消费增长率将下降 0.36%。"十四五"期间，电力消费量由 945.43 万吨标煤增加到 1212.17 万吨标煤，增长将近 1.28 倍，年均增长率为 6.66%；"十四五"期末较"十二五"期末，电力消费量将增加 629.43 万吨标煤，天然气消费增长率将下降 2.75%。"十五五"期间，电力消费量由 1278.49 万吨标煤增加到 1535.46 万吨标煤，增长将近 1.20 倍，年均增长率为 4.84%；"十五五"期末较"十二五"期末，电力消费量将增长 952.72 万吨标煤，电力消费增长率将下降 4.33%。

18.4.2　环境子系统预测结果

环境子系统的研究对象包括二氧化碳排放量、二氧化硫排放量和空气污染指数，并且用单位能耗二氧化碳排放量和二氧化硫排放量以及空气污染指数评价能源消费子系统，用单位产值二氧化碳排放量和二氧化硫排放量评价经济子系统，用人均二氧化碳排放量评价人口子系统。

从图 18.11 和图 18.12 可知，2013～2030 年内蒙古自治区二氧化碳排放量和单位人口二氧化碳排放量均呈现快速稳定增长趋势，分别从 16309.07 万吨碳、6.53 吨碳/人增加到 35730.44 万吨碳、13.34 吨碳/人，年均增长分别为 4.67%、4.24%。"十二五"期间，二氧化碳排放量由 13287.15 万吨碳增长到 19209.61 万吨碳，增长将近 1.45 倍，年均增长率为 10.28%；单位人口二氧化碳排放量由 5.35 吨碳/人增长到 7.63 吨碳/人，增长将近 1.43 倍，年均增长率为 9.89%。"十三五"期间，二氧化碳排放量由 20617.53 万吨碳增加到 25514.64 万吨碳，增长将近 1.24 倍，年均增长率为 5.85%；单位人口二氧化碳排放量由 8.16 吨碳/人增长到 9.95 吨碳/人，增长将近 1.22 倍，年均增长率为 5.44%；"十三五"期末较"十二五"期末，二氧化碳排放量将增加 6305.03 万吨碳，二氧化碳排放增长率将下降 3.51%，单位人口二氧化碳排放量将增加 2.31 吨碳/人，单位人口二氧化碳排放增长率将下降 3.54%。"十四五"期间，二氧化碳排放量由 26581.65 万吨碳增加到 30714.41 万吨碳，增长将近 1.16 倍，年均增长率为 3.78%；单位人口二氧化碳排放量由 10.32 吨碳/人增加到 11.73 吨碳/人，增长将近 1.14 倍，年均增长率为 3.35%；"十四五"期末较"十二五"期末，二氧化碳排放量将增加 11504.79 万吨碳，二氧化碳排放增长率将下降 4.40%，单位人口二氧化碳排放量将增加 4.09 吨碳/人，单位人口二氧化碳排放增长率将下降 4.46%。"十五五"期间，二氧化碳排放量由 31794.35 万吨碳增长到 35730.44 万吨碳，增长将近 1.12 倍，年均增长率为 3.07%；单位人口二氧化碳排放量由 12.09 吨碳/人增长到 13.34 吨碳/人，增长将近 1.10 倍，年均增长率为 2.60%；"十五五"期末较"十二五"期末，二氧化碳排放量将增加 16520.83 万吨碳，二氧化碳排放增长率将下降 5.51%，单位人口二氧化碳排放量将增加 5.70 吨碳/人，单位人口二氧化碳排放增长率将下降 5.60%。

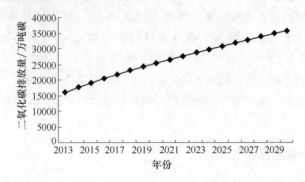

图 18.11　2013~2030 年内蒙古自治区二氧化碳排放量预测曲线

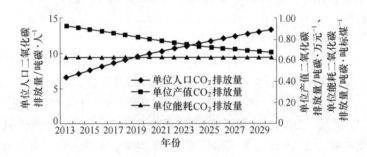

图 18.12　2013~2030 年内蒙古自治区单位二氧化碳排放强度预测曲线

从图 18.12 可知，2013~2030 年内蒙古自治区单位产值二氧化碳排放量呈现线性下降趋势，由 0.9286 吨碳/万元下降到 0.6765 吨碳/万元，年均下降率为 2.10%。"十二五"期间，单位产值二氧化碳排放量由 0.9253 吨碳/万元下降到 0.8938 吨碳/万元，年均下降率为 2.34%。"十三五"期间，单位产值二氧化碳排放量由 0.8757 吨碳/万元下降到 0.8015 吨碳/万元，年均下降率为 2.16%；"十三五"期末较"十二五"期末，单位产值二氧化碳排放量将减少 0.0924 吨碳/万元。"十四五"期间，单位产值二氧化碳排放量由 0.7833 吨碳/万元下降到 0.7265 吨碳/万元，年均下降率为 1.94%；"十四五"期末较"十二五"期末，单位产值二氧化碳排放量将减少 0.1673 吨碳/万元。"十五五"期间，单位产值二氧化碳排放量由 0.7164 吨碳/万元下降到 0.6765 吨碳/万元，年均下降率为 1.42%；"十五五"期末较"十二五"期末，单位产值二氧化碳排放量将减少 0.2173 吨碳/万元。2013~2030 年，内蒙古自治区单位能耗二氧化碳排放量有不明显的下降趋势，由 0.631 吨碳/吨标煤下降到 0.628 吨碳/吨标煤，年均下降 0.033%。

从图 18.13 可知，2013～2030 年内蒙古自治区二氧化硫排放量逐年下降，由 137.49 万吨下降到 131.99 万吨，年均下降率为 0.2666%。"十二五"期间，二氧化硫排放量由 139.40 万吨下降到 135.98 万吨，年均下降率为 0.7083%。"十三五"期间，二氧化硫排放量由 135.36 万吨下降到 133.75 万吨，年均下降率为 0.3295%；"十三五"期末较"十二五"期末，二氧化硫排放量将减少 2.2256 万吨。"十四五"期间，二氧化硫排放量由 132.48 万吨下降到 132.64 万吨，年均下降率为 0.1676%；"十四五"期末较"十二五"期末，二氧化硫排放量将减少 3.3427 万吨。"十五五"期间，二氧化硫排放量由 132.48 万吨下降到 131.99 万吨，年均下降率为 0.0973%；"十五五"期末较"十二五"期末，二氧化硫排放量将减少 3.9866 万吨。

从图 18.13 可知，2013～2030 年内蒙古自治区单位产值二氧化硫排放量呈下降趋势，由 0.0087 万吨/亿元下降到 0.0025 万吨/亿元，年均下降率为 6.68%。"十二五"期间，单位产值二氧化硫排放量由 0.0097 万吨/亿元下降到 0.0063 万吨/亿元，年均下降率为 12.04%。"十三五"期间，单位产值二氧化硫排放量由 0.0058 万吨/亿元下降到 0.0042 万吨/亿元，年均下降率为 7.86%；"十三五"期末较"十二五"期末，单位产值二氧化硫排放量将减少 0.0021 万吨/亿元。"十四五"期间，单位产值二氧化硫排放量由 0.0039 万吨/亿元下降到 0.0031 万吨/亿元，年均下降率为 5.67%；"十四五"期末较"十二五"期末，单位产值二氧化硫排放量将减少 0.0032 万吨/亿元。"十五五"期间，单位产值二氧化硫排放量由 0.0030 万吨/亿元下降到 0.0025 万吨/亿元，年均下降率为 4.45%；"十五五"期末较"十二五"期末，单位产值二氧化硫排放量将减少 0.0038 万吨/亿元。

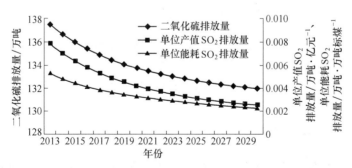

图 18.13　2013～2030 年二氧化硫排放量及单位排放强度预测曲线

从图 18.13 可知，2013～2030 年内蒙古自治区单位能耗二氧化硫排放量呈下降趋势，由 0.0066 万吨/万吨标煤下降到 0.0023 万吨/万吨标煤，年均下降率为 4.71%。"十二五"期间，单位能耗二氧化硫排放量由 0.0066 万吨/万吨标煤下降到 0.0045 万吨/万吨标煤，年均下降率为 9.69%。"十三五"期间，单位能耗二氧化硫排放量由 0.0041 万吨/万吨标煤下降到 0.0033 万吨/万吨标煤，年均下降率为 5.84%；"十三五"期末较"十二五"期末，单位能耗二氧化硫排放量将减少 0.00116 万吨/万吨标煤。"十四五"期间，单位能耗二氧化硫排放量由 0.0032 万吨/万吨标煤下降到 0.0027 万吨/万吨标煤，年均下降率为 3.83%；"十四五"期末较"十二五"期末，单位能耗二氧化硫排放量将减少 0.00175 万吨/万吨标煤。"十五五"期间，单位能耗二氧化硫排放量由 0.0026 万吨/万吨标煤下降到 0.0023 万吨/万吨标煤，年均下降率为 3.09%；"十五五"期末较"十二五"期末，单位能耗二氧化硫排放量将减少 0.00214 万吨/万吨标煤。

随着能源消费总量的增加，空气污染指数呈下降趋势，从图 18.14 可知，2013～2030 年内蒙古自治区空气污染指数呈下降趋势，由 89.89 下降到 86.72，年均下降率为 0.2355%。"十二五"中后期（2013～2015 年）空气污染指数由 89.89 下降到 88.89，年均下降 0.53%。"十三五"期间，空气污染指数由 88.49 下降到 87.59，年均下降率为 0.29%；"十三五"期末较"十二五"期末，空气污染指数将下降 1.2972。"十四五"期间，空气污染指数由 87.44 下降到 87.02，年均下降率为 0.13%；"十四五"期末较"十二五"期末，空气污染指数将下降 1.8678。"十五五"期间，空气污染指数由 86.94 下降到 86.72，年均下降率为 0.068%；"十五五"期末较"十二五"期末，空气污染指数将下降 2.1648。

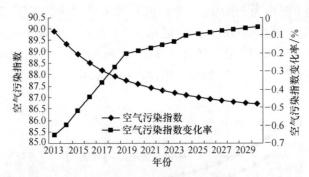

图 18.14　2013～2030 年空气污染指数及其变化率预测曲线

18.4.3　经济子系统预测结果

经济子系统和能源消费子系统联系十分紧密，经济的发展需要能源的持续供应，而经济结构又进一步影响能源消费总量及其构成。

从图 18.15 可知，2013～2030 年内蒙古自治区生产总值呈比较稳定的快速增长趋势，由 17562.36 亿元增加到 52817.43 亿元，增长将近 3.00 倍，年均增长率为 6.93%。"十二五"期间，生产总值由 14359.88 亿元增加到 21491.23 亿元，增长将近 1.50 倍，年均增长率为 13.09%。"十三五"期间，生产总值由

23543.21 亿元增长到 31834.67 亿元，增长将近 1.35 倍，年均增长率为 8.18%；"十三五"期末较"十二五"期末，生产总值将增长 10343.44 亿元，生产总值增长率将下降 3.26%。"十四五"期间，生产总值由 33935.76 亿元增长到 42274.35 亿元，增长将近 1.25 倍，年均增长率为 5.84%；"十四五"期末较"十二五"期末，生产总值将增长 20783.12 亿元，生产总值增长率将下降 5.08%。"十五五"期间，生产总值由 44378.40 亿元增长到 52817.43 亿元，增长将近 1.19 倍，年均增长率为 4.55%；"十五五"期末较"十二五"期末，生产总值将增长 31326.2 亿元，生产总值增长率将下降 6.13%。

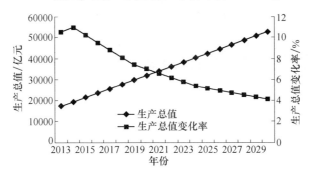

图 18.15   2013~2030 年内蒙古自治区生产总值及其增长率预测曲线

从图 18.16 可知，2013~2030 年内蒙古自治区人均生产总值呈现强劲增长趋势，由 7.03 万元/人增加到 19.72 万元/人，增长将近 2.08 倍，年均增长率为 6.49%。"十二五"期间，人均生产总值由 5.79 万元/人增加到 8.54 万元/人，增长将近 1.48 倍，年均增长率为 12.69%。"十三五"期间，人均生产总值由 9.32 万元/人增长到 12.41 万元/人，增长将近 1.33 倍，年均增长率为 7.77%；"十三五"期末较"十二五"期末，人均生产总值将增长 3.87 万元/人，人均生产总值增长率将下降 3.29%。"十四五"期间，人均生产总值由 13.18 万元/人增加到 16.14 万元/人，增长将近 1.22 倍，年均增长率为 5.40%；"十四五"期末较"十二五"期末，人均生产总值将增长 7.60 万元/人，人均生产总值增长率将下降 5.14%。"十五五"期间，人均生产总值由 16.87 万元/人增加到 19.72 万元/人，增长将近 1.17 倍，年均增长率为 4.08%；"十五五"期末较"十二五"期末，人均生产总值将增长 11.17 万元/人，人均生产总值增长率将下降 6.23%。

从图 18.16 可知，2013~2030 年内蒙古自治区单位生产总值能耗呈线性下降趋势，由 1.47 吨标煤/万元下降到 1.08 吨标煤/万元，年均下降率为 1.98%。"十二五"期间，单位生产总值能耗由 1.47 吨标煤/万元下降到 1.42 吨标煤/万元，年均下降率为 2.47%。"十三五"期间，单位生产总值能耗由 1.39 吨标煤/万元下降到 1.27 吨标煤/万元，年均下降率为 2.14%；"十三五"期末较"十二

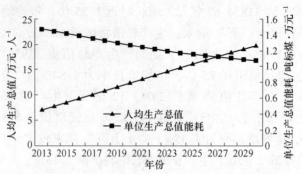

图 18.16　2013~2030 年内蒙古自治区人均生产总值及单位产值能耗预测曲线

五"期末，单位生产总值能耗将减少 0.1456 吨标煤/万元。"十四五"期间，单位生产总值能耗由 1.24 吨标煤/万元下降到 1.15 吨标煤/万元，年均下降率为 1.91%；"十四五"期末较"十二五"期末，单位生产总值能耗将减少 0.2628 吨标煤/万元。"十五五"期间，单位生产总值能耗由 1.14 吨标煤/万元下降到 1.08 吨标煤/万元，年均下降率为 1.40%；"十五五"期末较"十二五"期末，单位生产总值能耗将减少 0.3415 吨标煤/万元。

18.4.4　人口子系统预测结果

在人口子系统中，人口总量决定了人均产值、人均能耗、人均二氧化碳排放量，属于发展子系统。人均产值和人均排放的预测结果已分别在经济子系统和环境子系统中给出。

从图 18.17 可知，2013~2030 年内蒙古自治区人口总量呈现增长趋势，由 2489.9 万人增加到 2678.94 万人，增长将近 1.07 倍，年均增长率为 0.41%。"十二五"期间，人口总量由 2481.7 万人增加到 2516.18 万人，增长将近 1.013 倍，年均增长率为 0.35%。"十三五"期间，人口总量由 2525.38 万人增加到 2564.48 万人，增长将近 1.015 倍，年均增长率为 0.38%；"十三五"期末较"十二五"期末，人口总量将增长 48.30 万人，人口总量增长率将增加 0.0387%。"十四五"期间，人口总量由 2574.85 万人增加到 2618.70 万人，增长将近 1.017 倍，年均增长率为 0.42%；"十四五"期末较"十二五"期末，人口总量将增长 102.51 万人，人口总量增长率将增加 0.0764%。"十五五"期间，人口总量由 2630.26 万人增加到 2678.94 万人，增长将近 1.018 倍，年均增长率为 0.46%；"十五五"期末较"十二五"期末，人口总量将增长 162.75 万人，人口总量增长率将增加 0.1125%。

从图 18.17 可知，2013~2030 年内蒙古自治区人均能耗呈现线性增长趋势，由 10.35 吨标煤/人增加到 21.22 吨标煤/人，增长将近 2.05 倍，年均增长率为 4.28%。"十二五"期间，人均能耗由 8.52 吨标煤/人增加到 12.11 吨标煤/人，

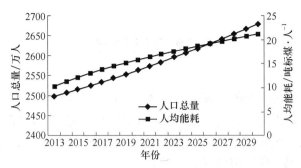

图 18.17 2013~2030 年内蒙古自治区人口总量与人均能耗预测曲线

增长将近 1.42 倍，年均增长率为 9.75%。"十三五"期间，人均能耗由 12.95 吨标煤/人增加到 15.79 吨标煤/人，增长将近 1.22 倍，年均增长率为 5.46%；"十三五"期末较"十二五"期末，人均能耗将增加 3.68 吨标煤/人，人均能耗增长率将下降 3.52%。"十四五"期间，人均能耗由 16.39 吨标煤/人增加到 18.64 吨标煤/人，增长将近 1.14 倍，年均增长率为 3.38%；"十四五"期末较"十二五"期末，人均能耗将增加 6.53 吨标煤/人，人均能耗增长率将减少 4.45%。"十五五"期间，人均能耗由 19.21 吨标煤/人增加到 21.22 吨标煤/人，增长将近 1.10 倍，年均增长率为 2.62%；"十五五"期末较"十二五"期末，人均能耗将增加 9.11 吨标煤/人，人均能耗增长率将下降 5.59%。

18.5 本章小结

本章运用系统动力学理论对内蒙古自治区能源、环境、经济和人口四个子系统进行了中长期的预测。预测结果表明，"十二五"期初至"十五五"期末，内蒙古自治区能源消费总量呈现线性增长趋势，其增长速度逐年下降；能源消费构成仍然以煤炭为主，煤炭消费量占能源消费总量的比重仍为最高；石油消费占能源消费比重呈缓慢下降趋势；天然气消费量呈现先快后慢增长趋势，其消费占能源消费比重呈波动下降趋势；核电及其他能发电增长快于煤炭、石油、天然气的消费增长，且占能源消费总量比重呈现缓慢上升趋势；单位生产总值能源消费量不断降低，其平均值低于我国平均值水平；人均生产总值呈现强劲增长趋势，人民生活得到显著改善；环境压力大，二氧化碳排放量和二氧化硫排放量不断增加；人均能源消费量不断增加，内蒙古自治区仍然处于发展阶段。

针对上述结论，提出如下建议：节约能源，提高能源利用率；加大石油、天然气的勘探力度与可再生能源投资力度，改善能源消费结构，降低由于发展对煤炭的依赖；加强协调能源开发、经济发展、人口增长与环境保护，加大环保设施投入，增强环保意识，进而不断推进内蒙古自治区能源、环境、经济、人口的可持续发展。

下篇研究结论

　　结合内蒙古自治区能源、环境、经济、人口发展的现状，在分析能源经济理论和可持续发展理论的基础上，将能源环境系统分为能源、环境、经济、人口四个子系统，运用系统工程的思想，对内蒙古自治区能源、环境、经济、人口发展进行了中长期预测。研究结论与建议如下：

　　（1）节能优先，提高能源利用效率。研究表明，"十二五"期初至"十五五"期末，内蒙古自治区能源消费总量和煤炭消费量分别由 21148.52 万吨标煤和 18416.13 万吨标煤增加到 56836.77 万吨标煤和 51161.54 万吨标煤，分别增长将近 3.01 倍和 2.78 倍，年均增长率分别为 5.72% 和 5.95%。"十二五"期初至"十五五"期末，内蒙古自治区煤炭消费占能源消费比重呈波动上升趋势，由 87.08% 增加到 90.01%，未来内蒙古自治区能源消费构成仍然以煤炭为主，煤炭消费量占能源消费总量的比重仍为最高。

　　内蒙古自治区以煤为主的能源结构格局不可能从根本上改变，而煤炭消费主要用于第二产业和发电，合理减少工业煤炭的使用，有利于减少煤耗，进而达到节能的目的；加快先进节能技术，加大重点节能工程实施力度；建立健全节能保障机制；逐步理顺能源价格，实行有利于节能的财税政策；加大宣传力度，培养和增强全社会节能意识。

　　（2）调整产业结构，降低经济增长对煤炭的依赖程度。研究表明，"十二五"期初至"十五五"期末，内蒙古自治区第二产业煤炭消费量占煤炭消费量比重和煤炭消费量占能源消费量比重由 87.47% 和 87.08% 增长到 89.27% 和 90.01%。若第二产业比重减少，则第二产业煤炭消费量将减少，煤炭消费总量将减少，能源消费总量将减少。

　　内蒙古自治区煤炭主要用于第二产业，调整能源结构应首先调整经济产业结构，减少第二产业用煤，增加能源用于服务业（尤其创新产业）的数量，其最终目标是通过煤炭利用结构的调整，提高能源利用的经济效益，增强能源自给能力，使能源与经济保持协调、可持续发展。

　　（3）加大风电、核电投资力度，重视开发利用风能、核能等可再生能源。研究表明，"十二五"期初至"十五五"期末，内蒙古自治区风能、核能以及其他能发电量呈现快速增长趋势，由 302.42 万吨标煤增加到 1535.46 万吨标煤，增长将近 5.08 倍，年均增长率为 9.36%，但"十二五"期初至"十三五"中后期（2017 年）风电、核电及其他能发电消费量占能源消费比重最低，"十三五"中后期（2017 年）至"十五五"期末，风电、核电及其他能发电消费量占能源消费比重超过天然气消费量占能源消费比重，年均比重为 2.23%。

风能、核能是一种安全、可靠、经济、清洁的能源，目前内蒙古自治区风电、核电的发展仍处于较低水平。因此，内蒙古自治区仍要加大核电投资，促进核电发展，这可以大大改善能源消费结构，有利于减少环境污染，促进能源与环境的可持续发展。

（4）增加投资，加大石油、天然气的勘探力度。研究表明，"十二五"期初至"十五五"期末，内蒙古自治区石油消费量呈现线性增长趋势，由 1935.09 万吨标煤增加到 3294.32 万吨标煤，增长将近 1.70 倍，年均增长率为 3.45%；"十二五"期初至"十五五"期末，内蒙古自治区石油消费占能源消费比重呈缓慢下降趋势，由 9.15% 下降到 5.80%。"十二五"期初至"十五五"期末，内蒙古自治区天然气消费量呈现先快后慢增长趋势，由 494.88 万吨标煤增加到 845.46 万吨标煤，增长将近 1.71 倍，年均增长率为 2.12%；"十二五"期初至"十五五"期末，内蒙古自治区天然气消费占能源消费比重呈波动下降趋势，由 2.34% 下降到 0.39%。

内蒙古自治区石油资源的严重短缺，已经成为国民经济发展的瓶颈，后备资源不足与勘探开发投资不足是影响石油供给的主要原因。因此，在节能和提高能源利用效率的同时，为保持石油尤其是天然气在总能耗中的比重适度上升，应加大石油和天然气的勘探力度、增加投资，将有利于优化能源消费结构。

（5）增加投资，加大环保设施投入。研究表明，"十三五"期末以前，SO_2 排放量减少较明显，"十三五"期末以后 SO_2 排放量呈缓慢下降趋势，说明"十三五"期末以后能源消耗对环境影响变化不大；"十二五"期初至"十五五"期末，单位能耗 SO_2 排放量呈现缓慢下降趋势；同期单位产值 SO_2 排放量下降明显；"十二五"期初至"十五五"期末，能源污染指数虽然有所下降，但下降空间很大，说明内蒙古自治区能源压力较大，节能减排任务较重。因此建议加强协调能源开发与环境保护，加大环保设施投入，增强环保意识，确保协调能源开放与环境保护有效实施。

下篇参考文献

［212］Leontief W, Ford D. Air pollution and the economic structure: Empirical results of input-output computations ［C］//In Input-Output Techniques. New York: American Elsevier, 1972, 9~30.

［213］Xing Y Q, Kolstad C D. Environment and trade: a review of theory and issues ［R］. University of California, Santa Barbara, WP, 1996.

［214］Sawatsky Leslie F, Beckstead Gary. Integrated mine water management planning for environmental protection and mine profitability ［J］. International Journal of Surface Mining, Reclamation and Environment, 1998, 12 (1): 37~39.

［215］Chen H, Jia B, Lau S S Y. Sustainable urban form for Chinese compact cities: Challenges of a rapid urbanized economy ［J］. Habitat International, 2008, 32: 28~40.

［216］Liu Y. Exploring the relationship between urbanization and energy consumption in China using ARDL and FDM ［J］. Energy, 2009, 34 (11): 1846~1854.

［217］Huang Y, Bor Y J, Peng C Y. The long-term forecast of Tqiwan's energy supply and demand: LEAP model application ［J］. Energy Ploicy, 2011, 39 (11): 6790~6803.

［218］Hongming He, Jim C Y. Coupling model of energy consumption with changes in environmental utility. Energy Plicy April, 2012: 235~243.

［219］Sam H Sehurr. Energy, Economic Growth and the Environment ［M］. Johns HoPkins University Press, Baltimore and London, 1972.

［220］Gottinger H W. Greenhouse gas economies and computable general equilibrium ［J］. Jounral of Poliey Modeling, 1998, 20 (5): 537~580.

［221］唐奈勒·H·梅多斯, 丹尼斯·L·梅多斯, 约恩·兰德斯. 超越极限: 正视全球性崩溃, 展望可持续的未来 ［M］. 赵旭, 等译. 上海: 上海译文出版社, 2001.

［222］Shyamal Paul, Rabindra N Bhattacharya. Causality relationship between energy consumption and economic growth in India: a note on conflicting results ［J］. Energy Economics, 2004 (26): 977~983.

［223］Nicholas Stern. Stern Review: The Economics of Climate Change, 2006.

［224］Sue J Lin, Lub I J, Charles Lewis. Grey relation performance correlations among economics, energy use and carbon dioxide emission in Taiwan ［J］. Energy Policy, 2007 (35): 1948~1955.

［225］宋宇辰, 张志启. 基于 ARIMA 模型对我国 "十二五" 能源需求的预测 ［J］. 煤炭工程, 2012, (1): 76~79.

［226］纪宏, 张丽峰. 中国能源供求预测模型及发展对策研究 ［D］. 北京: 首都经济贸易大学, 2006.

［227］李金柱. 能源经济及能源结构优化政策 ［J］. 中国煤炭, 2001, 27 (8): 7~12.

［228］史丹. 中国能源效率的地区差异与节能潜力分析 ［J］. 中国工业经济, 2006, (10):

49~58.

[229] 李梦蕴，谢建国，张二震．中国区域能源效率差异的收敛性分析［J］．经济科学，2014，（1）：23~38.

[230] 王少平，杨继生．中国工业能源调整的长期战略与短期措施——基于12个主要工业行业能源需求的综列协整分析［J］．中国社会科学，2006，（4）：88~207.

[231] 梁进社，郑蔚，蔡建明．中国能源消费增长的分解——基于投入产出方法［J］．自然资源学报，2007，22（6）：853~864.

[232] 刘耀彬．中国城市化与能源消费关系的动态计量分析［J］．财经研究，2007，33（11）：72~81.

[233] 王蕾，魏后凯．中国城镇化对能源消费影响的实证研究［J］．资源科学，2014，36（6）：1235~1243.

[234] 史丹．全球能源格局变化及对中国能源安全的挑战［J］．中外能源，2013，18（2）：1~7.

[235] 管清友，何帆．中国的能源安全与国际能源合作［J］．世界经济与政治，2007，（11）：45~53.

[236] 胡志丁，葛岳静，徐建伟．尺度政治视角下的地缘能源安全评价方法及应用［J］．地理研究，2014，33（5）：853~862.

[237] 薛静静，沈镭，刘立涛，高天明，陈枫楠．中国能源供给安全综合评价及障碍因素分析［J］．地理研究，2014，33（5）：842~852.

[238] 赵息，齐建民，刘广为．基于离散二阶差分算法的中国碳排放预测［J］．干旱区资源与环境，2013，27（1）：63~69.

[239] 穆海林，王文超．中国省区能源消费与二氧化碳排放驱动因素分析及预测研究［D］．大连：大连理工大学，2013：4.

[240] 杜强，陈乔，杨锐．基于 Logistic 模型的中国各省碳排放预测［J］．长江流域资源与环境，2013，22（2）：143~151.

[241] 董军，张旭．中国工业部门能耗碳排放分解与低碳策略研究［J］．资源科学，2010，32（10）：1856~1862.

[242] 张艳，秦耀辰，闫卫阳．我国城市居民直接能耗的碳排放类型及影响因素［J］．地理研究，2012，31（2）：345~356.

[243] 邋曙光，王韵，徐广印．基于 LEAP 的居民生活能源与环境情景分析［J］．河南农业大学学报，2010，44（2）：229~232.

[244] 陈方圆，李治洪，谢文明，代成华．基于 Linux 的能源与环境监测 WebGIS［J］．计算机工程，2011，37（24）：247~250.

[245] 刘刚，沈镭．能源环境研究的理论、方法及其主要进展［J］．地理科学进展，2006，11，25（6）：33~41.

[246] 魏巍贤．基于 CGE 模型的中国能源环境政策分析［J］．统计研究，2009，26（7）：3~12.

[247] 吴巧生，王华．技术进步与中国能源–环境政策［J］．中国地质大学学报，2005，5(1)．

[248] 张彬，左晖．能源持续利用、环境治理和内生经济增长［J］．中国人口·资源与环境，

2007, 17 (5): 27~32.

[249] 孙涛, 赵天燕. 我国能源消耗碳排放量测度及其趋势研究 [J]. 审计与经济研究, 2014, (2): 104~111.

[250] 谭玲玲. 我国低碳经济发展机制的系统动力学建模 [J]. 数学的实践与认识, 2011, 41 (12).

[251] 林伯强, 姚昕, 刘希颖. 节能和碳排放约束下的中国能源结构战略调整 [J]. 中国社会科学, 2010, 1: 58~71.

[252] 张雷, 杨志梁. 我国能源、经济和环境系统协调发展机制研究——基于能源生态系统视角 [D]. 北京: 北京交通大学, 2010: 12.

[253] 胡绍雨. 我国能源、经济与环境协调发展分析 [J]. 技术经济与管理研究, 2013, (4): 78~82.

[254] 赵芳. 中国能源-经济-环境协调发展状态的实证研究 [J]. 经济学家, 2009, (12): 35~41.

[255] 薛静静, 沈镭, 彭保发, 刘立涛. 区域能源消费与经济和环境绩效——基于 14 个能源输出和输入大省的实证研究 [J]. 地理学报, 2014, 69 (10): 1414~1424.

[256] 张华, 魏晓平. 技术进步对 "能源-环境-经济" 系统的直接与间接效用研究 [J]. 首都经济贸易大学学报, 2013, (5): 5~13.

[257] 原艳梅, 林振山. 基于人口、经济的我国能源可持续发展的动力学研究 [J]. 自然资源学报, 2009.

[258] 朱勤, 彭希哲, 陆志明, 吴开亚. 中国能源消费碳排放变化的因素分解及实证分析 [J]. 资源科学, 2009, 31 (12): 2072~2079.

[259] 周德群, 孙立成. 区域食物-能源-经济-环境-人口系统的协调发展研究 [D]. 南京: 南京航空航天大学, 2009.

[260] 秦钟, 章家恩, 骆世明, 叶延琼. 我国能源消费与 CO_2 排放的系统动力学预测 [J]. 中国生态农业学报, 2008, 16 (4) 1043~1047.

[261] 臧旭升, 刘雪飞. 经济人口、资源环境承载力实证分析——以成都市为例 [J]. 改革与开放学报, 2009, (5): 112.

[262] 李慧源. 内蒙古能源工业可持续发展的思考 [J]. 内蒙古统计, 2005, 6: 43.

[263] 杨刚强. 内蒙古能源发展战略与政策 [J]. 资源与产业, 2006, 8 (4): 22~26.

[264] 郭晓川, 李洁. 基于可持续发展的内蒙古自治区能源结构的优化战略研究 [D]. 呼和浩特: 内蒙古大学, 2009: 5.

[265] 赵海东, 孙芳. 内蒙古能源消费与经济增长的关系研究 [D]. 呼和浩特: 内蒙古大学, 2010: 25.

[266] 贾正源, 张文忠, 石志忠. 内蒙古自治区能源建设项目总体发展规划研究 [D]. 北京: 华北电力大学, 2007: 12.

[267] 张玉立. 内蒙古能源发展现状与产业结构调整的对策研究 [J]. 北方经济, 2012, (6): 35.

[268] 王林江, 宝力道, 李涛, 凌呼君. 内蒙古自治区煤炭生产的系统动力学模型 [J]. 内

蒙古工学院学报，2012，（2）：119~124.

[269] 孙鹏芳，吴静. 内蒙古能源发展与产业结构调整研究 [J]. 学术视点，2007，5.

[270] 宋宇辰，郭丽. 内蒙古制造业能源消费研究 [D]. 包头：内蒙古科技大学，2012：6.

[271] 刘纪鹏. 从内蒙古能源发展失衡看能源统筹规划重要性 [J]. 中国电力报，2011，（4）：1~2.

[272] 李民，高兰根，师立强，熊庆丽，赵琳. 内蒙古能源利用与经济增长关系研究 [J]. 前沿，2012.

[273] 李悦，朱敏. 卷烟企业能源与环境信息系统的建立与应用 [D]. 青岛：青岛大学，2012：6.

[274] 钱贵霞，张一品，邬建国. 内蒙古能源消费碳排放变化的分解分析 [J]. 经济技术，2010，29（12）：77~84.

[275] 王锋正，于宏洋. 技术进步对能源效率的影响研究 [D]. 呼和浩特：内蒙古大学，2012：5.

[276] 马军. 基于数据包罗分析法的区域生态效率评价研究 [J]. 生态经济，2012，（2）：47~51.

[277] 董德明，李元实. 内蒙古火电发展区域环境影响研究 [D]. 长春：吉林大学，2006：5.

[278] 曹霞，温宏君. 西部大开发以来呼和浩特市发展中的环境污染问题研究 [D]. 包头：内蒙古师范大学，2013：3.

[279] 刘建国，于乐海. 内蒙古能源生产、消费与经济发展关系研究 [D]. 上海：华东理工大学，2012：12.

[280] 郭守前，付慧. 内蒙古自治区低碳经济发展的实证研究 [D]. 广州：华南理工大学，2011：3.

[281] 哈斯图亚，乌敦，包玉海. 呼和浩特市经济增长与环境污染的关系分析 [J]. 内蒙古林业科技，2010，36（4）：79~82.

[282] 冯利英，李海霞. 内蒙古能源消费、碳排放与经济增长关系的实证研究 [D]. 呼和浩特：内蒙古财经大学，2012：6.

[283] 姚凤桐，格日乐. 呼和浩特市经济发展的资源约束和环境承载力问题研究 [D]. 呼和浩特：内蒙古农业大学，2005：10.

[284] 黄健英，刘艳艳. 内蒙古低碳经济发展研究 [D]. 北京：中央民族大学，2011：3.

[285] 赵涛，齐二石，杨立宏. 区域能源发展战略及其评价模型研究 [D]. 天津：天津大学，2007：11.

[286] 马可，谢绥萍. 内蒙古能源可持续发展战略 [J]. 发展报告：62~63.

[287] 宋宇辰，孟海东，张璞. 可持续发展能源需求系统建模研究 [M]. 北京：冶金工业出版社，2013：10.

[288] Forrester J W. Industreal dynamics: a breakthrough for decision maker [J]. Harvard Business Review，1958，36（4）：37~66.

[289] 李川，丁婕. 北京市经济环境人口协调发展系统动力学仿真 [D]. 北京：北京林业大

学，2012.

[290] 钟永光，贾晓菁，等. 系统动力学 [M]. 北京：科学出版社，2013.

[291] Janssen M A, Walker B H, Langridge J. Anadaptive agent model for analysing coevolution of management and policies in a complex range land system [J]. Ecological Modelling, Ecological Modelling, 2000, (131): 249~268.

[292] 王明刚，廖为鲤，许华，生志荣. 政府调控下的能源供需系统动力学分析 [J]. 数学的实践与认识，2013, 43 (8): 50~61.

[293] 宋辉，魏小平. 我国可再生能源替代的动力学模型构建及分析 [J]. 数学的实践与认识，2013, 43 (10): 58~70.

[294] 李凯，李明玉. 能源供给与能源消费的系统动力学模型 [D]. 沈阳：东北大学工商管理学院，2008.

[295] 王青，李连德，中国能源供需的系统动力学研究 [D]. 沈阳：东北大学资源与土木工程学院，2009.

[296] 李玮，杨钢. 基于系统动力学的山西省能源消费可持续发展研究 [J]. 资源科学，2010, 32 (10): 1871~1877.

[297] 李志鹏. 基于系统动力学的天津市城市交通能源消耗与碳排放预测 [J]. 价值工程，2012, 07: 308~309.

[298] 邓群钊，刘琼. 江西省宏观经济系统动力学仿真模型建立与应用研究 [D]. 南昌：南昌大学，2008: 12.

[299] 徐玖平，李丽. 区域循环经济系统的动力学仿真研究 [D]. 成都：四川大学，2007: 3.

[300] 王海宁，薛惠锋. 能源消费需求的系统动力学建模与仿真——以陕西省为例 [J]. 系统仿真技术，2010: 4.

[301] 周婧，贺晟晨，王远，高倩，陆根法. 基于 SD 方法的苏州市经济、能源、环境系统模拟研究 [J]. 能源环境保护，2011, 25 (2): 10~24.

[302] 杨永青. 鄂尔多斯工业经济协调发展系统动力学研究 [D]. 呼和浩特：内蒙古大学，2010: 5.

[303] 汪波，江卫. 基于系统动力学的煤炭企业循环经济系统研究 [D]. 天津：天津大学，2012: 5.

[304] 柯文岚，沙景华，闫晶晶. 基于系统动力学的鄂尔多斯市生态经济系统均衡发展研究 [J]. 资源与产业，2013, 15 (5): 19~26.

[305] 杨养锋，薛惠锋. 能源重化工工业园环境系统动力学仿真与调控 [J]. 生态学报，2007, 27 (9): 3801~3810.

[306] 李金恺. 能源约束与中国经济增长研究理论与实证 [M]. 北京：中国物资出版社，2009.

[307] 何建坤，刘滨. 作为温室气体排放衡量指标的碳排放强度分析 [J]. 清华大学学报，2004, 44 (6): 740~743.

[308] 薛薇. 基于 SPSS 的数据分析 [M]. 北京：中国工人出版社，2004: 128~131.